Helmut Wannenwetsch

Erfolgreiche Verhandlungsführung in Einkauf und Logistik

Helmut Wannenwetsch

Erfolgreiche Verhandlungsführung in Einkauf und Logistik

Praxiserprobte Erfolgsstrategien und Wege zur Kostensenkung

2., aktualisierte und ergänzte Auflage
mit 67 Abbildungen

Prof. Dr. Helmut Wannenwetsch
Dr.-Hepp-Str. 7
67434 Neustadt
hwannenwetsch@aol.com

Bibliografische Information der Deutschen Bibliothek
Die deutsche Bibliothek verzeichnet diese Publikation in der deutschen Nationalbibliografie;
detaillierte bibliografische Daten sind im Internet über <http://dnb.ddb.de> abrufbar.

ISBN 10 3-540-25825-6 Springer Berlin Heidelberg New York
ISBN 13 978-3-540-25825-4 Springer Berlin Heidelberg New York

Dieses Werk ist urheberrechtlich geschützt. Die dadurch begründeten Rechte, insbesondere die der Übersetzung, des Nachdrucks, des Vortrags, der Entnahme von Abbildungen und Tabellen, der Funksendung, der Mikroverfilmung oder Vervielfältigung auf anderen Wegen und der Speicherung in Datenverarbeitungsanlagen, bleiben, auch bei nur auszugsweiser Verwertung, vorbehalten. Eine Vervielfältigung dieses Werkes oder von Teilen dieses Werkes ist auch im Einzelfall nur in den Grenzen der gesetzlichen Bestimmungen des Urheberrechtsgesetzes der Bundesrepublik Deutschland vom 9. September 1965 in der jeweils geltenden Fassung zulässig. Sie ist grundsätzlich vergütungspflichtig. Zuwiderhandlungen unterliegen den Strafbestimmungen des Urheberrechtsgesetzes.

Springer ist ein Unternehmen von Springer Science+Business Media
springer.de

© Springer-Verlag Berlin Heidelberg 2006
Printed in Germany

Die Wiedergabe von Gebrauchsnamen, Handelsnamen, Warenbezeichnungen usw. in diesem Buch berechtigt auch ohne besondere Kennzeichnung nicht zu der Annahme, dass solche Namen im Sinne der Warenzeichen- und Markenschutz-Gesetzgebung als frei zu betrachten wären und daher von jedermann benutzt werden dürften.
Sollte in diesem Werk direkt oder indirekt auf Gesetze, Vorschriften oder Richtlinien (z.B. DIN, VDI, VDE) Bezug genommen oder aus ihnen zitiert worden sein, so kann der Verlag keine Gewähr für die Richtigkeit, Vollständigkeit oder Aktualität übernehmen. Es empfiehlt sich, gegebenenfalls für die eigenen Arbeiten die vollständigen Vorschriften oder Richtlinien in der jeweils gültigen Fassung hinzuzuziehen.

Umschlaggestaltung: medionet AG, Berlin
Satz: Digitale Druckvorlage des Autors

Gedruckt auf säurefreiem Papier   68/3020 /M   5 4 3 2 1 0

Vorwort zur 2. Auflage

Der hohe Praxisbezug des Buches hat nach kurzer Zeit zur Herausgabe einer zweiten Auflage geführt. Die aktualisierte Neuauflage enthält zusätzliche Beiträge über

- Controlling in der Beschaffung,
- Verhandlungsführung als Kernkompetenz und Wettbewerbsfaktor,
- Verhandlungsführung in Indien und in den arabischen Ländern,
- Praxisberichte von Unternehmen zum Thema Verhandlungsführung.

Nach Untersuchungen in Unternehmen wird die Verhandlungsführung mit Lieferanten auf nationaler und internationaler Ebene auch zukünftig einen Großteil des Zeitumfangs des Einkaufsmanagements ausmachen.

Das Buch zeigt, mit welchen praxiserprobten und erfolgreichen Verhandlungsstrategien Einkaufs- und Verhandlungsprofis Kosten- und Wettbewerbsvorteile in der gesamten Wertschöpfungskette erzielen können.

Die Zielgruppe dieses Buches sind Mitarbeiter in Einkauf, Logistik und Materialwirtschaft sowie Studenten, Dozenten und Professoren von Fachschulen, Berufsakademien, Fachhochschulen und Universitäten. Das fundierte Wissen, das dem Buch zugrunde liegt, ist unverzichtbar für Einkaufsprofis und alle Mitarbeiter im Unternehmen, zu deren täglicher Aufgabe sowohl Einkaufs- als auch Vertragsverhandlungen gehören.

Das Expertenwissen sowie die jahrelange Erfahrung im nationalen und internationalen Verhandlungs- und Beschaffungsbereich werden durch zahlreiche Praxisbeispiele, Fallstudien, Grafiken und Rechenbeispiele anschaulich dargestellt.

Mein Dank gilt den Experten der verschiedensten Branchen für ihren Rat und ihr Wissen, welches sich in diesem Buch vereinigt. Mein Dank gilt Frau Dipl.-Ing. Elke Illgner sowie dem Springer-Verlag, Programmplanung Technik, Herrn Dipl.-Ing. Thomas Lehnert, Frau Sigrid Cuneus, Frau Sabine Hellwig und Frau Kathleen Doege.

Weiterhin möchte ich mich beim Bundesverband Materialwirtschaft, Logistik und Einkauf (BME) sowie beim Verband Deutscher Ingenieure (VDI) herzlich bedanken.

Mannheim, im September 2005 *Helmut Wannenwetsch*

Vorwort zur 1. Auflage

Im Jahr 2002 wurden von den 6.000 größten Unternehmen der Bundesrepublik Deutschland Waren und Dienstleistungen im Wert von ca. 700 Mrd. Euro eingekauft. Dies sind etwa 80% des Beschaffungsvolumens aller Branchen. Insgesamt dürfte das gesamte Einkaufsvolumen damit einen Wert von annähernd 1 Billion Euro für die Bundesrepublik Deutschland betragen. Dieses Einkaufsvolumen wird durch die abnehmende Fertigungstiefe der Unternehmen weiter zunehmen.

Jeder dieser Vielzahl an Beschaffungen gingen vorher intensive Verhandlungen im nationalen und internationalem Rahmen voraus. In der Automobilindustrie gilt derzeit die Faustformel, dass eine Einsparung von nur einem Prozent bei Material- und Materialgemeinkosten soviel Zusatzgewinn bringt wie eine Umsatzsteigerung um 20%.

Die Zielgruppe dieses Buches sind Mitarbeiter in Einkauf, Logistik und Materialwirtschaft sowie Studenten, Dozenten und Professoren von Fachschulen, Berufsakademien, Fachhochschulen und Universitäten. Das fundierte Fachwissen, das dem Buch zugrunde liegt, ist unverzichtbar für Einkaufsprofis, zu deren täglicher Aufgabe sowohl Einkaufs- als auch Verkaufsverhandlungen gehören.

Das gesammelte Expertenwissen sowie die jahrelange Erfahrung im nationalen und internationalen Verhandlungs- und Beschaffungsbereich wird durch zahlreiche Praxisbeispiele, Fallstudien, Grafiken und Rechenbeispiele anschaulich dargestellt.

Ein Auszug aus den Inhalten des Buches macht deutlich, dass hier Themen behandelt werden, die Einkaufs- und Verkaufsprofis sowohl aus kleinen und mittleren Unternehmen als auch aus internationalen Großunternehmen gleichermaßen ansprechen:

- Motivation und Selbstmanagement des Einkäufers,
- Target Costing, Total Cost of Ownership, Maverick Buying,
- Professionelle Bedarfsermittlung, Preisstrukturanalyse, Einkaufspreisanalyse,
- E-Procurement, Reverse Auktionen, E-Payment,
- Faire und unfaire Verhandlungsstrategien, Abwehrtechniken,

- Schwierige Verhandlungspartner, Tipps und Tricks von Ein- und Verkaufsprofis,
- Weltweiter Einkauf, Sourcing-Strategien, Lieferantenmanagement,
- Nationales und internationales Einkaufsrecht,
- Einkaufscontrolling und Korruption,
- Auftreten, Stil und Etikette,
- Verhandlungen mit ausländischen Geschäftspartnern.

Mein Dank gilt den Experten der verschiedensten Branchen für ihren Rat und ihr Wissen, welches sich in diesem Buch vereinigt. Wertvolle Hilfe bei der Erstellung des Buches leistete Herr Frieder Gamm, ebenfalls ein Einkaufs-Profi. Für ihr unermüdliches Engagement sowie für Rat und Tat bin ich Frau Dipl.-Ing. Elke Illgner zu Dank verpflichtet. Mein Dank gilt auch dem Springer-Verlag Programmplanung Technik Herrn Dipl.-Ing. Thomas Lehnert sowie Frau Sigrid Cuneus, Frau Sabine Hellwig und Frau Kathleen Doege. Für ihre Unterstützung möchte ich mich bei Herr Dipl.-Wirtsch.-Ing. Christoph Lipp, Leiter Procurement Methods & Support, Heidelberger Druckmaschinen AG, Heidelberg und Herrn Bertholt Heyer, Leiter Einkauf John Deere AG, Werk Mannheim, herzlich bedanken.

Mannheim, im April 2003 *Helmut Wannenwetsch*

Inhalt

1 Professionelle Verhandlungsführung als Wettbewerbsvorteil 1
1.1 Einkauf und Verhandlungsführung mit zentraler Bedeutung im Unternehmen 1
1.2 Kosteneinsparung durch Zentralisierung des Einkaufsvolumens 2
1.3 Interkulturelles Management und Business Etikette als Türöffner 4
1.4 Einkauf und Verhandlungsführung im In- und Ausland 5
1.5 Systemlieferanten als Schlüsselgröße 8
1.6 Kostensenkung durch E-Sourcing und Desktop Purchasing 10

2 Ziele setzen – Selbstmotivation steigern – Einkaufsergebnisse verbessern 13
2.1 Im Einkauf liegt der Gewinn! 13
2.2 Die Arten der Motivation 13
2.3 Setzen Sie sich Ziele! 15
2.4 Die fünf Schritte der Zielerreichung 15

3 Praxismethoden zur Kostenreduzierung 21
3.1 Target Costing – die Zielkosten im Visier 21
3.2 Total-Cost-of-Ownership-Ansatz – Kosten werden zu Ihrem Anliegen 27
3.3 Wertanalyse – welchen Wert haben ihre Produkte eigentlich? 33
3.4 Erfahrungskurven-Analyse – durch Erfahrung Kosten senken 36
3.5 Produktlebenszyklus-Analyse – Kostensenkungsmaßnahmen 38
3.6 Simultaneous Engineering – die hohe Kunst der Zusammenarbeit 40

4 Einsparpotentiale durch Electronic Procurement 43
4.1 Grundlagen des E-Procurement 43
4.2 E-Beschaffungsmarketing – wie die Lieferanten Ihnen ins Netz gehen 45
4.3 Unterscheiden Sie A-Teile von C-Teilen 46
4.4 Beschaffung von C-Teilen und MRO-Produkten – Desktop Purchasing 48
4.5 Are you content? – Stiefkind Catalog-Management 50

4.6 Reverse Auktionen – Segen oder Fluch? 52
4.7 Spotbuying/Spotkäufe – spontan und billig? 54
4.8 Im Takt produzieren: Just-in-Time und Just-in-Sequence 55
4.9 Zur Kasse bitte! – Zahlungssysteme im E-Procurement 57
4.10 Sind Sie sicher? – Sicherheit im Netz 59

5 Sourcing-Strategien – wo und von wem wird eingekauft?................63
5.1 Global Sourcing – eine Welt voller Lieferanten 63
5.2 Modular Sourcing – größere Teile, weniger Lieferanten 64
5.3 Single Sourcing – mit dem Lieferanten durch dick und dünn 65
5.4 Dual oder Double Sourcing – die Verlustabsicherung 66
5.5 Vermeidung von Maverick Buying 66

6 Kosteneinsparung durch professionelle Bedarfsermittlung 67
6.1 Schaffung des tragfähigen Einkauf-Fundamentes 67
6.2 Erfolgsbausteine – optimale Menge und Wert 68
6.3 Entscheidend: Ermittlung des Bedarfs und der Bezugszeitpunkte 71
6.4 Einkaufspreisanalyse 72
6.5 Lieferkonditionen und Incoterms 76
6.6 Advanced Purchasing 78

7 Kostensenkung durch Erkennen des Lieferantenpotenzials.............81
7.1 Lieferantenanalyseinstrumente – die Lieferanten „Top Ten" 82
7.2 Lieferantenmanagement – die ganzheitliche Sicht 87
7.3 Lieferantenbewertung – ein Praxisbeispiel 88
7.4 Lieferantenoptimierung – wie verbessert sich mein Lieferant? 92
7.5 Lieferantenauswahl – den richtigen Lieferanten finden 94
7.6 Einkaufs- und Supply Chain Controlling – die Einkaufsscorecard 94
7.7 Einführung eines effizienten Beschaffungs-Controlling 96

8 Business-Etikette für Einkaufsmanagerinnen und -manager.........103
8.1 Souverän auf jedem Parkett 103
8.2 Wie du kommst gegangen 107
8.3 Herrengarderobe 108
8.4 Damengarderobe 109

9 Souveränes Verhalten bei Geschäftsessen 111
9.1 Sinn und Zweck von Geschäftsessen 111
9.2 Organisatorisches bei der Einladung zum Essen 111
9.3 Restaurantbesuch und Tischkultur 112

Inhalt XI

10 Die Einkaufsmanagerin in Verhandlungen 117
10.1 Kommunizieren Einkäuferinnen anders? 117
10.2 Erfolgsfaktoren einer Gesprächs- und Verhandlungsstrategie 118
10.3 Erfolgsgeheimnisse erfolgreicher Einkäuferinnen 128

**11 Schlüsselfaktoren: Mimik, Gestik, Sprache, Auftreten,
Kommunikation** 129
11.1 Psychologie von Verhandlungen 129
11.2 Sachebene – Beziehungsebene 133
11.3 Kongruentes Verhalten – der Schlüssel zu erfolgreichem
Auftreten 135
11.4 Wirkungsfaktoren in der Praxis 138
11.5 Mit dem Körper überzeugen 139
11.6 Setzen Sie Ihre Stimme wirkungsvoll ein 142
11.7 Engagement – mentale Vorbereitung einer Verhandlung 143
11.8 Crashkurs Kommunikation 144

12 Organisatorische Vorbereitung 151
12.1 Ausgangssituation 151
12.2 Die Vorbereitung als Grundstein zum Erfolg 153
12.3 Ablauf, Ort und Verhandlungsteam 156
12.4 Organisieren: Bewirtung, Sitzordnung und Zeitrahmen 158
12.5 Mentale Vorbereitung 160
12.6 Zu guter Letzt: Abschlusscheckliste 162

13 Verhandlungsbeginn: Ring frei für die erste Runde 163
13.1. Professioneller Aufbau einer Sach-Beziehungsebene 163
13.2 Begrüßung und Vorstellung 166
13.3 Bewährte Fragearten 169
13.4 Die Kunst des Zuhörens 171

14 Verhandlungsphase – die richtige Strategie zur Zielerreichung .. 173
14.1 Verhandlungsstrategien 173
14.2 Das Harvard-Konzept – die neue Erfolgsstrategie? 176
14.3 Der Moment der Entscheidung – die Preisverhandlung 178
14.4 Wenn-dann-Verhandlungstechnik 182
14.5 Erfolgreiche Verhandlungswerkzeuge der Einkäufer-Profis 183
14.6 Ganzheitliches Verhandeln – die neue Erfolgs-Philosophie 185
14.7 Die zehn erfolgreichsten Verhandlungsregeln 187

15 Verkäufer als Verhandlungspartner 189
15.1 Ziele und Vorgehensweisen der Verkäufer 189
15.2 Ausbildung und Training der Verkäufer 191
15.3 Die Tricks der Verkäufer 195
15.4 Abwehr unfairer Verkaufs- und Verhandlungsstrategien 197

16 Erfolgreicher Umgang mit schwierigen Verhandlungspartnern .. 201
16.1 Mängel, Mafia und Monopolisten 201
16.2 Vom Umgang mit Monopolisten 203
16.3 Methoden, die nicht jedermanns Geschmack sind – aber
 erfolgreich! 208
16.4 Psychologie in der Verhandlung 210
16.5 Für jede Situation die richtige Strategie! 212

17 Bestechungsversuche und Korruption 217
17.1 Gründe für Korruption 217
17.2 Korruptionsindex 219
17.3 Präsente, Werbegeschenke und Vorteilsnahmen 222
17.4 Diebstahl im Handel 223
17.5 Abwehr von Bestechung und Korruption 224

18 Rechtssicherheit durch professionelles Vertragsmanagement 229
18.1 Einleitung 229
18.2 Wesentliche rechtliche Einigungspunkte 229
18.3 Form des Vertrages 235
18.4 Rechtliche Bedeutung des Verhandelns 237
18.5 Ausländische Vertragsparteien 240

19 Der Abschluss der Einkaufsverhandlung 243
19.1 Abhaken der Vereinbarungen 243
19.2 Das Protokoll 244
19.3 To-Do-Liste 245
19.4 Die Bewertung der Ergebnisse 245
19.5 Checkliste Verhandlungsnachbereitung 246

20 Umgang mit ausländischen Verhandlungspartnern 249
20.1 USA: Verhandlungsführung im Land der unbegrenzten
 Möglichkeiten 249
20.2 Frankreich: erfolgreiche Verhandlungsführung in der Grande
 Nation 256
20.3 Lateinamerika: Verhandlungsführung von Mexiko bis Feuerland .. 264
20.4 China: erfolgreiche Verhandlungsführung im Reich der Mitte 272

20.5 Indien: Verhandlungsführung auf dem indischen Subkontinent 283
20.6 Mittel- und Osteuropa: neue Märkte – neue Chancen 292
20.7 Naher und Mittlerer Osten: Verhandeln im Land des schwarzen Goldes 304

21 Verhandlungsführung in kleinen, mittleren und großen Unternehmen 315
21.1 Mittelständische Industrieunternehmen der Anlagentechnik 315
21.2 Vergabeverhandlungen von Neuteilen mit Lieferanten 321
21.3 Systemlieferant in der Automobilindustrie – BorgWarner Inc. 324

Literatur 339

Autorenverzeichnis 343

Integrierte Material- wirtschaft und Logistik

Beschaffung, Logistik, Materialwirtschaft und Produktion

H. Wannenwetsch

Aktuell in der 2. Auflage ▶ Schuldrecht (Vertragsmanagement) den neuen Bestimmungen angepasst ▶ Qualitätsmanagement nach ISO 2000 ▶ Abschnitt E-commerce mit aktuellen Grundlagen und Erkenntnissen aus der Praxis ▶ Zusammenfassungen in Tabellen oder Übersichten; Fallbeispiele ergänzt, Stichwortverzeichnis überarbeitet ▶ Praxisfragen mit Lösungen neu aufgenommen.

2., überarb. Aufl. 2004. XII, 468 S. 130 Abb. (VDI-Buch)* Brosch. ISBN 3-540-00481-5 ▶ **€ 29,95€ | sFr 51,00**
▶ *VDI-Preis **€ 26,95 | sFr 46,00**

Bei Fragen oder Bestellung wenden Sie sich bitte an ▶ Springer Distribution Center GmbH, Haberstr. 7, 69126 Heidelberg ▶ **Telefon:** (06221) 345– 4301 ▶ **Fax:** (06221) 345–4229 ▶ **Email:** SDC-bookorder@springer-sbm.com ▶ Die €-Preise für Bücher sind gültig in Deutschland und enthalten 7% MwSt. ▶ Preisänderungen und Irrtümer vorbehalten.

1 Professionelle Verhandlungsführung als Wettbewerbsvorteil

1.1 Einkauf und Verhandlungsführung mit zentraler Bedeutung im Unternehmen

> Das Geheimnis der Verhandlung liegt darin, die wirklichen Interessen der betreffenden Parteien in Einklang zu bringen.
>
> *(Francois des Callieres 1645–1717)*

Das Einkaufsmanagement gewinnt in den Unternehmen immer mehr an Bedeutung. In großen Industrieunternehmen mit einem hohem Anteil an Materialkosten ist der Einkauf oft direkt im Vorstandsbereich angesiedelt. Im Jahr 2005 berichteten bereits 70% aller Einkaufsleiter (CPOs bzw. Chief Procurement Officer) direkt an den Vorstand. Gegenüber 2004 ist das eine Steigerung um 20%. Insgesamt 41% der Befragten gaben an, dass der Vorstand die Richtlinien für den Einkauf bestimmt, bei 13% ist sogar der Vorstandsvorsitzende persönlich daran beteiligt.

Das Beschaffungsmanagement besitzt eine dominierende Stellung bezüglich der Ausgabenkontrolle. In wichtigen Ausgabenbereichen wie z.B. Dienstleistungen (45%) und direkte Güter/Rohstoffe (41%) verfügen es über formale Genehmigungsrechte.

Ein vorrangiges Ziel der Chief Procurement Officer im Jahre ist es, die Stückkosten von Gütern und Dienstleistungen im Durchschnitt um rund 13% zu senken, wie die Ergebnisse der Studie „European Spend Agenda 2005" zeigen. Diese Studie wird jährlich unter 225 Einkaufsleitern europäischer Großunternehmen durchgeführt[1].

Folgende Ziele der europäischen Einkaufsmanager stehen dabei im Vordergrund:

- Reduzierung der Stückkosten (70 % der Befragten),
- Sourcing neuer Lieferanten (70%),

---

[1] Voigt S. (2005)

- Neubewertung von Dienstleistungsverträgen in Bereichen wie Marketing, Zeitarbeit und Anlagenmanagement (60%),
- Erlangung von mehr Transparenz über Einkaufsdaten (31%).

Im Bereich Services gaben 37% der Einkaufsleiter an, über weniger als 10% der Ausgaben Transparenz zu haben. Das Fehlen besserer Systeme zur Überwachung von Einkaufsaktivitäten wird von 22% der Befragten als Hauptgrund für die mangelnde Transparenz der Daten angesehen.

Die bisherigen Beispiele sowie die tägliche Praxis in den Unternehmen zeigt, dass die Führung von Verhandlung unabdingbar ist, einen beträchtlichen Zeitaufwand beansprucht und professionell durchgeführt werden muss. Nur so können Kosten- und Wettbewerbsvorteile erzielt werden.

1.2 Kosteneinsparung durch Zentralisierung des Einkaufsvolumens

> „Unternehmen, welche in der Lage sind, ihr gesamtes Beschaffungsvolumen zu zentralisieren, können Kosten in einer Größenordnung einsparen, die in ihrer Erfolgswirkung einer acht- bis vierzehnprozentigen Umsatzsteigerung entspricht".

Dies ist das Ergebnis einer Befragung unter 103 deutschen Unternehmen, welche der Bundesverband Materialwirtschaft, Einkauf und Logistik (BME) zusammen mit der Beratungsgesellschaft Deloitte und der Universität der Bundeswehr München durchgeführt hat.[2]

Es existieren in vielen Unternehmen noch immer sog. „nichttraditionelle„ Beschaffungsfelder. In diesen Beschaffungsfeldern werden die Waren und Dienstleistungen direkt durch die entsprechenden Fachabteilungen eingekauft. Die professionelle Einkaufsabteilung wird in die Beschaffung hier oft nicht mit einbezogen. Die Folge davon ist, dass hohe Einsparpotenziale nicht erkannt und ausgeschöpft werden, so Dr. Holger Hildebrandt, Hauptgeschäftsführer des BME.

Die sog. nichttraditionellen Beschaffungsfelder umfassen folgende Bereiche:

- Patente und Rechte,
- Finanzdienstleistungen,
- Marketingleistungen,
- Personal,

---

[2] Vgl. FAZ (2005b) S. 20

- Beratungsleistungen,
- Forschung & Entwicklungs-Dienstleistungen,
- Travel Management.

Diese sieben nichttraditionellen Beschaffungsfelder machen bis zu 28% des gesamten Beschaffungsvolumens eines Industrieunternehmens aus. In ca. 75% der untersuchten Unternehmen ist die Einkaufsabteilung nicht für diese Warengruppen verantwortlich.

In beinahe allen Unternehmen sind diese nichttraditionellen Beschaffungsbereiche vorhanden. Die Rolle des Einkaufsmanagements umfasst in diesen Bereichen lediglich die reine „operative Bestellung". Unter Umständen darf er noch Preisverhandlungen oder Nachverhandlungen durchführen. Das Problem ist aber, wenn der Zulieferer weiß, dass sein Produkt bereits von einem Unternehmensbereich zum Kauf ausgewählt worden ist, so hat der später eingeschaltete Einkauf wenig Chancen bei Verhandlungen Preisreduzierungen durchzusetzen.

Weniger als 40% der Unternehmen verwenden die Instrumente und Werkzeuge des strategischen Beschaffungsmanagements. Zu diesen erfolgreich eingesetzten Methoden und Werkzeugen gehören u.a.

- Einsatz eines Beschaffungscontrolling,
- Warengruppenmanagement,
- Target Costing,
- Total Cost of Ownership,
- Selektive Sourcing Strategien,
- Erarbeitung von Risiko-Portfolios,
- Lieferantenbewertung und Lieferantenmanagement.

Ein Beispiel für die momentane Situation in nichttraditionellen Beschaffungsbereichen ist der Marketingbereich. Die meisten europäischen Einkaufsabteilungen wissen nicht, wofür ihre Marketingabteilungen das Budget ausgeben.

Die Ausgaben der Marketingabteilung sind für 40% der Einkaufsleiter nicht transparent.[3] Dabei sind 90% der europäischen Einkaufsleiter der Meinung, dass durch eine enge Zusammenarbeit mit der Marketing-Abteilung bessere Ergebnisse erzielt werden können. Hierbei sind nur 20% der Chief Procurement Officer der Meinung, dass der Marketingbereich bereit ist, notwendige Einkaufspraktiken einzuhalten. Dagegen sind 40% der befragten 120 Einkaufsleiter der Überzeugung, dass die Marketingmitarbeiter im Einkauf nur ein notwendiges Übel sehen.

---

[3] Vgl. e-procurement newsletter (07/2005), s.a. Wannenwetsch (2005) S. 17ff

Wenn man sich vergegenwärtigt, dass die Marketingausgaben im Durchschnitt 5–10% des Firmenumsatzes betragen, dann wird bewusst, welche Einsparpotenziale hier liegen. Noch deutlicher wird dies, wenn man weiß, dass z.B. große Pharmaunternehmen Marketingausgaben von über vier Milliarden Euro pro Jahr haben.

Nach Erfahrungen von Praktikern sind für Marketingleistungen oftmals Ausschreibungen möglich und Marketingausgaben durchaus verhandelbar.

1.3 Interkulturelles Management und Business Etikette als Türöffner

Studien in den Vereinigten Staaten haben ergeben, dass die Beurteilung eines Menschen zu 55% in sein Äußeres einfließt. Das Auftreten beeinflusst andere Menschen zu 38% und die Stimme sowie der Inhalt zeigt nur einen Beeinflussungsgrad von 7%. Die Beurteilung eines Menschen bzw. eines Geschäftspartners läuft bewusst oder unbewusst innerhalb weniger Sekunden ab.[4]

Tadelloses Benehmen und die Beherrschung der Höflichkeitsformen sind Voraussetzung für beruflichen Aufstieg und für Erfolge in der Kommunikation und Verhandlungsführung. Seinem Gegenüber nicht den gebotenen Respekt zu geben, kann frustrieren, beleidigen und manches für die Firma wichtige Meeting schon beenden, bevor es richtig begonnen hat

Wer national und international vorankommen will, der sollte sich mit den Verhaltensstandards der Eliten vertraut machen. Die Beherrschung der international anerkannten Höflichkeitsformen ermöglicht dem Gegenüber auch eine Einordnung seines Gesprächspartners.

Wenn die Beherrschung der Höflichkeitsformen die unabdingbare Pflicht darstellt, so ist die Etikette quasi die Kür auf dem geschäftlichen Parkett. Geschäftliche und gesellschaftliche Etikette sind in der Praxis oft fließend, da in vielen Ländern der Geschäfts- und Verhandlungserfolge eng mit der persönlichen und privaten Sympathie verbunden sind.

Die Unternehmen haben inzwischen erkannt, dass nicht alle Fach- und Führungskräfte die notwendigen Formen der Business Etikette und der interkulturellen Kommunikation beherrschen. Da bei vielen geschäftlichen Kontakte auch der Ehepartner mit involviert ist, wie z.B. bei einem Theaterbesuch oder bei einem Dinner, werden vom Ehepartner die gleichen Umgangsformen verlangt. Der Chemiekonzern BASF ermöglicht zum Beispiel seit einigen Jahren seinen Mitarbeitern die Teilnahme an einem ein-

---

[4] Vgl. Hakemi S (2001) S. 65

wöchigen interkulturellen Seminar. Die Kosten für die Schulung, an der auch die Ehepartner teilnehmen können, trägt das Unternehmen.[5]

Interkulturelles Management umfasst, wie in den nachfolgenden Abschnitten näher behandelt wird, verschiedene Bereiche wie z.B.

- Geschäftsessen und Tischkultur,
- die richtige Garderobe zum richtigen Anlass,
- Verhalten und Auftreten weiblicher Fach- und Führungskräfte,
- Auftreten und Verhalten,
- Körpersprache und Kommunikation,
- andere Länder andere Sitten.

Der geschäftliche Erfolg bei Einkauf oder Verkauf hängt letztendlich nicht nur vom fachlichen sondern auch vom persönlichen Profil und Auftreten des Verhandlungspartners ab.

1.4 Einkauf und Verhandlungsführung im In- und Ausland

Die Gesamtausfuhren der Bundesrepublik Deutschland wuchsen im Vergleich zum Jahre 2003 im Jahre 2004 auf insgesamt 733,5 Mrd. Euro (plus 10,4%). Die Einfuhren in die Bundesrepublik betrugen 577,4 Mrd. Euro, was einem Plus von 8% gegenüber dem Jahr 2003 entspricht.[6]

Rund drei Viertel der Waren (72%) werden in die europäischen Länder exportiert. Der zweitwichtigste Absatzmarkt für deutsche Waren stellt der Kontinent Amerika dar mit einem Anteil von 11,5% bzw. 85,4 Mrd. Euro. Danach folgt Asien mit einem Anteil von 11,3% (83,1 Mrd. Euro). Nach Afrika wurden 1,9% (13,6 Mrd. Euro) und nach Australien und Ozeanien 0,7% (5,5 Mrd. Euro) aller deutschen Waren exportiert.

Von den 577,4 Mrd. importierten Waren kamen 72% (415,5 Mrd. Euro) aus Europa, 16,4% (94,8 Mrd.) aus Asien, 9,3% (54,0 Mrd.) aus Amerika, 1,8% (10,5 Mrd. Euro) aus Afrika und 0,4% (2 Mrd. Euro) aus Australien und Ozeanien.

Der Rekordüberschuss kam vor allem durch den Ausfuhrüberschuss in die europäischen Länder (+129,9 Mrd. Euro) und aus den amerikanischen Ländern (+30,5 Mrd. Euro). Aus Asien wurden hingegen mehr Waren nach Deutschland importiert als exportiert (–11,7 Mrd. Euro).

Tabelle 1.1 zeigt die 15 wichtigsten Einfuhr- und Ausfuhrländer der Bundesrepublik Deutschland.

---

[5] Vgl. FAZ (2000) S. 29
[6] Vgl. www.logistik-inside.com (2005)

Tabelle 1.1. Die 15 wichtigsten Einfuhr- und Ausfuhrländer der Bundesrepublik Deutschland

Einfuhr Herkunftsland	in Mio. Euro	Ausfuhr Bestimmungsland	in Mio. Euro
Frankreich	52.203,8	Frankreich	75.300,9
Niederlande	47.864,7	Vereinigte Staaten	64.802,3
Vereinigte Staaten	40.264,7	Vereinigtes Königreich	61.057,9
Italien	34.963,5	Italien	52.441,5
Vereinigtes Königreich	34.313,3	Niederlande	45.491,3
Volksrepublik China	32.455,5	Belgien	41.164,3
Belgien	28.499,6	Österreich	39.434,3
Österreich	24.236,6	Spanien	36.809,8
Schweiz	21.414,6	Schweiz	27.952,5
Japan	21.093,8	Volksrepublik China	20.995,5
Spanien	17.312,5	Polen	18.817,1
Tschechische Republik	17.015,6	Tschechische Republik	17.812,4
Russische Föderation	16.218,0	Schweden	15.856,8
Polen	15.940,4	Russische Förderation	14.73,5
Irland	15.072,3	Japan	12.693,1

Quelle: Statistisches Bundesamt, Wiesbaden 2004, Vorläufige Ergebnisse

Die Umsatzhöhe der Ein- und Ausfuhren zeigt die Bedeutung des Einkaufs für den Warenverkehrs in der Bundesrepublik. Betrachtet man die einzelnen Warenarten mit komplexen hochtechnologischen Produkten und Anlagen, so gewinnt man einen Eindruck, wie viele einzelne Details zu verhandeln und festzulegen sind. Die Zeitdauer von der Angebotserstellung bis zum Abschluss eines komplexen Vertrages kann hierbei teilweise ein bis zwei Jahre in Anspruch nehmen.

Der Wohlstand der Bundesrepublik Deutschland basiert auf dem Export von Gütern und Dienstleistungen. Mehr als die Hälfte aller Arbeitsplätze sind direkt oder indirekt vom Export abhängig. Immer mehr Produkte werden jedoch aus Kostengründen nicht mehr in der Bundesrepublik Deutschland sondern in Osteuropa, China oder Indien produziert. Die PKW-Industrie spielt hier eine Vorreiterrolle. Mit der Reduzierung der Fertigungstiefe auf 30% und darunter gewinnt die weltweite Beschaffung, das Global Sourcing, immer mehr an Bedeutung. Damit einhergehend wächst die Bedeutung der Systemlieferanten.

1.4 Einkauf und Verhandlungsführung im In- und Ausland

Tabelle 1.2. Umsatzhöhe der Ein- und Ausfuhren, Bundesrepublik Deutschland

Waren	Einfuhr in Tonnen	in Tsd. Euro	Ausfuhr in Tonnen	in Tsd. Euro
Erzeugnisse der Landwirtschaft, gewerbliche Jagd	20.566.407,3	14.547.361	11.315.371,2	4.213.021
Forstwirtschaftliche Erzeugnisse	1.816.421,5	387.765	4.115.892,8	359.360
Fische und Fischereierzeugnisse	136.618,8	377.359	73.848,4	149.880
Kohle und Torf	32.982.642,1	1.705.561	2.503.992,5	199.427
Erdöl u. Erdgas, Dienstleistungen bei der Gewinnung	196.552.742,3	39.240.879	23.491.878,5	4.209.158
Erze	48.033.851,5	2.998.663	126.298,1	69.189
Steine und Erden, sonstige Bergbauerzeugnisse	23.050.339,5	1.098.834	34.870.095,5	934.688
Erzeugnisse des Ernährungsgewerbes	27.355.261,8	27.141.251	36.111.573,7	25.948.927
Tabakerzeugnisse	102.762,6	753.362	171.518,5	1.792.332
Textilien	1.739.275,9	11.750.022	1.190.092,8	11.066.423
Bekleidung	886.853,8	15.912.021	210.020,1	7.597.609
Leder und Lederwaren	503.331,4	5.748.496	169.148,1	3.006.075
Holz-, Korb-, Flecht-, Korkwaren (ohne Möbel)	7.984.086,6	4.099.486	10.453.216,7	4.743.592
Papier	18.573.470,8	12.127.568	17.781.358,4	14.617.686
Verlags- u. Druckerzeugnisse, bespielte Datenträger	609.380,3	2.102.815	1.237.257,1	4.469.711
Kokerei-, Mineralölerzeugnisse, Spalt- u. Brutstoffe	40.246.795,7	11.333.295	25.415.805,6	8.257.889
Chemische Erzeugnisse	35.392.930,4	63.483.454	51.834.157,1	94.696.332
Gummi- und Kunststoffwaren	4.007.636,1	13.938.128	5.854.186,1	23.875.336
Glas, Keramik, bearbeitete Steine und Erden	9.507.566,0	5.967.803	18.990.894,9	9.264.743
Metalle und Halbzeug daraus	34.659.326,4	31.387.392	41.418.472,2	35.644.727
Metallerzeugnisse	4.314.281,7	12.696.610	4.874.263,3	22.140.401
Maschinen	4.617.828,2	38.783.845	7.878.726,0	102.526.240
Büromaschinen, Datenverarbeitungsgeräte und -einrichtungen	605.167,2	27.796.950	377.573,7	21.597.890
Geräte der Elektrizitätserzeugung und -verteilung	2.195.875,2	24.589.680	2.224.987,4	36.116.338
Nachrichtentechnik, Radio, TV, elektronische Bauelemente	661.743,5	37.746.376	415.024,7	36.238.362
Med., mess-, steuer-, regelungstechn., opt. Erzeugnisse, Uhren	234.594,3	16.088.568	287.610,5	29.525.767
Kraftwagen und Kraftwagenteile	7.210.105,5	59.584.812	13.912.930,5	134.914.373
Sonstige Fahrzeuge	1.137.344,8	22.045.877	942.877,3	25.365.403
Möbel, Schmuck, Spielwaren, Musikinstrumente, Sportgeräte, sonst.	3.066.454,8	13.257.974	1.758.343,4	12.121.829
Energie	0,0	799.876	0,0	1.062.338
Sonstige Waren	41.886.403,6	57.883.204	23.150.308,7	56.731.411

1.5 Systemlieferanten als Schlüsselgröße

Eine Methode, um die Kosten zu reduzieren, sehen viele Unternehmen in der Reduzierung ihrer Lieferantenanzahl. Tabelle 1.3 zeigt die Lieferantenreduzierung verschiedener Unternehmen.

Tabelle 1.3. Lieferantenreduzierung verschiedener Unternehmen

Unternehmen	Anzahl der Lieferanten vorher	Anzahl der Lieferanten nachher	Reduktion
Xerox	5.000	500	90%
Motorola	10.000	3.000	70%
Digital Equipment	9.000	3.000	67%
General Motors	10.000	5.500	45%
Ford Motor	1.800	1.000	44%
BMW	1.200	600	50%

Quelle: BMW, Stand 02/2000, Beschaffung aktuell 02/2000, S 34

Ein PKW entsteht heute bei den Zulieferern.[7] Damit gewinnt die Bedeutung der Zulieferer und besonders die Bedeutung der System- und Modullieferanten. Dies zeigt auch das Beispiel des PKW-Herstellers BMW.

Umsatzklassen	Anzahl der Zulieferer
5–25 Mio. Euro	260 Zulieferer
25–50 Mio. Euro	60 Zulieferer
über 50 Mio. Euro	40 Zulieferer

Quelle: BMW 02/2000, s.a. Wannenwetsch, H (Hrsg.) (2004) S 127ff

Im Jahr 1990 teilten sich weltweit 30.000 direkte Automobilzulieferer ein Marktvolumen von 496 Mrd. Dollar. Im Jahr 2000 teilten sich nur noch ca. 8.000 direkte Zulieferer ein Marktvolumen von 958 Mrd. Euro. Im Jahr 2008 werden von diesen 8.000 direkten Zulieferern nur noch 2.000 Zulieferer übrig sein, so die Schätzung der Europäischen Vereinigung der Zulieferer. Der Umsatz der deutschen Automobilzulieferer betrug 65,4 Mrd. Euro. Mit der Reduzierung der Zulieferer steigt gleichzeitig die Größe der einzelnen Unternehmen.[8]

In Tabelle 1.4 finden Sie die Liste der größten Automobilzulieferer.

Das Bankhaus M.M. Warburg errechnete, dass die europäischen börsennotierten Automobilzulieferer zwischen 2001 und 2004 das Ergebnis vor Zinsen und Steuern (Ebit) in der Summe um 55% gesteigert haben. Die

---

[7] Vgl. Beschaffung Aktuell (06/2005) S. 30ff
[8] In FAZ (2005a)

Automobilhersteller erreichten im gleichen Zeitraum nur ein Plus von 7%.[9] Ausnahmen bestätigen natürlich auch hier die Regel. Der PKW-Hersteller Porsche hatte im Jahr 2002 beispielsweise eine Umsatzrendite von 17% vor Steuern.[10]

Tabelle 1.4. Liste der größten Automobilzulieferer

Rangfolge	Unternehmen, Land	Umsatz 2004 in Mrd. Euro
1.	Robert Bosch, Deutschland	25,3
2.	Delphi, USA	23,1
3.	Denso, Japan	20,9
4.	Bridgestone, Japan	18,0
5.	Johnson Controls, USA	16,5
	Siemens (VDO u. Osram), Deutschland	13,2
	Continental, Deutschland	10,6
	ZF Group, Deutschland	8,6
	ThyssenKrupp, Deutschland	7,3
	Schaeffer, Deutschland	7,2

Gleichzeitig steigen natürlich die Anforderungen an die Systemlieferanten. Die Hersteller beziehen die Systemlieferanten immer mehr in die Entwicklung der Teile mit ein (Entwicklungspartnerschaft). Da die Entwicklung und Produktion teilweise von den Lieferanten vorfinanziert wird, verlangt dies von den Zulieferern ein entsprechende Kapitalkraft bzw. Kreditwürdigkeit bei den Banken.

Um hohe Lagerkosten zu vermeiden verlangen Firmen wie BMW von ihren Zulieferern eine „Just-in-Time"-Anlieferung auch über eine Distanz von mehreren hundert Kilometern.[11] Darüber hinmüssen beim neu gebauten BMW-Werk in Leipzig ca. 85% der Teile „Just-in-Sequence", also taktgenau bereitgestellt werden. Kein direkt angeliefertes Teil legt beim BMW-Werk in Leipzig vom LKW bis zum Verbauort mehr als sieben Meter zurück. Im Werk München sind es teilweise noch 200 Meter.

Bei DaimlerChrysler in Werk Sindelfingen werden 95% der Teile direkt in die Montagehalle geliefert. Als Weiterentwicklung ist eine „Lieferantengesteuerte Jit-Belieferung" geplant. Die Lieferanten erhalten eine 5-Tages Bedarfsvorschau und steuern eigenverantwortlich ihre Produktion und Belieferung auf Basis vereinbarter Mindest- und Maximalreichweiten. Bei der Anlieferung von Klimaanlagen von einem 600 km entfernten Pro-

---

[9] Vgl. Peitsmeier H (2005)
[10] Vgl. Wannenwetsch H (Hrsg.) (2005) S. 8ff
[11] Vgl. Logistik Heute (06/2005) S. 12ff

duktionsstandort ist geplant, den Bedarfsimpuls nach dem Kanban-Prinzip durch den Montagemitarbeiter direkt beim Lieferanten auslösen zu lassen.[12]

Die Just-in-Time" und „Just-in-Sequenze"-Logistik stellt immer höhere Anforderungen an den operativen und strategischen Einkauf in Verbindung mit der Materialdisposition. Damit verbunden ist eine höhere Risikoanfälligkeit bei Ausfall der Lieferungen durch Qualitätsmängel, Streik, Kapazitätsengpässe oder Transportschwierigkeiten.[13]

1.6 Kostensenkung durch E-Sourcing und Desktop Purchasing

Um Wettbewerbsvorteile innerhalb des gesamten Supply Chain zu erzielen, wird in Einkauf und Logistik immer mehr E-Sourcing und Desktop Purchasing eingesetzt. Unter Desktop Purchasing versteht man den Einkauf über elektronische Kataloge. Der Begriff E-Sourcing umfasst die elektronischen Ausschreibungen und Auktionen (z.B. Reverse Auktion).

Ein Großteil der Bestellungen wird heute auf elektronischem Wege abgewickelt. Auch hier nehmen die großen Unternehmen wieder eine Vorreiterrolle ein. Beschaffung über Reverse Auktionen, Frachtenbörsen, Desktop-Purchasing oder der Einsatz der in Großbritannien und den USA sehr verbreiteten Purchasing-Card sind nur einige Beispiele.[14]

Sehr interessant ist hierbei eine Umfrage unter 87 Industrieunternehmen und 54 Handelsunternehmen Die Umfrage wurde vom Bundesverband Materialwirtschaft Einkauf und Logistik e.V. durchgeführt. Die befragten Unternehmen repräsentieren eine Mitarbeiterzahl von 2,6 Mio. Beschäftigten und ein Beschaffungsvolumen von 240 Mrd. Euro.[15]

- 83% der befragten Industrie- und Handelsunternehmen setzen elektronische Kataloge (Desktop Purchasing) ein. Keine E-Sourcing-Tools haben ca. die Hälfte der Unternehmen. Bei Handel/Dienstleistung geben 55% der Befragten an, E-Kataloge seit fünf Jahren und länger im Einsatz zu haben, bei der Industrie sind dies lediglich 16%
- Bei dem überwiegenden Teil der Unternehmen beider Branchen wird ein wertmäßiger Anteil bis zu 29% des Beschaffungsvolumens über

---

[12] Vgl. Graf H, Metzger J, Nowak W (2005) S. 6ff
[13] Vgl. Wannenwetsch H (2004) S. 93ff
[14] Vgl. Wannenwetsch H (Hrsg.) (2005)
[15] Vgl. Stimmungsbarometer Elektronische Beschaffung (2005) www.bme.de, sabine.ursel@bme.de

1.6 Kostensenkung durch E-Sourcing und Desktop Purchasing

Kataloge und Ausschreibungen abgewickelt. 15% der Unternehmen haben einen E-Sourcing Anteil bis zu 49%.

- Über alle Branchen hinweg gehen die Unternehmen davon aus, das der Anteil des über E-Procurement-Tools abgewickelten Beschaffungsvolumens bei A-, B und C-Artikeln steigen wird.
- Die Anwender zeigen sich überwiegend zufrieden mit der Abwicklungsqualität des Einkaufs über elektronische Kataloge (Desktop Purchasing) und über E-Sourcing.
- 25% der Unternehmen haben die möglichen Einsparpotenziale – über die gesamte Supply Chain hinweg – noch nicht erfasst. Rund ein Drittel der Unternehmen haben angegeben, bis zu 50% der Prozesskosten eingespart zu haben.
- Die Mehrheit der Unternehmen konnte Reduzierungen bei den Einstandspreisen in Höhe von bis zu 25% erzielen. Einsparungen bis zu 50% erzielten 5% der Industrieunternehmen. Keinen Einspareffekt erzielten nur ca. 5% der Unternehmen.[16]

Damit steht fest, dass für den Einkauf die elektronische Beschaffung einen wichtigen Beitrag zur Reduzierung der Prozesskosten sowie zur Senkung der Einstandspreise beiträgt.

---

[16] Vgl. Stimmungsbarometer Elektronische Beschaffung (2005)

Vernetztes Supply Chain Management

SCM-Integration über die gesamte Wertschöpfungskette

H. Wannenwetsch

▶ Supply Chain Management als integrativer Ansatz für alle Unternehmensbereiche: Produktion, Qualitätsmanagement, Distribution, Marketing, Sales und Service, Einkauf ▶ Viele Praxisbeispiele aus Unternehmen

2005. XVI, 472 S. 157 Abb. (VDI-Buch)* Brosch.
ISBN 3-540-23443-8 ▶ € **39,95** | sFr **68,00**
▶ *VDI-Preis € **35,95** | sFr **61,50**

Bei Fragen oder Bestellung wenden Sie sich bitte an ▶ Springer Distribution Center GmbH, Haberstr. 7, 69126 Heidelberg ▶ **Telefon:** (06221) 345– 4301 ▶ **Fax:** (06221) 345–4229 ▶ **Email:** SDC-bookorder@springer-sbm.com ▶ Die €-Preise für Bücher sind gültig in Deutschland und enthalten 7% MwSt. ▶ Preisänderungen und Irrtümer vorbehalten.

BA_25825/1

2 Ziele setzen – Selbstmotivation steigern – Einkaufsergebnisse verbessern

2.1 Im Einkauf liegt der Gewinn!

Kennen Sie das auch, über Jahre hinweg haben Sie die Preise reduziert oder zumindest stabil gehalten, und trotzdem bekommen Sie für dieses Jahr von Ihrer Geschäftsführung die Vorgabe, „aufgrund des Kostendrucks unserer Kunden" die Einkaufspreise um 3% zu senken?

Und nicht nur das, gleichzeitig werden Sie aufgefordert, mit Ihren Hauptlieferanten Langzeitverträge abzuschließen, um Volumen zu bündeln?

Und schließlich hat Ihre Geschäftsführung von KVP-Workshops gehört und Sie erhalten die Aufgabe, dieses Jahr mindestens mit drei Ihrer A-Lieferanten solche Arbeitskreise zur gemeinsamen Kostenreduzierung durchzuführen – „man hat ja sonst nichts zu tun".

Kann man da als langjähriger und erfahrener Einkäufer noch motiviert sein? „Ja!", man kann, wobei natürlich klar ist, dass die Zeiten nicht einfach sind. Trotzdem ist es möglich, motiviert zu sein!

Machen wir uns einmal bewusst, welche Rolle die Abteilung „Einkauf" im Unternehmen spielt. Wussten Sie schon, dass wir die Verantwortung für den Hauptteil aller betrieblichen Kosten tragen? Im Durchschnitt sind das 50% aller Kosten! Prüfen Sie doch mal, wie hoch das komplette Beschaffungsvolumen in Ihrem Unternehmen ist!

Im Einkauf steckt ein großes Potenzial. Wenn wir dieses Potenzial abschöpfen, können wir erheblich zum Wohl unserer Unternehmen beitragen. Denn niedrigere Kosten erhöhen nicht nur den Gewinn, sondern auch die Wettbewerbsfähigkeit. Wir Einkäufer sind wichtig!

2.2 Die Arten der Motivation

Wenn es um unsere Motivation geht, muss sicherlich die Geschäftsführung ihren Teil dazu beitragen, die Mitarbeiter „bei der Stange zu halten". Motivation funktioniert von innen und von außen! Doch machen wir uns be-

14 2 Ziele setzen – Selbstmotivation steigern – Einkaufsergebnisse verbessern

wusst: Motivation nur von außen ist zu schwach: Die Wirkung einer Gehaltserhöhung verpufft spätestens nach zwei Monaten, bei einem von unserem Chef ausgesprochenen Lob durchschauen wir oft sofort, dass es nur in irgendeinem Führungstraining geschult wurde.

Viel wichtiger als die äußere Motivation ist die Eigenmotivation. Was heißt das? In mir selbst muss das Feuer brennen, die Begeisterung für meinen Beruf als Einkäufer vorhanden sein. Nur dann, wenn ich hinter meinem Beruf, hinter meiner Firma stehe, werde ich „freiwillig" mein Bestes geben.

Es gibt zwei Arten, Menschen zu motivieren: Die positive und die negative Motivation. Leider wird in unserer Gesellschaft bevorzugt die negative Form angewendet. Anscheinend ist es leichter, Druck auf andere auszuüben. Deswegen wird diese Methode auch „KITA" oder „Kick in the ass" genannt. Herzberg hatte das vornehmer ausgedrückt.

In Herzbergs Vergleich geht es um einen Esel, der einmal mit Druck in eine bestimmte Richtung gedrängt werden soll. Dies funktioniert allerdings nicht immer, da der Esel nur widerwillig sich bewegt und nach kurzer Zeit stehen bleibt oder gar bockig wird.

Möchte man den Esel dazu bewegen, dass er freiwillig in die richtige Richtung geht, sollte man ihm eine Karotte vor die Schnauze binden. Diese will er fressen, deswegen läuft er auf sie zu. Das ist die positive Motivation.

Abb. 2.1. Motivation – Herzberg-Vergleich

Übertragen auf uns selbst bedeutet das, ich muss mir Gedanken machen, auf welche Karotte ich Appetit habe, damit ich freiwillig mit Spaß in die gewünschte Richtung gehe. Und was ist die Karotte für uns selbst? Es ist das große Ziel, das uns so sehr erfüllt, dass wir alles daran setzen, es erreichen zu wollen.

2.3 Setzen Sie sich Ziele!

Die Macht von Zielen ist ein altes Wissen. In vielen Kulturen gibt es Hinweise über deren Bedeutung, wenn es um persönlichen Erfolg und Motivation geht. In den USA gibt es Lehrstühle, die sich mit Erfolgsprinzipien auseinandersetzen. Eine Erkenntnis ist bei allen gleich: Erfolgreiche Menschen setzen sich Ziele!

Es gab bereits in der 50er Jahren eine Befragung bei Universitätsabgängern, um herauszufinden, ob sich diese klare und konkrete Ziele für ihre beruflichen Karriere gesteckt hatten. Was glauben Sie, wie viele hatten sich klare und konkrete Ziele gesetzt? Nur 3%! Nach zwanzig Jahren wurden die Befragten erneut aufgesucht, um herauszufinden, wie es ihnen finanziell geht. Die Umfrage ergab Erstaunliches: Die drei Prozent der Studienabgänger von damals, mit klaren und konkreten Zielen, hatten finanziell mehr erreicht, als der ganze Rest zusammen!

Setzen wir uns mit diesem Thema intensiver auseinander. Sie werden feststellen: Ziele tragen erheblich zur Motivationssteigerung bei!

2.4 Die fünf Schritte der Zielerreichung

Es gibt bestimmte Spielregeln bei der Zielerreichung. Wir wollen uns diese Schritt für Schritt anschauen. Wichtig ist, dass Sie diese Erkenntnisse nicht nur auf Ihren Beruf als Einkäufer übertragen, sondern für alle Lebensbereiche nutzen können.

2.4.1 Idealisierung

Hierbei geht es um die Zielfindung. Bevor ich mich auf den Weg mache, sollte ich zuerst wissen, was ich erreichen möchte. Es gibt einen alten Spruch, der lautet: „Der Weg ist das Ziel". Wir ergänzen um: „Zuerst muss ich ein Ziel haben, damit ich weiß, wo mich mein Weg hinführt". Es ist wie ein Kapitän auf einem Schiff: Zuerst muss er wissen, wohin er fährt, dann leitet er die notwendigen Schritte ein und legt den Kurs fest.

Meine langjährige Erfahrung mit Einkäufern aus unterschiedlichsten Branchen und Unternehmensgrößen ist: Viele Einkäufer setzen sich keine oder nur unklare Ziele für die Verhandlung und wundern sich dann, wenn das Verhandlungsergebnis nicht befriedigend ist. Hier können wir von Verkäufern lernen: Top-Verkäufer planen ihren Erfolg. Und der erste Schritt in der Erfolgsplanung lautet: Sich klare und konkrete Ziele zu setzten.

Was sind denn typische Einkaufsziele? Beispielsweise eine Preissenkung oder die Verbesserung der Konditionen.

Was sind typische Lebensziele? Ihr berufliches Ziel, zum Beispiel, Einkaufsleiter oder Bereichsleiter zu werden. Genauso wichtig sind aber auch immaterielle Ziele, wie Gesundheit und eine harmonische Partnerschaft.

Wenn Sie Ihre Ziele gefunden haben, gilt es, einige Kriterien zu beachten. Ein Ziel soll

- herausfordernd und doch noch erreichbar sein,
- in der Gegenwart, positiv und konkret formuliert sein,
- bildlich vorstellbar sein.

Wenn Sie sich ein Ziel setzen, sollte das dann möglichst einfach zu erreichen sein? Nein, das wäre ja langweilig. Damit das Ziel eine echte Herausforderung darstellt, sollten Sie es so hoch ansetzten, dass es gerade noch erreichbar ist.

Auf der anderen Seite darf das Ziel nicht zu hoch gesteckt sein, ansonsten werden Sie permanent enttäuscht, wenn Sie es nicht erreichen. Sie sollten für sich selbst das Optimum finden.

Nehmen wir das Beispiel einer Preisreduzierung. Stellen Sie sich einmal den Lieferanten vor, der als nächstes zu Ihnen kommt. Was könnten Sie sich zutrauen, bei ihm zu erreichen? Eine Nullrunde, 1% Preisreduzierung oder gar 3% Preisreduzierung?

Können Sie sich vorstellen, mehr zu erreichen?

Es gibt eine Übung, mit der Sie es schaffen, Ihre Grenzen zu erweitern.

Stehen Sie auf. Stellen Sie sich mit beiden Füßen fest auf den Boden. Strecken Sie Ihren rechten Arm und den rechten Zeigefinger vor sich auf Schulterhöhe aus. Drehen Sie sich jetzt nach links soweit Sie können, ohne die Füße mitzudrehen. Wenn es nicht mehr weiter geht und ein leichter Schmerz in der Hüfte entsteht, schauen Sie sich die Stelle an der Wand an, da wo Ihr Zeigefinger hindeutet. Und nun prägen Sie sich einen markanten Punkt an der Wand ein, der etwa 30 cm weiter links von dieser Stelle liegt.

Jetzt können Sie sich wieder zurückdrehen und den Arm kurz herunternehmen. Schließen Sie jetzt die Augen. Stellen Sie sich vor, Sie sehen in

Ihrer Phantasie die neue Stelle an der Wand. Können Sie sich an diese erinnern und in Ihrer Phantasie sehen?

Strecken Sie jetzt, bei geschlossenen Augen, wieder den rechten Arm und den Zeigefinger aus und drehen Sie sich nach links, soweit Sie können. Wenn Sie am Ende angekommen sind, öffnen Sie Ihre Augen und schauen einmal, wo Ihr Zeigefinger jetzt hinzeigt.

Wie viele Zentimeter konnten Sie sich weiter eindrehen? 5, 10 oder 20 cm? Viele erreichen das vorgestellte Ziel auf den Punkt!

Das, was Sie soeben gemacht haben, nennt man die „Ideomotorische Bewegung" nach Pawlow. Es wurde festgestellt, dass das, was wir uns vorstellen, in unserem Unterbewusstsein abgespeichert wird. Komme ich dann später ins Handeln, versucht mein Körper das Abgespeicherte unbewusst umzusetzen.

Was will Ihnen diese Übung sagen? Es bedeutet, dass Sie in Ihrem Leben mehr erreichen können, als Sie bisher vielleicht gedacht haben.

Wenn Sie diese Erkenntnis auf Ihren Beruf als Einkäufer übertragen, dann könnten Sie Ihr Ziel nochmals überprüfen. Vielleicht trauen Sie sich jetzt mehr bei Ihrem Lieferanten zu.

2.4.2 Verbalisierung

Das zweite Kriterium für die Zielerreichung ist die richtige Formulierung. Damit Sie sich wirklich mit Ihrem Ziel identifizieren, sollten Sie darauf achten, dass es in der Gegenwart, positiv und konkret formuliert ist.

Anstatt „Ich *werde* versuchen, 2% die Preise zu reduzieren." sagen Sie besser: „Ich reduziere die Preise um 2%." oder „Ich schaffe es, die Preise um 2% zu reduzieren." Das ist Gegenwartsform. In Untersuchungen wurde festgestellt, dass bei dieser Formulierung der Umsetzungswille am größten ist.

Mit „positiv" ist gemeint, dass Sie darauf achten, dass kein „nicht" in der Formulierung vorkommt. Was damit gemeint ist, zeigt Ihnen am besten ein Beispiel: Stellen Sie sich jetzt bitte *nicht* vor, ich wiederhole: Bitte stellen Sie sich *nicht* vor, dass die Tür aufgeht, eine lila Kuh hereinkommt, um uns herumgeht und dann aus dem geöffneten Fenster fliegt. Haben Sie die Kuh jetzt nicht wahrgenommen?

Sie haben die Kuh sicherlich trotzdem wahrgenommen.

Wenn Sie Ihr Ziel formulieren: „Ich möchte *nicht*, dass der Lieferant eine Preiserhöhung durchsetzt", dann programmieren Sie Ihre Unbewusstes eigentlich mit: „Ich möchte, dass der Lieferant eine Preiserhöhung durchsetzt." Denn für das Unterbewusstsein gibt es kein „nicht". Also achten Sie auf eine positive Formulierung.

Weiterhin ist bei der Zieldefinierung zu beachten, dass Ihr Ziel konkret formuliert ist. Zu sagen „Es wäre schön, wenn ich vielleicht eine hohe Preisreduzierung erziele" ist nichts weiter, als eine vage Wunschvorstellung. Das hat nichts mit einem Ziel zu tun! Formulieren Sie es konkret, mit Zahlen und einem realistischen Termin, zum Beispiel: „Ich reduziere die Preise bei Lieferant X um 2% bis spätestens TT.MM.JJ." Das ist ein konkret formuliertes Ziel.

2.4.3 Visualisierung

Wenn Sie Ihr Ziel richtig formuliert haben, brauchen Sie jetzt eine Vision des erwünschten Endzustandes. Das hat nichts mit Hellsehen oder ähnlichem zu tun, sondern bedeutet lediglich, dass Sie sich das Ergebnis, wenn Sie Ihr Ziel erreicht haben, vorstellen können. So, wie Sie sich vorhin den Zeigefinger an der neuen Stelle der Wand vorgestellt haben.

Stellen Sie sich also vor, wie der Lieferant zum Abschluss der Verhandlung Ihnen zunickt und sagt, dass er die Preisreduzierung akzeptiert. Das ist ungewohnt, doch probieren Sie es aus.

Diese Zielprogrammierung ist wie ein Magnet. Sie werden feststellen, dass Ihre Ergebnisse noch besser werden, denn Sie gehen mit einer anderen Einstellung und Motivation an die Sache heran.

2.4.4 Etappenziele planen

Nach dem Ziel kommt die Strategie. Die Strategie ist der Weg zum Ziel, der Plan, wie Sie das Ziel erreichen werden. Überlegen Sie sich, was alles – in welcher Reihenfolge – zu tun ist. Geht es beispielsweise um eine Reduzierung der Beschaffungskosten, könnten Sie folgende Strategie anwenden:

1. ABC-Analyse des eingekauften Materials
2. Zusammenstellen einer Paketanfrage mit dem Ziel der Volumenbündelung
3. Durchführen einer Marktuntersuchung
4. Verhandlung mit A-Lieferanten
5. Parallel zu Punkt 3 und Punkt 4: Serienbrief „Aufforderung zur Kostenreduzierung" an ausgewählte B-Lieferanten mit anschließender Telefonverhandlung
6. Einführung eines E-Procurement bei C-Artikeln
7. Meta-Projekte, wie KVP-Workshops oder Design-to-Cost

2.4.5 Realisierung

Jetzt kommt der wichtigste Punkt: Nämlich das Tun. Fangen Sie an, die Dinge umzusetzen. Nur dann werden sich die Ergebnisse einstellen. Wenn Sie alle Schritte der Zielerreichung beachtet haben, können Sie gar nicht anders, als zu beginnen. Denn in Ihnen wird die Motivation, Ihr Ziel zu erreichen, sehr hoch sein.

Bleiben Sie an der Umsetzung mit Geduld und Beharrlichkeit. Das ist wichtig, denn ganz sicher werden Hürden kommen, die Sie überwinden müssen. Sie werden diese meistern!

Falls sich doch einmal Zweifel einstellen, dann denken Sie an die vielen Vorbilder:

- Edison hatte mehr als eintausend Fehlversuche, bis er die Glühlampe entdeckte.
- Walt Disney musste dreihundert Banken aufsuchen, bis er eine gefunden hatte, die ihm das Geld für sein Projekt „Disney World" lieh.
- Als Kinder sind wir viele Male hingefallen, bis wir das Laufen gelernt hatten.

Entscheidend ist also weiterzumachen, niemals aufzugeben, sondern immer wieder aufzustehen. Eine Boxerregel besagt:

> Nicht der, der hinfällt, hat verloren,
> sondern der, der liegen bleibt!
>
> Stehen Sie immer wieder auf und machen Sie weiter.
> **Sie schaffen es!**

3 Praxismethoden zur Kostenreduzierung

Unternehmens- und branchenbezogene sowie gesellschaftliche Wandlungen ändern die Bedingungen des Wettbewerbs, denen Sie und ihr Unternehmen sich gegenüber sehen, nahezu tagtäglich. Ausgehend von diesen Veränderungen muss sich auch der unternehmerische Einkauf und mit ihm jeder einzelne Einkäufer neu positionieren. Mehr denn je ist der professionelle Einkäufer aufgefordert, neue Gestaltungskonzepte anzuwenden und sich neue Methoden anzueignen bzw. bestehende Kostensenkungspraktiken weiter zu entwickeln.

Hier setzen die folgenden Methoden zur Kostenreduzierungen im Einkauf an. Aufgrund ihrer besonderen Bedeutung wird auf das Target Costing, den Total-Cost-of-Ownership-Ansatz sowie die Wertanalyse ausführlich eingegangen. Darüber hinaus wird Ihnen die Erfahrungskurven-Analyse, die Produktlebenszyklus-Analyse sowie das Simultaneous Engineering in ihren Grundzügen dargestellt.

3.1 Target Costing – die Zielkosten im Visier

Das Konzept des Target Costing (Genka Kikaku) wurde in Japan in den 70er Jahren als Instrument eines vorausschauenden Kosten- und Erfolgsmanagements entwickelt. Während die traditionelle Ermittlung der Kosten eines Produktes traditionell die Frage stellt: „Was wird ein Produkt kosten?", stellt das Target Costing die Frage: „Was darf ein Produkt kosten, das genau den Wünschen der Kunden entspricht?" Durch Target Costing können Sie die Kosten daher besser

- planen,
- steuern und
- kontrollieren.

Das Produkt wird so konstruiert, dass es den Kundenwünschen in optimaler Weise entspricht. Bisherige Ergebnisse beim Praxis-Einsatz dieser Methode bestätigen die Wirksamkeit und Effizienz des Target Costing.

> **Ziel des Target Costing**[17]
>
> Innovationsorientierte Methode des marktorientierten Kosten- und Erfolgsmanagements, welches durch eine konsequente Kundenorientierung den Kunden als Ausgangspunkt der Preisfindung und Produktkonzeption begreift, um die Wettbewerbsfähigkeit eines Unternehmens zu stärken.

Der Aufgabenschwerpunkt des Target Costing liegt zunächst in der Bestimmung der maximal erlaubten Produktkosten (Target Costs). Diese Bestimmung wird durch einfache Subtraktion vom Zielverkaufspreis (Target Price) und geplantem Gewinn (Target Margin) vorgenommen. Die Zielkosten repräsentieren diejenigen Kosten, die „vom Markt" erlaubt sind (Allowable Costs). Den Allowable Costs werden die unternehmensinternen, unter Beibehaltung der jetzigen Einkaufsstrategien sowie vorhandenen Technologiestandards und Produktionsverfahren anfallenden Kosten, die Standardkosten (Drifting Costs), gegenübergestellt. Wie Sie bereits richtig vermuten, sind diese regelmäßig höher als die Allowable Costs. Hieraus ergibt sich natürlich ein Reduktionsbedarf, der durch geeignete Maßnahmen zu erreichen ist. Die Reduktion der Kosten wird als das „Kneten der Kosten" bezeichnet. Abbildung 3.1 stellt die Elemente des „Target Price" und der „Allowable Costs" dar.

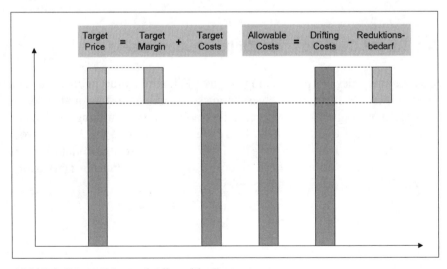

Abb. 3.1. Target Price und Allowable Costs

---

[17] Vgl. Serfling K, Schultze R (1996) S. 29ff

- Der grundsätzliche Vorteil des Target Costing ist, dass im gesamten Unternehmen das Kostenbewusstsein geweckt und die Kunden in den Mittelpunkt aller Entscheidungen gestellt werden.
- Target Costing erhöht den Markterfolg eines Produktes durch die kundenorientierte Kostenplanung. Die einzelnen Komponenten eines Produktes werden so entwickelt, dass sie hinsichtlich ihrer Funktionen und Kosten genau den Kundenerwartungen entsprechen.
- Target Costing erlaubt die Optimierung von Qualität und Kosten aus Sicht der Kunden. Durch die Ermittlung der Kundenwünsche und die Vorgabe der Zielkosten können geforderte Qualität und Kosten optimal aufeinander abgestimmt werden.
- Durch die Aufspaltung der Gesamtkosten auf die einzelnen Komponenten können frühzeitig diejenigen Komponenten identifiziert werden, bei denen noch Entwicklungs- und/oder Kostenoptimierungsbedarf besteht.

Obwohl das Target Costing im Bereich der Neuproduktentwicklung sein Hauptanwendungsgebiet hat, bietet es auch viele Vorteile für den Einkauf.

- So liefert der Target-Costing-Prozess einen objektiven und detaillierten Anforderungskatalog für die Beschaffungsobjekte.
- Die Suche nach möglichen (neuen) Lieferanten und die Lieferantenverhandlungen werden wesentlich erleichtert, da die technischen Eigenschaften und der Kosten- bzw. Preisrahmen der einzelnen Zukaufteile bereits bekannt sind. Betriebswirtschaftliche Erfordernisse und technische Entwicklung gehen Hand in Hand.
- Auf Basis der Target-Costing-Ergebnisse können Verhandlungen mit Lieferanten zielorientiert geführt werden.
- Make-or-Buy-Entscheidungen können aufgrund des detaillierten Anforderungskataloges und der kalkulatorischen Vorarbeiten leichter getroffen werden.
- Durch die Festlegung der Zielkosten in einem sehr frühen Produktentwicklungsstadium können Zulieferer auch frühzeitig in den Entwicklungsprozess mit einbezogen werden. Qualitätssteigerungs- und Kostensenkungspotentiale können zusammen mit Zulieferern realisiert werden.
- Durch Target Costing kann die Kostenstruktur auch bereits bestehender Produkte verbessert werden. Zu teuer eingekaufte und/oder zu teuer entwickelte Produktkomponenten werden nachträglich identifiziert.

Abbildung 3.2 zeigt die Vorgehensweise beim Target Costing.

3 Praxismethoden zur Kostenreduzierung

Abb. 3.2. Vorgehensweise beim Target Costing

1. Basis ist die Idee für ein neues Produkt oder ein Nachfolgeprodukt. Zu Beginn wird von dem Unternehmen aktiv Beschaffungsmarktforschung betrieben. Dabei gilt es, mögliche Kunden zu einheitlichen Kundengruppen zusammenzufassen, die gleiche Anforderungen und Erwartungen an das zu produzierende Produkt stellen. Auf deren Anforderungen und Erwatungen werden sowohl die (funktionellen) Eigenschaften als auch die Kosten des Produktes abgestimmt. Anschließend wird ein als wettbewerbsfähig anzusehender Marktpreis (Target Price) abgeleitet. Das folgende Beispiel verdeutlicht die Vorgehensweise beim Target Costing: Intensive Absatzmarktforschung hat ergeben, dass es eine attraktive Kundengruppen als potentielle Käufer für ein umweltschonendes Elektroauto für den Stadtgebrauch gibt. Der maximale, wettbewerbsfähige Verkaufspreis (Target Price) des Elektroautos beträgt 10.000 Euro.
2. Der Verkaufspreis (Target Price) des Produktes muss sowohl die Gewinnspanne als auch die Produktkosten tragen können. Es wird vom angestrebten Verkaufspreis des Produktes zunächst die vom Unternehmen vorgegebene Gewinnspanne – meist in Form eines prozentualen Anteils – abgezogen. Die verbleibende Differenz sind die sog. Zielkosten (Target Costs). Die Zielkosten sind gleichzeitig die vom Markt erlaubten Produktkosten (Allowable Costs). In dem Beispiel gab die Geschäftsführung eine zehnprozentige Umsatzrendite vor. Bei einem Verkaufspreis (Target Price) von 10.000 Euro sind dies 1.000 Euro. Als Zielkosten (Target Costs) verbleiben 9.000 Euro pro Fahrzeug als erlaubte Kosten (Allowable Costs).
3. Neben dem ermittelten Marktpreis werden auch die Anforderungen und Erwartungen der Kunden an die (funktionellen) Eigenschaften des Produktes durch Kundenbefragung aus dem Absatzmarkt abgeleitet. So wurden durch intensive Kundenbefragungen die Produkteigenschaften Energieverbrauch, Raumangebot und Design als die wichtigsten Eigenschaften des Elektroautos ermittelt. Die ermittelten Produkteigenschaften waren für die anvisierte Kundengruppe von folgender *Wichtigkeit*:

Eigenschaft	Energieverbrauch	Raumangebot	Design	Gesamt
Wichtigkeit	0,5	0,3	0,2	1

4. Die von den Kunden gewünschten Produkteigenschaften werden in technischer Hinsicht durch verschiedene Bauteile und Komponenten des Produktes erfüllt. Diesen Komponenten wird der Nutzenanteil zugeordnet, den die einzelnen Komponenten hinsichtlich des Gesamtkundennutzens zu erfüllen haben. Es entstehen die Nutzenteilgewichte der Komponenten. Grob vereinfachend besteht das Elektroauto aus den Komponenten Karosserie und Motor. Es sind die Anteile zu ermitteln, mit denen die Komponenten zur Umsetzung der Eigenschaften beitragen (*Komponentenfunktionsanteile*).

Komponente	Eigenschaft		
	Energieverbrauch	Raumangebot	Design
Karosserie	0,3	0,8	1,0
Motor	0,7	0,2	0,0
Gesamt	1,0	1,0	1,0

Darauf folgend werden die Komponentenfunktionsanteile mit dem Kundennutzen der Eigenschaften multiplikativ verknüpft. Auf diese Weise entsteht der *Komponentennutzen* (Rechenbeispiel: Komponentennutzen Karosserie: 0,5*0,3 + 0,3*0,8 + 0,2*1,0 = 0,59).

Komponente	Eigenschaft			Komponenten-nutzen
	Energie-verbrauch	Raum-angebot	Design	
Karosserie	0,15	0,24	0,2	0,59
Motor	0,35	0,06	0,0	0,41
Gesamt	0,5	0,3	0,2	1,0

1. In der Phase der Zielkostenspaltung werden die Gesamtkosten des Produktes den einzelnen Komponenten des Produktes zugeordnet. Wichtig ist es dabei, die anfallenden Kosten entsprechend dem empfundenen Kundennutzen zu verteilen. Die Zielkosten einer einzelnen Komponente erhält man, indem die gesamten vom Markt erlaubten Zielkosten den einzelnen Komponentennutzen zugerechnet werden. Durch den Vergleich der Zielkosten der einzelnen Komponenten und den Standardkosten, die sich bei herkömmlicher Planung, Entwicklung und Produktion des Produktes ergeben würden, werden die sog. Drifting Costs ermittelt. Die Standardkosten können sowohl unter als auch über den Zielkosten liegen. In der Regel ergibt sich aber der Fall, dass die Standardkosten die Zielkosten überschreiten, die Drifting Costs also positiv sind. Es ergibt sich ein *Kostenreduktionsbedarf*.

3 Praxismethoden zur Kostenreduzierung

Komponente	Komponentennutzen	Zielkosten
Karosserie	0,59	5.310 €
Motor	0,41	3.690 €
Gesamt	1,0	9.000 €

Durch multiplikative Verknüpfung von Zielkosten und Komponentennutzen erhält man die Zielkosten für die einzelnen Komponenten.

Der *Vergleich von Standardkosten und Zielkosten* ergibt folgendes Bild:

Komponente	Standardkosten	Zielkosten	Drifting Costs
Karosserie	5.700 €	5.310 €	390 €
Motor	7.000 €	3.690 €	3.310 €
Gesamt	12.700 €	9.000 €	3.700 €

Bei beiden Komponenten ergibt sich ein Kostenreduktionsbedarf. Im Fall der Karosserie von 390 Euro und beim Motor von 3.310 Euro.

1. Während der Zielkostenerreichung werden die aktuellen Standardkosten kontinuierlich mit den Zielkosten verglichen. Als Beurteilungskriterium, ob sich die Standardkosten im Sinne des Target-Costing-Ansatzes entwickeln, dient der Zielkostenindex. Ein Hilfsmittel zur graphischen Darstellung ist das Zielkostenkontroll-Chart wie in Abb. 3.3 dargestellt.

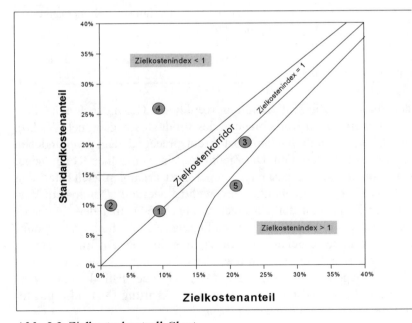

Abb. 3.3. Zielkostenkontroll-Chart

Im Zielkostenkontroll-Chart werden die Standardkosten den Zielkosten gegenübergestellt. Rechnerisch ergibt sich der Zielkostenindex einer Komponente durch die Formel:

> Zielkostenindex = Zielkosten (in %) / Standardkosten (in %)

Der optimale Zielkostenindex für sämtliche Komponenten des Produktes ist eins. Er ergibt sich immer in dem Fall, wenn sich Standardkosten und Zielkosten genau entsprechen (Komponente eins). Da sich aber ein Wert von exakt eins nur in seltenen Fällen ergibt, wird ein Zielkostenkorridor definiert, der Toleranzgrenzen enthält (Komponente zwei und drei). Die Toleranzgrenzen hängen dabei vom betrachteten Produkt ab.

Ist der Zielkostenindex allerdings wesentlich größer oder kleiner als eins (Komponente vier und fünf), weicht er also von den definierten Toleranzgrenzen ab, sind Maßnahmen zur Kostensenkung erforderlich. Für das Elektroauto wurden die folgenden *Zielkostenindices* ermittelt:

Komponente	Standardkosten	in %	Zielkosten	in %	Differenz	Zielkostenindex
Karosserie	5.700 €	45	5.310 €	59	390 €	1,31
Motor	7.000 €	55	3.690 €	41	3.310 €	0,75
Gesamt	12.700 €	100	9.000 €	100	3.700 €	

Wesentliche Elemente des Target Costing

- Verstärkung der Marktorientierung in der Preis- und Kostengestaltung
- Zwang zur kunden- und konkurrenzorientierten, kostensenkenden Produktionsverbesserung
- Zwang zur rechtzeitigen Prüfung von Eigen- und Fremdfertigung auf allen Produktionsstufen
- Zwang zur Analyse der für die Produktentwicklung und -produktion erforderlichen Wertschöpfungsprozesse.

3.2 Total-Cost-of-Ownership-Ansatz – Kosten werden zu Ihrem Anliegen

Gegenwärtig ist noch in vielen Unternehmen ein funktionsbereichsbezogenes Denken zu beobachten. Sie werden wahrscheinlich bereits ähnliche Erfahrungen – im eigenen Unternehmen oder bei Zulieferern – gemacht haben. Einerseits wird den Einkaufsprofis vorgegeben, die Einstandspreise jährlich um einen gewissen Prozentsatz x zu senken. Andererseits werden Kosten, die erst nach der Beschaffung bzw. während der Nutzung des Gutes entstehen, nicht in die kostenrechnerischen Überlegungen mit einbezogen. Hier setzt der Total-Cost-of-Ownership-Ansatz an.

Dass der Total-Cost-of-Ownership-Ansatz von hoher Bedeutung ist, verdeutlicht die immer größer werdende Zahl von Unternehmen, die den Total-Cost-of-Ownership-Ansatz in der Unternehmenspraxis einsetzen. Ein Beispiel ist das Unternehmen DaimlerChrysler. Das Ziel von DaimlerChrysler war es, durch eine höhere Transparenz über alle Kostenblöcke die Kostentreiber einfacher zu identifizieren und die Transparenz der Kostenstrukturen deutlich zu verbessern. Bereits im Jahr 2000 wurden bei DaimlerChrysler 48 Pilotprojekte zum Thema Total-Cost-of-Ownership begonnen, mit denen bereits erhebliche Einsparungen erzielt wurden. Auch andere Einkaufsprofis bestätigen die zunehmende Bedeutung dieses Themas.

Der Total-Cost-of-Ownership-Ansatz sorgt durch eine Gesamtkostenbetrachtung für ein umfassendes Kostenverständnis:

- Es werden neben den direkten Kosten für die Güter auch alle indirekten Kosten betrachtet.
- „Total" bezeichnet eine „vollständige" Sichtweise und zielt auf die Erfassung aller Kosten ab.
- „Ownership" zielt auf die gesamte Besitzphase eines Beschaffungsobjektes ab und bezieht sich auch auf die vorgelagerte Beschaffungsphase und die nachgelagerte Nutzungs- und Betriebsphase, also auf den gesamten „Lebenszyklus" des Beschaffungsobjektes.

Wichtig ist die umfassende Kostenbetrachtung, die neben dem beschaffenden Unternehmen auch die Lieferanten und die Kunden enthält. Als erfahrener Einkäufer ist Ihnen die Bedeutung dieser umfassenden Betrachtung natürlich bewusst. Es findet eine unternehmensübergreifende Kostenbetrachtung statt.

Ziel des Total-Cost-of-Ownership-Ansatzes

Der Total-Cost-of-Ownership-Ansatz stellt einen funktionsbereichs- und unternehmensübergreifenden Kostenmanagement-Ansatz dar, der sämtliche Kosten für Entwicklung, Design, Beschaffung, Transport, Lagerung, Weiterverarbeitung, Garantie, Recycling usw. über den gesamten Lebenszyklus eines Beschaffungsobjektes identifiziert und strukturiert.

Tabelle 3.1 zeigt die Vorteile des Total-Cost-of-Ownership-Ansatzes.

3.2 Total-Cost-of-Ownership-Ansatz – Kosten werden zu Ihrem Anliegen

Tabelle 3.1. Vorteile des Total-Cost-of-Ownership-Ansatzes

Leistungsbeurteilung	– Basis für eine quantitative Lieferantenbeurteilung – Basis für Qualitätssicherungsmaßnahmen – Basis für Benchmarking
Entscheidungsvorbereitung	– Basis für Lieferantenauswahl – Basis für Strukturierung von beschaffungsbezogenen Problemstellungen
Kommunikation	– Basis für Kommunikation mit Lieferanten – Einbezug anderer Funktionen in Frage- und Problemstellungen der Beschaffung
Informationsverbesserung	– Datenbasis für Trendanalysen – Basis für Lieferantenverhandlungen – Basis für Preissetzung – Basis für interne Kostenverrechnung
Leistungsverbesserung	– Basis für interne und externe Schwachstellenanalyse – Basis für die Weiterbildung von Beschaffungsmanagern

Der Total-Cost-of-Ownership-Ansatz unterscheidet Kosten, die

1. vor dem Vertragsabschluss,
2. während der Vertragsdurchführung und
3. nach dem Vertragsabschluss

anfallen. Tabelle 3.2 zeigt mögliche *Kostenkategorien*.

1. Die Kosten vor Vertragsabschluss entstehen bereits bevor das Objekt gekauft wird und sogar bevor die Bestellung dem Lieferanten übermittelt wird. Es werden all diejenigen Kosten betrachtet, die von dem Zeitpunkt, ab dem ein Nachfrager im Unternehmen einen Bedarf artikuliert, bis zum Abschluss von Vorverhandlungen entstehen (können).

2. Die Kosten, die während der Vertragsdurchführung entstehen, sind den Einkäufern in der Regel bekannt und werden von diesen durchgängig erfasst. Der Einstandspreis des Beschaffungsobjektes bildet dabei oftmals den größten Kostenblock.

3. Die Kosten, die für ein Unternehmen nach Vertragsabschluss anfallen bzw. ab dem Zeitpunkt, ab dem das Beschaffungsobjekt vom Unternehmen genutzt wird, werden in der Unternehmenspraxis oft vernach-

lässigt. Auch wenn diese einen erheblichen Teil des Gesamtkostenblocks ausmachen können. Der Zeitraum, in dem diese Kosten anfallen und zu berücksichtigen sind, erstreckt sich dabei von der Warenannahme bis zur Nutzung des Produktes beim Endkunden.

Tabelle 3.2. Kostenkategorien des Total-Cost-of-Ownership-Ansatzes

1. Kosten vor Vertragsabschluss	2. Kosten der Vertragsdurchführung	3. Kosten nach Vertragsabschluss
– Bedarfsanalyse – Lieferantenanalyse – Lieferantenbewertung – Lieferantenanbindung – Lieferantenförderung und -entwicklung – Vorverhandlung	– Einstandspreis – Übermittlung der Bestellung – Transport – Zölle/Abgaben – Zahlungsabwicklung – Wareneingang – Qualitätsprüfung	– Lagerung – Verpackung – Einbau/ Bereitstellung – Wartung – Reparaturen – Funktionsstörungen/ Produktionsausfälle – Garantieleistungen – Reputation des Unternehmens – Recycling

Praxisbeispiel: Die Beschaffung von Computer-Systemen[18]

Oft herrscht bei den Anwendern die Meinung vor, dass die Anschaffungskosten (Hardware, Software, Transport und Installation) den wesentlichen Kostenfaktor beim Kauf von Computersystemen bilden. Dass bei der Lieferantenwahl auf Basis eines reinen Preisvergleichs der Anschaffungskosten Fehlentscheidungen getroffen werden können, ist dem Profieinkäufer selbstredend bekannt. Mit Hilfe einer Analyse auf Basis des Total-Cost-of-Ownership-Ansatzes können Sie dies auch dem Laien verdeutlichen. Auf dieser Basis sind bei der Anschaffung und Nutzung eines Computersystems die folgenden Kosten zu beachten:

- Anschaffungskosten für Hardware und Software,
- Kosten des Systemmanagements,
- Wartungskosten,
- laufende Kosten beim Nutzer,
- Kommunikationsgebühren sowie
- entgangene Erträge (Opportunitätskosten) aufgrund von Systemausfällen.

---

[18] Vgl. Kleineicken (2002a) S. 135ff

3.2 Total-Cost-of-Ownership-Ansatz – Kosten werden zu Ihrem Anliegen

Die Preise für die Software und die Hardware sind diejenigen Total-Cost-of-Ownership-Kosten, die leicht zu ermitteln sind. Wie die Praxis zeigt, machen diese Kosten dennoch in der Regel weniger als die Hälfte der Gesamtkosten aus, die während des gesamten Nutzungszeitraumes des Computersystems entstehen. Auch Kosten für spätere Aktualisierungen der Software sowie Erweiterungen der Hardware sind in den Kostenvergleich mit einzurechnen. Die Kosten für das Systemmanagement sind nicht leicht zu erfassen, bilden aber einen wichtigen Anteil der Gesamtkosten. So muss das Computersystem permanent gepflegt werden. Die Administratoren müssen neue Software installieren und verwalten und für einen reibungslosen Betrieb der Anlage sorgen.

Auch Wartungskosten sind ein nicht unerheblicher Kostenfaktor. Die Kosten für Wartungsverträge müssen kalkuliert und in die Gesamtkostenbetrachtung einbezogen werden. Die laufenden Kosten beim Nutzer entstehen einerseits durch Personalschulungen und andererseits dadurch, dass Nutzer ihre Wartungsarbeiten oft selbst durchführen anstatt die entsprechenden Mitarbeiter der EDV-Abteilung hinzuzuziehen oder dass Nutzer sich gegenseitig schulen. Obwohl die Telekommunikationskosten in den vergangenen Jahren erheblich gesunken sind, müssen dennoch die Kosten für Serviceprovider, die die leitungsbezogenen Kapazitäten zur Verfügung stellen, berücksichtigt werden. Schließlich kommen Kosten für Ertragsausfälle aufgrund von Netzwerk- oder Systemausfällen hinzu (Opportunitätskosten).

Tabelle 3.3. Praxisbeispiel Computersystem

		Alternative A	Alternative B
Anschaffungskosten	Software	18.000 €	23.000 €
	Hardware	6.000 €	9.000 €
	Transport	2.000 €	2.500 €
	Installation	1.500 €	1.500 €
	Gesamt	27.500 €	36.000 €
Kosten des Systemmanagements (meist innerbetriebl. Personalkosten)		25.000 € (1/3 Mitarbeiter)	18.750 € (1/4 Mitarbeiter)
Wartungskosten		12.500 €	8.500 €
Lfd. Kosten beim Nutzer (z.B. Schulungen)		8.000 €	7.500 €
Kommunikationsgebühren		5.000 €	5.000 €
Opportunitätskosten bei Systemausfällen (höhere Stabilität der Alternative B)		9.000 €	4.000 €
Total-Cost-of-Ownership		**87.000 €**	**79.750 €**

Tabelle 3.3 stellt zwei Alternativen für zu beschaffende Computersysteme auf Basis des Total-Cost-of-Ownership-Ansatzes gegenüber. Zieht man allein das Entscheidungskriterium „Anschaffungskosten" heran, erscheint Alternative A vorteilhaft. Die umfassendere Kostenbetrachtung des Total-Cost-of-Ownership-Ansatzes verdeutlicht aber, dass Alternative B für das Unternehmen die Günstigere ist.

Aus Erfahrung zeigt, dass sich insbesondere diejenigen Beschaffungsobjekte, die mehrere der folgenden Eigenschaften erfüllen, als ideale Analyseobjekte für den Total-Cost-of-Ownership-Ansatz anbieten.

- Das Beschaffungsobjekt verursacht bereits einen relativ großen Kostenblock.
- Das Beschaffungsobjekt wird regelmäßig beschafft und eine gewisse Beschaffungshistorie in Form von Daten und Informationen liegt vor.
- Die Kosten sind von der Beschaffungsabteilung durch Geschäftsprozessveränderung, Lieferantenwechsel, Lieferantenverhandlung o.ä. beeinflussbar.
- Der Einkauf vermutet bereits, dass die Beschaffung dieses Objektes mit hohen Prozesskosten verbunden ist, die noch nicht alle im vollem Umfang analysiert worden sind.
- Es wird vermutet, dass die noch nicht betrachteten Prozesskosten von nicht unerheblicher Höhe sind.

Wesentliche Eigenschaften des Total-Cost-of-Ownership-Ansatzes

- Betrachtung des Gesamtpreises statt des Teilepreises von Beschaffungsobjekten
- Betrachtung der Kosten von Beschaffungsobjekten über ihren gesamten Lebenszyklus
- Einbezug funktionsbereichs- und unternehmensübergreifender Aspekte in das Denken und Handeln der Beschaffungsmanager
- Berücksichtigung, dass zunehmend nicht mehr nur einzelne Unternehmen, sondern ganze unternehmensübergreifende Wertschöpfungsketten in Konkurrenz zueinander treten
- Identifikation von Kostentreibern durch höhere Transparenz über Kostenblöcke

3.3 Wertanalyse – welchen Wert haben ihre Produkte eigentlich?

Die Wertanalyse stellt die planmäßige und koordinierte Anwendung bewährter Methoden zur Ermittlung der Funktion eines materiellen Erzeugnisses, zur Bewertung der Funktionen und zum Entdecken von Funktionsrealisierungen zu geringst möglichen Gesamtkosten dar. Der Begriff der Wertanalyse umfasst dabei die Vorgehensweise als auch das Ergebnis.

> **Ziel der Wertanalyse**
>
> Wertanalyse nach DIN 69 910 ist das „systematische analytische Durchdringen von Funktionsstrukturen mit dem Ziel einer abgestimmten Beeinflussung von deren Elementen (z.B. Kosten, Nutzen) in Richtung einer Wertsteigerung."[19]

Ursprünglich wurde die Wertanalyse von General Electric (GE) entwickelt. Das Unternehmen hatte während des zweiten Weltkrieges die Erfahrung gemacht, dass die durch die Mangelsituation notwendige Verwendung von Ersatzstoffen zur Produkterzeugung keinesfalls zwangsläufig zu einer Verschlechterung des Produktes geführt hatten. In vielen Fällen konnte eine Konstanz der Funktion und Qualität des Produktes bei geringeren Kosten für die notwendigen Materialen beobachtet werden. Auf dieser Basis entstanden

- die Produktwertanalyse (Value Analysis),
- die Konzeptwertanalyse (Value Engineering) und
- die Arbeitsablaufwertanalyse (Value Organization).

Während sich die Produktwertanalyse bereits existierenden Produkten widmet, setzt die Konzeptwertanalyse bei der Produktneuentwicklung an. Die Arbeitsablaufwertanalyse überträgt das Konzept der Wertanalyse auch auf andere Bereiche wie z.B. auf die Prozesse im administrativen Einkauf von Unternehmen. Die Wertanalyse kann der erfahrene Einkäufer anwenden für:

- die optimale Gestaltung neuer Produkte,
- die optimale Gestaltung neuer Arbeitsprozesse,
- die Verbesserung existierender Produkte,
- die Verbesserung bestehender Arbeitsprozesse sowie
- die Gestaltung und Verbesserung nicht materieller Objekte.

---

[19] Schanz G, Stange J (1979) Sp 2252

34 3 Praxismethoden zur Kostenreduzierung

Die grundsätzlichen und anwendungsneutralen Arbeitsschritte der Wertanalyse sind in einem Arbeitsplan festgehalten. Dieser Arbeitsplan hält die durchzuführenden Aktivitäten in Form von Grundschritten und ihnen zugeordneten Teilschritten fest. Tabelle 3.4 stellt den Wertanalyse-Arbeitsplan dar.[20]

Tabelle 3.4. Wertanalyse-Arbeitsplan

Grundschritte	Teilschritte
Projektvorbereitung	– Auswahl des Analyseobjektes
	– Festlegung der Ziele
	– Einrichtung von Arbeitsgruppen
	– Planung des Zeitablaufs
Objekt-Ist-Situationsanalyse	– Beschreibung des Analyseobjektes
	– Ermittlung der Funktionsstruktur
	– Quantifizierung der Funktionen
	– Ermittlung der Funktionskosten
	– Erstellung der Funktionsmatrix
Soll-Zustandsbeschreibung	– Erstellung der Soll-Funktionsstruktur
	– Quantifizierung der Soll-Funktionen
	– Zuordnung der Kostenziele
Ideenentwicklung	– Anwendung von Ideenfindungstechniken
	– Nutzung von Informationsquellen
Lösungsfestlegung	– Bewertung der Ideen
	– Darstellung der Lösungsansätze
	– Bewertung der Lösungsansätze
	– Ausarbeitung der Lösungen
	– Bewertung der Lösungen
	– Erstellung von Entscheidungsvorlagen
	– Entscheidung
Lösungsimplementierung	– Erstellung der Realisierungsplanung
	– Einleitung der Realisierung
	– Überwachung der Realisierung
	– Abschluss der Analyse

Wesentliche Eigenschaft der Wertanalyse ist die funktionsbezogene Betrachtungsweise der Analysegegenstände. Funktion bedeutet im Rahmen der Wertanalyse die Wirkungen, Eigenschaften, Aufgaben und Tätigkeiten eines Objektes. Die Funktionen eines Gegenstandes lassen sich dann den Rubriken Gebrauchs- und Geltungsfunktionen und/oder Haupt- und Nebenfunktionen zuordnen. Durch die anschließende eingehende Analyse der einzelnen Funktionen können dann nach kostengünstigeren

---

[20] Vgl. Schulte G (1996) S. 387ff

3.3 Wertanalyse – welchen Wert haben ihre Produkte eigentlich? 35

und optimalen Lösungen für die einzelnen Funktionskomplexe gesucht werden. Irrelevante Funktionen können leichter entdeckt und eliminiert werden. Abbildung 3.4 zeigt Ihnen die Vorgehensweise zur Einteilung von Funktionen nach ihrer Bedeutung für das Produkt.[21]

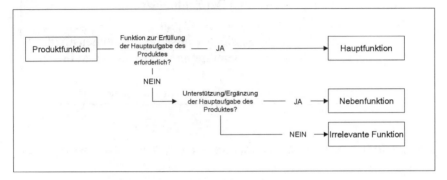

Abb. 3.4. Funktionseinteilung nach ihrer Bedeutung

Ein simples Beispiel verdeutlicht den Grundgedanken der Wertanalyse: Jahrelang wurden in einer mittelgroßen, deutschen Unternehmensberatung DIN A4-Aktenordner mit weißem Kunststoffeinband sowie Ordnerdeckel und -rücken mit Einsteckschild und farbigem Aufdruck des Unternehmenslogos beschafft. Das jährliche wertmäßige Einkaufsvolumen summierte sich auf eine nicht unerhebliche Gesamthöhe. Die Wertanalyse ergab Folgendes: Grundsätzlich war ein DIN A4-Ordner zur Erfüllung der hier betrachteten Hauptfunktion „Archivierung von Präsentationen und Korrespondenz" geeignet. Eine Betrachtung der weiteren Eigenschaften führte zu dem Ergebnis, dass der Ordner grundsätzlich im Bereich des Rückens zu beschriften sein müsste. Es handelte sich um eine relevante Nebenfunktion zur Erfüllung der Hauptaufgabe. Das Einsteckfach des Ordnerdeckels entfiel, das Einsteckrückenschild wurde durch einen bereits auf dem Ordnerrücken befindlichen Aufkleber ersetzt. Der weiße Kunststoffeinband und der farbige Aufdruck des Unternehmenslogos wurden, da irrelevante Nebenfunktion, ersatzlos gestrichen. Als Konsequenz wurden für Archivierungszwecke lediglich einfache, marmorierte DIN A4-Standardordner mit einem wesentlich günstigeren Einstandspreis beschafft. Es ergab sich eine jährliche Einsparung in vierstelliger Höhe. Für Repräsentationszwecke wurde der weiße Ordner hingegen beibehalten. Sie sehen: so simpel sich diese Analyse durchführen lässt, so beachtenswert sind ihre Ergebnisse.

---

[21] Vgl. Arnolds H, Heege F, Tussing W (1193) S. 166

Auch Funktionserweiterungen lassen sich bei einer entsprechenden Steigerung des Gesamt(funktions)wertes des Objektes vornehmen.

> **Wesentliche Eigenschaften der Wertanalyse**
>
> - Funktionsbezogene Denk- und Betrachtungsweise
> - Systematisches Vorgehen nach Arbeitsplan
> - Funktionsbereichsübergreifende, organisierte Zusammenarbeit von Spezialisten (ggf. unter Beteiligung von Lieferanten) in Teams
> - Anwendung von Kreativitätstechniken zur Ideenfindung

3.4 Erfahrungskurven-Analyse – durch Erfahrung Kosten senken

Das Erfahrungskurvenkonzept basiert auf der Beobachtung in der Praxis, dass mit jeder Verdopplung der kumulierten Produktionsmenge die durchschnittlichen Stückkosten eines Produktes um 20–30% sinken (bezogen auf konstante Geldwerte).

> **Ziel der Erfahrungskurven-Analyse**
>
> Ziel der Erfahrungskurven-Analyse ist es, das bekannte Phänomen, dass die Produktivität mit dem Grad der Arbeitsteilung steigt (Lernkurveneffekt), auf die Stückkosten anzuwenden: Die Stückkosten eines Produktes gehen um einen relativ konstanten Betrag (20–30 Prozent) zurück, sobald sich die in Produktmengen ausgedrückte Produkterfahrung verdoppelt hat. Diese Erkenntnis soll für das Beschaffungsmanagement genutzt werden, um selbst wiederum entsprechende Einstandspreisreduktionen realisieren/begründen zu können.

Die Senkung stellt sich aber nicht automatisch ein, sondern ist das Ergebnis von mehreren, kaum trennbaren Einflüssen und Maßnahmen, z.B.

- Rationalisierungs-,
- Standardisierungs- und
- Automationsmaßnahmen sowie
- Lernprozesse und
- technischer Fortschritt

im Produktionsbereich.

Abbildung 3.5 stellt eine Erfahrungskurve grafisch dar:

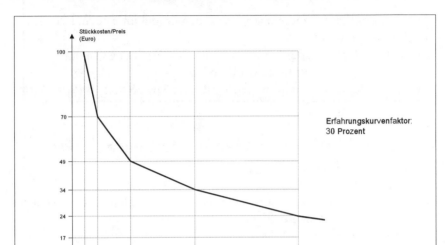

Abb. 3.5. Preis-/Kostenerfahrungskurve

Bewährte Anwendungsmöglichkeiten bzw. direkte Folgen des Erfahrungskurvenkonzeptes ergeben sich aber auch für den Bereich Materialwirtschaft und Einkauf.

- Preise bei Serienstart sollten für Folgeaufträge nicht akzeptiert werden. Verdoppelt sich die Absatzmenge des Lieferanten, so sollte dies zum Anlass genommen werden, in erneute Preisverhandlungen zu treten. Es ist zu vermuten, dass die Preise ebenfalls um 20 bis 30 Prozent gesenkt werden können. Ist dies nicht der Fall, steigt die Marktattraktivität. Neue Lieferanten entstehen und intensivieren die Konkurrenzsituation unter den Lieferanten
- Alternative Bezugsobjekte, die noch am Beginn der Erfahrungskurve stehen, sollten mit besonderer Aufmerksamkeit betrachtet werden. In Zukunft zu erwartende Einstandspreissenkungen können diese auch bereits jetzt attraktiv erscheinen lassen, wenn die in Zukunft zu erwartenden Preissenkungen zu Preisen führen, die unter den Preisen von Gütern liegen, die zwar momentan preisgünstiger sind, die aber auf der Erfahrungskurve schon weiter fortgeschritten sind. Kurzfristige Kostennachteile müssen langfristigen Vorteilen gegenübergestellt werden.

> **Wesentliche Eigenschaften der Erfahrungskurven-Analyse**
>
> - Funktionaler Zusammenhang zwischen Produktmenge und Stückkosten eines Produktes
> - Mit Verdopplung der kumulierten Produktionsmenge ist ein Rückgang der Stückkosten verbunden
> - Kostendegression liegt in der Regel zwischen 20 und 30 Prozent

3.5 Produktlebenszyklus-Analyse – Kostensenkungsmaßnahmen

Die Produktlebenszyklus-Analyse geht von der Annahme aus, dass jedes Produkt gewisse Zyklen durchläuft.

> **Ziel der Produktlebenszyklus-Analyse**
>
> Ziel der Produktlebenszyklus-Analyse aus Sicht der Beschaffung ist es, die Maßnahmen und Strategien der Beschaffung im Hinblick auf die entsprechende Phase des Produktlebenszykluses des Beschaffungsobjektes optimal zu unterteilen und besser abzustimmen.

Der an dieser Stelle für das Beschaffungsmanagement relevante Produktlebenszyklus gliedert sich in die Phasen:

- Beobachtung,
- Produktentstehung und
- Marktzyklus.

Der Marktzyklus umfasst den Zeitraum, in dem das Produkt erworben werden kann. Der Marktzyklus bezieht sich auf die Wettbewerbsverhältnisse und das Marktwachstum denen sich das Produkt gegenüber sieht. Im Idealfall untergliedert sich der Marktzyklus in die Teilphasen:

- die Einführungsphase (z.B. das technische Sehen im Auto),
- die Wachstumsphase (z.B. digitale Fotokameras),
- die Reifephase (z.B. das Mobiltelefon) und
- die Sättigungsphase (z.B. traditionelle Fotokameras),

in denen sich unterschiedliche Konsequenzen für die Behandlung des Produktes aus Absatz- und Beschaffungssicht ergeben. Abbildung 3.6 stellt einen idealtypischen Produktlebenszyklus aus Absatzsicht dar.

3.5 Produktlebenszyklus-Analyse – Kostensenkungsmaßnahmen

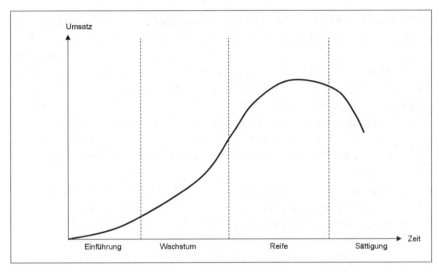

Abb. 3.6. Produktlebenszyklus aus Absatzsicht

Die grundsätzliche Ansiedlung der Produktlebenszyklus-Analyse liegt im Absatzbereich. Doch aus Erfahrung kann ich sagen, dass sie sich auch ausgezeichnet auf den Einkaufs- und Beschaffungsbereich von Unternehmen übertragen lässt. Wie erfahrene Einkäufer immer wieder bestätigen, sind Informationen über die Position eines Beschaffungsobjektes im Produktlebenszyklus vor allem unter Sourcing-Aspekten von hohem Interesse. Hier ergeben sich Konsequenzen z.B. für eine Single-Sourcing-Strategie oder eine langfristige Kooperation, verbunden mit einer langfristigen Lieferantenentwicklung.

- Während der Beobachtungsphase ist es die besondere Aufgabe der Beschaffungsmarktforschung, dass wissenschaftlich technologische Umfeld auf neue Produkte und Problemlösungsalternativen zu scannen, sowie „schwache Signale" aufzunehmen und zu interpretieren.
- Im Rahmen der Produktentstehungsphase ist es die Aufgabe des Beschaffungsmanagements, aktiv auf den Entstehungsprozess des Produktes Einfluss zu nehmen. Hier kann wiederum auf Methoden wie das angesprochene Target Costing oder die langfristige Lieferantenentwicklung und -förderung zurückgegriffen werden. Dies ist von besonderer Wichtigkeit, da bereits in der Entwicklungsphase eines Produktes 80% der späteren Kosten festgelegt werden. Ziel der Beschaffung muss es sein, das Beschaffungsobjekt im Sinne einer optimalen Kostenwirtschaftlichkeit aus Sicht des beschaffenden Unternehmens zu gestalten und während des gesamten Produktlebenszyklus die Versorgung mit dem Beschaffungsobjekt sicherzustellen.

3 Praxismethoden zur Kostenreduzierung

- Während der Marktphase ist die kontinuierliche Versorgung des Unternehmens mit dem Beschaffungsobjekt sicherzustellen. Meine Erfahrungen zeigen, dass dies von besonderer Bedeutung ist, da während der Wachstums- und Reifephase die nachgefragten Quantitäten schnell zunehmen. Hier ist – unter Berücksichtigung der Eigenschaften des Beschaffungsobjektes – ein Mittelweg zwischen langfristigen Verträgen mit dem Lieferanten (zur Ausnutzung von Erfahrungskurveneffekten bei entsprechender Produktionsmenge) und dem simultanen Aufbau von alternativen Lieferquellen (zur Vermeidung von einseitigen Abhängigkeiten) zu finden.
- Während der Sättigungsphase kann der dargestellte Total-Cost-of-Ownership-Ansatz angewendet werden, um die Beschaffungskosten zu optimieren. Erfahrungsgemäß ist mit Lieferengpässen aufgrund der späten Produktlebenszyklusphase jetzt nicht mehr zu rechnen. Befindet sich das nachfragte Produkte bereits seit längerer Zeit in der Reifephase, gilt es, bereits in die Beobachtungsphase bei neuen Substitutionsprodukten einzutreten.

Wesentliche Eigenschaften der Produktlebenszyklus-Analyse

- Betrachtung des Beschaffungsobjektes aus Sicht eines Lebenszykluses
- Abstimmung der Beschaffungsaktivitäten auf den Stand des Beschaffungsobjektes im Rahmen seines Lebenszykluses

---

3.6 Simultaneous Engineering – die hohe Kunst der Zusammenarbeit

Die Gründe für das Entstehen von Simultaneous Engineering sind vielfältig und komplex. So konnten auch Sie sicherlich bereits beobachten, dass die Zeiten für die Entwicklung von neuen Produkten permanent zunehmen. Darüber hinaus ist es für eine Erhaltung der Wettbewerbsfähigkeit für die Unternehmen aber zunehmend wichtiger, immer wieder neue und innovative Produkte am Markt anzubieten. Entsprechend verkürzen sich die Marktzyklen eines Produktes.

3.6 Simultaneous Engineering – die hohe Kunst der Zusammenarbeit

> **Ziel des Simultaneous Engineering**
>
> Beim Simultaneous Engineering handelt es sich um eine Organisationsstrategie zur offenen und konsequenten Zusammenarbeit aller Beteiligten im Rahmen der Produktentwicklung und der Planung des Produktionsprozesses. Ziel von Simultaneous Engineering ist es, eine bereichs- und unternehmensübergreifende Zusammenarbeit zu etablieren, um Produktentwicklungszeiten und den gesamten Wertschöpfungsprozess zeitlich reduzieren zu können.

Vor diesem Hintergrund setzt das Simultaneous Engineering bereits in der Forschungs- und Entwicklungsphase von zukünftigen Beschaffungsobjekten an. Einkaufsprofis bestätigen immer wieder, dass bereits während dieser frühen Phase die zukünftigen Kosten des Beschaffungsobjektes in hohem Maße mit bestimmt werden. Bereits hier ist es die Aufgabe des Beschaffungsmanagements und damit Ihre Aufgabe als Einkäufer, die Eigenschaften der Beschaffungsobjekte mit festzulegen.

Dies ist einerseits im Hinblick auf den zukünftigen Einstandspreis von Bedeutung. Andererseits sind es insbesondere Sie als Beschaffer, der die generelle technologische Fähigkeit von Lieferanten, das zu entwickelnde Beschaffungsobjekt in den geplanten Quantitäten und Qualitäten liefern zu können, am Besten beurteilen kann. Bereits hier wird die Notwendigkeit und Fähigkeit für ein aktives Lieferantenmanagement festgelegt.

> **Wesentliche Eigenschaften von Simultaneous Engineering**
>
> Bereichs- und unternehmensübergreifende Zusammenarbeit
> Methode der komplexen Produkt- und Prozessgestaltung
> Methode zu Parallelisierung von Prozessen der Produktentwicklung

Um die Ziele des Simultaneous Engineering umzusetzen, können folgende Aktivitäten und Methoden eingesetzt werden:

- frühzeitige Festlegung von Produkteigenschaften,
- parallele Entwicklung von Produkten und Produktionsmitteln,
- Standardisierung im Sinne des Modul- und Baukastenprinzips,
- bereichs- und unternehmensübergreifende Zusammenführung aller Beteiligten (Simultaneous-Engineering-Teams),
- firmenübergreifender Austausch von Entwicklungs- und Produktions-Know-how.

Den Vergleich eines traditionellen Produktentwicklungsprozesses und den Simultaneous-Engineering-Prozess stellt Abb. 3.7 dar.[22]

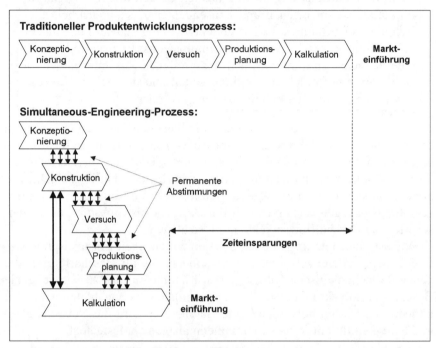

Abb. 3.7. Simultaneous-Engineering-Prozess

Der für die Praxis sehr wichtige Vorteil des Simultaneous-Engineering-Prozesses ist es, dass zeitintensive Produktionsänderungen, Fehlentwicklungen und Rückschritte im Produktionsprozess eliminiert werden können.

---

[22] Vgl. Pepels W (1999) S. 196

4 Einsparpotentiale durch Electronic Procurement

4.1 Grundlagen des E-Procurement

Die elektronische Beschaffung (E-Procurement), also die Beschaffung über moderne Kommunikationsmedien, hat die Beziehungen zwischen Herstellern und Lieferanten in weiten Teilen verändert und wird auch noch in den kommenden Jahren weitere Veränderungen nach sich ziehen. Die modernen Kommunikationsmedien – allen voran das Internet – begünstigen Einkäufer bei ihrer täglichen Arbeit, so dass auf den vornehmlich vorherrschenden Käufermärkten, diese ihre Markt- und Machtposition bestens ausschöpfen können. Informationen sind heute relativ leicht und zeitnah zu beschaffen. Es ist von einer Informationsflut auszugehen, welche ein sachgerechtes Filtern der Daten notwendig macht. Der gute Einkäufer ist heutzutage bestens über die Anbieter- und Marktlage informiert und kennt auch unternehmensintern seine Bedarfe ganz genau.

E-Procurement findet auf drei verschiedenen Ebenen statt:

- der *Informationsebene* (Websites, Informationsbeschaffung, Schwarze Bretter, Beschaffungsmarktforschung, etc.),
- der *Kommunikationsebene* (E-Mail, Videokonferenzen, Beschaffungsmarketing, etc.) und
- der *Transaktionsebene* (Desktop-Purchasing-Systeme, Marktplätze etc.).

Verweben sich diese Ebenen mit Lieferanten sehr stark auf dauerhafter Basis miteinander, so spricht man auch von einer *Supply Chain Integration*.

E-Procurement ist längst keine Randerscheinung mehr, vielmehr ist dieses Feld noch immer weiter im Aufbau und im Fokus der Unternehmen begriffen. Im derzeitig schwierigen Marktumfeld lassen sich hierdurch nachweislich und nachhaltig Kosten einsparen. So ist es kaum verwunderlich, dass das weltweite Umsatzvolumen im B2B-Markt und somit auch der elektronischen Beschaffung mit hohen Prozentzuwächsen steigt, wie Abb. 4.1 illustriert.

44 4 Einsparpotentiale durch Electronic Procurement

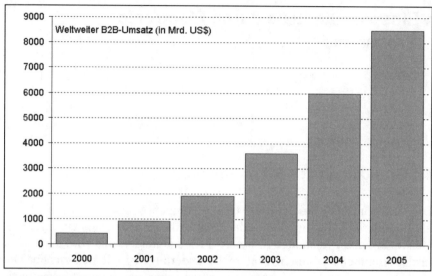

Abb. 4.1. Weltweiter B2B-Umsatz[23]

Neueste Zahlen zeigen, dass der Anteil der online beschafften Güter am Gesamtbeschaffungsvolumen stark ansteigt. Bei direkten Materialien stieg der Anteil einer Studie zufolge von 2,9% (3. Quartal 2002) auf 9,4% (4. Quartal 2002). Der Anteil bei indirekten Materialien stieg gar von 1,5% auf 10,5%.[24] Dies ist vor allem durch die vielfältigen Einsparungsmöglichkeiten begründet, von denen die wichtigsten im Folgenden aufgezählt werden:[25]

- Reduktion der Einstandspreise (um ca. 10–25%), Beschaffungsprozesskosten und -zeiten (von durchschnittlich 8,36 auf 2,27 Tage[26]),
- Reduktion der Lagerkosten (um 20–50%) /Personalkosten/Logistikkosten,
- Senkung der Verwaltungskosten (von 142 US$ auf bis zu 7 US$[27]),
- Schneller Return on Investment (ROI) in häufig weniger als einem Jahr,
- Verbesserung der Informationsdistribution (qualitativ und zeitlich),
- Verbesserung des Beschaffungscontrollings,
- Neuorganisation und Umverteilung von Personal,

---

[23] Quelle: Gartner Group 2001
[24] Vgl. o.V. (2003) eProcurement mit großen Zuwächsen. www.ecin.de
[25] Vgl. Kleineicken A (2002c)
[26] Quelle: Aberdeen Group (2001)
[27] Quelle: Forrester Research

- Reduktion von Datenerfassungsfehlern aufgrund reduzierter Schnittstellen,
- Intensivierung wichtiger Lieferantenbeziehungen.

Aus der Unternehmenspraxis sind eine Reihe von Beispielen bekannt, wie durch E-Procurement Kosten und Zeit eingespart werden konnten.

- Einer der Vorreiter auf dem Gebiet der elektronischen Beschaffung, General Electric, spart jährlich etwa 600 Mio. $ dadurch ein, dass 30% des Beschaffungsvolumens elektronisch abgewickelt wird.
- Der Volkswagen-Konzern senkte eigenen Angaben zufolge die Prozesszeiten um 95%, da nahezu das komplette Beschaffungsvolumen über elektronische Medien organisiert wird.
- Karstadt-Quelle senkte 2002 durch die Beschaffung über elektronische Marktplätze die Einkaufspreise um etwa 10%. Signifikantester Effekt war hierbei vor allem die Verkürzung von Prozessen, wie etwa der Preisfindung (von 12 Tagen auf wenige Stunden).
- Auch im öffentlichen Bereich wird gespart. So beschleunigte die Stadt Köln einer Studie zufolge durch Einführung einer E-Procurement-Lösung den Beschaffungsprozess um 57%.[28]

Wie Sie diese Vorteile auch für sich nutzen können, welche Gelegenheiten sich durch moderne Kommunikationsmedien bieten, aber auch welche Stolpersteine Sie zu beachten und zu bewältigen haben, das zeigt Ihnen dieses Kapitel.

4.2 E-Beschaffungsmarketing – wie die Lieferanten Ihnen ins Netz gehen

Es ist zunehmend ein Kinderspiel, neue Lieferanten im Netz ausfindig zu machen und zu kontaktieren. Dies beschleunigt die Konkurrenzsituation der Lieferanten untereinander und stärkt die Position des Einkäufers. Lieferantendatenbanken, Softwareagenten, weltweite Suche und Kontaktaufnahme vereinfachen ihm die tägliche Arbeit.

Einkäufer können relativ schnell auf Webseiten von Lieferanten zugreifen und sich somit einen Überblick über das Angebotsspektrum verschaffen. Vergleiche zwischen Lieferanten sind somit relativ schnell möglich. Allerdings gilt es zu beachten, dass nicht alle Lieferanten eine Internetpräsenz aufgebaut haben, die Informationen auf den Websites stark an Präzision schwanken und auch ihre Aktualität nicht überprüfbar ist.

---

[28] Vgl. www.ecin.de

Um sich einen direkten Überblick über mehrere Lieferanten zu verschaffen, bestehen Lieferantenverzeichnisse und Lieferantendatenbanken (etwa: www.beschaffungswelt.de) im Netz, die Lieferantenadressen für bestimmte Produktbereiche bündeln und somit dem Einkäufer einen Überblick über die am Markt verfügbaren Lieferanten verschaffen. Auf diese Weise kommt der Einkäufer häufig erst auf Lieferanten, an die er bei einer individuellen Recherche gar nicht gedacht hätte.[29]

Softwareagenten (Suchprogramme) können dem Einkäufer auch bei der täglichen Arbeit behilflich sein und das Netz nach geeigneten Lieferanten durchsuchen. Der Einkäufer kann den Softwareagenten auf von ihm gewünschte Kriterien einstellen und ihn mit der Suche im Netz betrauen. Der Agent wird diese Aufgabe dann autonom durchführen und das Ergebnis, auch aufbereitet, zurückmelden. Der Agent kann vornehmlich Informationsquellen aufspüren, Informationen aus diesen Quellen sondieren und diese dann darstellen.

4.3 Unterscheiden Sie A-Teile von C-Teilen

Kennen Sie den Unterschied zwischen A-Teilen und C-Teilen? Unter A-Teilen werden hochpreisige Teile verstanden, die nur in relativ geringen Mengen eingekauft werden. C-Teile hingegen sind geringpreisig und werden in relativ großen Mengen beschafft. Im Zusammenhang mit C-Teilen werden auch häufig MRO-(Maintenance, Repair, Operating)-Materialen genannt. Darunter werden Produkte verstanden, die nicht direkt ins Endprodukt eingehen oder für den direkten Weiterverkauf bestimmt sind. Diese Teile sind katalogisierbar und standardisiert. Häufig sind Preisunterschiede bei diesen Produkten marginal. Im Folgenden sind zu den hier unterschiedenen Kategorien beispielhaft Produkte zugeordnet:

Tabelle 4.1. Beispiele für A-, B-, C-Teile und MRO-Materialien

A-Teile	Komplexe Komponenten, fertige Anlagen, teure elektronische Steuergeräte, etc.
B-Teile	Einfache Komponenten, einfache Gehäuse, etc.
C-Teile	Schrauben, Klebstoffe, Bolzen, etc.
MRO-Materialien	Werkzeuge, Büromaterialien, Maschinenschmierstoffe, etc

Unterscheiden Sie diese Gruppen von Materialen, wenn Sie überlegen, ihre Beschaffung elektronisch abzuwickeln. Es ergeben sich nämlich ganz

---

[29] Vgl. Kleineicken A (2002c) S. 109

unterschiedliche Einsparungspotentiale für beide Gruppen von Teilen. Während bei C-Teilen der Augenmerk hauptsächlich auf Reduktion von Prozesskosten – die bei einem Bestellvorgang bis zu 150 Euro betragen können – und einer Vereinfachung von Bestandsführung, Disposition, Lagerbuchführung und Terminkontrolle liegt, so machen sie bei der Beschaffung von A-Teilen im Verhältnis zum Warenwert nur einen geringen Anteil aus. Bei A-Teilen hingegen sollten intensive Markt-, Lieferanten-, Kostenanalysen und eine exakte Bedarfsermittlung erfolgen. Die operative Beschaffung hat reibungslos zu funktionieren, die Implementierung von Just-in-Time oder Just-in-Sequence-Systemen ist ggf. zu überlegen, da Lagerbestände möglichst gering zu halten sind und der Bestand genau zu überwachen ist. Abbildung 4.2 zeigt anhand von Materialeigenschaften sinnvolle E-Procurement-Strategien.

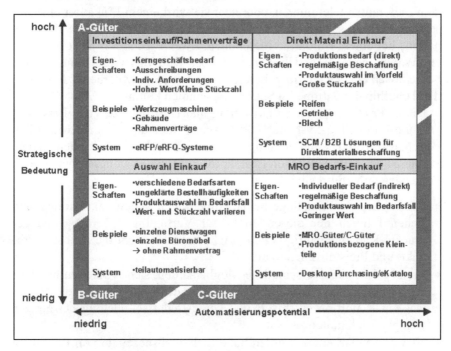

Abb. 4.2. Strategienportfolio im E-Procurement[30]

Durch Desktop Purchasing-Systeme (DPS) lassen sich die Prozesse für die Bestellung von C-Teilen und MRO-Produkten vereinfachen und auf diese Weise Kosten sparen.

---

[30] Quelle: Lawrenz O, Nenninger M (2002)

4.4 Beschaffung von C-Teilen und MRO-Produkten – Desktop Purchasing

Wie erwähnt, sollten Sie bei der Beschaffung von C-Teilen und MRO-Produkten Ihr Augenmerk auf die Reduktion der Prozesskosten richten, da diese im Verhältnis zum Bestellwert sehr hoch sind. So errechnete ALCATEL in einer internen Analyse, dass 62% aller Bestellungen nur einen Bestellwert von unter 1.250 Euro besitzen, die Prozesskosten im herkömmlichen Prozess aber über 100 Euro liegen. Der herkömmliche Prozess ohne die Zuhilfenahme moderner Kommunikationsmedien, kann in etwa so aussehen.

Ein Mitarbeiter benötigt eine neue Druckerpatrone. Er sagt der Sekretärin, dass diese eine neue beschaffen soll. Entweder wird diese direkt mit dem Lieferanten telefonieren, oder aber sie wird einem Einkäufer eine Bestellanforderung schreiben. Der Einkäufer bestellt daraufhin die Druckerpatrone bei einem Büroartikellieferanten. Zwei Tage später trifft die Ware am Wareneingang ein. Über interne Post wird die Ware dann an den Schreibtisch der Sekretärin geliefert. Diese sagt dem Mitarbeiter Bescheid, der daraufhin die Patrone im Sekretariat abholen kommt.

Dieser Prozess ist viel zu aufwendig und läuft über zu viele Personen. Desktop-Purchasing-Systeme (DPS) können hier den Prozess beachtlich verschlanken und somit helfen, Kosten einzusparen. Aber auch andere Probleme des herkömmlichen Bestellprozesses gilt es zu beseitigen, die im Folgenden aufgeführt sind.[31]

- Die Papierproduktkataloge liegen vornehmlich in den Sekretariaten und stehen folglich nur diesen direkt zur Verfügung. Überdies sind gedruckte Kataloge häufig veraltet und beinhalten nicht die neuesten Produkt- und Preisinformationen.[32]
- Mitarbeiter haben verschiedene Möglichkeiten, sich Artikel zu beschaffen (Telefon, Fax, Abholung beim Büroartikelhändler um die Ecke), was ein Reporting erschwert und keine Bedarfsbündelung bei einigen wenigen Lieferanten zulässt.
- Von den Mitarbeitern werden hohe Sicherheitsbestände von Produkten angelegt (Schubladenlager), weil die umständlichen Prozesse oft unsichere Lieferzeiten bedeuten.
- Viele per Telefon durchgeführte oder papierbasierte Abstimmungs- und Genehmigungsprozesse verursachen zusätzliche Kosten und verschwenden Zeit.

---

[31] Vgl. Dolmetsch R (2000) S. 11f
[32] Siehe hierzu auch Abschnitt 4.5

4.4 Beschaffung von C-Teilen und MRO-Produkten – Desktop Purchasing

- Geringpreisige Produkte werden über ERP-Systeme bestellt, obwohl die Prozesse dieser Systeme für die Beschaffung von Produkten oft zu umständlich sind.
- Für administrative Routinearbeiten wenden die operativen Einkäufer somit zu viel Zeit auf (etwa 35% ihrer gesamten Arbeitszeit, so schätzte Intel 1998). Diese Zeit fehlt für taktische Aufgaben mit höherer Wertschöpfung und Auswertungsarbeiten, sowie Erfolgsmessungen.

DPS setzen hier an und ermöglichen es jedem Mitarbeiter von seinem Rechner (Desktop) aus, seine Bedarfe über elektronische Kataloge – im Rahmen eines ihm vorgegebenen Budgets – in Bestellungen umzuwandeln. Genehmigungen erfolgen, wenn überhaupt, elektronisch. DPS sind einfach zu bedienen. Abbildung 4.3 zeigt exemplarisch den Prozessablauf eines DPS-Systems.

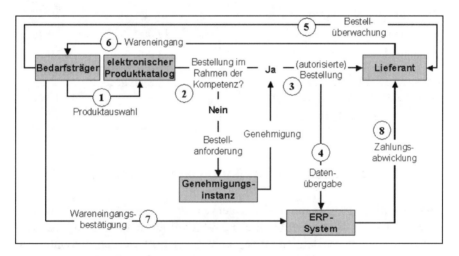

Abb. 4.3. Prozessablauf eines DPS[33]

Die Mitarbeiter sind aber dennoch auf die Funktionalitäten des Systems hinzuweisen, in den Entscheidungsprozess des Systemaufbaus und der Systemeinführung mit einzubinden, um die Akzeptanz steigern. Dies ist wichtig, denn erst, wenn die Mitarbeiter das System aktiv nutzen und den neuen Prozess leben, lassen sich die Einsparungspotentiale ausschöpfen. Studien zufolge ermöglichen DPS-Systeme, die Prozesskosten in einer Größenordnung von 50–90% zu senken. Ein weiterer Vorteil ist auch die Möglichkeit einer zentralen Bedarfsbündelung, was das Aushandeln von

---

[33] Quelle: Kleineicken A (2002b) S. 51

4 Einsparpotentiale durch Electronic Procurement

Kontrakten mit ausgewählten Lieferanten ermöglicht. Probuy[34] hat detailliert errechnet, wo im Einzelnen Kosten eingespart werden können.

Tabelle 4.2. Kosteneinsparungen durch Desktop-Purchasing[35]

Einkaufsprozess je Bestellvorgang	Kosten ohne ePurchasing in Euro	Kosten mit ePurchasing in Euro
Erfassung der Bedarfe	3,60	3,60
Bestellung prüfen und genehmigen	10,30	4,90
Lieferanten auswählen	14,45	0,65
Bestellung aufgeben	9,70	4,15
Ware einlagern, verbuchen und verteilen	5,90	2,90
Ware prüfen und kontrollieren	5,30	5,30
Rechnung prüfen und verbuchen	17,00	1,20
Zahlung abwickeln	3,90	0,30
Prozesskosten gesamt	70,15	23,00
Absolute Ersparnis je Bestellvorgang		47,15
Relative Ersparnis je Bestellvorgang		67,1 %

4.5 Are you content? – Stiefkind Catalog-Management

Unter Catalog- bzw. Content-Management wird eine Dienstleistung verstanden, bei der die unterschiedlichsten Artikelinformationen in einer Datenbank abgelegt werden. In einem weiteren Schritt werden die Daten für die Verwendung mit der Katalogsuchmaschine aufbereitet (Data-Enlargement, Data-Enrichment).

Oft wird erwähnt, dass Content-Management eines der vielfach unterschätzten Themen beim Aufbau einer elektronischen Katalogeinkaufslösung ist. Ein elektronisches Einkaufssystem steht und fällt mit den Inhalten im Katalog und dessen Anwendbarkeit. Deshalb ist es unverzichtbar, den Kataloginhalten und der Pflege dieser Inhalte mehr Aufmerksamkeit zu schenken, als das häufig getan wird.

Um im Content-Management erfolgreich zu sein, orientieren Sie sich an den folgenden Hinweisen.

---

[34] www.probuy.de
[35] Quelle: www.probuy.de

4.5 Are you content? – Stiefkind Catalog-Management   51

- Planen Sie Ihre Ziele genau (Business Blueprint), damit Sie Verwirrungen vermeiden und auch den Lieferanten die Anforderungen klar mitteilen können. Klären Sie mit den für die Lösung vorgesehen Lieferanten die Anforderungen ab und lassen Sie sich Beispieldaten zur Evaluierung schicken.
- Nehmen Sie sich Zeit für die Aufbereitung des Produktkataloges und beginnen Sie frühzeitig damit. Bedenken Sie immer: Ohne Katalog keine Katalogbeschaffung!
- Stellen Sie für das Content-Management von Beginn an ein ausreichendes Budget zur Verfügung. Unzureichende Kataloginformationen oder schlechte Bedienbarkeit des Kataloges kosten die Akzeptanz der Anwender, welche schwer wieder zurückzuholen ist. Eine schlechte, halbherzig begonnene Lösung kostet in Ihrer Korrektur mehr, als eine von Beginn an gut geplante, performte Lösung.
- Wählen Sie die für Sie am besten geeignete Katalogsoftware aus und engagieren Sie kompetente Beratung. Schöpfen Sie aus dem Know-How dieser Beratung, um später selbst den Katalog betreiben zu können, wenn Sie dies wollen.
- Stellen Sie ausreichend Mitarbeiter-Ressourcen zur Verfügung, wenn Sie Content-Management in Ihrem Unternehmen betreiben wollen.

Content-Management im Unternehmen zu betreiben kann eine teuere Angelegenheit werden. Vor allem sollte auch in die Zukunft gedacht werden, denn die Datenmengen im Katalog steigen meist sehr schnell an. So verdoppeln sich die Datenmengen oftmals jährlich. Deshalb muss jedes Unternehmen für sich individuell entscheiden, ob das Content-Management nicht doch von den Lieferanten oder einem Service-Provider betrieben wird. Nachteile ergeben sich dabei vor allem bei folgenden Punkten:

- Änderungen werden nicht bemerkt (Preisfalle) und deren Häufigkeit ist oft nicht bekannt, was Zweifel an der Datenaktualität aufwirft.
- Eventuell ist der Enduser gezwungen, für Preisvergleiche mehrere Kataloge aufzurufen.
- Zugriffsberechtigungen für Teile sind unterhalb der Lieferantenebene meist nicht zu vergeben.
- Man gerät in Abhängigkeit vom Content-Lieferanten in Hinblick auf die Daten und die Performance des Kataloges.

Welche Entscheidung auch immer getroffen wird, wichtig ist, dass der Enduser immer im Fokus der Entscheidung steht, weil dieser die Lösung nutzen muss und durch die richtige Nutzung erst die geplanten Einsparpotentiale gehoben werden können. Der Mitarbeiter muss finden, was er sucht!

4.6 Reverse Auktionen – Segen oder Fluch?

In der Unternehmenswelt von heute herrschen vornehmlich Käufermärkte vor. Diesen Vorteil können Beschaffer von heute durch online durchgeführte Reverse Auktionen für sich ausspielen.

So etwa beschaffte laut Econia[36] eine große deutsche Bank ihre IT-Ausrüstung bestehend aus 6.500 PC inkl. Monitor, 40 Server und 500 Laserdrucker mitsamt der notwendigen Dienstleistungen (Installation außerhalb der Arbeitszeiten, Vor-Ort-Konfiguration, Entsorgungsdienstleistungen und Transportdienstleistungen) über eine Reverse Auktion. Es wurden sieben Lieferanten, welche zuvor intensiv betreut und auf die Durchführung der Auktion geschult wurden, zu dieser eingeladen, wobei die Hardwarekomponenten und Dienstleistungen getrennt verhandelt wurden. Die Bietintervalle innerhalb der 45-minütigen Auktion wurden für Hardware auf 5.000 Euro und für Dienstleistungen auf 1.000 Euro festgesetzt, um marginale Bietschritte zu verhindern. Beide Auktionen wurden im Verlauf verlängert, da die Einkäufer noch Potential sahen, günstigere Angebote zu erhalten. Insgesamt konnte eine beachtliche Gesamtpreisreduktion um fast 25% von 14 Millionen Euro auf 10,59 Millionen Euro erreicht werden.

Der Prozess einer Reversen Auktion, bei der sich die Anbieter gegenseitig unterbieten, um den günstigsten Angebotspreis auszuhandeln, sieht wie folgt aus:

- Auswahl geeigneter Kandidaten für eine Auktion.
- Je nach Bedeutung der Auktion, genauere Begutachtung der in Frage kommenden Lieferanten.
- Abschätzen der Leistungsfähigkeit der Lieferanten und damit abklopfen von Kriterien, wie etwa Qualität, Liefertreue, finanzielle Stärke des Lieferanten, Serviceleistungen etc.
- Einladung des ausgewählten Kreises von Lieferanten zur Auktion mit Bekanntmachung der Auktionsregeln.
- Durchführung der Auktion, Gebotsabgaben der Teilnehmer zumeist anonym. Ermittlung des günstigsten Anbieters nach Ablauf der vorgegebenen Zeit. Diesen Prozess illustriert Abb. 4.4.
- Gegebenenfalls Abwägen der ermittelten Preiskomponente mit den zuvor untersuchten Komponenten, evtl. Gewichtung, um den besten Bieter unter Total Cost-Gesichtspunkten zu ermitteln.
- Benachrichtigung des Gewinners.

---

[36] Vgl. Fallstudie: Simultane Reverse Auction (IT) unter www.econia.com

4.6 Reverse Auktionen – Segen oder Fluch?   53

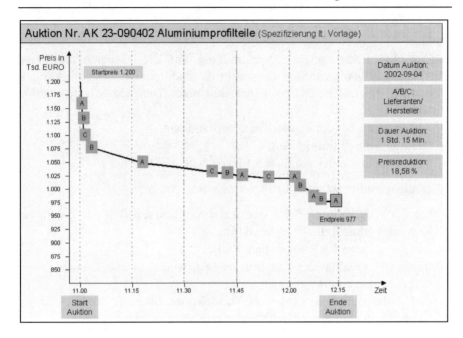

Abb. 4.4. Ablauf einer Reverse Auktion[37]

Es gibt eine Reihe von verschiedenen Ausprägungen von Auktionen[38], wie die

- *Holländische Auktion:* Die Auktion wird mit einem sehr hohen Preis gestartet, welcher kontinuierlich gesenkt wird. Es erhält der Käufer den Zuschlag, welcher als erster dem aktuellen Preis zustimmt.
- *Englische Auktion:* Die Auktion wird mit einem Mindestpreis gestartet und die Bieter erhöhen durch ihre Gebote innerhalb eines festgelegten Zeitraumes den Auktionspreis (mehrfache Gebote sind möglich).
- *Reverse Auktion:* diese läuft gleich der englischen Auktion ab, mit dem Unterschied, dass der niedrigste Preis ermittelt wird.
- *Höchstpreisauktion:* Bei dieser Auktionsart ist es jedem Bieter gestattet nur *ein* geheimes Gebot abzugeben. Die Gebote werden zeitgleich geöffnet. Der Bieter mit dem höchsten Gebot erhält den Zuschlag (bei der Niedrigstpreisauktion demzufolge derjenige mit dem geringsten Gebot).

---

[37] Quelle: Kleineicken A (2002c) S. 114
[38] Vgl. Kleineicken A (2002c) S. 114

Folgende *Vorteile* ergeben sich aus Reversen Auktionen:[39]

- Zunächst Reduktion der Verhandlung auf die Komponente Preis. Vergessen werden sollten aber nicht die anderen o.g. Angebotskomponenten. Gesucht ist das beste Angebot unter Total Cost-Gesichtspunkten.
- Zeitersparnis bei der eigentlichen Verhandlung.
- Geringe Transaktionskosten.
- Insgesamt ein hohes mögliches Einsparpotential (um die 10–25%).

Demgegenüber stehen aber auch *Nachteile*, wie

- kaum Wiederholungseffekte oder Erfahrungskurveneffekte (nur evtl. bei Kontraktverhandlung über Auktion),
- Überbewertung der Komponente Preis,
- ungewisse Qualität der Zusammenarbeit, wenn ein unbekannter Bieter den Zuschlag erhält,
- evtl. hohe Gebühren (x% vom Transaktionsvolumen), wenn Auktion/ Transaktion über einen Dienstleister abgewickelt wird.

Immer mehr Unternehmen sparen bares Geld durch die Nutzung von Online-Auktionen. So stieg der Anteil der Unternehmen, die derartige Tools nutzen von 18,8% (3. Quartal 2002) auf 27,2% (4. Quartal 2002). Ganz konkret senkte z.B. das Unternehmen GlaxcoSmithKline durch Anwendung von Online-Auktionen die Einstandspreise für Rohstoffe und Dienstleistungen um zwölf Prozent.[40]

4.7 Spotbuying/Spotkäufe – spontan und billig?

Unter Spotkäufen versteht man Einzelkäufe, die im Bedarfsfall getätigt werden. Das Internet begünstigt diese Form der Beschaffung, da Informationen zeitgenau eingeholt werden können und der Einkäufer sich in kürzester Zeit einen Marktüberblick verschaffen kann. Es gibt verschiedene Gründe, warum systematische Beschaffung (etwa über Kontrakte) nicht stattfindet, sondern eine singuläre Beschaffung (Spot-Kauf) zum Tragen kommt. Vor allem eine hohe Preisvolatilität, insbesondere mit der Tendenz zu weiter sinkenden Preisen, lässt es für den Einkäufer günstiger erscheinen, nur im bestimmten Bedarfsfall möglichst zeitgenau zu beschaffen, um immer den günstigsten Preis zu erhalten. Dies kommt dann allerdings nur

---

[39] Vgl. Amor D (2000) S. 70ff
[40] Vgl. o.V.(2003): eProcurement mit großen Zuwächsen. www.ecin.de

für sog. Commodities (Handelswaren) in Frage, die standardisiert und in ähnlicher Qualität von verschiedenen Anbietern bezogen werden können. Beispiele sind etwa die Beschaffung von Erdöl oder anderen Rohstoffen an Warenbörsen.

Andererseits kann auch die Einzigartigkeit eines Bedarfes und/oder dessen hohe Komplexität (also keine Commoditiy) dazu führen, dass ein Spotkauf ausgeführt wird. Wenn dieser Bedarf zudem zeitkritisch ist, kann eine Ausschreibung oder Reverse Auktion nicht mehr angewandt werden. Für eine aufwendige Lieferantenauswahl mit anschließendem Preisverhandlungsprozess fehlt einfach die Zeit.[41]

Bei der singulären Beschaffung besteht immer ein gewisses Versorgungsrisiko. Vor allem weil durch die Kürze der Geschäftsbeziehung zwischen Nachfrager und Anbieter kaum eine Vertrauensbeziehung aufgebaut werden kann. Deshalb eignen sich Spotkäufe nicht bei kritischen Bedarfen, die etwa die Produktion gefährden können. Andererseits aber können Spotkäufe auch dann Sinn machen, wenn ein Vertragspartner kurzfristig nicht in der Lage ist, bestimmte Bedarfe zu decken und auf einen anderen Lieferanten zurückgegriffen werden muss. Gehen Sie aber auch unter Zeitdruck mit größter Aufmerksamkeit in die Verhandlungen und sichern Sie sich besonders für Transaktionsrisiken in Ihrer Vertragsgestaltung ab, da Sie im Regelfall den Vertragspartner nur unzureichend kennen.

4.8 Im Takt produzieren: Just-in-Time und Just-in-Sequence

Just-in-Time ist ein Konzept, welches konsequent versucht, nicht-wertschöpferische Tätigkeiten im Produktionsprozess zu eliminieren. Auf den Punkt gebracht heißt dies in den meisten Fällen, dass die zur Produktion benötigten Teile möglichst zeitnah zu ihrem Verbrauch angeliefert werden. Dies bedeutet vor allem eine starke Reduktion der Lagerteile beim produzierenden Unternehmen und somit eingeschlossen die damit verbundenen Kosten (Lagerhaltungskosten, Kapitalbindungskosten, etc.). Die Kehrseite des Ganzen ist ein erhöhtes Transportaufkommen, dadurch verursacht, dass kleinere Losgrößen in einer höheren Frequenz angeliefert werden.

Ein funktionierendes Just-in-Time-System aufzubauen setzt voraus, dass leistungsstarke, leistungswillige und geeignete Lieferanten vorhanden sind, welche die Voraussetzungen erfüllen. Prüfen Sie deshalb genau, ob

---

[41] Vgl. Schmitz B (2002b) S. 74

- der Lieferant Produkte auf gleichbleibend hohem Niveau rechtzeitig liefern kann und ebenso einen entsprechend hohen Servicegrad aufweist.
- der Lieferant fähig ist, seine Systeme in ihre Systemlandschaft einzubinden, um ihre Bedarfe rechtzeitig und richtig erfassen zu können und der damit verbundene reibungslose Daten- und Informationsfluss stattfinden kann, was eine sehr vertrauensvolle Zusammenarbeit voraussetzt.
- das Ausfallrisiko des Lieferanten recht hoch ist, was eine Zusammenarbeit vereitelt.[42]

Im Folgenden sollen kurz die wichtigsten Vorteile den Hauptrisiken gegenübergestellt werden.

Tabelle 4.3. Vor- und Nachteile des JiT-Konzeptes[43]

Vorteile JiT	Nachteile/Risiken JiT
• Vertrauensbasis zwischen den Vertragspartnern	• Gefahr der Abhängigkeit vom Lieferanten
• Kostensenkungspotentiale durch Senkung der Bestands-, Lager- und Handlingskosten	• Erhöhung der Transportkosten aufgrund von Lieferatomisierung
• Steigerung der Produktivität	• Evtl. Absterben von möglichen Ersatzlieferanten
• Verbesserung der Durchlaufzeit	• Evtl. möglicher Know-How-Transfer
• Aufdeckung von Schwachstellen im Produktionsprozess	• Sensible Produktion, Anfälligkeit von Produktionsausfällen

Das Just-in-Sequence(JiS)-Konzept ist eine Erweiterung bzw. Steigerung des JiT-Gedankens. Zusätzlich zur produktionssynchronen Anlieferung, stimmt der Lieferant ebenso seine Produktion auf die Bedarfe der Produktion des Abnehmers ab. Die Produktion von Hersteller und Lieferant schwingen sozusagen im Takt, gezogen von den Kundenaufträgen (Pull-Prinzip). Dies erfordert eine noch engere Verzahnung der Informations-Systeme von Lieferant und Hersteller und ist gleichzusetzen mit der Implementierung einer Supply-Chain-Management-Lösung. Oft ist auch anzutreffen, dass der Lieferanten die Lager im Produktionsbetrieb des Herstellers betreibt und dafür Lagerflächen zur Verfügung gestellt bekommt. Bei Überschreitung dieser zur Verfügung gestellten Lagerkapazitäten muss der Lieferant ein entsprechendes Mehrgeld zahlen.

Bekanntestes Beispiel für den erfolgreichen und konsequenten Aufbau eines JiS-Systems ist die Produktion des Smart von MCC in Hambach. Ein anderes Beispiel wäre die Belieferung von Ford durch den Modullieferan-

---

[42] Vgl. Ehrmann H (1999) S. 289
[43] Vgl. auch Ehrmann H (1999) S. 291

ten Johnsons Control. Im Takt von 40 Sekunden werden Bestellungen mit genau spezifizierten Modulausprägungen der Sitze (Farbe, Material, etc.) vom Fordwerk Saarlouis an Johnsons Control gesendet. Insgesamt besteht die Auswahl zwischen 2.157 Varianten. Innerhalb von 94 Minuten kann Johnsons Control vom 8 km entfernten Werk die Sitzgarnituren synchron fertigen und ans Montageband bei Ford liefern. Möglich wird diese Art der Zusammenarbeit allerdings nur durch eine enge und verlässliche Verzahnung der Informationssysteme der beiden Unternehmen.[44]

4.9 Zur Kasse bitte! – Zahlungssysteme im E-Procurement

Nach jedem Kauf muss die beschaffte Ware bezahlt werden. Oftmals vergessen wird hierbei, dass durch den Prozess der Zahlungsabwicklung auch enorme Kosten eingespart werden können, da dieser Prozess in vielen Unternehmen seit Jahren keinen Untersuchungen und somit Veränderungen unterzogen worden ist. Gehen Sie also auch bei der Verhandlung mit Ihrem Lieferanten auf den Punkt Zahlungsabwicklung ein und erörtern Sie mit ihm Möglichkeiten einer Effizienzsteigerung. Im Folgenden sollen deshalb zwei Systeme, die, für verschiedene Transaktionsformen Anwendung finden, vorgestellt werden.

4.9.1 Bezahlen mit der Purchasing Card

Die Purchasing Card ist eine Kreditkarte für Unternehmen, die sich jedoch durch einen alternativen Prozessverlauf zwischen Bank, Lieferant und Unternehmen auszeichnet.[45] Ausgewählte Mitarbeiter wickeln ihre Bedarfe mit dieser für sie ausgestellten Karte ab, die ein für ihre Bedarfe individuelles Monatsbudget besitzt. Der Vorteil für das Unternehmen ist dabei, dass die Zahlungstransaktionen der verschiedenen Mitarbeiter durch die Karten ausgebende Bank gebündelt werden. Somit wird nur eine monatliche Endabrechnung an das Unternehmen gesendet, was den Buchungsaufwand immens verringert. Bestenfalls wird diese Abrechnung elektronisch übermittelt, so dass diese direkt ins ERP-System eingespielt werden kann.[46]

---

[44] Vgl. Lang M (2002) S. 151
[45] Schmitz B (2002a) S. 210
[46] Vgl. Schmitz B (2002a) S. 211

Durch den Einsatz der Purchasing Card gelang es der Adam Opel AG, die Prozesskosten für die Bezahlung von 90 Euro auf 45 Euro zu halbieren.[47]

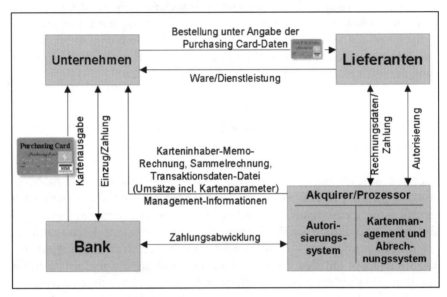

Abb. 4.5. Prozessverlauf der Purchasing Card (Bankgesellschaft Berlin AG)

4.9.2 Electronic Bill Presentment and Payment (EBPP)

Für den Zahlungsverkehr zwischen Unternehmen wurde das EBPP entwickelt. Wie Abb. 4.6 verdeutlicht, sendet der Lieferant beim EBPP-Verfahren seine Rechnungen elektronisch an den Kunden oder einen Intermediär (Bank oder Konsolidator). Diese Rechnung kann dann angezeigt werden, geprüft werden und daraufhin die Zahlungsabwicklung erfolgen. Der Vorteil hierbei liegt in der Verringerung der Medienbrüche, Verringerung des Papieraufkommens, Verringerung der Versandkosten und die Möglichkeit das Dokument direkt (ohne Einscannen) im Netzwerk zu versenden.[48]

---

[47] Vgl. Dennso Management Consulting (Hrsg.) (2002)
[48] Vgl. auch Weiss J (2001) S. 42–43

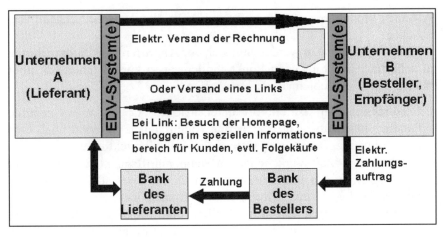

Abb. 4.6. Transaktionsablauf mit EBPP[49]

4.10 Sind Sie sicher? – Sicherheit im Netz

Der schnelle Daten- und Informationsaustausch über das Internet, dessen Volumen mehr und mehr zunimmt, bedeutet für die Unternehmen allerdings auch, dass Unbefugte sich bei unzureichender Sicherung der Daten- und Informationsströme und -quellen Zugang zu diesen verschaffen können. An die Sicherheit von vor allem unternehmenskritischen Daten und Informationen ist ebenso bei der Implementierung von Lösungen zu denken, was weitere Kosten verursacht. Doch diese sind im Vergleich zu möglichen Schäden eher als gering einzuschätzen. So gilt es sich zum einen vor dem Verlust von Daten zu schützen (etwa durch Hackerangriffe oder sonstige Viren), zum anderen vor Spionageaktivitäten, also dass kritische Informationen in die falschen Hände geraten. Vor Hackerangriffen, dass zeigen aktuelle Fälle immer wieder, sind viele Firmen nicht ausreichend geschützt.

Einer Studie des FBI zufolge beliefen sich die Schäden durch Hacking in den 90er Jahren bei 163 Unternehmen durchschnittlich auf 800.000 US$ Dollar.[50] Außerdem gelingt es unterschiedlichen Arten von Viren immer wieder, Netzwerke oder zentrale Rechner lahmzulegen, so dass der Informations- und Datenaustausch eingeschränkt oder gar gänzlich zum erliegen kommt. Dies kann u.a. im Falle von hochsensiblen Just-in-Time-

---

[49] Schmitz B (2002a) S. 210
[50] Vgl. Jüptner O (2002) S. 11

Systemen Produktionsausfälle und somit hohe ökonomische Schäden verursachen.

Was also kann getan werden, um sich vor Angriffen und Datenverlusten zu schützen? Die folgenden Punkte sollen einen kurzen Überblick über unterschiedliche Problematiken verschaffen.[51]

- Gebäudesicherheit ist ein oft unterschätzter Aspekt. Wenn zentrale Rechner in einem nicht gesicherten Raum stehen, so nützt auch eine Firewall wenig. Der Zugang wäre in diesem Fall direkt möglich.
- Der banale E-Mail Verkehr ist ein Hauptangriffspunkt für Viren oder das Abgreifen von Informationen und Daten. Firewalls, Verschlüsselungstechnologien und Viren-Scanner können hier zwar das gröbste verhindern, schaffen aber grundsätzlich keine 100%ige Sicherheit. Deshalb muss jedem Mitarbeiter klar sein, dass etwa eine schnell verfasste E-Mail ebenso schnell in die falschen Hände geraten kann.
- Auch einfache und leicht zu merkende Passwörter bieten Hackern die Möglichkeit, in das Firmennetzwerk einzusteigen. Frei herumstehende Rechner oder Laptops etwa auf Kongressen bieten Unbefugten die Gelegenheit, sich Zugang zu kritischen Daten und Informationen zu beschaffen. Sogar dem britischen Geheimdienst passierte dies 2001 zweimal. Sicherheitspolicies im Unternehmen sind jedem einzelnen Mitarbeiter nahezubringen, so dass dieser entsprechend handelt.
- Mobile Netzwerke sind besonders von Angriffen gefährdet. So ist selbst die beste Verschlüsselung in einem Feldversuch nach 40 Minuten geknackt worden, ohne dass der Angegriffene etwas davon mitbekam. Hinzukommt, dass Verschlüsselungstechnologie die Netzwerkperformance um 50 bis 75% reduziert, was in der Praxis leider häufig zum Verzicht auf Verschlüsselungstechnologien führt.
- Oft unterschätzt wird auch, dass vor allem Mitarbeiter und Ehemalige die größten Schäden anrichten können und dies leider auch tun. Ein durch Kündigung oder anderes frustrierter oder gemobbter Mitarbeiter kann sich immer noch im Firmennetzwerk bewegen und dort z.B. Daten absaugen und an Unbefugte weiterleiten, Viren oder Trojanische Pferde ins Netzwerk schleusen oder Dateien ändern. Vor allem in US-Amerikanischen IT-Firmen ist es daher gang und gäbe, dass Mitarbeiter noch am Tag der Entlassung ihren Schreibtisch zu räumen haben und den Zugang zum Netzwerk verwehrt bekommen, damit diese keine Schädigung des Unternehmens mehr verursachen können. Auch sind Fälle bekannt, wo ehemalige Mitarbeiter von IT-Abteilungen sich Hintertüren zu Rechnern oder zum Netzwerk während ihrer Anstellung verschafft haben,

---

[51] Vgl. Jüptner O (2002) S. 11ff

wodurch sie auch nach ihrem Ausscheiden aus dem Unternehmen auf Systeme zugreifen können.

Es gilt also nicht nur von der Hardware- und Softwareseite aus Sicherheitslücken zu schließen, vielmehr muss im Unternehmen eine Sicherheitspolitik entwickelt und von den Mitarbeitern gelebt werden. Damit ist das Aufstellen von allgemeinen schriftlichen Richtlinien etwa zum Datenschutz, zum Umgang mit E-Mails und Verschlüsselung, zur Internet-Nutzung und Verfahrensabläufen bei Sicherheitsvorfällen gemeint. Dem Mitarbeiter muss dies durch konsequente Sensibilisierung klar gemacht werden, durch Schulungen und/oder Gespräche, bevor der große Schaden eintritt, der immer solange unerwartet ist, bis er vorliegt.

5 Sourcing-Strategien – wo und von wem wird eingekauft?

Mit zunehmender Verflachung der Wertschöpfungstiefe werden Lieferanten zu einem bestimmenden Faktor in der Wertschöpfungskette des Unternehmens. Wenn beispielsweise in der Automobilindustrie weit über die Hälfte an Wertschöpfung zugekauft wird, zeigt sich, dass die Auswahl und der richtige Umgang mit Lieferanten entscheidend zum Erfolg oder Misserfolg eines Produzenten beitragen. Einer der innovativsten und jüngsten Automobilhersteller, MCC Smart, trägt weniger als zehn Prozent zur Wertschöpfung im „Smart" bei und bei der Audi AG werden in einzelnen Werken über 90% der Teile Just-in-Time angeliefert. Oder wie es J. Barry von EDS zum Ausdruck gebracht hat: *"These days, the battle is not between my company and my competitor; it's between my supply chain and my competitor's supply chain"*.

Der Einkauf trägt in der Entscheidung der Sourcing Strategy und damit in der Auswahl der Lieferanten eine große Verantwortung. Grundsätzlich haben sich in den letzten Jahren zwei große Trends entwickelt, die sicherlich auf absehbare Zeit richtungsweisend bleiben werden: *Global Sourcing* und *Modular Sourcing*.

5.1 Global Sourcing – eine Welt voller Lieferanten

Im Zuge des Phänomens der Globalisierung wurde und wird globales Beschaffen zu einer wesentlichen Komponente der Einkaufsstrategie. Global Sourcing umfasst den Bezug von Gütern, Dienstleistungen aber auch Verarbeitungskapazitäten. Wer heute ein Ericsson oder Motorola Mobiltelefon kauft, kann davon ausgehen, dass es von einem Fertigungsdienstleister wie Flextronics oder Celestica in einem beliebigen Teil der Welt gefertigt wurde. Zunehmende globale Rechtssicherheit, aber auch die Reduktion der Zölle und Regularien im Zuge der Welthandelsorganisation haben das ihre zum Anstieg globaler Handelsverflechtungen beigetragen. Vereinfacht wird dies durch Niederlassungen im Ausland, was jedoch keine Voraussetzung ist. Aktuelle Studien zeigen, dass nach wie vor knapp zwei Drittel der

Unternehmen weltweite Beschaffung von Deutschland aus durchführen.[52] Die *Vorteile* von Global Sourcing liegen auf der Hand:

- Kostenvorteil ausländischer Lieferanten durch
  - Steuervorteile,
  - geringere Lohnkosten,
  - geringere Umweltschutzauflagen,
- Landes- oder regionenspezifisches Know-how der Lieferanten,
- Erfüllung von local-content Anforderungen.

Nachteile von Global Sourcing sind

- längere Transportwege,
- politische Risiken,
- andere Mentalität der Lieferanten,
- höherer Kommunikationsaufwand wegen unterschiedlicher Sprachen.

5.2 Modular Sourcing – größere Teile, weniger Lieferanten

Ein dem Global Sourcing entgegenwirkender Trend ist das Modular Sourcing, also der Bezug von bereits vormontierten Modulen von einem Systemlieferanten. So hatte der Golf III noch rund 64 Teile für sein Frontend, im Golf IV sind es nur noch 35 Teile.

Dem Systemlieferanten können noch zusätzliche Aufgaben wie Forschung, Entwicklung, Qualitätssicherung und Einkauf übertragen werden. Wie weit dies gehen kann, zeigt der Automobilzulieferer Magna: ab 2004 baut Magna im österreichischen Graz den eigenentwickelten X3 für BMW.

Um einen reibungslosen Ablauf zu garantieren, bedingt Modular Sourcing meist die Anwesenheit der Lieferanten vor Ort, wie beispielsweise in Smartville im elsässischen Hambach, wo alle für den Zusammenbau des Smart notwendigen Lieferanten vor Ort im Werk integriert sind.

Ziel des Modular Sourcing ist es, durch eine Verringerung der eigenen Wertschöpfung lohnintensive Tätigkeiten auf den Zulieferer zu verlagern. Zusätzlich verringert sich der Beschaffungs- und Koordinationsaufwand von beliebig vielen auf einen Lieferanten. Das Hauptrisiko bei Modular Sourcing liegt in der erhöhten Abhängigkeit von den Systemlieferanten, die nur schwer und vor allem kostenintensiv zu substituieren sind.

---

[52] Vgl. Arnold U (2002) S. 201–220

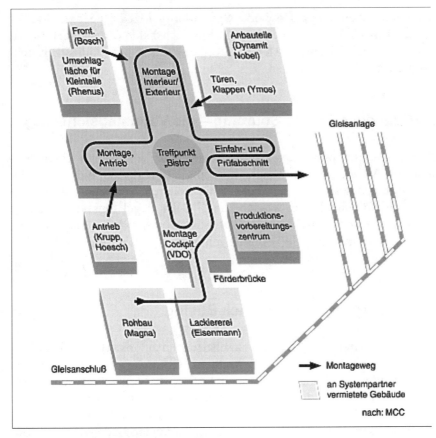

Abb. 5.1. MCC-Smart Werk in Hambach

5.3 Single Sourcing – mit dem Lieferanten durch dick und dünn

Single Sourcing ist die Konzentration auf eine Beschaffungsquelle. Die Einschränkung auf einen Lieferanten erfordert gegenseitiges Vertrauen der Partner in der Lieferkette. Oft liegen dem Single Sourcing Entwicklungspartnerschaften zugrunde, die durch das Investment auf beiden Seiten einen Austausch des Lieferanten unmöglich machen. Vorteil ist die reduzierte Komplexität in der Lieferbeziehung, was die Kosten für die gesamte Beschaffungsabwicklung verringert. Nachteil ist die starke Abhängigkeit des Unternehmens von einem Lieferanten. Dem finanziellen Risiko kann – bei entsprechender Marktmacht – durch ein Offenlegen der Kalkulation des Lieferanten (open book policy) entgegengewirkt werden. Systemlieferanten mit hohem Know-How oder Spezialfertiger sind oft Single-Source-Partner. Dazu gehören Firmen wie ZF-Friedrichshafen (Zahnräder), Bosch mit ABS und Einspritzsystemen, Keiper-Recaro mit Autositzen und DaimlerChrysler mit Motoren.

5.4 Dual oder Double Sourcing – die Verlustabsicherung

Beim Dual Sourcing werden zwei Lieferanten als Vorzugslieferanten definiert. Im Vergleich zum Single Sourcing gewährleistet dies, dass der Wettbewerbsdruck bei einer gleichzeitig höheren Versorgungssicherheit weiterhin aufrechterhalten werden kann. In der Regel funktioniert dieser Ansatz nur, wenn die Marktmacht des Kunden entsprechend hoch ist. Dual Sourcing ist somit „Single Sourcing mit Verlustabsicherung gegen Totalausfall".[53]

5.5 Vermeidung von Maverick Buying

Maverick Buying bezeichnet das Beschaffen am autorisierten Einkauf vorbei und ist ein weitverbreitetes Problem. Gründe gibt es viele: Keine wahrgenommene Kompetenz des Einkaufs, die Vorstellung, dass man selbst als Beschaffer die besten Konditionen erhält oder schlichtweg der Versuch, sich als Kostenstellenverantwortlicher nicht in die Karten schauen lassen zu wollen. Resultat ist eine geringere Bedeutung des vom Einkauf verantworteten Beschaffungsvolumens. Weniger Verhandlungsmacht gegenüber den Lieferanten, ein geringeres Bündelungsvolumen und die Torpedierung sämtlicher Standardisierungsmöglichkeiten sind die Folge. In großen Unternehmen werden so oft bis zu 30% der C-Artikel ohne entsprechende Rahmenverträge beschafft. In den Produktkosten schlägt sich das in Preiszuschlägen von 15–20% nieder.[54] Um sich der Bedeutung von Maverick Buying für das eigene Unternehmen bewusst zu werden, müssen lediglich die Ausgaben des Unternehmens laut Controlling mit dem Einkaufsvolumen, das in der Einkaufsverantwortung liegt, abgeglichen werden. Die Ergebnisse einer solchen Analyse führen oft zu Überraschungen.

---

[53] Stark H (2002) S. 46–50, S. 46
[54] Vgl. Wannenwetsch H (Hrsg.) (2002a)

6 Kosteneinsparung durch professionelle Bedarfsermittlung

6.1 Schaffung des tragfähigen Einkauf-Fundamentes

Die konstruktiv-kritische Auseinandersetzung mit den beschaffungspolitischen Gegebenheiten des eigenen Unternehmens in der Entstehungsphase eines Bedarfs, einer Investition, eines Outsourcing-Projekts ist der erste Schritt in die richtige Richtung, denn hier gibt es häufig „Störfeuer".

Konkret bedeutet das: Eine Verhandlung wird dann zur Farce, wenn der potenzielle Lieferant von anderen Unternehmensfunktionen bereits weiß, dass er der „Einzige" ist oder wenn ihm der Auftrag so gut wie zugesagt wurde. Damit wird der Einkauf zur „Bestellabteilung". Das ist sicherlich nicht Sinn und Zweck professioneller einkäuferischer Aktivitäten.

Gegenmaßnahme: Jeder Mitarbeiter eines Unternehmens muss sich darüber im Klaren sein, welche taktischen Nachteile durch ein solches Verhaltensmuster entstehen.

Ebenso empfindliche Störfaktoren sind technische Unklarheiten des einzukaufenden Objekts. Wenn z.B. erst in der Verhandlung über technische Einzelheiten entschieden oder beraten wird, sind Preisgestaltung und Preiskritik nahezu unmöglich. Der Lieferant wird zudem aufgrund seiner eigenen kostenrelevanten Unsicherheiten höhere Material- und Lohnzuschläge zugrunde legen.

Gegenmaßnahme: Die Technik muss die qualitäts- und funktionsrelevanten Kriterien unbedingt schon im Anfragestadium glasklar fixieren. Ist das – aus welchen Gründen auch immer – nicht möglich, muss zumindest gewährleistet sein, dass *vor* der Verhandlung die eigene technische Konzeption mit den Kostenwirkungen durchdacht ist und konkrete eigene Kostenvorstellungen vorliegen. Ausnahme sind hier selbstverständlich Entwicklungsprojekte.

Weitere „hausgemachte" Störfaktoren sind *Schnittstellen- und Hierarchieproblematiken*:

1. Ist von Seiten des Einkaufs alles getan worden, um die oben angeführten Störungen zu vermeiden?

2. Ist der Einkauf in die Entwicklung neuer Produkte, Investitionsplanungen, Make or buy- und Outsourcing-Entscheidungen, Wertanalysearbeiten strategisch eingebunden?
3. Hat der Einkauf die adäquate hierarchische Position der Funktionen F&E, Konstruktion, Vertrieb?
4. Hat der Einkauf erkannt, dass die Schaffung von Markttransparenz zu seinen herausragenden Tätigkeiten gehört?
5. Hat sich der Einkauf durch richtiges C-Teile-Management die Zeit für die professionelle Beschaffungsmarktforschung geschaffen?

6.2 Erfolgsbausteine – optimale Menge und Wert

Große Unternehmenseinheiten haben längst erkannt, welche strategische Bedeutung im Einkauf liegt. In einer ganzen Reihe von mittelständischen Firmen wird dies aber nur zögerlich anerkannt.

Der Profi-Einkauf heute spielt sich nicht nur im eigenen Funktionsbereich ab, vielmehr ist bereichsübergreifendes Denken und Handeln Pflicht geworden.

So muss auch der Einkauf im mittelständischen Unternehmen wissen, wie es um das Verhältnis Bestellkosten/Lagerhaltungskosten in seinem Unternehmen steht, weil sehr häufig die dispositive und einkäuferische Tätigkeit in einer Hand liegt.

Tabelle 6.1. Ermittlung des durchschnittlichen Bestellkostensatzes

	Disposition	Einkauf	Lagerwirtschaft	Buchhaltung	Gesamt Euro
Angenommener %-Anteil Kosten p.a.	50	100	10	40	
Wert	50.000	100.000	10.000	40.000	**200.000**
+ angenommene Sachkosten	Bestehend aus anteiligen Kosten für EDV, Reinigung, Steuern, Instandhaltung, Reparaturen, Fixkosten (Miete/Afa) etc.				50.000
Gesamtkosten					**250.000**
Angenommene Anzahl Bestellungen p.a.	Hier sind alle Bestellungen zugrunde zu legen, d.h. auch die aus Abrufen, aus Rahmenverträgen und telefonische Bestellungen				**4.000**
Durchschnittlicher Bestellkostensatz	€ 250.000 4.000				**62,50**

Wie wird der durchschnittliche Bestellkostensatz ermittelt?

Hier liegt die fiktive Annahme zugrunde, dass die jährlichen Personalkosten pro Funktion bei 100.000 Euro (einschließlich Personal-Nebenkosten) liegen. Konkret müssen diese Kosten gemeinsam mit dem Controlling diskutiert und errechnet werden.

Wie wird der Lagerhaltungskostensatz ermittelt?

Errechnung des durchschnittlichen Lagerbestandes pro Jahr:

a) Bei *regelmäßigem* Verbrauch:

$$\frac{\text{Jahresanfangsbestand} \quad \text{Jahresendbestand}}{2} \qquad (6.1)$$

b) Bei *unregelmäßigem* Verbrauch: entweder

$$\frac{\text{Jahresanfangsbestand} \quad 12 \text{ Monatsendbestände}}{13} \,^*) \qquad (6.2)$$

oder

$$\frac{\text{Jahresanfangsbestand} \quad 4 \text{ Quartalssendbestände}}{5} \qquad (6.3)$$

*) Diese Berechnung wird in der Praxis favorisiert.

Errechnung des *Lagerkostensatzes*:

$$\frac{\text{Lagerkosten/Jahr} \quad 100}{\text{durchschnittlicher Lagerbestand pro Jahr}} \qquad (6.4)$$

Beispiel:

$$\frac{€180.000 \quad 100}{€1.200.000} \quad 15\%$$

Bei der *Errechnung des Lagerhaltungskostensatzes* schlägt man dem Lagerkostensatz den Kapitalbindungskostensatz hinzu.

Der Kapitalbindungskostensatz (die Verzinsung des in den Beständen gebundenen Kapitals) wird unternehmensindividuell festgelegt und zumeist an den banküblichen Zins angelehnt.

Beispiel:

Der Lagerkostensatz beträgt 15%, der Kapitalbindungskostensatz wurde mit 10% festgelegt.

> Lagerhaltungskostensatz = 15% + 10% = 25%

Erst wenn diese Zahlen vorliegen, ist es möglich, für ein Unternehmen wirtschaftliche Losgrößenberechnungen durchzuführen.
Die klassische Formel sieht so aus:

Wirtschaftliche Losgröße (ANDLERSCHE FORMEL)

$$B_{opt.} \sqrt{\frac{200 \quad \text{Jahresbedarf (Stck)} \quad \text{Bestellkosten (Euro)}}{\text{Einstandspreis} \quad \text{Lagerhaltungskosten (\%)}}} \quad (6.5)$$

Beispiel:

$$\sqrt{\frac{200 \quad 2.500 \quad 50}{0,80 \quad 25}} \quad 1118 \; \text{Stück}$$

Hier ist Vorsicht angebracht, denn Andler setzt voraus, dass der Verbrauch keinen Schwankungen unterworfen ist und Lagerhaltungskosten und Einstandspreise sich nicht ändern. Das trifft aber für die Mehrzahl der einzukaufenden Artikel nicht zu. Trotzdem ist es nützlich, die Bestellfrequenzen des einen oder anderen Artikels der Vorperiode einmal zu betrachten.

Zumeist stellt sich nämlich in der Praxis heraus, dass die C-Teile (im Sinne der ABC-Analyse) viel zu häufig bestellt wurden.

Was hat dies nun alles mit der Einkaufsverhandlung zu tun?

Sehr viel, denn wenn die Optimierungsfakten des eigenen Unternehmens nicht bekannt sind, können sie auch nicht Gegenstand von Einkaufsverhandlungen sein.

Es gilt, die Meinung vieler Lieferanten zu durchbrechen, dass *ihre* Verpackungseinheit, *ihre* optimale Losgröße, *ihre* Staffelpreise das non-plus-ultra sind!

Vielmehr muss der Profi-Einkauf eigene wirtschaftliche Notwendigkeiten durchzusetzen wissen. Das passt übrigens auch zu den Aussagen der agilen Verkaufstrainer, die „Clienting", „Total customer care" und „customer-focus" zu ihren Schlagworten gemacht haben. Was nichts anderes bedeutet als:

Nicht mehr die Märkte, sondern die Kunden stehen im Mittelpunkt des Verkaufsgeschehens. Das Feld ist also bereitet. Der Einkauf sollte es nutzen.

6.3 Entscheidend: Ermittlung des Bedarfs und der Bezugszeitpunkte

Ein falscher Bezugszeitpunkt führt entweder zu Fehlmengenkosten oder zu unnötigen Lagerbestands-Belastungen. Solche Kosten sind vermeidbar, wenn im Einkauf die Probleme der vorgeschalteten Funktion Disposition bekannt sind und – daraus folgernd – alle damit zusammenhängenden Markt-Informationen zeitnah weitergegeben werden.

Veränderte Wiederbeschaffungszeiten führen in der häufig praktizierten Bestellpunktrechnung zu Schwierigkeiten, wie Abb. 6.1 verdeutlicht.

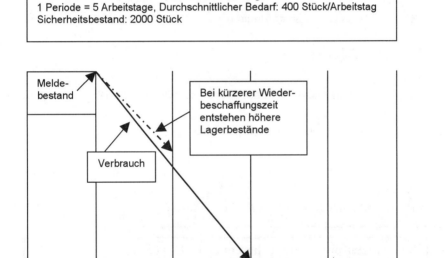

Abb. 6.1. Ermittlung des Bedarfs und der Bezugszeitpunkte

6.4 Einkaufspreisanalyse

Dies ist ein heikles Thema: Es geht nach wie vor in manchen Einkaufsentscheidungen *nur* um den Preis! Die Profis haben längst erkannt, dass eine ganze Fülle von weiteren Kriterien zu beachten sind. Neben der erfahrenen oder erfragten Liefertreue und dem Qualitätsniveau gehört die Ermittlung des Einstandspreises dazu. Sie könnte so aussehen:

Tabelle 6.2. Ermittlung des Netto-Einstandspreises

A	Preis pro Einheit (GP)	€ 10,00
B	Zuschläge (MM oder MTZ) (3%)	€ 0,30
C	Abschläge (Rabatt, Bonus) (20% v. GP)	€ 2,00
D	Skonto (3%)	€ 0,25
E	Verpackung (wird vom Lieferanten nicht berechnet)	€ 0,00
F	Fracht (Lieferant liefert frei Haus)	€ 0.00
G	Gebühren, Zölle, TÜV	€ 0,00
H	Sonstige Kosten	€ 0,00

Der Einstandspreis wäre in diesem Falle € 8,05
A + B - C - D + E + F + G + H = Einstandspreis
(GP = Grundpreis, MM = Mindermenge, MTZ = Material-Teuerungs-Zuschlag)

Dies ist die Lösung bei kleineren Objekten. Sind Entscheidungen im A-Artikelbereich oder für Investitionen zu treffen, so sind weiterreichende vorherige Analysen nicht nur notwendig, sondern auch hilfreich in der Einkaufs-Vertragsverhandlung.

In der Praxis haben sich die folgenden Methoden bewährt.

6.4.1 Die Preisstrukturanalyse

Hier wird von der Voraussetzung ausgegangen, dass die Kostenanteile eines Produktes ermittelt worden sind. Keine leichte Aufgabe für den Einkauf! Zumeist wird von den Gesprächspartnern im Verkauf mit mehr oder auch weniger stichhaltigen Argumenten kräftig „gemauert".

Da aber die Zielpreisdiskussion in der Großindustrie längst zur Gewohnheit geworden ist, sollte sich auch die mittelständische Industrie die Verpflichtung auferlegen, die Kalkulation des Lieferanten nachzuvollziehen. Wenn der Auskunftswille oder das Auskunftsvermögen des Gesprächspartners nicht gegeben ist, muss zur Eigenkalkulation gegriffen werden. Das funktioniert ganz gut, indem man die Fachleute im eigenen Unternehmen befragt und die Daten des Statistischen Bundesamtes als zusätzliche Hilfe heranzieht. In der „Kostenstrukturerhebung des verarbeitenden Gewerbes" werden nämlich von den einzelnen Industriezweigen regelmäßig interessante Zahlen veröffentlicht. Der nachstehende, etwas modifizierte Auszug des Statistischen Bundesamtes Wiesbaden lässt erkennen, wie weit sie aufgeschlüsselt sind und somit als erste Grundlage dienen können:

Tabelle 6.3. Herstellung von Behältern aus Eisen und Stahl – Anteile am Bruttoproduktionswert (Angaben in %)

Materialverbrauch Einsatz an Handelsware zu Anschaffungskosten, Kosten für Lohnarbeiten					Personalkosten				Kosten für sonst. Dienstleist.	Kosten für Steuern	Sonstige Kosten: (Mieten, Afa, Fremdkap.)
Insges.	Materialverbrauch insgesamt	darunter Energieverbr.	Einsatz Handelsware	Kosten für Lohnarb.	Insges.	Bruttolohnsumme	Bruttogehaltssumme	Sozialkosten			
60,8	52,5	1,9	4,9	1,5	23,1	12,7	6,1	4,3	1,8	0,3	14

Quelle: Statistisches Bundesamt, Wiesbaden. Internet: www statistik-bund.de

Eine Preisstrukturanalyse könnte dann für eine Einkaufsverhandlung so genutzt werden wie in Tabelle 6.4 dargestellt.

Nochmals sei angemerkt, dass viele Widerstände bei einem solchen Verfahren zu erwarten sind. Der Verkaufstrainer empfiehlt zum Beispiel:

> „Machen Sie den Preis zu einer liebenswürdigen Nebensächlichkeit" (Bosse) oder
>
> „Überlegen Sie, welche Kostennachweise Sie dem Kunden vorlegen können. Nicht alle sind für Kundenaugen geeignet." (Puntsch)

Tabelle 6.4. Beispiel Preisstrukturanalyse (1)

Gummidichtung / Sonderausführung	Jahresbedarf ca. 2.800 Stück (A-Teil)
Geforderte Preiserhöhung:	12 %
Begründung:	Kautschukpreiserhöhung um 12 %
Ausgangspreis:	€ 100,--
Diskussionsvorschlag des Lieferanten:	€ 112,--

Tabelle 6.5. Beispiel Preisstrukturanalyse (2)

	Kostenanteile gesamt aufgeschlüsselt		Festgestellte Erhöhung/ Ermäßigung	Auswirkung	Ergebnis
	%	%	%	€	€
Rohstoffanteil	56				
– Gummi		40	+ 12	4,80	
– Rußanteil		8	--	--	
– Stahlkern		8	+ 2,0	0,16	
					60,96
Fertigungsanteil	29				
– Löhne		20	+ 4,2	0,84	
– Energie		9	./. 30,0	./. 2,70	
					27,14
Packmittelanteil	12				
– Faltschachtel		4	--	--	
– Versandkarton		8	./. 5,0	./. 0,40	
					11,60
Sonstige Kosten	3	3	+/- 0	--	3,00
					102,70

Gegenvorschlag des Einkaufs: € 102,70

6.4.2 Der partielle Preisvergleich

Das ist ein Verfahren, das die Mehrzahl der Verkäufer von vornherein als unfair bezeichnen.

Hier werden die Preis- oder Kostenanteile ebenfalls separiert. Dies geschieht aber schon im Anfragestadium. Häufig passiert es, dass detaillierte Angaben aus naheliegenden Gründen verweigert werden. Wenn aber von fünf angefragten Lieferanten nur zwei bereit sind, ihre Einzelangaben zu machen, ist in der Einkaufsverhandlung schon viel gewonnen. Hier sind zwei Beispiele.

Beispiel 1
Farb-Prospekt, Preise (fiktiv) umgerechnet per ‰ Stück/Auflagenhöhe 20.000 Stck.

Tabelle 6.6. Partieller Preisvergleich (1a)

	Lieferant 1	Lieferant 2	Lieferant 3	Lieferant 4	Lieferant 5
Layout	*220*	350	310	280	290
Reproduktion	*410*	430	450	415	435
Papier	160	170	155	*130*	140
Druck	*245*	265	350	280	290
Farbzuschlag	55	--	70	40	70
Zuschnitt	60	75	--	--	55
Buchbinder-Arbeiten	390	*180*	220	420	250
Verpackung	25	30	*15*	30	*15*
Gesamtpreis	**1.565**	**1.500**	**1.570**	**1.595**	**1.545**

(Preisangaben in Euro)

Tabelle 6.7. Partieller Preisvergleich (1b)

Layout	220 €
Reproduktion	410 €
Papier	130 €
Druck	245 €
Buchbinderarbeiten	180 €
Verpackung	15 €
Gesamtpreis	1.200 €

Der Zielpreis in diesem Beispiel wird nicht unbedingt erreicht werden können. Es ist aber nicht zu unterschätzen, welche psychologische Wirkung das „marktideale" Preiskonzept haben kann. Wenn der Einkauf zudem weiß, wie einzelne Leistungen berechnet werden, bekommt er ein gutes Gespür für seine zukünftigen Entscheidungen und erhöht in jedem Fall seine spezifischen Produktkenntnisse.

6 Kosteneinsparung durch professionelle Bedarfsermittlung

Beispiel 2
Preisspiegel   Projekt: 47111213   Gruppe: Maschinen   Datum: ....

Tabelle 6.8. Partieller Preisvergleich (2)

Projektteil	Vertriebs-vorgabe	Anbieter 1	Anbieter 2	Anbieter 3
Maschine	47.000	48.000	52.000	49.000 *)
Elektrik und Elektronik	1.000	1.500	1.200	800 *)
Antrieb	1.800	1.500	1.600	1.400 *)
E.- und V.-Teile (3 Jahre)	2.500	3.000	3.300	2.200 *)
Wartung (3 Jahre)	2.000	2.500	3.000	1.800 *)
Verpackung	Ohne Berechnung	400	300	200
Zahlungsbedingungen	Keine Vorgabe	Netto-Zahlung	Netto-Zahlung	./. 3% von *) = 1.656
Gesamtwert	**54.300**	**56.900**	**61.400**	**53.744**

(Preisangaben fiktiv in Euro)

Hier ist vor allen Dingen auf die Kriterien *Wartung, Ersatz- und Verschleißteile* hinzuweisen.

Es ist zwar unverständlich, aber es passiert immer noch häufig, dass erst *nach* Erteilung des Hauptauftrages hierüber gesprochen wird. Der Lieferant wird frohlocken, denn er weiß, wie sehr sein Geschäftspartner jetzt eingeengt ist: Droht nämlich der Einkäufer aufgrund hoher Forderungen des Verkäufers mit anderweitigen Problemlösungen, kommt sofort das Gegenargument: „Dann können wir unsere Gewährleistung nicht mehr im vollen Umfang übernehmen."

Konkret heißt das in den Empfehlungen der Verkaufstrainer:

„Machen Sie die Risikofurcht Ihres Kunden zu Ihrem Verbündeten."
(Puntsch)

6.5 Lieferkonditionen und Incoterms

Wie schon im Beispiel „Ermittlung des Netto-Einstandspreises" kurz erwähnt, sind die Frachten integraler Bestandteil der Einkaufsentscheidung. In der Praxis wird so manches Mal die Kostenwirkung unterschätzt, die dann eintritt, wenn keine definitiven Festlegungen getroffen worden sind. Sie kann nämlich bis zu *10%* (!!!) bezogen auf den Gesamtauftragswert betragen. Es ist zwingende Pflicht, sich *vor* der Verhandlung Gedanken über dieses Thema zu machen, damit zielorientiert verhandelt werden kann.

Ein weiterer Punkt ist die Festlegung des Gefahrenübergangs. Eine „Frei-Haus" Vereinbarung im Vertrag deckt nicht das Transportrisiko vom Lieferanten zum Kunden ab! Hier muss also eine gesonderte Vereinbarung getroffen werden.

Tabelle 6.9. Gruppeneinteilung der Incoterms

Gruppe	Klauseln			Gemeinsamkeiten
Gruppe E	EXW	Ex Works; ab Werk	benannter Ort	Der Käufer muss auf seine Kosten und Gefahr für das Verladen und Abholen der Ware beim Verkäufer sorgen
Gruppe F	FCA	Free Carrier; frei Frachtführer	benannter Ort	Der Käufer muss Frachtkosten und Gefahr für den Haupttransport tragen
	FAS	Free Alongside Ship; frei Längsseite Schiff	benannter Verschiffungshafen	
	FOB	Free On Board; frei an Bord		
Gruppe C	CFR	Cost and Freight; Kosten und Fracht	benannter Bestimmungshafen	Der Verkäufer muss die Frachtkosten für den Haupttransport tragen; die Gefahr geht vor dem Beginn des Haupttransports auf den Käufer über
	CIF	Cost, Insurance and Freight; Kosten, Versicherung und Fracht		
	CPT	Carriage Paid To; Frachtfrei	benannter Bestimmungsort	
	CIP	Carriage and Insurance Paid to; Frachtfrei versichert		
Gruppe D	DAF	Delivered At Frontier; Geliefert Grenze	benannter Ort	Der Verkäufer muss Kosten und Gefahr bis zum benannten Bestimmungsort tragen
	DES	Delivered Ex Ship; Geliefert ab Schiff	benannter Bestimmungshafen	
	DEQ	Delivered Ex Quai (duty paid); Geliefert ab Kai (verzollt)		
	DDU	Delivered Duty Unpaid; Geliefert unverzollt	benannter Ort	
	DDP	Delivered Duty Paid; Geliefert verzollt		

Es gibt in diesem Zusammenhang einen sehr einprägsamen Spruch eines renommierten Kölner Rechtsanwalts: *„Wenn Sie etwas festlegen wollen, dann tun Sie es – haben Sie es aber nicht getan, dann wollten Sie es auch nicht."* (Lenz)

Besonders prägnant sind die besagten Gefahren bezüglich Kosten und Risiken in Tabelle 6.9 mit den Incoterms deutlich gemacht.

6.6 Advanced Purchasing

Dieser relativ neue Terminus ist in etwa vergleichbar mit dem unter 6.4.2 Beispiel 2 bereits behandelten Einkaufstechniken.

Natürlich wird es noch interessanter, die Kostenbelastungen der Zukunft mit einzubeziehen, wenn es sich um ein Entwicklungsprojekt handelt. Zumeist werden die Entwicklungskosten von den danach einsetzenden Serienlieferungen separiert.

Verhandlungen über Entwicklungsprojekte finden zumeist auf hoher hierarchischer Ebene statt. Das ist wegen des Objektwertes auch gerechtfertigt. Technische Problemlösungen und finanzielle Erwägungen stehen in solchen Verhandlungen vielfach im Vordergrund, einkaufstaktische Überlegungen werden überhaupt nicht oder zu spät angestellt.

Die Taktik der verschiedenen Marktteilnehmer könnte so dargestellt werden:

Tabelle 6.10. Taktik der Marktteilnehmer

Szenario: Entwicklungsprojekt Zentrifuge – Produktlebenszyklus 5 Jahre Prognostizierte Vertriebsmenge: 500 Stck. pro Jahr (Angaben in Euro)			
	Lieferant 1	**Lieferant 2**	**Lieferant 3**
Entwicklungskosten	600.000	400.000	300.000
Preis pro Stück	(1.250)	(1.550)	(1.950)
Gesamtwert für das Produkt für den Zeitrahmen von 5 Jahren (5 x 500 Stck. = 2.500 Stck.)	3.125.000	3.875.000	4.875.000
Gesamtkosten	**3.725.000**	**4.275.000**	**5.175.000**

Ein außerordentlich wichtiger strategischer Gesichtspunkt sollte beim so praktizierten Advanced Purchasing auch ins Kalkül gezogen werden: Das Wortgewicht in einer Einkaufsverhandlung nimmt erheblich zu, wenn von der Gesamtkostenbetrachtung ausgegangen werden kann.

Es passiert nicht selten, dass der teure Teilelieferant erheblich von seinen Forderungen abstreicht, um den Gesamtauftrag zu erhalten. Das wäre auch gut im Sinne des Grundsatzes „Lasse alles in einer Hand".

Eine hypothetische Rechnung könnte ein folgendes Ergebnis haben:

- Lieferant 3 reduziert seinen Einzelpreis auf € 1.300.
- In der Gesamtkostenbetrachtung würde er dann bei
  € 1.300 x 2.500 = € 3.250.000 plus Entwicklungskosten € 300.000
  = € 3.550.000 liegen.

Gleiche Effekte, wenn auch in etwas geringerem Maße, sind möglicherweise auch beim erwähnten Preisvergleich (Tabelle 6.8) zu erzielen.

7 Kostensenkung durch Erkennen des Lieferantenpotenzials

> „If you know the enemy and know yourself, you need not fear a hundred battles"
>
> Sun Tsu, The Art of War, 2500 B.C.

Was der chinesische Stratege Sun Tsu vor langer Zeit formulierte, ist für die Marktmechanismen von zeitloser Aktualität. Natürlich hat sich der Sprachgebrauch etwas geändert, und der Lieferant wird – bei zunehmender Abhängigkeit vom Zulieferer – zu Recht mehr als Partner denn als Gegner gesehen. Nichtsdestotrotz muss der Einkäufer für Verhandlungen mit dem richtigen Rüstzeug ausgestattet sein. Ansonsten wird er ahnungslos von einem nun eben partnerschaftlichen Lieferanten „über den Tisch gezogen" und ist dennoch glücklich dabei, da er die tatsächliche Situation anders eingeschätzt hat. Mangelnde Kenntnis der Sachlage kann durchaus beträchtliche Folgen haben.

Der Autokauf

Als Großmutter Biondi starb, hinterließ sie ihrem einzigen Enkel Francesco neben einem kleinen Haus in Vicenza auch ihren weit über 30 Jahre alten Fiat Alpha, der keineswegs mehr fahrtauglich und schon ziemlich angerostet in einem kleinen Anbau zum Haus aufbewahrt wurde. Bei einem Schrotthändler in der Nachbarstadt erkundigte Francesco sich, wie viel er für das Auto bekommen könnte. 500 Euro schien noch angemessen. Mit dieser Information in der Tasche ging Francesco zu Alberto Morroni, dem lokalen Schrottbaron in Vicenza. In Anbetracht der Kenntnis des ungefähren Wertes des Autos hoffte Francesco, einen etwas besseren Preis zu erzielen. Nach etwas längerem Feilschen einigte man sich auf einen Preis von 750 Euro. Zufrieden mit seinem Erfolg ging Francesco nach Hause, um den Abtransport zu veranlassen. Was er nicht wusste: Alberto Morroni machte einen weitaus besseren Schnitt in diesem Geschäft. Ein Alpha war mittlerweile so rar, dass man ihn nach etwas Reparaturarbeit für 30.000 Euro an einen Sammler weiterverkaufen konnte.

Zwischen Francesco und Morrini hatte eine Verhandlung stattgefunden, aus der beide Partner mit der Überzeugung gingen, in Summe mehr für sich herausgeholt zu haben. Doch nur der mit dem besseren Informationsstand ausgestattete Morroni hat auch tatsächlich Recht behalten.

Ein „mehr" an Information ist der entscheidende Vorteil. Denn für den uninformierten Einkäufer wird die Verhandlung zum Glücksspiel mit beträchtlichen Risiken für beide Parteien. Wird der Lieferant falsch eingeschätzt, kann dies zu dramatischen Effekten führen. Im einen Extrem wird der Einkäufer übervorteilt und der Lieferant sichert sich über Jahre fette Renditen auf Kosten des Abnehmers. Im anderen Extrem wird der Lieferant „zu Tode verhandelt" und muss nach einiger Zeit den Weg zum Konkursrichter beschreiten. Ersteres trifft in der Regel auf Monopolsituationen zu, zweites, wenn der Lieferant weitgehend von einem einzigen Kunden abhängt.

Doch wie verschafft der Praktiker sich diese Kenntnisse? Wie bereitet er sich optimal vor, um eine faire Einschätzung des Lieferanten und dessen Verhandlungsspielraum zu erhalten? Welche Instrumente und Tools stehen ihm dabei zur Verfügung?

7.1 Lieferantenanalyseinstrumente – die Lieferanten „Top Ten"

Das wichtigste für den Einkäufer ist zuallererst die Priorisierung der Lieferanten. Denn er wird bei der Auswahl und Verhandlung einer wesentlichen Zulieferkomponente mehr Sorgfalt investieren, als wenn es darum geht, den Jahresbedarf an Kopierpapier einzukaufen. Um die wichtigsten Lieferanten für das eigene Unternehmen zu identifizieren, bedarf es einiger Analysen, die bei vorhandener Datenlage einfach und schnell durchzuführen sind. Aus der Fülle der Lieferanten müssen vor allem zwei Arten herausgefiltert werden: große und strategische.

7.1.1 ABC-Analyse – die Menge macht's

Bei der Identifizierung der größten Lieferanten hilft die ABC-Analyse. Durch Einteilung der Lieferanten in große, mittlere und kleinere gemessen am eigenen Einkaufsvolumen gelingt die Fokussierung auf einige wenige Lieferanten. A-Lieferanten sind in der klassischen Definition all jene, die in Summe 80% des eigenen Einkaufsvolumens stellen, B-Lieferanten stehen für die nächsten 15% und C-Lieferanten die restlichen 5% (siehe Abb. 7.1).[55]

---

[55] Vgl. Wannenwetsch H (2002b) S. 41–43

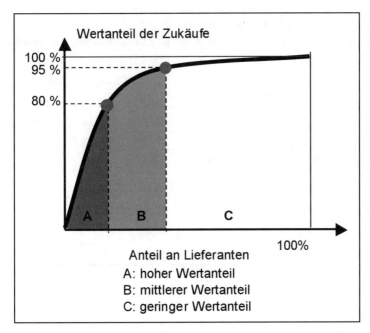

Abb. 7.1. ABC-Analyse als Grundlage der Lieferantenanalyse

Mit der Anzahl der Lieferanten verhält es sich in der Regel in entgegengesetzter Richtung. So entfallen beispielsweise auf einen IT-Dienstleister mit rund 150 Mio. Einkaufsvolumen 80% des Einkaufsvolumens auf lediglich 13 Lieferanten, weitere 15% auf rund 30 und die restlichen 5% auf über 600 Lieferanten.

7.1.2 Strategische Lieferanten – VIP Supplier

Strategisch wichtige Lieferanten lassen sich anhand der Checkliste in Abb. 7.2 ermitteln. Die Abwägung einzelner Argumente ist von Branche zu Branche verschieden. Generell gilt jedoch: Wenn Sie nur eine dieser Fragen mit einem klaren „Ja" beantworten, sollte der Lieferant definitiv einen Fixplatz auf der Liste Ihrer strategischen Lieferanten erhalten.

Hilfreich ist auch, eine Analyse über die gelieferten Materialien im entsprechenden Markt vorzunehmen.

Bedeutsames Material

- Wie austauschbar ist das Lieferantenprodukt?
- Wie hoch ist der Wertanteil des gelieferten Materials im Endprodukt?
- Gibt es Lieferengpässe bei den Vorlieferanten?

- Wie wichtig ist die Versorgungssicherheit?
- Wie zentral ist die gelieferte Ware für die Funktionalität des eigenen Endprodukts?

Checkliste: Strategischer Lieferant		
	Ja	Nein
Mit dem Lieferanten gibt es Kooperationen oder Gegengeschäfte	☐	☐
Lieferant liefert auf Wunsch des eigenen Kunden	☐	☐
Lieferant ist Monopolist für das bezogene Gut	☐	☐
Lieferantenwechsel ist mit beträchtlichen Kosten verbunden (Entwicklung, Logistik, Fertigung)	☐	☐

Abb. 7.2. Checkliste Strategische Lieferanten

Kritische Märkte

- Wie verhält es sich mit der Anzahl der Marktspieler und der eigenen Marktposition?
- Bestehen politische oder wirtschaftliche Länderrisiken?
- Wie stabil sind die Preise im Markt?

7.1.3 Stärken-Schwächenprofil

Aus der Sammlung dieser Informationen ergibt sich je Lieferant eine sog. „Balance-of-Power"-Matrix", die den Handlungsspielraum für Verhandlungen sehr klar aufzeigt. Die Optionen je Konstellation lassen sich für den Einkäufer direkt ableiten:

1. *Eigene Marktdominanz*: Die ideale Ausgangsposition für Verhandlungen. Der Lieferant hat kaum Spielraum und muss auf die Forderungen des fähigen Verhandlers weitgehend eingehen. Preisreduktionen lassen sich solange durchsetzen, solange der Lieferant noch was damit verdient. Doch Vorsicht: Ist man mit Abstand der größte Kunde, ist darauf zu achten, dass die Konditionen den Lieferanten nicht in seiner wirtschaftlichen Leistungsfähigkeit schmälern. Manch ein Lieferant wurde schon derart ausgepresst, dass der Hauptkunde ihm danach wieder finanziell unter die Arme greifen musste, um die Versorgungssicherheit zu gewährleisten. Gespart wurde somit nichts. Der Sportwagenhersteller

Porsche musste einem notleidenden Lieferanten finanzielle Unterstützung gewähren, um dessen Lieferfähigkeit aufrecht zu erhalten.

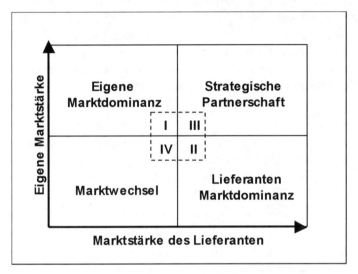

Abb. 7.3. Balance-of-power-Matrix

2. *Fremde Marktdominanz*: Die ungünstigste Position für Verhandlungen. Das Aufrechterhalten einer guten Lieferbeziehung ist vor allem im Interesse des Einkäufers. Allerdings ist er stets auf das Entgegenkommen des Lieferanten angewiesen. Besonders bei Rohstofflieferanten oder Lieferanten mit besonderen Patenten kann es zu einer solchen Konstellation kommen.
3. *Beiderseitige Marktdominanz*: Die Lieferanten-Kunden-Beziehung sollte hier in eine strategische Partnerschaft münden, um die Markmacht zu halten bzw. auszubauen. Entwicklungspartnerschaften in der Automobilindustrie sind nur eines von vielen Beispielen hierfür.
4. *Beiderseitige Bedeutungslosigkeit am Markt*: Logische Konsequenz wäre das Verlassen des Marktes. In der Praxis ist dies nicht immer ganz so einfach. Am Verhandlungstisch „trifft Not auf Elend". In der Regel wird man hier stets nur auf Standardpreise zurückgreifen können.

Zur weiteren Auswertung und Einordnung von Lieferanten gibt es eine Reihe weiterer Verfahren, unter denen die XYZ-Analyse sicherlich die prominenteste ist.

7.1.4 XYZ-Analyse – die häufigsten Lieferer

Bei der XYZ-Analyse wird die Bedarfsprognostizierbarkeit und damit die Bestellhäufigkeit beim Lieferanten auf definierte Zeiträume aufgeteilt. Sie bildet den idealen Gegenpol zur ABC-Analyse, da sie aufzeigt, ob bei einem Lieferanten auch kontinuierlich bestellt wird. Ansonsten kann ein Lieferant wegen eines Einmalkaufs an Bedeutung gewinnen, ohne dass dies für weitere Verhandlungen in der Zukunft von Belang ist.

Tabelle 7.1. XYZ-Analyse

Klassifizierung	Verbrauch	Prognostizierbarkeit
X	Konstant, kaum Schwankungen	Hoch
Y	Stärkere Schwankungen, meist saisonal oder trendbedingt	Mittel
Z	Sehr unregelmäßig	Gering

7.1.5 Dem Lieferanten in die Karten schauen – die Fix-Variablen-Rechnung

Für die Verhandlung mit dem Lieferanten, unabhängig mit welcher Position der Stärke man sich seinem Verhandlungspartner nähern kann, bedarf es einer genauen Abschätzung dessen, was denn für beide Seiten ein fairer Preis ist. Nicht immer hat man die Möglichkeit, mehrere Vergleichsangebote unterschiedlicher Lieferanten einzuholen. Um jedoch hinter die Kalkulationsstruktur eines Lieferanten blicken zu können, bedarf es oft nur zweier Angebote mit unterschiedlichen Stückzahlen. Anhand der Parameter Stückzahl und Preis lassen sich die fixen und variablen Preisbestandteile des Anbieters errechnen. Mit höherer Menge kann der Einkäufer selbst die Mengendegression ableiten (Abb. 7.4).

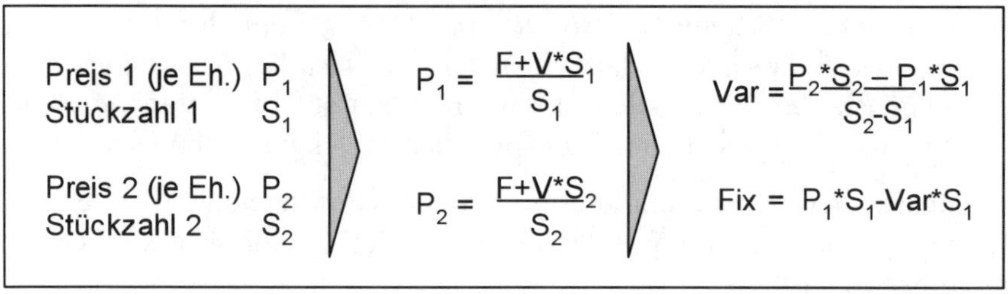

Preis 1 (je Eh.) P_1
Stückzahl 1 S_1

Preis 2 (je Eh.) P_2
Stückzahl 2 S_2

$$P_1 = \frac{F+V*S_1}{S_1}$$

$$P_2 = \frac{F+V*S_2}{S_2}$$

$$Var = \frac{P_2*S_2 - P_1*S_1}{S_2-S_1}$$

$$Fix = P_1*S_1 - Var*S_1$$

Abb. 7.4. Errechnen des fixen und variablen Anteils des Lieferantenangebots

Im folgenden Beispiel liegen zwei Angebote des gleichen Lieferanten vor. Angebot eins beläuft sich auf 50 Stanzteile à 80 Euro. Bei einer Verdopplung der Menge würden die Stanzteile je 68 Euro kosten. Aus der Berechnung ergibt sich für die Kalkulation des Lieferanten ein Fixkostenanteil von 1.200 Euro, den der Lieferant seiner Kalkulation zugrunde legt. Der variable Anteil liegt je Stück bei 56 Euro. Die Mengendegression, d.h. der Preisverfall je Verdopplung der Menge, liegt bei 85% (Abb. 7.5).

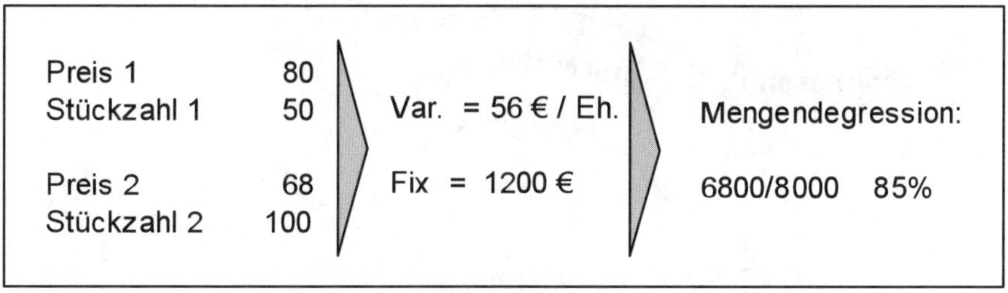

Preis 1	80		
Stückzahl 1	50	Var. = 56 € / Eh.	Mengendegression:
Preis 2	68	Fix = 1200 €	6800/8000 85%
Stückzahl 2	100		

Abb. 7.5. Errechnen der Mengendegression

Würde der Einkäufer beim Lieferanten 200 Stück Stanzteile beziehen läge der Einzelpreis je Stück bei 57,80 Euro.

Noch nicht berücksichtigt sind hier Lernkurveneffekte, die mit weiteren 15% Kostenreduktion je Verdoppelung der Stückzahl zu Buche schlagen. Die Lernkurventheorie hat sich bisher als weitgehend branchenunabhängig erwiesen. Bewegt sich der Lieferant unter diesen Kosteneffekten, so liegt dies in der Regel darin begründet, dass er selbst das Potenzial nicht zu heben weiß. Auch dies lässt sich dem Lieferanten gegenüber argumentieren, um seinen Preis zu senken. Je größer dabei die fix zugesagte Menge, desto höher ist die forderbare Preisreduktion.

7.2 Lieferantenmanagement – die ganzheitliche Sicht

Das Potenzial des Lieferanten erschließt sich besonders durch eine dauerhafte Lieferbeziehung und nicht in kurzfristigen Verhandlungen mit dem Fokus auf Preisreduktion. Der Einkäufer ist heute als Schnittstelle in der Supply Chain auch dafür verantwortlich, dass „seine" Lieferanten die gewünschte Leistung in Qualität und Logistik erbringen. Um die Spreu vom Weizen trennen zu können, hat sich in den letzten Jahren in Best-Practice-Unternehmen eine einheitliche Bewertung von Lieferanten durchgesetzt. Dabei haben sich neben der Automobilbranche vor allem Großkonzerne hervorgetan, die schon allein aufgrund Ihrer Lieferstruktur auf eine umfassende Bewertung der Lieferanten angewiesen sind. Ansonsten kann es auch vorkommen, dass der gleiche Lieferant, der in einem Werk vor die Tür gesetzt wurde, im nächsten Werk mit offenen Armen empfangen wird.

88 7 Kostensenkung durch Erkennen des Lieferantenpotenzials

Ganzheitliches Lieferantenmanagement setzt sich aus den Elementen Lieferantenbewertung, Lieferantenoptimierung und Lieferantenauswahl zusammen. Beeinflusst wird Lieferantenmanagement durch die gesamte Beschaffungsstrategie (siehe Abb. 7.6).

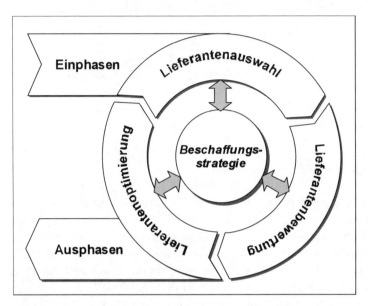

Abb. 7.6. Lieferantenmanagement als ganzheitlicher Prozess

7.3 Lieferantenbewertung – ein Praxisbeispiel

Ein erfolgreiches Beispiel für unternehmensweit einheitliche und umfassende Lieferantenbewertung entstand in der Siemens AG. Im Ausgangsjahr 1998 belieferten 30% aller Zulieferer mehrere Siemens Standorte. Konzernweit gab es unterschiedliche Bewertungskriterien, was dazu führte dass der selbe Lieferant für gleiche Produkte mit einer Vielzahl unterschiedlicher Bewertungen versehen wurde. Konfusion nach innen und nach außen war die Folge.[56]

Man entschied sich für eine konzernweit einheitliche Bewertung, welche die Akzeptanz in der gesamten Supply Chain sicherstellen sollte. Die Bewertung durch Einkäufer und die Bedarfsträger selbst erfolgt nach geschäftsspezifischen Kriterien, ohne die Vergleichbarkeit der Bewertung über die einzelnen Siemens-Geschäfte hinweg aufgeben zu müssen. Somit

---

[56] Vgl. Hoffmann R, Lumbe H (2000) S. 87–120

wurde ein allgemeingültiges Kriterienset mit den vier Kategorien Preis, Qualität, Logistik und Technologie definiert, die sich in weitere Aspekte auf Ebene 2 untergliedern. Auf der dritten Ebene nun sind geschäftsspezifische Detailbeschreibungen enthalten (siehe Abb. 7.7).

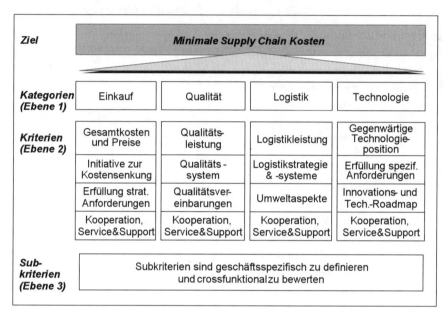

Abb. 7.7. Kriterienset zur Lieferantenbewertung der Siemens AG

Die Bewertung erfolgt cross-funktional mit Einkäufern, Qualitäts- und Logistikexperten sowie Entwicklern an einem Tisch. Dies führte vor allem bei der ersten Bewertung dazu, dass über einige Lieferanten das erste Mal gemeinsam diskutiert wurde. Und wie sich herausstellte, war man teilweise auch gegensätzlicher Meinung, z.B. wenn der Einkauf die Preispolitik des Lieferanten für gut befand und ihn deshalb bevorzugte, während Qualität oder Logistik die Schwächen des Lieferanten „ausbaden" mussten.

Für jeden Lieferanten werden die Ergebnisse in einer „Fieberkurve" festgehalten, die ein individuelles Stärken-Schwächenprofil des Lieferanten aufzeigt und die Basis für Verbesserungsmöglichkeiten des Lieferanten bildet.

Auf Grundlage der Bewertung der Lieferbeziehung wird der Lieferant in eine von vier Kategorien – immer bezogen auf eine Materialgruppe – eingestuft:

- *Preferred* (90–100 Punkte): Die besten Lieferanten
- *Accepted* (70–89 Punkte): Gute Lieferanten

- *Restricted* (50–69 Punkte): Mäßige Lieferanten, die auf Basis von Zielvorgaben zur Verbesserung angehalten werden
- *Desourced* (<50 Punkte): Schlechte Lieferanten, von denen man sich nach Möglichkeit trennen wird

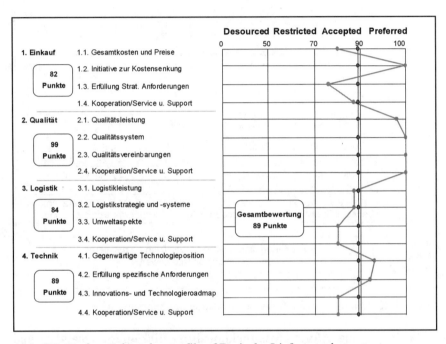

Abb. 7.8. Stärken-Schwächenprofil auf Basis der Lieferantenbewertung

Wenn die Bewertung der Lieferanten einer Warengruppe dem Einkaufsvolumen und der strategischen Bedeutung gegenüber gestellt wird, ergibt sich daraus eine fundierte Entscheidungshilfe. Einzige Voraussetzung ist, dass die Lieferanten in der Materialgruppe vergleichbare Produkte liefern.

Im unten stehenden Fall handelt es sich um Lieferanten in der Materialgruppe Blech, die weitgehend substituierbar sind. Auf Basis der Bewertung wurden vom zuständigen Einkäufer gemeinsam mit seinen crossfunktionalen Partnern folgende Entscheidung getroffen: Der schlechteste Lieferant (Lieferant A) wird komplett ausgephast, der beste Lieferant (Lieferant E) übernimmt dessen Volumen. Die Lieferbeziehung wird somit weiter ausgebaut.

Mittlerweile werden rund 80% des Siemens Einkaufsvolumens jährlich bewertet, was zu einer Lieferantenkonsolidierung und vor allem auch zu einem neuen Umgang mit den Lieferanten geführt hat.

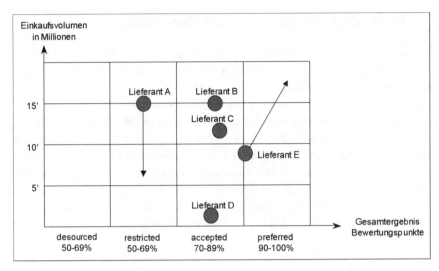

Abb. 7.9. Lieferantenstrategie auf Basis der Lieferantenbewertung

Auf Basis des Bewertungsergebnisses werden die Diskussionen stark versachlicht, der Einkäufer kann konkret auf Faktenbasis diskutieren und ist weniger mit dem Vorwurf der Preisdrückerei konfrontiert. Der Lieferant hingegen ist in der Verpflichtung, Ideen und Maßnahmen zu präsentieren, wie er die in der Bewertung dokumentierten Schwächen ausmerzen will.

Die Lieferantenbewertung liefert somit die Grundlage für Verhandlungen mit dem Lieferanten und trägt zu deren Objektivierung bei.

Lieferantenbewertung im Mittelstand

Der schwäbische Sensorenhersteller Balluff begann Ende 2001 damit, seine rund 750 Lieferanten zu reduzieren. Auf Basis einer definierten Bewertungssystematik wurden die Kernlieferanten bewertet und in der Folge die übrigen Lieferanten verringert. War bis zu diesem Zeitpunkt Preis das weitgehend einzige Kriterium für die Lieferantenentscheidung, so kamen nun Qualität, Logistik und Technologie hinzu. Und wie sich zeigte, konnten dadurch beispielsweise in der Warengruppe Kunststoffspritzguss die über 20 Lieferanten drastisch reduziert werden. Volumen wird auf Vorzugslieferanten gebündelt, was deutliche Einsparungen zur Folge hat. Im ersten Jahr wurde ein Materialkostenreduktion von 20% avisiert. Durch die Verringerung der Lieferantenanzahl sank außerdem der Betreuungsaufwand im Einkauf.

7.3.1 Erfolgsfaktoren der Lieferantenbewertung

Für eine erfolgreiche Lieferantenbewertung, die sowohl im eigenen Unternehmen als auch bei den Lieferanten auf Akzeptanz stößt, bedarf es der Beachtung einiger Erfolgsfaktoren.

- *Auswahl der zu bewertenden Lieferanten*: Grundsätzlich muss der Nutzen aus der Bewertung den Aufwand bei weitem übersteigen. Eine generelle Richtlinie ist die Bewertung von 70–90% des Einkaufsvolumens, in Abhängigkeit von Branche und Lieferantenstruktur. Auf Basis der ABC-Analyse werden die wichtigsten Lieferanten in der Regel jährlich, in wichtigen Fällen auch unterjährig, bewertet. In Einzelfällen macht es auch Sinn, strategisch wichtige Lieferanten zu bewerten, deren Einkaufsvolumen in Summe eher unbedeutend erscheint, sich aber nicht substituieren lässt.
- *Cross-funktionale Bewertung*: Die zu bewertenden Lieferanten müssen neben dem Einkauf von ihren Schnittstellenpartnern bewertet werden. In der Regel handelt es sich hierbei um weitere Unternehmensfunktionen wie Qualität, Logistik und Technik (Entwicklung). Nur so findet die Bewertung die Akzeptanz im Unternehmen und beim Lieferanten und gibt eine realistische, umfassende Einschätzung wieder.
- *Strategiefindung*: Je Warengruppe sollten die Lieferanten, die am schlechtesten abgeschnitten haben, auf ihre Ersetzbarkeit geprüft werden, um deren Volumen zu den besser bewerteten Lieferanten verschieben zu können. Dies führt zu einer Volumenkonzentration bei gleichzeitiger Verbesserung der Lieferantenbasis, und zu Kosteneinsparungen durch bessere Preise und geringere Qualitätskosten. Insgesamt erhöht es die Glaubwürdigkeit der Bewertung, da das Ergebnis nun mit klaren Konsequenzen verbunden ist. Lieferanten werden so zur eigenen Verbesserung angehalten.
- *Transparenz*: Der Einkäufer ist dafür verantwortlich, dem Lieferanten die Bewertung zu kommunizieren. Das daraus folgende Stärken-Schwächen-Profil ist die Grundlage für eine Optimierung des Lieferanten.

7.4 Lieferantenoptimierung – wie verbessert sich mein Lieferant?

Der Hauptnutzen der Lieferantenbewertung liegt in den daraus folgenden Konsequenzen. Auf jeden Fall sollte das Bewertungsergebnis dem Lieferanten kommuniziert werden. Fällt die Bewertung entsprechend schlecht aus, lässt sich unmittelbar der Handlungsbedarf für die Optimierung der

Lieferbeziehung ableiten. Nicht immer ist jedoch die Ursache beim Lieferanten zu suchen. Ist beispielsweise die Liefertermintreue des Lieferanten schlecht, so können die Schwachpunkte in der Lieferantenleistung sowohl beim Zulieferer als auch im eigenen Unternehmen begründet sein. Sind mögliche Fehlerursachen im eigenen Unternehmen einmal ausgeräumt, bieten sich für den Einkäufer drei Optionen der Verbesserung seiner Lieferantenbasis.

7.4.1 Aktive Lieferantenentwicklung – Hilfe zur Selbsthilfe

Bei der aktiven Lieferantenentwicklung wird im Einverständnis mit dem Lieferanten an der direkten Beseitigung der aufgetretenen Probleme gearbeitet. Die Intensität hängt von der Problemstellung ab. Aktive Entwicklung kann von einzelnen Workshops der Schnittstellenpartner aus Einkauf, Qualität, Logistik und Technik bis zur Hinzunahme von Experten führen, welche die Probleme vor Ort beseitigen.[57]

7.4.2 Eigenoptimierung – selbst ist der Lieferant

Eine weitere Möglichkeit der Optimierung des Lieferanten stellen Zielvorgaben dar. Auf Basis der Bewertungsergebnisse werden dem Lieferanten konkrete Verbesserungsziele vorgegeben. Die Zielvorgabe funktioniert nur mit dem Einverständnis beider Beteiligter. Der Einkäufer ist in der Pflicht, vom Lieferanten regelmäßig den Fortschritt abzufragen. Auch eine Auflistung der geplanten Maßnahmen des Lieferanten zur Leistungsverbesserung trägt zur Zielerreichung bei.

7.4.3 Das Ende der einer Freundschaft – Ausphasen bzw. Volumenreduzierung

Ein Ausphasen des Lieferanten oder zumindest eine Volumenreduzierung ist dann angebracht, wenn der Lieferant keine signifikante Verbesserung vorweisen kann. Der Profi wird sich dabei nicht von teilweise vordergründigen Monopolsituationen des Lieferanten einschüchtern lassen. Es liegt am Einkauf, Substitutionsmöglichkeiten gemeinsam mit der Technik zu prüfen und alternative Lieferanten ausfindig zu machen. Es muss außer-

---

[57] Vgl. Hubmann E, Zachau T (2000)
Wirtschaftswoche (2002) S. 82–83

dem sichergestellt werden, dass ein solcher Lieferant bei neuen Aufträgen nicht mehr berücksichtigt wird.

7.5 Lieferantenauswahl – den richtigen Lieferanten finden

Die Auswahl neuer Lieferanten erfolgt auf Basis der bestehenden Anforderungen aus Entwicklung, Fertigung und anderen Unternehmensfunktionen. Wichtig ist vor allem eine einheitliche Systematik, die mit den Bedarfsträgern abgestimmt ist. Sie gewährleistet, dass der Einkauf die Prioritäten bei der Auswahl neuer Lieferanten richtig setzt. Je nach Produktkomplexität und Intensität der Lieferbeziehung müssen neue Lieferanten mit unterschiedlicher Sorgfalt ausgewählt werden.

Für die Auswahl neuer Lieferanten gibt es grundsätzlich drei Möglichkeiten:

- *Branchenspezifische Messen und Foren*: Zu den größten in Europa zählt die Hannover Messe und die CEBIT.
- *Recherche*: Das Internet ist heute sicherlich die umfassendste Quelle für einen ersten Einblick. Um fokussierter zu suchen, eignen sich Kataloge wie beispielsweise „Wer liefert was" (http://www.werliefertwas.de).
- *Networking*: Darüber hinaus bietet sich auch der Erfahrungsaustausch mit anderen Einkäufern an. Beispielsweise auf dem jährlichen BME Symposium (Bundesverband Materialwirtschaft, Einkauf und Logistik), einem der vier BME-Beschaffungsforen oder in den über 42 Regionalorganisationen des BME (http://www.bme.de).

7.6 Einkaufs- und Supply Chain Controlling – die Einkaufsscorecard

Die Aussteuerung und die Kontrolle der gesamten Lieferantenbasis erfolgt über das Einkaufscontrolling. Dieses steht dabei nie für sich allein, sondern leitet sich aus den Beschaffungszielen ab, die wiederum auf den Unternehmenszielen basieren.

Einkaufscontrolling muss sich dabei auf definierte Kennzahlen stützen, welche die Einkaufszielerreichung optimal abbilden. Kennzahlen dienen dazu, die Ist-Situation zu veranschaulichen. Sie sind die Grundlage für einen kontinuierlichen Verbesserungsprozess, dienen als Basis für Zielvereinbarungen mit Lieferanten sowie dem Einkäufer und unterstützen in der Kommunikation nach außen. Ein ideales Set an Kennzahlen kann immer nur unternehmensspezifisch erarbeitet werden. Grundsätzlich unterscheidet man vier Kategorien, deren Gewichtung untereinander von den jeweiligen Unternehmenspräferenzen abhängt:

- Materialkostensenkung bzw. Wertbeitrag des Einkaufs,
- Prozess- und Schnittstelleneffizienz,
- Lieferantenleistung,
- Mitarbeiterleistung.

Die Kennzahlengruppen lassen sich in einer Einkaufsscorecard zu einem Gesamtsteuerungsinstrument für den Einkauf verbinden (siehe Abb. 7.10).

Dabei ist zu beachten, dass die Kennzahlen die reale Situation im Unternehmen widerspiegeln müssen und das Gesamtsystem flexibel auf Veränderungen reagieren kann. In einem Unternehmen der Automobilzulieferindustrie sind beispielsweise für den Bereich Lieferantenleistung die Liefertreue als Gesamtwert, die Qualitätsleistung (in ppm) und die durchschnittliche Zahlungsfrist aussagekräftige Kennzahlen, um die Lieferantenleistung quartalsweise zu beurteilen. Um die Zielerreichung zu messen, wurden bereits vorab Zielwerte definiert. Die erforderlichen Daten werden hierzu aus dem SAP-System abgefragt.

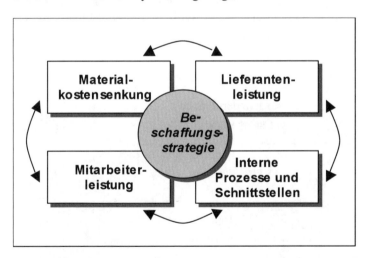

Abb. 7.10. Einkaufsscorecard

7.7 Einführung eines effizienten Beschaffungs-Controlling

Um Preisvorteile bei Einkaufsverhandlungen zu nutzen ist die Einführung eines effizienten Controlling im Beschaffungsbereich notwendig. Das Controlling umfasst dabei die traditionellen wie auch die nichttraditionellen Beschaffungsfelder der Logistik.

Idealerweise sollte das Controlling die gesamte Wertschöpfungskette umfassen und auch die Balanced Scorecard miteinbeziehen.[58]

Durchschnittliche Lagerdauer

$$\frac{\varnothing \text{ Lagerbestand } 365 \text{ oder } 240 \text{ Tage}}{\text{Jahresverbrauch}} \quad (7.1)$$

$$Beispiel \quad \frac{200 \text{ Stück } 240 \text{ Tage}}{2.500 \text{ Stück}} \quad 19,2 \text{ Tage}$$

Die Kennzahl zeigt, wie viele Verbrauchsperioden (Tage/Wochen) ein durchschnittlicher Lagerbestand abdeckt. Die durchschnittliche Lagerdauer kann verkürzt werden, indem der durchschnittliche Lagerbestand reduziert wird.

Umschlagshäufigkeit

$$\frac{\text{Verbrauch in der Periode}}{\varnothing \text{ Lagerbestand}} \quad (7.2)$$

$$Beispiel \quad \frac{500 \text{ Stück}}{125 \text{ Stück}} \quad 4x \text{ pro Jahr}$$

$$\frac{365 \ 240 \text{ Tage}}{\varnothing \text{ Lagerdauer in Tagen}} \quad (7.3)$$

Die Kennzahl zeigt an, wie oft sich das Lager in einer Periode umschlägt. Veränderungen beeinflussen die Lagerhaltungs- und Kapitalbindungskosten oder eventuell den Verlust des Materials (z.B. Verderb). Die

---

[58] Nicolai S (2005) S. 409ff

7.7 Einführung eines effizienten Beschaffungs-Controlling

Umschlagshäufigkeit kann erhöht werden, indem die durchschnittliche Lagerdauer verkürzt wird.

Lieferzuverlässigkeit (Servicelevel)

$$\frac{\text{Anzahl termingerechter Auslieferungen} \cdot 100}{\text{Anzahl aller Auslieferungen}} \quad (7.4)$$

Beispiel $\quad \dfrac{9.800\ \textit{Lieferungen} \cdot 100}{10.000\ \textit{Lieferungen}}\ 98\%$

Die Lieferzuverlässigkeit gibt die Wahrscheinlichkeit an mit der die Lieferzeit termingerecht eingehalten wird. Neben dem Preis entscheidet die Einhaltung dieser Kennzahl oft über den Erhalt von Aufträgen/Folgeaufträgen. Das Lieferbereitschaft kann kunden- wie lieferantenseitig gemessen werden.[59]

Lieferbeschaffenheit

$$\frac{\text{Anzahl nichtreklamierter Auslieferungen} \cdot 100}{\text{Anzahl aller Auslieferungen}} \quad (7.5)$$

Beispiel $\quad \dfrac{9.900\ \textit{Lieferungen} \cdot 100}{10.000\ \textit{Lieferungen}}\ 99\%$

Die Lieferbeschaffenheit gibt die Wahrscheinlichkeit an mit der die Auslieferung nach Art, Menge oder Zustand (z.B. beschädigte Lieferung) mit der Order übereinstimmt. Ziel ist eine hundertprozentige Übereinstimmung. Zur Erhöhung der Kennzahl müssen Qualitätsstandards definiert und eingehalten werden.

Durchschnittliche Wiederbeschaffungszeit (WBZ)

Die durchschnittliche WBZ lässt sich wie folgt errechnen:

$$\begin{aligned}&\text{Auftragsvorbereitungszeit}\\&\text{(Bestellauslösung und -abwicklung)}\\&+\ \text{Lieferzeit}\\&+\ \text{Prüf- und Einlagerungs- bzw. Bereitstellungszeit}\end{aligned} \quad (7.6)$$

---

[59] Nicolai S (2005) S. 409ff

Die Kennzahl zeigt die für die Materialbereitstellung erforderliche Zeitspanne. Veränderungen beeinflussen die Lieferbereitschaft und die Höhe der Lagerbestände. Folgende Maßnahmen können der Reduzierung bzw. Stabilisierung der Wiederbeschaffungszeit im Einkauf dienen.

Tabelle 7.1. Checkliste zur Reduzierung der WBZ in KMU

- Sind Rahmenaufträge mit Lieferanten abgeschlossen?
- Wurden Vertragsstrafen (Pönalen) bei Schlechtlieferung/Lieferverzug vereinbart?
- Bestehen kurzfristig abrufbare Vorräte bei Lieferanten?
- Sind effektive Bevorratungsstrategien/-konzepte gewählt (JIT, Kanban, Vendor Managed Inventory?
- Existieren Konsignationslager von Lieferanten? Standortnahe Lieferanten?
- Wird eine systematische Lieferantenbewertung/-entwicklung betrieben?
- Werden Bestelldaten automatisch übertragen (Fax, EDI, XML)?
- Wird nach ABC-Materialgruppen differenziert (ABC, XYZ-Analyse)?
- Sind versorgungskritische Engpassartikel bekannt (Risikoanalyse) ?
- Wird C-Artikelmanagement betrieben (z.B. Einsatz von Purchasing Cards)?
- Sind eProcurement-Lösungen im Einsatz (z.B. Markplätze, Auktionen)?
- Sind zeiteffiziente Transportmittel gewählt (Bahn, LKW, Flugzeug)?
- Wird auf eine zeit- und kostenintensive WE-Eingangsprüfung verzichtet? Wurde die Verantwortung auf die Lieferanten verlagert (Qualitätsgarantie)?
- Wird ein Materialgruppenmanagement durchgeführt?

Rahmenvertragsquote

$$\frac{\text{Materialeinkaufsvolumen über Rahmenverträge} \cdot 100}{\text{Gesamtes Materialeinkaufsvolumen}} \qquad (7.7)$$

Beispiel $\quad \dfrac{140\, Mio.\, \euro \cdot 100}{200\, Mio.\, \euro} \quad 70\%$

Die Kennzahl gibt das Ausmaß langfristiger Bindung und Versorgungssicherheit an. Eine Erhöhung der Rahmenvertragsquote kann durch den Einkauf im Verbund erreicht werden (optimale Werte: 80–90%).

Bestellstruktur

$$\frac{\text{Wert der Bestellungen im Bestellwert bis } 50 \, \text{€} \cdot 100}{\text{Gesamtwert der Bestellungen}} \quad (7.8)$$

$$\textit{Beispiel} \quad \frac{5 \, Mio. \, \text{€} \cdot 100}{30 \, Mio. \, \text{€}} \quad 16{,}66\%$$

Diese Kennzahl verschafft einen Eindruck über die Struktur von Bestellwerten im Unternehmen. Sie dient als Unterstützung bei Entscheidungen zur Gestaltung von Bestellabwicklungs- und Genehmigungsprozessen.

Durch die Konsolidierung von Bedarfsmengen und Bestellungen können Bestellstrukturen verändert werden. Dies wirkt sich unmittelbar auf die Bestellkosten aus.

Bestellkosten je Bestellung

$$\frac{\text{Gesamte Bestellkosten}}{\text{Anzahl Bestellungen}} \quad (7.9)$$

Ein Schema zur Berechnung der Bestellkosten im Unternehmen bietet Tabelle 7.2.

Tabelle 7.2. Zusammensetzung der Bestellkosten (Beschaffung Aktuell 7/2000)[60]

Personalkosten für Einkäufer	640.000 €	64,0 %
Personalkosten für Einkaufshilfspersonal	217.000 €	21,7 %
Telefon-, Telefax- und e-Mailkosten	40.000 €	4,0 %
Büromaterial und Formulare	20.000 €	2,0 %
Geringwertige Wirtschaftsgüter	15.000 €	1,5 %
Abschreibungen auf Investitionen im Einkauf	10.000 €	1,0 %
Personalweiterbildung	5.000 €	0,5 %
Mietkosten der EDV	25.000 €	2,5 %
Sonstige Kosten der EDV	5.000 €	0,5 %
Fahrtkosten (ohne Fuhrpark)	15.000 €	1,5 %
Fuhrparkkosten	7.000 €	0,7 %
Bewirtungskosten	1.000 €	0,1 %
Summe Kostenstelle Einkauf	**1.000.000 €**	**100 %**
Anzahl aller Bestellungen: 25.000		

---

[60] Vgl. Wannenwetsch H (2004) S. 48

7 Kostensenkung durch Erkennen des Lieferantenpotenzials

$$Beispiel \quad \frac{1\,Mio.\,€}{25.000\,Bestellungen} = 40\,€\,pro\,Bestellung$$

Hinter dieser Kennzahl verbirgt sich die Kostenintensität der Einkaufs- und Beschaffungsprozesse im Unternehmen. Je höher die Kosten pro Bestellung desto unproduktiver sind die Prozesse gestaltet. Laut Bundesverband für Materialwirtschaft, Einkauf und Logistik (BME) liegen die durchschnittlichen Bestellkosten bei ca. 100 Euro pro Bestellung.

Die Bestellkosten können u.a. durch ABC-Materialgruppenmanagement, Kontraktmanagement (Rahmenaufträgen), dem Einsatz von eProcurement-Lösungen und der Automatisierung beim Bestellwesen reduziert werden (s.a. Checkliste zur Reduzierung der Wiederbeschaffungszeit).

Fehlteilquote

$$\frac{Anzahl\,fehlender\,Artikel \cdot 100}{Anzahl\,aller\,Artikel} \qquad (7.10)$$

$$Beispiel \quad \frac{5\,Artikel \cdot 100}{500\,Artikel} = 1\%$$

Die Fehlteilquote gibt das Verhältnis von Fehlteilen zu allen Beschaffungsteilen wieder. Je niedriger die Quote ist, desto besser ist die Versorgungssicherheit gestreut. Im Gegensatz zum Lieferbereitschaftsgrad wirkt sich hier ein Artikel mit hoher Umschlagshäufigkeit (Schnelldreher) genauso wie das Fehlen eines Exoten aus. Durch verbesserte Bevorratungsstrategien und differenziertes ABC-Materialgruppenmanagement können Versorgungsengpässe reduziert und damit die Fehlteilquote vermindert werden.[61]

Reklamationsquote

$$\frac{Zahl\,der\,beanstandeten\,Fehllieferungen \cdot 100}{Gesamtzahl\,der\,Lieferungen} \qquad (7.11)$$

$$Beispiel \quad \frac{15\,Lieferungen \cdot 100}{12.000\,Lieferungen} = 0,125\%$$

---

[61] Nicolai S (2005) S. 409ff

Eine hohe Reklamationsquote wirkt sich negativ auf das Geschäft aus. Image-, Kunden- und Umsatzverluste sind resultierende Folgen, wobei Imageschäden häufig nicht zu beziffern sind. Die Reklamationsquote sollte deshalb einen hohen Stellenwert im Unternehmen haben. Sie gibt die Wahrscheinlichkeit an mit dem ein fehlerhaftes Teil zum Kunden ausgeliefert wird. Zur Senkung der Quote müssen standardisierte Qualitätsprüfungen eingehalten werden, die von entsprechenden Prüfeinrichtungen (z.B. Roboter) gestützt sind.

Ausschussquote

$$\frac{\text{Ausschuss teile } 100}{\text{Gesamte Fertigungsmenge}} \quad (7.12)$$

Beispiel $\quad \dfrac{1.500 \, \text{Stück } 100}{200.000 \, \text{Stück}} \quad 0{,}75\%$

Die Ausschussquote gibt den Anteil fehlerhafter Teile bei der Fertigung einer Produktionsmenge an. Oft liegen vorgegebene Zielwerte unter ein Prozent. Zur Reduzierung des Ausschuss müssen Prozesse stabiler gestaltet, Fertigungseinrichtungen kontinuierlich überprüft und Mitarbeiter qualifiziert werden. Häufig werden Produktionszirkel (z.B. Meister, Fertigungstechnik, Produktionsleiter) gebildet, die über Ursachen beraten und Verbesserungsmaßnahmen einleiten.

Anhand von Benchmarks kann ein Vergleich der Kennzahlen des eigenen Unternehmens mit Kennzahlen der Wettbewerber oder Branchen übergreifend durchgeführt werden.[62]

---

[62] Vgl. Wannenwetsch H (2004)

8 Business-Etikette für Einkaufsmanagerinnen und -manager

Der erste Eindruck zählt. Diese Weisheit ist zwar altbekannt, aber sie kann nicht oft genug betont werden. Der Eindruck, den Geschäftsleute bei Kunden und Partnern machen, fällt auf das von ihnen repräsentierte Unternehmen zurück.

Der Mensch entscheidet in nur wenigen Sekunden über Sympathie oder Antipathie seinen Mitmenschen gegenüber. Dieser Prozess läuft im Unterbewusstsein ab. Beurteilt werden Kleidung, Gestik und Mimik sowie die Stimme. Weitere Kriterien sind Körperhaltung und Geruch. Es heißt nicht umsonst „Ich kann jemanden nicht riechen", wenn er/sie uns unsympathisch ist.

Alle diese Faktoren fügen sich zum Gesamtbild eines Menschen – seinem Image – zusammen. Zum Image gehören natürlich auch gute Umgangsformen, Freundlichkeit, Redegewandtheit und sicheres Auftreten. Daran kann jeder selbst arbeiten.

8.1 Souverän auf jedem Parkett

Oft entstehen Unsicherheiten bereits bei der Begrüßung. Für dieses Zeremoniell gibt es klare Regeln, die Ihnen helfen, diese erste Hürde souverän zu nehmen.

Zunächst unterscheiden die Regeln zwischen Grüßen und Begrüßen. Grüßen geschieht nur verbal, dagegen ist begrüßen in den westlichen Industrieländern mit Handreichen verbunden. Eine Ausnahme bildet Großbritannien. Dort geben sich die Menschen nur beim ersten Kennenlernen oder bei sehr offiziellen Anlässen die Hand.

Wenn Sie jemandem die Hand reichen, zeigen Sie ihm damit Ihre Gesprächsbereitschaft. Stehen Sie auf – das gilt im Geschäftsleben auch für Frauen. Geben Sie die Hand nicht über Barrieren wie Tische und Tresen hinweg.

Im Business geht die Begrüßung vom Ranghöheren aus. Unabhängig davon, ob Mann oder Frau, Jung oder Alt.

Abb. 8.1. Begrüßung

Zum Willkommensgruß geben Gastgebende die Hand immer zuerst. Im Rahmen von Veranstaltungen begrüßen Gäste zuerst die Gastgeber, danach die anderen Gäste in der Reihenfolge, in der sie ihnen über den Weg laufen. Beim Grüßen gilt die Reihenfolge:

- Herren   grüßen   Damen,
- Jüngere   grüßen   Ältere,
- Mitarbeiter grüßen   Vorgesetzte.

Unabhängig davon ist zu beachten: Wer ankommt oder einen Raum betritt, grüßt zuerst!

Hände sprechen Bände

Packen Sie nicht mit beiden Händen und zu fest zu. Treten Sie Ihren Mitmenschen nicht zu nah. Halten Sie gebührenden Abstand: Die Distanz liegt zwischen einem halben und einem Meter.

Verstecken Sie bei der Begrüßung nicht die linke Hand in der Hosentasche und nehmen Sie die Zigarette aus dem Mund.

Lassen Sie niemals eine dargebotene Hand in der Luft hängen.

Häufig werden Geschäftsabschlüsse per Handschlag besiegelt.

In fernöstlichen Kulturen verbeugen sich die Menschen voreinander, ohne sich dabei zu berühren und ohne sich anzusehen. Ein Handschlag wird allenfalls im Umgang mit westlichen Geschäftspartnern praktiziert.

Wir stellen vor – das Bekanntmachen

Vorstellen ist förmlicher als bekannt machen und fast nur noch im Geschäftsleben üblich. Es funktioniert ausschließlich streng nach Hierarchie. Floskeln wie „Darf ich bekannt machen/vorstellen" sind veraltet. Besser klingt „Ich möchte Sie mit ... bekannt machen." Setzen Sie einige erklärende Sätze zur Person hinzu, damit erübrigen sich auch Antworten wie „Angenehm" oder „Sehr erfreut". Sagen Sie statt dessen „Guten Tag" oder „Guten Abend" und gehen Sie zum Small Talk über.

Wenn Sie sich selbst vorstellen, nennen Sie Ihren Vor- und Nachnamen. Zum Beispiel: „Ich bin Barbara Jung" oder „Mein Name ist Barbara Jung", „Ich heiße Dirk Müller", oder ganz einfach: „Dirk Müller". Danach können Sie Ihre Visitenkarte überreichen.

Titel werden bei der Selbstvorstellung weggelassen. Machen Sie Dritte miteinander bekannt, nennen Sie Titel und Namen. Bekannt gemacht oder vorgestellt wird:

- der Herr   der Dame
- der Jüngere   dem Älteren
- der Mitarbeiter   dem Chef
- der Ankommende   den Anwesenden
- der Einzelne   der Gruppe

Visitenkarten

Der Austausch von Visitenkarten erleichtert das gegenseitige Kennenlernen. Im Geschäftsleben werden sie am besten gleich zum Beginn von Gesprächen ausgetauscht. Sehen Sie beim Überreichen nicht nur den Gesprächspartner an, sondern lesen Sie auch seine Visitenkarte. Sie können sich dann Namen, Titel und Funktion besser einprägen. In größeren Gruppen erhält der Leiter oder der ranghöchste zuerst Ihre Visitenkarte.

In einem Meeting mit zahlreichen neuen Namen und Gesichtern sind die kleinen Karten eine gute Erinnerungshilfe: Entsprechend der Sitzordnung sortiert, erleichtern sie nicht nur das Ansprechen mit Namen, sondern helfen auch bei späteren Begegnungen dem Gedächtnis auf die Sprünge.

Im internationalen Geschäft sind Karten mit zweisprachigem Text Standard. Der fremdsprachige Text zeigt nach oben, wenn Sie Ihrem ausländischen Gesprächspartner die Karte überreichen. Aus Respekt vor asiatischen Verhandlungspartnern sollten Sie Visitenkarten mit beiden Händen überreichen und entgegen nehmen.

> Es ist unhöflich, Karten über den Tisch zu werfen, darauf herum zukritzeln oder sie ungelesen wegzustecken. Mit Eselsohren und Fettflecken verzierte Karten wirken unprofessionell.

Zur rechten Zeit ...

Richtiges Zeitmanagement erspart Stress. Planen Sie deshalb bei wichtigen Terminen und Aufträgen immer genügend Puffer ein. Bei Meetings und anderen Veranstaltungen ist es selbstverständlich, pünktlich zu erscheinen. Lässt sich trotz guter Planungen einmal eine Verspätung nicht vermeiden, informieren Sie Ihren Gesprächspartner oder Gastgeber, damit niemand unnötig wartet. Sagen Sie auch rechtzeitig ab, wenn Sie wider Erwarten Termine nicht einhalten können. Dies gebieten Höflichkeit und Respekt.

Den Deutschen eilt der Ruf der Pünktlichkeit und Zuverlässigkeit voraus. Auch wenn im Ausland andere Gepflogenheiten gelten und die Menschen dort mit Zeit sehr großzügig umgehen, enttäuschen Sie Ihre Verhandlungspartner nicht.

Kunstvolle Konversation

Die Briten stehen in dem Ruf, die Weltmeister im Small Talk zu sein. Die Kunst des kleinen Gesprächs lässt sich lernen. Ein paar Hinweise können Ihnen dabei helfen. Sprechen Sie Leute, mit denen Sie ins Gespräch kommen möchten, gezielt an. Am einfachsten geht das, indem Sie sich erst einmal selbst vorstellen oder noch besser, sich von Ihren Geschäftspartnern bekannt machen lassen. Damit ist der Weg zum Small Talk – auch light talk – geebnet.

Sagen Sie danach ruhig ein paar Worte über das Wetter, wenn Ihnen partout kein anderes Einstiegsthema einfällt. Gute Anknüpfungspunkte bieten Anreise, der Bezug zum Gastgeber, Stadt, Land und Kultur. Spielen Sie während der Konversation nicht den Alleinunterhalter. Widmen Sie stattdessen Ihrem Gegenüber volle Aufmerksamkeit und halten Sie Blickkontakt. Denken Sie daran, auch Ihren Gesprächspartner zu Wort kommen zu lassen.

> Gespräche über Politik, Religion, Krankheit, Tod und Teufel vermeiden Sie besser. Werden Sie nach dem Motto „Wie finden Sie...", oder „Was halten Sie von..." nach Ihrer Meinung gefragt, antworten Sie möglichst neutral und geben Sie keine direkte Wertung ab. Lassen Sie sich nicht aufs Glatteis führen.

Vorsicht Fettnäpfchen

Sie sind überall verteilt. Von A wie Anbandeln bis Z wie jemandem zu nahe treten/kommen reicht die Palette. Grundsätzlich sollte das offensichtliche Anbandeln mit Mitarbeitern, Kollegen und Geschäftspartnern – gleich welchen Geschlechts – tabu sein. Auch versteckte Anspielungen verkneifen Sie sich besser.

Überlegen Sie genau, mit wem Sie sich duzen. Ein „Du" kann als zu vertraulich empfunden werden und schnell eine im Beruf notwendige Distanz abbauen.

Um peinliche Situationen zu vermeiden, lassen Sie sich nicht zu übermäßigem Alkoholgenuss verführen. Seien Sie besonders in trinkfreudigen Regionen wie Russland, Japan oder Skandinavien auf der Hut. In moslemischen Ländern ist Alkohol verboten.

Bewahren Sie in asiatischen Ländern immer Ihre Fassung, sonst verlieren Sie Ihr Gesicht. Selbst in den härtesten Verhandlungen sollten Sie aber auch darauf achten, dass Ihr Geschäftspartner sein Gesicht wahren kann.

Vorsicht bei der Annahme von Geschenken und anderen „Annehmlichkeiten". Sie könnten sonst in den Ruch der Bestechlichkeit geraten.

8.2 Wie du kommst gegangen ...

Egal in welcher Branche Sie arbeiten, als gepflegter Mensch kommen Sie überall gut an. In vielen Unternehmen gibt es einen Dresscode, also eine Kleiderordnung, die zu beachten ist. In Deutschland ist diese Kleiderordnung allerdings selten schriftlich fixiert. Es gelten ungeschriebene Gesetze, die Sie leicht erkennen, wenn Sie mit offenen Augen durch Ihre Firma gehen. Wählen Sie Ihre Geschäftskleidung nach dem Stil Ihres Unternehmens. Auf Reisen beachten Sie außerdem die Gepflogenheiten des Gastlandes.

Beim Kauf Ihrer Garderobe sollten Sie generell auf gute Qualität und typgerechte Farben achten. Das erleichtert Ihnen hinterher vor allem das Kofferpacken, weil Sie viel mehr Kombinationsmöglichkeiten haben und somit weniger mitnehmen müssen.

Vom Scheitel bis zur Sohle

Damit Sie nicht aussehen wie Struwelpeter oder Struwelliese, empfiehlt sich der regelmäßige Friseurbesuch. Ihre Haare sollten immer frisch gewaschen aussehen und entsprechend duften.

Für den Herren gilt: Je breiter der Scheitel, desto kürzer die Haare. Unerwünschte Haare in Ohren und Nase bitte entfernen. Ein Drei-Tage-Bart wirkt im Berufsleben unausgeschlafen.

Für die Damen gilt: Verstecken Sie Ihr Gesicht nicht hinter wallenden Locken oder langen Ponyfransen.

Eine Brille sollte das Gesicht nicht zu stark verändern oder verdecken.

Gepflegte Zähne und Hände sind selbstverständlich.

Schmutzige, ausgelatschte Schuhe mit schiefen Absätzen und durchgelaufenen Sohlen ruinieren Ihren Auftritt. Sorgen Sie deshalb gut für Ihre Treter und pflegen Sie sie sorgfältig.

> Gehen Sie mit Düften sparsam um. Vermischen Sie nicht verschiedene Duftnoten. Ein Zuviel kann Ihre Mitmenschen genauso irritieren wie Knoblauch-, Zwiebel- oder Alkoholdunst.

8.3 Herrengarderobe

Im Geschäftsleben trägt Mann am besten Anzug oder eine Kombination mit Oberhemd und Krawatte. Die klassischen Farben der Herrengarderobe sind grau, dunkelblau und schwarz, aber auch braun oder Olivtöne sind mittlerweile akzeptiert. Mit Hilfe einer professionellen Farbberatung können Sie heraus finden, welche Farben am besten zu Ihnen passen.

Abb. 8.2. Herrengarderobe

Hemden in Pastellfarben wirken harmonischer und frischer als weiße. Zum festlichen Anlass gehört allerdings immer ein weißes Hemd mit langen Ärmeln und klassischem Kragen. Hemden mit kurzen Ärmeln unter dem Jackett werden inzwischen akzeptiert, sind aber nicht stilvoll.

Die Krawatte ist fester Bestandteil der Geschäftskleidung. Sie sollte passend zu Hemd und Jackett ausgewählt werden. Eine Krawatte endet an der Gürtelschnalle, der Hemdknopf unter dem Knoten bleibt immer geschlossen.

Beim Schmuck beschränken sich die Herren auf Uhr, Ring (Ehering) und Manschettenknöpfe. Krawattenclips sind derzeit nicht aktuell.

Brieftasche, Geldbörse, Handy, Organizer, Schüssel und andere Utensilien packen Herren in einen Aktenkoffer oder eine Aktentasche. Das Sammelsurium hat in Jacken- und Hosentaschen nichts zu suchen. Die Taschen beulen aus. Handy am Halsband ist zwar trendy, aber bitte nur in der Freizeit.

> **Unmögliches**
>
> Verzichten Sie auf weiße oder auffällig gemusterte Socken. Zeigen Sie bei übereinandergeschlagenen Beinen keine nackte Haut. Bei den Krawatten bleiben Schweinchen, Mäuse und ähnliches im Schrank. Kurze Hosen, Sandalen, Turnschuhe und Sneakers sind für den Urlaub gedacht.

8.4 Damengarderobe

Die Frau im Geschäftsleben ist mit Etuikleid plus Jacke, Kostüm, Hosenanzug, Rock oder Hose mit Blazer korrekt angezogen. Rock- und Hosenlänge richten sich nach der jeweiligen Mode und natürlich Ihrer Figur.

Bluse oder ein dezentes T-Shirt und chice Accessoires komplettieren das Outfit und geben dem Ganzen eine persönliche Note.

Nackte Beine und Geschäftskleidung vertragen sich nicht. Ziehen Sie deshalb auch im Hochsommer oder in heißen Ländern Strümpfe an. Dazu gehören Schuhe, die zumindest vorne geschlossen sind.

> In moslemischen Ländern sind Arme und Knie immer zu bedecken.

Tagsüber gehen Sie mit Make-up und Schmuck sparsam um. Mehr als fünf Schmuckstücke wirken überladen. Ohrringe zählen nur einmal.

110 8 Business-Etikette für Einkaufsmanagerinnen und -manager

Abb. 8.3. Damengarderobe

Ihre Utensilien packt die Geschäftsfrau in eine Aktentasche oder eine große Handtasche. Tragen Sie möglichst nicht beides zusammen, denn zuviel Gepäck wirkt unorganisiert. Für Veranstaltungen nach Geschäftsschluss empfiehlt es sich, im Aktenkoffer eine kleine Handtasche für persönliche Dinge mitzunehmen. Die kleine Tasche können Sie herausnehmen und den Koffer an der Garderobe abgeben.

Unmögliches

Tabu sind bei der Geschäftskleidung: ausgebeulte, zerfranste Hosen, verwaschene T-Shirts, Sweatshirts oder fusselige Pullover, durchsichtige Blusen, Spaghettiträger, tiefe Dekolletes, Super-Miniröcke, hochgeschlitzte Röcke, gemusterte Strümpfe, auffallende Schuhe.

Zu guter Letzt

Damit Sie nicht nur gut aussehen, sondern auch gut riechen, sollten Sie Ihre Kleidung regelmäßig lüften, waschen und bügeln oder reinigen lassen. Auf Reisen bietet jedes gute Hotel einen entsprechenden Service an. Zerknitterte Kleidung aus dem Koffer hängen Sie auf einen Bügel ins Bad, drehen den Heißwasserhahn auf und schließen die Tür. Nach fünf Minuten sind die Falten dank Wasserdampf verschwunden. Diese Methode ist wirksamer als jedes Bügeleisen.

9 Souveränes Verhalten bei Geschäftsessen

9.1 Sinn und Zweck von Geschäftsessen

Essen und Trinken hält Leib und Seele zusammen, sagt ein altes Sprichwort. Heute lässt sich ergänzen: Und es hilft, in angenehmer Atmosphäre Kontakte zu pflegen und zu kommunizieren. Meist ist damit der Boden für spätere Verhandlungen und erfolgreiche Abschlüsse bereitet. Gemeinsamer Genuss verbindet.

Wichtigste Voraussetzung für das Gelingen eines Geschäftsessen ist das Beherrschen der gängigen Etikette-Regeln. Die Tischsitten haben sich über Jahrhunderte hinweg herausgebildet. Sie sind beeinflusst vom jeweiligen Zeitgeist und dem Kulturkreis, in dem Sie sich aufhalten. Was in Deutschland als richtig empfunden wird, kann in anderen Ländern durchaus Irritationen hervorrufen.

In der gehobenen Gastronomie gibt es Regeln und Gepflogenheiten, die international gelten. Diese Regeln zu kennen und zu beherrschen gibt Ihnen Sicherheit und Souveränität, damit kulinarische Höhepunkte nicht zu persönlichen Tiefpunkten werden.

9.2 Organisatorisches bei der Einladung zum Essen

Ein erfolgreiches Geschäftsessen bedarf sorgfältiger Vorbereitung. Sie beginnt mit der Auswahl des Restaurants, das dem Anlass entsprechen sollte. Für einen schnellen Business Lunch werden in der Regel andere Restaurants ausgesucht als für ein Festessen anlässlich eines großen Vertragsabschlusses. Restaurantführer bieten für fremde Regionen eine gute Orientierung. Tipps und Hilfe bei Reservierungen in der Fremde bekommen Sie auch von Hotelportiers, Dolmetschern und örtlichen Büros Ihrer Firma und natürlich im Internet. Am besten fahren Sie mit Lokalen, die Sie persönlich getestet und für gut befunden haben.

Ein anderes wichtiges Kriterium sind die Vorlieben der Gäste. Erklärten Feinschmeckern machen Sie sicherlich eine Freude mit der Einladung in einen Gourmettempel, andere – vor allem ausländische Gäste – freuen sich oft über regionale Spezialitäten.

Solche Hinweise können Sie in einer Datei festhalten. Notieren Sie

- Namen der Gäste,
- Anlass und Datum der Einladung,
- Restaurant,
- Vorlieben, Abneigungen und Besonderheiten, zum Beispiel Vegetarier, kein Alkohol, Zigarrenliebhaber, religiöse Vorschriften.

Gute Dienste leistet eine Liste bewährter Lokalitäten, die folgende Punkte enthalten sollte:

- Name des Restaurants,
- Adresse, Telefonnummer, Fax, E-Mail,
- Ansprechpartner,
- Öffnungszeiten, Ruhetag,
- Vorlaufzeit für Reservierungen,
- Art der Küche: gut bürgerlich, cross over, italienisch ...,
- Akzeptiert das Restaurant Kreditkarten und wenn ja, welche,
- Parkmöglichkeiten.

Um unliebsamen Überraschungen vorzubeugen, ist eine Tischreservierung immer angebracht. Besonders wichtig ist sie bei größeren Gruppen. Damit alles reibungslos klappt, benötigt das Restaurant folgende Angaben:

- Firma, Name und Telefonnummer des Gastgebers,
- Termin und Uhrzeit,
- Zahl der Gäste,
- Hinweis auf bevorzugte Plätze,
- Raucher/Nichtraucher.

Bereits ab sechs Personen ist es sinnvoll, ein Menü vorzubestellen. Das geht schneller als Á-la-carte-Essen. Wählen Sie jedoch keine zu ausgefallenen Speisen. Menü- und Getränkevorschläge erhalten Sie vom Restaurant.

9.3 Restaurantbesuch und Tischkultur

Verteilte Rollen: Gast und Gastgeber

Mit Betreten des Restaurants übernimmt der Gastgebende die Führung. Er oder sie geht vor und meldet sich beim Service, der die Gäste zum reservierten Tisch führt. An der Garderobe hilft nach wie vor – egal, ob Gastgeber oder Gast – der Herr der Dame aus dem Mantel. Am Tisch darf der Gast den Platz wählen. Die Herren rücken den Damen die Stühle zurecht, bevor sie sich selbst setzen.

> **Wait to be seated**
>
> In den USA heißt es immer „Wait to be seated". Es gilt als extrem unhöflich, den Tisch selbst auszuwählen. Hintergrund ist die gerechte Verteilung des Trinkgelds. Üblich sind 15–20% des Rechnungsbetrags. Das Servicepersonal lebt vom Trinkgeld: Je häufiger die Tische neu besetzt werden, desto mehr „Tip" kommt in die Kasse. Deshalb verlassen die Gäste das Restaurant auch relativ schnell nach dem Essen.

Treffen Gastgeber und Gäste getrennt ein, sollte der Gastgeber mindestens zehn Minuten vor der verabredeten Zeit da sein. Er kann dann in Ruhe prüfen, ob alles seinen Wünschen entsprechend vorbereitet ist. Die Gäste begrüßt er möglichst im Empfangsbereich.

Die Gäste kommen pünktlich. Dass heißt: Weder zu früh noch zu spät. Wer sich ausnahmsweise verspätet, ruft an.

Fallen Sie nicht schon am Eingang mit der sprichwörtlichen Tür ins Haus – dem geschäftlichen Anlass des Essens. Genießen Sie wenigstens den Aperitif beim Small Talk. In manchen Ländern ist es sogar üblich, erst nach dem Essen aufs Geschäftliche zu sprechen zu kommen. Richten Sie sich nach den jeweiligen Gepflogenheiten.

Rund um den Tisch

Eine Tischrede sollte kurz und knackig sein. Der richtige Zeitpunkt ist zwischen Hauptgang und Dessert. Der Redner steht auf und schließt sein Sakko.

Am Tisch ist die Atmosphäre entspannt; hüten sie sich aber vor allzu viel Lockerheit: Die Herren behalten ihr Jackett normalerweise an, Krawattenknoten und Gürtel werden nicht gelockert, Schuhe bitte anlassen.

> **Asiatisches**
>
> In einigen asiatischen Ländern ist es üblich, beim Betreten des Lokals die Schuhe auszuziehen. Dort wird auf dem Boden sitzend, zum Teil an sehr niedrigen Tischen, gegessen. Die Gäste essen kniend oder mit untergeschlagenen Füßen.

> In China ist erwünscht, was in westlichen Kulturen als unfein gilt: Schmatzen, schlürfen, rülpsen signalisieren im Reich der Mitte höchsten Genuss.

Der Tisch ist zum Essen da, nicht für Büroarbeiten. Ordner, Notebook, Handy und andere Büro-Utensilien haben beim Essen nichts zu suchen. Das gleiche gilt für Brillenetuis, Fotoapparate, Schlüssel. Rauchutensilien werden erst nach dem Mahl ausgepackt, denn während des Essen ist Rauchen tabu. Handtaschen gehören an die Stuhllehne, unter den Tisch oder neben den Stuhl, wo sie niemandem im Weg stehen.

> Handys werden während des Essens ausgeschaltet. Genießen Sie die Handy-freie Zeit! Manche Restaurants bieten einen Handysitter-Service: Sie können Ihr Mobiltelefon beim Service abgeben und werden benachrichtigt, wenn ein von Ihnen erwarteter Anruf eingeht.

Müssen Sie während des Essens unbedingt einmal den Tisch verlassen, tun Sie das zwischen zwei Gängen. Eine Erklärung ist nicht notwendig, kommen Sie aber so schnell wie möglich zurück. Beim Aufstehen legen Sie die Serviette lose zusammengefaltet neben den Teller. Sonst liegt sie – zur Hälfte gefaltet – auf dem Schoß. Vor dem Trinken tupfen Sie sich jedes Mal die Lippen ab, damit keine unschönen Fettränder am Glas entstehen und der Geschmack des Getränks nicht beeinträchtigt wird.

Essen und Trinken

Die klassische Menüfolge besteht aus

- kalter Vorspeise,
- Suppe,
- Zwischengericht,
- Fisch,
- Fleisch,
- Käse und/oder Dessert.

Ein Business-Lunch ist meistens auf drei Gänge beschränkt, bei einem Festessen werden bis zu 14 Gänge aufgetischt. Das Servicepersonal berät Sie bei der Menü- und Getränkeauswahl. Auch als Gastgeber können Sie zur Auswahl von Speisen und Getränken Empfehlungen aussprechen. Achten Sie als Gast darauf, denn damit könnte der Gastgeber gleichzeitig einen preislichen Rahmen abstecken. Viele Einkäufer dürfen Einladungen generell nur in dem Umfang annehmen, in dem sie ihn selbst erwidern können.

Bei einem mehrgängigen Menü steht in der Mitte oft ein Platzteller, der nach dem Hauptgang, spätestens aber nach dem Dessert, abgeräumt wird. Links vom Platzteller steht der Brotteller mit dem Buttermesser. Auch Salatteller werden links eingedeckt, wenn der Salat als Beilage serviert wird. Rechts neben dem Teller über den Messern stehen die Gläser. Sie werden von rechts nach links in der Reihenfolge

- Wasserglas,
- Weißweinglas,
- Rotweinglas

benutzt. Fassen Sie die Gläser am Stiel an, damit auf den Kelchen keine Fingerabdrücke sichtbar bleiben und die Getränketemperatur nicht verändert wird.

Abb. 9.1. Gedeckter Tisch

Bestecksprache

Besteck wird von außen nach innen benutzt. Rechts neben dem Teller liegen die Messer und Löffel, links die Gabeln, oberhalb des Tellers liegt das Dessertbesteck. Legen Sie das Besteck gekreuzt auf den Teller, wenn Sie sich zum Beispiel kurz mit ihrem Nachbarn unterhalten. Keinesfalls das Besteck seitlich auf den Tellerrand abstützen, denn es soll – einmal benutzt – die Tischdecke nicht mehr berühren.

Gekreuztes Besteck bedeutet: „Ich bin noch nicht fertig". Messer und Gabel parallel am rechten Tellerrand signalisiert: „Ich bin fertig. Es kann abgeräumt werden."

Es ist unhöflich, mit dem Besteck in der Hand zu gestikulieren.

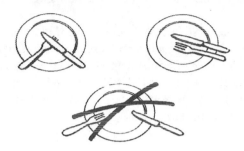

Abb. 9.2. Bestecksprache

Helfen Sie dem Servicepersonal nicht beim Abräumen, indem Sie das Geschirr stapeln. Anreichen ist nur dann erwünscht, wenn Sie so ungünstig sitzen, dass Ihr Gedeck für das Servicepersonal schwer erreichbar ist.

Kein Genuss ohne Reue: Am Ende wird die Rechnung präsentiert. Als Gastgeber erhalten Sie die Rechung so, dass Ihr Gast keinen Einblick hat. Meistens wird sie in einem Ledermäppchen überreicht. In die Mappe legen Sie Bargeld oder Kreditkarte. Achtung: Nicht jedes Restaurant akzeptiert Kreditkarten. Informieren Sie sich im Voraus.

Trinkgeld geben Sie möglichst in bar. In Deutschland sind 5 bis 10 Prozent üblich, wenn Sie mit der Serviceleistung zufrieden waren. Im Ausland sind es eher 10 bis 20 Prozent.

> Übrigens: Wenn Ihnen etwas zu salzig ist oder Sie ein Haar in Suppe finden, reklamieren Sie umgehend und diskret.

10 Die Einkaufsmanagerin in Verhandlungen

10.1 Kommunizieren Einkäuferinnen anders?

Fakt ist: Das Kommunikationsverhalten von Frauen und Männern ist unterschiedlich! Woher kommt das? Wie kommuniziert die Profi-Einkäuferin?

Die Profi-Einkäuferin erledigt einen harten Job, der jede Menge persönlichen Einsatz und eine Vielzahl von komplexen Fähigkeiten verlangt. Es ist ihre Aufgabe, mit Zulieferern zum Teil harte Preisverhandlungen zu führen. Dabei hat sie es oft mit geschulten Verkäufern zu tun. Als Expertin verfügt sie daher neben der richtigen Fachkompetenz auch über große kommunikative Kompetenz. Sie kennt die Unterschiede im Kommunikationsverhalten und ihre Ursachen und kann dieses Wissen gewinnbringend für sich und ihre Firma einsetzen.

Nehmen wir z.B. Simone, eine routinierte, erfahrene Einkäuferin in der metallverarbeitenden Industrie. Sie hatte eine schwierige Verhandlung mit einem Zulieferer von speziell angefertigten Werkzeugen vor sich. Durch die hohe Spezifizierung der Werkzeuge hatte dieser Lieferant monopolähnlichen Status. Sein Ziel war es, die Einzelpreise im Rahmenvertrag zu erhöhen, ihr Ziel war es, die Preise zu belassen und darüber hinaus einen umsatzabhängigen Bonus zu vereinbaren. Ihr Verhandlungspartner hatte gute Argumente und technische Detailkenntnisse, ein geschulter, redegewandter, erfahrener Praktiker also! Doch Simone ließ sich davon nicht ablenken, sie hatte ihren Vertragsabschluss detailliert vor ihrem inneren Auge und war von ihren Argumenten überzeugt. Sie arbeitete standfest und zielbewusst auf ihren Abschluss hin. Die Verhandlung verlief in guter Atmosphäre, hart, aber herzlich. Es wurde argumentiert, Probleme wurden offengelegt, Lösungen und Alternativen gesucht. Ergebnis war ein Rahmenvertrag mit einer umsatzabhängigen Bonusregelung mit veränderten Servicebedingungen.

War es Zauberwerk? Nein! Gründliche, gute Arbeit: Unsere Einkäuferin hat die wesentlichen Erfolgsfaktoren einer zielgerichteten Strategie vorbereitet und umgesetzt. Sie hat dabei weibliche Schwächen vermieden und ihre weiblichen Stärken geschickt genutzt.

10.2 Erfolgsfaktoren einer Gesprächs- und Verhandlungsstrategie

Dies sind die Erfolgsfaktoren der Praxis:

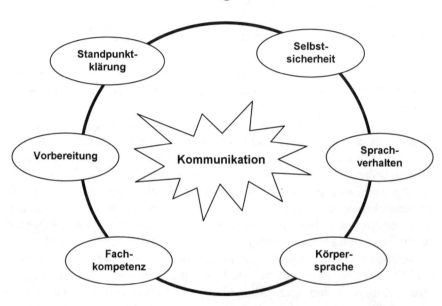

© Krabbe-Steggemannn/Schulte-Spechtel

Abb. 10.1. Strategiekreis

Im Mittelpunkt der Strategie steht die Kommunikation. Lange Zeit ging man davon aus, dass Kommunikation primär der Vermittlung von Sachinformationen dient. Aber erfolgreiche Einkäuferinnen wie Simone wissen, dass der Kommunikationsprozess zwischen Sender und Empfänger viel mehr umfasst. Jeder Aussage liegen vier Aspekte zugrunde, die vier Seiten einer Nachricht:

- *Sachaussage*: Was ist der sachliche Inhalt, die kleinste sachliche Informationseinheit?
- *Beziehungsaussage*: In welcher Beziehung steht der Sender zum Empfänger, was hält er von ihm?
- *Appell*: Was will der Sender mit seiner Aussage beim Empfänger erreichen?
- *Selbstoffenbarung*: Was offenbart der Sender über sich selbst?

Stellen Sie sich vor, Sie sitzen mit dem Mann Ihres Herzens abends vor dem Fernseher. Über die Lippen dieses prächtigen Mannes kommt plötzlich ein Satz. Er spricht: „Schätzchen, das Bier ist alle!" Bevor Sie nun angesichts dieser Unverschämtheit alle legalen Möglichkeiten der Selbstjustiz ausschöpfen, lassen Sie uns zunächst die vier Ebenen analysieren. Was hat er möglicherweise gemeint? Hält er Sie wirklich für seine Minna und ist einfach nur zu faul, um selber zu gehen?

Auf der Sachebene erhalten Sie die Aussage: die Flasche Bier ist leer. Der Appell lautet: Hol mir neues Bier (bitte?). Die Selbstaussage des Sprechers ist: Ich bin durstig. Auf der Beziehungsebene ist die Aussage: Du als meine Frau bist zuständig für mein Wohl.

Neben der Sachebene gibt es noch drei weitere Ebenen, die wir zusammenfassen als das „zweite Programm". Und das sollen Sie auch in Ihren Verhandlungen nutzen. Stellen Sie sich die Frage: Was läuft bei mir/bei anderen im „zweiten Programm"? Denn Sie können nur dann erfolgreich kommunizieren, wenn Sie alle vier Seiten einer Nachricht wahrnehmen, analysieren und Ihre Reaktion darauf abstimmen.

Eine langjährige Einkäuferin berichtete dazu folgendes: Sie hatte ein erfolgreiches Gespräch mit dem neuen Mitarbeiter eines langjährigen Lieferanten geführt. Bei der Absprache der weiteren Vorgehensweise stellte er die Frage: „Und wer ist dann zukünftig mein Ansprechpartner?" Diese Frage hat sie gekränkt und leider auch wochenlang beschäftigt. Sie hat folgende Beziehungsbotschaft herausgehört: „Du bist nicht kompetent, ich traue Dir die weiteren Verhandlungen nicht zu!". Kein Wunder, dass ihre Reaktion so ausfiel. Hätte sie sich an dieser Stelle auf den sachlichen Inhalt konzentriert, wäre ihre Reaktion ganz anders gewesen. Ein freundliches „Ich bin weiterhin für die Verhandlungen mit Ihnen verantwortlich!" hätte die emotionale Situation komplett verändert und ihre Position gestärkt.

10.2.1 Wie werden Sie standfest?

Um Ihre Verhandlung so erfolgreich führen zu können wie Simone, berücksichtigen Sie bitte alle Punkte des Strategiekreises gleichberechtigt. Es gibt aber einen eindeutigen Ausgangspunkt für Ihre Arbeit. Noch bevor Sie sich mit der detaillierten Gesprächsvorbereitung befassen, beginnen Sie mit der Standpunktklärung.

Bitte beachten Sie: Standpunkt und Ziel sind nicht identisch! Ihr Standpunkt umfasst Ihre komplette Einstellung, die Sie zu diesem Ziel und dieser Verhandlung verinnerlicht haben.

Stellen Sie sich vor: Sie bereiten sich auf eine Verhandlung mit einem Verkäufer vor, den sie schon lange Jahre und gut kennen. Sie müssen aufgrund einer Vorgabe eine Preissenkung um 5% herausholen. Eigentlich finden Sie das zu viel. Zumal Ihnen der Lieferant in der Vergangenheit häufig entgegengekommen ist. Da können Sie doch nicht so hart fordern? Und außerdem – wie wirkt es, wenn Sie als Frau plötzlich so unnachgiebig auftreten?

Eins vorweg – als Einkäuferin mit diesem Standpunkt haben Sie in der Verhandlung keine Chance. Sie werden Ihr Ziel nicht erreichen, weil Ihr Standpunkt nicht dazu passt. Ihr Gesprächspartner wird Ihren Zweifel, Ihre fehlende Überzeugung wahrnehmen. Dadurch schwächen Sie sich und Ihre Position. Denn Ihr Standpunkt wird immer deutlich, auch wenn Sie ihn nicht in Worte fassen.

Und ein klarer Standpunkt wird verbal und nonverbal deutlich. Sie beziehen klar und eindeutig Stellung, sowohl körperlich mit festem Stand als auch gedanklich standfest, von sich und den Zielen überzeugt.

Einkäuferinnen müssen hier besonders wachsam sein, wie es auch im o.g. Beispiel deutlich wird. Denn sie trauen sich oft nicht, ihren Standpunkt klar und deutlich auszudrücken, weil sie denken, sie wirken dann hart oder unweiblich. Männer wurden nach ihrer Meinung zu Margret Thatcher befragt. Der Tenor: Eine starke Frau, sehr kompetent, eine tolle Politikerin. Aber verheiratet sein mit der? – niemals!

Und das wird natürlich auch vielen Einkäuferinnen zum Verhängnis. Um weiblich und sympathisch zu wirken, verzichten sie darauf, ihr Ziel zu erreichen.

In Ihrer Praxis als Einkäuferin werden Sie Ihre Ziele besser erreichen, wenn Sie Ihren Standpunkt sorgfältig überarbeiten. Sorgen Sie dafür, dass Ihr Standpunkt zum angestrebten Ziel passt. Erforschen Sie dazu genau, welche Meinungen, alten Glaubenssätze und Erfahrungen in Ihrem Kopf zu Schranken geworden sind.

Bekämpfen Sie die Klischeefalle: Eine klare strategische, überzeugte Standpunkt- und Zielverfolgung ist weder hart noch unweiblich. Sie ist kompetent.

10.2.2 Vorbereitung einer Verhandlung

Gibt es Fragen, Inhalte, Gesprächsphasen, auf die sich unsere Profi-Einkäuferin anders vorbereitet als ihre männlichen Kollegen und wenn ja, warum?

Die Erfahrung hat gezeigt, dass Einkäuferinnen gerade bei der inhaltlich emotionalen Vorbereitung ihre besonderen weiblichen Stärken sehr gut

10.2 Erfolgsfaktoren einer Gesprächs- und Verhandlungsstrategie

einsetzen können. Wir meinen ihre Fähigkeiten, Beziehungen und ihr Klima wahrzunehmen, Kommunikationsprozesse zu gestalten, mit dem Blick fürs Ganze Zusammenhänge zu erfassen und zu steuern. Mit diesen Fähigkeiten können Einkäuferinnen sich inhaltlich emotional umfassend und zielgerichtet vorbereiten und das Gespräch aktiv beeinflussen.

Nehmen Sie folgendes Beispiel: Sie hatten mit einem Lieferanten ein kritisches Vorgespräch, das in negativer Stimmung endete. Als routinierte Einkäuferin entscheiden Sie sich für das Folgegespräch für einen Gesprächseinstieg, der Raum und Zeit lässt für das Ziel aus dem „zweiten Programm": ein Klima gegenseitiger Wertschätzung und intakte menschliche Beziehungen zu schaffen, als Voraussetzung für eine gelungene Kommunikation und damit für eine erfolgreiche Geschäftsbeziehung.

Denn: Signale der Sachebene können um so besser verstanden werden, je positiver sich die Beziehung gestaltet. Sie können die besten Argumente bringen – solange die Beziehung nicht funktioniert, kommt Ihre Überzeugungskraft nicht an.

Für Einkäuferinnen mit technischem Verhandlungsgegenstand liegt eine Gefahr in der Bewertung des technischen Detailwissens. Hier sehen Einkäuferinnen ihre Schwachstelle: Sie vergleichen ihr technisches Wissen mit dem von Männern, mit Verkäufern oder Kollegen mit einer technischen Vorbildung. Sie werden unsicher, sie kommen ins Schwimmen, ihnen gehen die Argumente aus – und versuchen meist, das „souverän" zu überspielen! Doch das kann nicht gelingen, ein Poker-Face und betont sichere Worte können hier nicht wirklich helfen. Denn erstens: Der Körper lügt nicht! Und zweitens: Der Körper schlägt die Worte! Das bedeutet, Ihr Körper bringt Ihre Unsicherheit zum Ausdruck, und sollten Sie mit Ihren Worten und Sätzen anderes aussagen wollen, so glaubt Ihr Gesprächspartner doch immer der Körpersprache!

Überlegen Sie sich also vorab, wie Sie in diesen Momenten reagieren wollen. Simone hatte sich mit dem Techniker abgesprochen und sich vorab die passenden Informationen geholt. Weiterhin vereinbarte sie, dass der Techniker gegebenenfalls im Gespräch kurz die entsprechenden Auskünfte geben konnte.

In der Praxis hat sich die anschließende Checkliste zum Gesprächsablauf von Einkaufsverhandlungen sehr bewährt. Der Warm-up-Phase als Beziehungspflege kommt dabei eine besondere und wichtige Rolle zu. Als Einkäuferin können Sie aufgrund Ihrer guten Wahrnehmungsfähigkeit viele Erkenntnisse gewinnen. Setzen Sie in dieser Phase und der Phase der Angebotsermittlung besonders auf Ihre Fähigkeit zur partnerorientierten Gesprächsführung und Ihr intensives Zuhörverhalten. Finden Sie dadurch die Kriterien heraus, die Ihrem Gesprächspartner wichtig sind. Bauen Sie darauf Ihre Argumentationsfolge auf!

10.2.3 Phasen eines Gesprächs

Vorbereitung

1. *Verhandlungsziel klar formulieren*, Alternativen überlegen
2. *Fachliche Vorbereitung*: Welche Informationen brauche ich noch? Welche Fragen habe ich? Welche Rolle nehme ich ein? Welche Gegenargumente erwarte ich? Welche Nutzenargumente habe ich?
3. *Emotionale Vorbereitung*: Wie war die Stimmung bisher? Wie muss ich das Gespräch einleiten? Was ist mein Gegenüber für ein Typ? Wie ist die emotionale Situation der Beteiligten?
4. *Organisatorische Vorbereitung*: geeigneten Ort und Zeitpunkt festlegen, Gesprächspartner auswählen, einladen und im eigenen Team die Strategie absprechen

Warm-up-Phase

- *Ziel*: gleiche Wellenlänge herstellen, ein gemeinsames Thema finden, Interesse bekunden
- *Wichtigste Regel*: erst weitergehen, wenn positive Gesprächsbeziehung aufgebaut ist
- *Überleitung*: durch einen Vorschlag zu Thema – Anlass – Ziel – Zeit die Gesprächsführung übernehmen

Aktuelle Angebotsermittlung

- *Ziel*: Herausfinden der Sach- und Emotionalkriterien des Gesprächspartners, eigenen Standpunkt und Bedarfskriterien darlegen, gemeinsame Betrachtung, Wertung, Vergleich
- *Wichtigste Regel*: partnerorientierter Gesprächsstil, aktives Zuhören
- *Überleitung*: durch eine Zusammenfassung der Kriterien

Kriteriengerechte Argumentation

- *Ziel*: Lösungen, Alternativen abwägen, Kompromiss verhandeln
- *Wichtigste Regel*: kurze, klare Aussagen, auf die Auffassungskapazität des Gesprächspartners achten
- *Überleitung*: durch eine Zusammenfassung des heute Erreichten

Aktuelle Abschlussvereinbarung

- *Ziel*: Vereinbarung – Entscheidung – Anweisung
- *Wichtigste Regel*: Aufgaben verteilen, beide tun etwas!
- *Abschluss*: Terminvereinbarung mit Verabschiedung

Nachbereitung, Auswertung

Notizen für Folgegespräche oder Kollegen/Vorgesetzte festhalten über

1. sachlich-fachliche Inhalte und Kriterien,
2. emotionale Stimmungen, Strategien, Kriterien und
3. Planung, Aufgabenverteilung und Termin festhalten.

10.2.4 Fachkompetenz

Der dritte Erfolgsfaktor im Strategiekreis bezeichnet die Fachkompetenz der Einkäuferin. Ohne das entsprechende fachliche Wissen über rechtliche Grundlagen, Lieferantenanalysen und -bewertungen, die Beschaffung von der Bedarfsplanung bis zum Wareneingang können Sie im Einkauf nicht erfolgbringend tätig sein. Das gilt für Männer und für Frauen gleich. Unterschiedlich ist allerdings das Erlernen dieses Wissens und die Bewertung der eigenen Kompetenz.

Beim Erfahrungsaustausch mit langjährigen Einkäuferinnen hat sich immer wieder bestätigt, dass die Einkäuferinnen

- aus einer Fehler-Mücke einen Elefanten machen, den sie nur auf persönliches Versagen zurückführen: nicht genug Argumente, zu schlecht vorbereitet, inkompetent für ihren Einkaufsbereich, dabei konnten sie nur ein technisches Detail nicht ohne Rücksprache klären.
- häufiger an sich selbst zweifeln als ihre männlichen Kollegen. Sie versuchen, perfekt zu sein. Lief eine Verhandlung besonders rund, fragt sich die Einkäuferin „War ich zu weich? Hätte ich mehr herausholen können?", während der männliche Kollege sich auf die Schulter klopft und sagt „Gut gemacht!".
- ein Lob oder Kompliment nur schwer annehmen können. Klopft ihnen der Vorgesetzte auf die Schulter und sagt „Gut gemacht", ist die Reaktion „Na ja, der Lieferant hatte auch gute Laune, ich hab' Glück gehabt", statt einfach zu sagen: „Stimmt, danke!".
- selten klar und positiv über ihre Leistungen und Stärken reden.

Die Praxis hat allerdings gezeigt, dass Sie sich Ihres Könnens und Wissens sicher sein müssen, um in Verhandlungen erfolgreich zu überzeugen. Selbstkritik ist gut als Motor, um an sich zu arbeiten, aber gesunde Kritik enthält auch positive Kritik! Erkennen Sie Ihre Leistungen an, nehmen Sie Lob an. Teilen Sie Ihre Erfolge mit, wenn Sie wollen, dass sie wahrgenommen werden.

10.2.5 Raus aus der Opferrolle!

Eine Einkäuferin, die in der Automobilbranche arbeitete, saß in einer Verhandlung gemeinsam mit ihrem Vorgesetzten, dem Geschäftsführer und dem Außendienstmitarbeiter des Zulieferers. Sie war gut vorbereitet. Aber dennoch: Sie kam nicht zu Wort, sie konnte ihre Forderungen nicht durchsetzen, ja, sie hatte sogar das Gefühl, die Verhandlung hätte genauso gut ohne sie stattfinden können! Eine fatale Situation, mit fatalen Folgen für ihr Selbstbewusstsein und ihre Position.

Wie konnte es zu dieser Machtlosigkeit kommen?

Im Rollenspiel, das wir später im Seminar zur Analyse der Situation durchführten, wurden die Ursache schnell deutlich. Es lag an den körpersprachlichen Signalen, die diese Einkäuferin aussendete. Die Einkäuferin

- hielt Arme und Beine dicht am Körper,
- nahm wenig Platz in Anspruch,
- hatte die Schultern leicht hochgezogen,
- saß oder stand immer leicht geknickt,
- hielt nur unsicheren Blickkontakt,
- lächelte häufig beschwichtigend, auch wenn es der Situation nicht angemessen war, „Hab-mich-lieb-Lächeln".

All dies zusammengenommen sind die sog. „Opfersignale". Menschen, die gebeugt, gedrückt oder zusammengezogen durchs Leben gehen, wirken dadurch insgesamt zurückgenommen, und vor allem: sie wirken ungefährlich. Das ist das Signal – für die, die es suchen – sich auf Kosten dieser Personen durchzusetzen, sie zu besiegen. Potenzielle Gegner erwarten von solchen Gesprächspartnern wenig Widerstand.

Leider muss man feststellen, dass diese körpersprachlichen Signale von Frauen häufiger ausgesendet werden als von Männern. Auch wenn sie nur einzelne Gesten zeigen, ist die Wirkung auf den Verhandlungspartner nicht zu unterschätzen.

Und das ist auch unserer Einkäuferin zum Verhängnis geworden. Dadurch wurde sie von ihren Gesprächspartnern nicht ernstgenommen und wirkte dazu noch unsicher und fachlich nicht kompetent.

Wie steht es um Ihre Körpersprache?

Wenn Sie machtvoll auftreten und Ihre Kompetenz unterstreichen wollen, dann trainieren Sie im Rahmen Ihrer Einkaufsverhandlungen folgende Eigenschaften:

- Blicken Sie an dieser Stelle noch einmal auf Ihren Standpunkt. Wenn Sie von sich und Ihrem Ziel überzeugt sind, werden Sie dies auch automatisch körpersprachlich ausdrücken. Denn als engagierte Einkäuferin wissen Sie: Ihr Standpunkt, Ihre innere Haltung, beeinflusst Ihre Körperhaltung – und das gilt natürlich auch umgekehrt.
- Lassen Sie sich Rückmeldung über Ihre körpersprachlichen Signale geben. Wirken Sie positiv, klar und machtvoll auf andere? Manchmal bleiben trotz eines klaren Standpunktes noch kleine unpassende Angewohnheiten übrig, die Ihnen gar nicht bewusst sind. Schärfen Sie Ihre Wahrnehmung dafür und korrigieren Sie ggf. Ihre Körperhaltung: Richten Sie sich auf und halten Sie sich gerade, atmen Sie ruhig ein und aus, suchen Sie den Blickkontakt, nehmen Sie sich Raum, nutzen Sie ruhige, deutliche Gesten, lächeln Sie, wenn es zur Situation passt.

10.2.6 Die Erfolgssprache der Profi-Einkäuferin

Simone achtete in ihrer Verhandlung sehr auf ihre Worte. Sie kennt die Sprachfallen, in die Frauen in Verhandlungen häufig tappen. Daher ist sie als routinierte Einkäuferin gewappnet:

- Frauen verwenden wesentlich häufiger einschränkende Formulierungen (vielleicht, irgendwie, eventuell, eigentlich, Konjunktivform). Das sind Weichspüler und Sprachmüll, sie schwächen den Standpunkt. Simone ging zielbewusst vor, ihre direkte, schnörkelfreie Sprache verschaffte ihr Respekt und Souveränität.
- So formulierte sie klare, eindeutige Aussagen und Forderungen, statt diese vorsichtig in Fragen zu packen. Sie hatte keine Scheu vor offener Konfrontation oder einem Konflikt, und verlieh sich so Nachdruck und Überzeugung.
- Versiert und routiniert nutzte sie ihre weibliche Stärke und führte das Gespräch sehr partnerschaftlich. Sie ging auf ihren Gesprächspartner und seine Inhalte ein, gab verbale und nonverbale Signale des Verständnisses, (nachfragen, zustimmen, nicken, ...), lenkte durch interessierte Fragen. Sie erfuhr so viel von ihrem Gegenüber, hörte seine Schwachstellen heraus, konnte Probleme erkennen, Alternativen entwickeln.
- Killerphrasen und verallgemeinernde Aussagen hinterfragte sie. Selber blieb sie bei dem ihr eigenen konstruktiven und persönlichen Sprachstil.
- Simone verzichtete auf unnötige Entschuldigungen und Rechtfertigungen.

Profi-Einkäuferinnen verfügen über ein breites sprachliches Verhaltensrepertoire. Sie sind kooperativ, konstruktiv, partnerschaftlich, stellen ein positives, vertrauensvolles Gesprächs- und Arbeitsklima her. Sie sind konsequent und klar in ihren Aussagen, haben eine zielorientierte Gesprächsführung und beherrschen auch die als eher unweiblich geltenden Taktiken wie Konfrontation, Aggression, Drohung und setzen diese dann hart und standfest um.

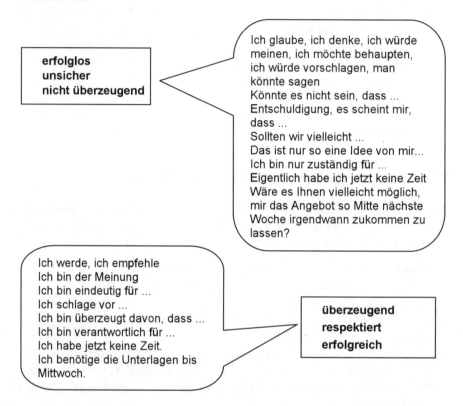

Abb. 10.2. Sprachfallen

10.2.7 Kennen Sie Ihr persönliches Sicherheitsrisiko?

Die erfahrene Einkäuferin weiß genau, was ihr sicheres Auftreten in Verhandlungen unterstützt bzw. verhindert.

Da ist zunächst die äußere Erscheinung, Kleidung, Frisur, Accessoires. Wir meinen: Die Wahl Ihres Outfits unterliegt keinen von außen gesetzten Regeln, sondern muss sich an Ihrer eigenen Befindlichkeit orientieren. Wählen Sie Kleidung, in der Sie sich wohlfühlen. Kleidung, die bequem ist, die zum Anlass und zu den Gesprächspartnern passt, die sauber und ordentlich aussieht.

10.2 Erfolgsfaktoren einer Gesprächs- und Verhandlungsstrategie

Denn wenn Sie sich unpassend gekleidet fühlen oder einen Fleck auf Ihrer Bluse haben, dann sind Sie gedanklich eher damit beschäftigt. Sie nehmen sich viel Ihrer Konzentration, die Sie eigentlich für das Gespräch brauchen, und verlieren an Sicherheit.

Ein zweiter Punkt betrifft das weibliche Rollenverständnis. Immer wenn Männer und Frauen zusammen arbeiten, spielt auch die Geschlechterfrage eine Rolle. Wir wollen unsere Wirkung auf das andere Geschlecht überprüfen, freuen uns über positive Äußerungen über unsere Person und versuchen, einen guten Eindruck zu hinterlassen. Welche Rollenbilder beeinflussen uns mehr oder weniger stark bei diesen Begegnungen? Der sog. „Volksmund" hat ein Bild von Weiblichkeit formuliert, das weiblich gleichsetzt mit nett, sympathisch, lieb. Aber nicht aggressiv, laut und fordernd. Dagegen stehen die Anforderungen des Arbeitsalltags, in Verhandlungen klar und zielstrebig zu sein. Für viele Frauen ergibt sich daraus ein Konflikt, der zugespitzt lautet: Verliere ich meine Attraktivität, wirke ich unweiblich, wenn ich Nein sage, Forderungen stelle oder etwas ablehne? Durch diesen Konflikt entsteht dann die Verunsicherung, die Frauen viel von Ihrer Stärke nimmt durch „freiwillige" Beschränkungen auf sog. „weibliche Verhaltensweisen".

Zu dieser Rollenunsicherheit gesellt sich noch ein weiterer Aspekt: Die meisten Menschen wollen gemocht werden und wünschen sich harmonische Beziehungen zu ihren Mitmenschen. Aber: *Angst vor Verlust von Beziehung* ist eher ein Frauenproblem. Aus dieser Angst heraus vermeiden sie Konfrontation und Konflikt und zahlen dafür möglicherweise den Preis, ihr Ziel nicht zu erreichen. Die Erfahrung zeigt jedoch, dass diese Angst unbegründet ist und der Verlust gar nicht eintritt, wenn alle anderen Gesprächsfaktoren gelungen sind. Wenn Sie auf der Basis einer guten Beziehung zu Ihrem Gesprächspartner sachlich kompetent, klar und überzeugungssicher argumentieren, dann Ihren Standpunkt mit einem Nein vertreten, dann tritt dieser Verlust nicht ein.

Dies bestätigt sich auch regelmäßig in Intensivtrainings mit engagierten Einkäuferinnen: Die Erfolgreichen legen großen Wert auf die Gestaltung einer persönlichen Beziehung. Sie sind ehrlich interessiert an Ihrem Gesprächspartner, nehmen sich Zeit für ein ausreichendes Warm-up zu Gesprächsbeginn und pflegen Nähe und persönlichen Kontakt.

Die Anderen sehen das (zunächst) anders: Sie halten den anfänglichen Small Talk für überflüssig und verschwendete Zeit, wollen keine Nähe zu diesen aufdringlichen Verkäufern und kommen am liebsten sofort zur Sache. Persönliches hat aus ihrer Sicht hier nichts zu suchen, schließlich geht es ums Geschäft.

Und nun raten Sie mal. Welcher Gruppe fällt es leichter, nein zu sagen und Forderungen zu stellen? Es ist die erste Gruppe, die Gruppe der

Warm-up-Befürworterinnen. Warum ist das so? Durch die stabile Beziehung ergibt sich ein positives Klima, welches sich auch durch unterschiedliche Auffassungen auf der Sachebene nicht so einfach aus dem Gleichgewicht bringen lässt.

Denken Sie noch einmal an Simone: Die ist nach langjähriger Praxis davon überzeugt, dass starke und sichere Frauen erreichen, was sie sich vornehmen. Ihr Bild von Weiblichkeit schließt Klarheit und Zielstrebigkeit nicht aus. Sie genießt positive Beziehungen im Gespräch, macht sich aber davon nicht abhängig. Natürlich weiß sie auch um die Wirkung ihres Äußeren. Sie berücksichtigt, welches Image sie sich mit ihrer Kleidung aufbaut. Sie weiß, eine selbstbewusste Körpersprache hängt auch von der entsprechenden Kleidung ab. Denn wenn sie sich wohlfühlt in ihrer Haut, hat sie den Kopf frei für ihre Verhandlung. Simones Lieblingsspruch ist übrigens: Sei wie die stolze Rose, selbstbewusst, eitel und frei, nicht wie das Veilchen im Moose, sittsam, bescheuert und treu!

10.3 Erfolgsgeheimnisse erfolgreicher Einkäuferinnen

- Was stört es die erhabene Eiche, wenn sich eine Sau an ihr reibt? – Machen Sie sich standfest, körperlich und gedanklich. Seien Sie überzeugt von sich, Ihrem fachlichen Wissen, Ihren Argumenten!
- Schaffen Sie ein offenes Klima, indem Sie die Warm-up-Phase sehr ernst nehmen. Nutzen Sie hier eine Ihrer weiblichen Stärken, Bindungen zu schaffen und Bindungen zu halten. Nähe und ein gutes Verhältnis zum Gesprächspartner geben Sicherheit.
- Lernen Sie Ihre eigene körpersprachliche Wirkung kennen, um mögliche Barrieren und Fehldeutungen gar nicht erst entstehen zu lassen. (Wann machen Sie sich klein? Wann lächeln Sie? Verlegen, entwaffnend, verbündend ...) Hilfreich: Hin und wieder ein Körper-Check! Wie ist meine Körperhaltung? Wie ist meine Mimik/Gestik? Halte ich genügend Blickkontakt?
- Wählen Sie eine direkte Sprache ohne Schnörkel und einschränkende Formulierungen! Klare, freundliche Worte sorgen für klare Verhältnisse.
- Trainieren Sie, die eigenen Gedanken und Gefühle und die des anderen wahrzunehmen und zu managen. Das ist ein wichtiger Schritt zu mehr Selbstbewusstsein, zu klarer Sicht und zur Fähigkeit, Entscheidungen zu treffen und durchzusetzen.
- Verbiegen Sie sich nicht in Ihrer Persönlichkeit. Entwickeln Sie Ihren eigenen Stil zum Wohlfühlen, der Sicherheit gibt.

11 Schlüsselfaktoren: Mimik, Gestik, Sprache, Auftreten, Kommunikation

11.1 Psychologie von Verhandlungen

Die Bedeutung von Soft Skills in Einkaufsverhandlungen ist seit jeher ungebrochen: die meisten Entscheidungen, ob im Einkauf, Verkauf, im Konzeptionellen oder Strategischen werden auf der Beziehungsebene verhandelt.[63] Verhandeln ist ein hoch komplexes Phänomen. Verhandlungsgeschick kann aufgrund seiner Vielschichtigkeit und seiner ganz unterschiedlichen Aspekte als eine Kunst bezeichnet werden.

Verhandeln unterliegt den Kriterien der Kreativität und der ausgesprochenen Dynamik. Es verpflichtet zum Auseinandersetzen, Verändern, Provozieren, Reflektieren. Innerhalb des Verhandlungsprozesses werden permanent Lernprozesse angeregt. Vieles, was dabei gelernt werden kann, ist logisch und gehorcht Gesetzmäßigkeiten, vieles können wir uns aneignen bzw. antrainieren, aber ein großer Teil basiert auf Intuition oder Menschenkenntnis. Wie (ver-)handeln Menschen miteinander, um zu Problemlösungen mit unterschiedlichem Interesse zu kommen?

Frage: Was hat in Ihrer zuletzt geführten Verhandlung zum Erfolg geführt?

Während viele Autoren ihren Rat zum Erfolg auf Rezepte und Checklisten reduzieren, gehen wir von einer nur schwer planbaren Verhandlungssituation aus, die von hoher Interaktionsdichte und von Zwischenmenschlichkeit geprägt ist.

In einem solchen als ganzheitlich zu betrachteten Verständnis müssen folgende Aspekte zum Verhandeln miteinander in Beziehung gebracht werden: Tausch, Sozialer Kontext, Psychologische Grundlagen, Rahmenbedingungen, Kommunikation, Verhandlungsethik, Markt und Wettbewerb, Kreativität.

---

[63] Vgl. Hirschsteiner G (1999) S. 1

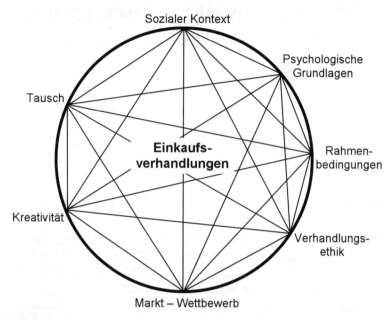

Abb. 11.1. Ganzheitliches Beziehungsgeflecht einer Einkaufsverhandlung

Tausch auf der Grundlage von Bedürfnis und Bedarf

Die Verhandlung insbesondere die Einkaufsverhandlung ist ein klassisches Tauschgeschäft.[64] Es liegt in der Natur der Sache, dass auf eine Leistung eine Gegenleistung oder auf ein Geben ein Nehmen folgt.

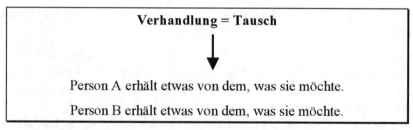

Die Voraussetzung zu einem Tausch ist, dass ich etwas habe, was der andere will und der andere wiederum will etwas, was ich habe. Das ist eine einzigartige Ausgangsposition, die eine Verhandlung aufgrund einer spezifischen Bedürfnis- und Bedarfsmotivation so spannend macht. Der Verhandler braucht sein Gegenüber, um seine eigenen Bedürfnisse zu versorgen. „Jedes menschliche Verhalten hat seine Ursache in einem Mangel, ei-

---

[64] Vgl. Kennedy G (1994) S. 15

nem zu versorgenden Bedürfnis"[65]. Natürlich will jeder Verhandlungspartner „sein" Bedürfnis befriedigen. Die Bedürfnisse können ganz unterschiedlich befriedigt werden, denn Verhandelbares ist im übertragenen Sinn eine Art Währung für materielle und immaterielle Werte z.B. Geld, Zeit, Güter, Leistungen, Gewährleistungen, Beratungen oder Freizeit. Demnach kann man über nahezu alles verhandeln. Dass man über viele verschiedene Dinge verhandeln kann, macht den Reiz einer Verhandlung aus und unterscheidet sich von jeder anderen Form der Entscheidungsfindung.

Sozialer Kontext

Die Verhandlung steht in einem direkten sozialen Kontext. Im sozialen Umfeld ist die Verhandlung stets in eine Kommunikation eingebettet und dadurch nicht auf eine rationale Technik zu beschränken, sondern der Faktor Mensch mit all seinen Gefühlen, macht eine Verhandlungssituation unvorhersehbar. *Social-Skills* sind für einen erfolgreichen Verhandler unabdingbar. Der Verhandler wird zu einem Beziehungsmanager, d.h. eine partnerschaftliche Zusammenarbeit gilt als Basis für einen langfristigen Erfolg.[66]

Psychologische Grundlagen

Verhandlungen werden zwischen Menschen geführt und fordern somit die Verhandlungspartner in ihrer ganzen Person. Dabei sind etwa Gefühle, Einstellungen, Haltungen, Werte, Normen und unterschiedliche Motivationen von großer Bedeutung.

Die Verhandlungspsychologie als Wissenschaft bietet diesbezüglich keine Methoden und Techniken an. Vielmehr lernt man über die Beschäftigung mit der Psyche des Menschen bei Verhandlungen, die Motivationen und die menschlichen Verhaltensweisen des Verhandlungspartners kennen. Außerdem muss man lernen, diese Verhaltensweisen einzuschätzen, um darüber hinaus einen sensibleren Umgang mit seinem Gegenüber zu pflegen. Der Beziehungsaspekt nebst der geistigen und emotionalen Verfassung spielen eine große Rolle, so dass letztlich weniger die Sachebene als vielmehr die Sympathie den Erfolg einer Verhandlung ausmachen.

Für die Praxis heißt das: Nehmen Sie Menschen wie sie sind – mit all ihren Gepflogenheiten – und nutzen Sie ihre Gabe zur Beobachtung menschlicher Verhaltensweisen, um einerseits ihre eigenen Interessen zu

---

[65] Hirschsteiner G (1999) S. 2
[66] Vgl. Grossmann M (2001) S. 206

realisieren. Denken sie andererseits daran, dass auch der Gesprächspartner ein starkes Verlangen nach Anerkennung verspürt.[67] „Nur wer dem Verhandlungspartner Geltung und Anerkennung vermittelt, wird ihn beeinflussen können, sonst wohl kaum"[68]. Wer überzeugen will, muss andere begeistern. Die Gegenseite sollte so motiviert werden, dass sie ihre eigene Position zugunsten einer gemeinsamen Zielsetzung aufgibt.

Frage: Welche Wertschätzung haben Sie dem „Verhandlungs-Mitmensch" entgegen gebracht?

Rahmenbedingungen

Die Rahmenbedingungen wie Ort, Raum, Zeit und Atmosphäre sollten für eine Verhandlung bestmögliche Voraussetzungen schaffen, um erfolgreich verhandeln zu können. Professionell agieren heißt in diesem Zusammenhang in abgekürzter Form für uns: dem Anlass entsprechende äußere Bedingungen schaffen – eher ein wenig komfortabler als bescheiden. Eine ungezwungene, freundliche und ansprechende Atmosphäre ist geeignet, eventuelle physische und/oder psychische Belastungen der Verhandlungsteilnehmer zu verringern. Stellen Sie die Rahmenbedingungen auf die Bedürfnisse ihres Verhandlungspartners ein und signalisieren sie ihm damit eine „gewisse Wertschätzung".

Kommunikation

Verhandeln heißt kommunizieren – eine Verhandlung geschieht immer gemeinsam, also mit- statt gegeneinander[69]. In jeder kommunikativen Situation teilen wir uns über unser Verhalten mit. Die Mitteilung erfolgt verbal als auch nonverbal. Wichtig ist, dass der Verhandlungspartner/der Empfänger den verwendeten Code bzw. die Botschaft versteht. Ist dies nicht gewährleistet, treten Kommunikationsfehler auf, die der Verhandlung keinen Nutzen bringen.

Verhandlungsethik

Ziel einer Verhandlung ist ein einvernehmliches Ergebnis aller an der Verhandlung beteiligten Personen. In der Regel kommt es zu einem Verhandlungsergebnis, außer die Verhandlung wurde abgebrochen. Die Art und Weise, wie verhandelt wird sowie das Ergebnis selbst, sollte unter der Be-

---

[67] Vgl. Hirschsteiner G (1999) S. 71
[68] Hirschsteiner G (1999) S. 71
[69] communis (lat. = gemeinsam, miteinander)

rücksichtigung bestimmter Werte und Normen erfolgen. Zum einen sollte immer im Rahmen der Legalität verhandelt werden, zum andern sollte eine Verhandlungsmoral bzw. ein Fairnessverständnis eingehalten werden, über das sich beide Verhandlungsparteien einig sind. Wenn Macht instrumentalisiert oder wenn polare Interessen verfolgt werden und wenn manipulative Züge mit in die Verhandlung einfließen, erhält der Kontrahent einen Schaden. Eventuell kann sich dadurch zwar ein kurzzeitiger Erfolg nur eines Verhandlungsteilnehmers einstellen, dieser kann allerdings auf Dauer gesehen verheerende Folgen mit sich bringen. Denn wer gegen einen Geschäftskodex verstößt, provoziert beim Verhandlungsgegner Verweigerungs- und Vergeltungspotentiale.[70] Nicht die schwäbische „Schnäppchenjäger-Mentalität" ist gefragt, sondern loyale Geschäftsbeziehungen, die über einen großen Zeitraum und eine dauerhafte Partnerschaft möglicherweise noch intensiviert werden können.

Kreativität

Wie bereits in den einleitenden Zeilen erwähnt, sind Verhandlungen unter anderem durch ihren ungewissen Ausgang gekennzeichnet. Sie sind nur schwer auszumachen und man kann deren Verlauf nur bis zu einem gewissen Maß vorausplanen. Die Kenntnis dieser Voraussetzung zieht enorme Flexibilität im Handeln nach sich. Die Verhandlungspartner werden damit aufgefordert, kreative Lösungsmöglichkeiten herauszuarbeiten. Diese Lösungsmöglichkeiten müssen permanent überprüft, verändert oder neu entwickelt werden. Der erfolgreiche Verhandler muss in einem kreativen Prozess auf die Fähigkeiten Spontaneität, Phantasie, Vorstellungsvermögen, Offenheit und Originalität zurückgreifen können. Wer kreativ ist, kann neue Sichtweisen und Aspekte eher aufnehmen, und er kann zudem die Verhandlungssituation mit möglichst vielen unterschiedlichen Handlungsspielräumen gestalten. Manchmal kann der Mut zum Ungewöhnlichen oder zu Nonkonformen mit einer Lösungsidee belohnt werden, die beide Verhandlungspartner zufrieden stellt.

11.2 Sachebene – Beziehungsebene

In der Kommunikationstheorie werden zwei Kommunikationsebenen unterschieden: die Sachebene und die Beziehungsebene; Watzlawick spricht analog dazu von einem Inhalts- und Beziehungsaspekt.[71]

---

[70] Vgl. Hirschsteiner G (1999) S. 2
[71] Vgl. Watzlawick P, Beavin JH, Jackson DD (2000) S. 53

Die Sach- oder Inhaltsebene bezieht sich auf kognitiv ablaufende Prozesse, während sich die Beziehungsebene auf die Emotionalität als Analyseinstrument bezieht. Man spricht beispielsweise von dieser zuletzt genannten Ebene, wenn man umgangssprachlich aus dem „Bauch heraus" argumentiert. Auf der Sachebene werden demzufolge Botschaften mit konkreter Sachlogik vermittelt, während die Beziehungsebene Auskunft über das Verhältnis der Kommunikationsparteien zueinander gibt. Aus diesen Zusammenhängen heraus lassen sich den beiden Ebenen folgende Kriterien zuordnen.[72]

Sachebene	Beziehungsebene
explizite verbale Aussagen Fakten Fachwissen Erfahrungen	implizite nonverbale Aussagen Selbstdarstellung über äußeres Erscheinungsbild Verhaltenskomponenten

Abb. 11.2. Sachebene – Beziehungsebene

Die Beziehungsebene ist im Wesentlichen dafür verantwortlich, dass man sein Gegenüber versteht. Sie gilt als Ausgangsbasis für eine gelingende Kommunikation und bestimmt darüber hinaus die Sympathie zwischen den Verhandlungspartnern. Umgangssprachlich würde man sagen „die Chemie stimmt". Um das Verhältnis zwischen Sach- und Beziehungsebene zu erklären, eignet sich das Bild vom Eisberg. Der größte Teil eines schwimmenden Eisbergs ist nicht sichtbar, dieser entspricht der Beziehungsebene. Der kleinere über Wasser ragende Teil des Eisbergs entspricht der Sachebene. Bestenfalls spielt sich ein Viertel der Kommunikation auf der Sachebene ab, während drei Viertel im Unterbewusstsein auf der Beziehungsebene stattfindet.

Zusammenfassend lässt sich sagen, dass ein allein auf die Sachebene reduziertes Modell besonders im Anwendungsbereich Verhandlungstechnik unzureichend erscheint. Starke interaktive Leistungen und das Verhalten des Verhandlers wirken sich in der Verhandlungssituation erheblich auf die Qualitätswahrnehmung des Verhandlungspartners aus. Eine Verhandlung mit einem Problemlöseverhalten zielt nicht nur auf die sachliche Zweckerfüllung ab, sondern muss die sozio-emotionale Bedürfnisbefriedigung ebenso berücksichtigen. Die Beziehungsebene und deren Informationen über die kommunizierende Person (Autokommunikation) spielen in

---

[72] Vgl. Maier CM (2002)

einer Verhandlung demnach eine bedeutende Rolle und sind für den Verhandlungserfolg ausschlaggebend.

Frage: Welche Kriterien spielen für Sie eine Rolle, damit Menschen auf Sie sympathisch bzw. unsympathisch wirken?

11.3 Kongruentes Verhalten – der Schlüssel zu erfolgreichem Auftreten

Positives Auftreten ist der Ausgangspunkt für alle unterschiedlichen Kommunikationsbereiche, in denen wir uns in der Öffentlichkeit präsentieren. Es ist somit der Schlüssel zum Erfolg, unerheblich davon ob es sich um Verhandlungstechnik, Vertrieb oder Argumentation handelt. Die verschiedenen Aspekte, die man beim professionellen Auftreten beachten sollte, sind Glaubwürdigkeit und Echtheit der Kommunikation. Dabei muss man sich im klaren sein, dass jedes Verhalten von einem verbalen und einem nonverbalen Ausdruck gekennzeichnet ist. Nicht allein die Sprache, sondern auch die Gestik und die Mimik kennzeichnen das Auftreten. Diese Größen bestimmen damit letztlich die Wirkung auf den Gesprächspartner oder Zuhörer, auf dessen bleibenden positiven oder negativen Eindruck.

Man spricht von einem Menschen mit „Persönlichkeit", wenn dieser Ausstrahlung oder Präsenz besitzt. Auch wenn viele Gesprächspartner erst einmal gar nicht spüren können, was diese Ausstrahlung ausmacht, so fordert die Rhetorik in diesem Zusammenhang nach „kongruentem Verhalten" als entscheidende Basis für Präsenz. Was unter diesem Terminus zu verstehen ist, soll im Folgenden präzisiert werden.

Kongruentes Verhalten nimmt eine Schlüsselstellung für glaubwürdiges und echtes Auftreten in einer Verhandlung ein.

Was aber heißt kongruentes Verhalten?

Die drei Elemente Körper (nonverbaler Ausdruck), verbaler Ausdruck (Stimme) und Inhalt sollen deckungsgleich sein, damit sich für den Gesprächspartner ein in sich stimmiges Bild einstellen kann. Passt eines dieser Elemente nicht zum anderen, werden wir in unserem Auftreten unglaubwürdig. Dabei spielt es keine Rolle, welches dieser Elemente nicht zueinander passt. Immer wenn ein Element nicht passt, wird der Zuhörer/das Gegenüber einen unharmonischen Eindruck konstatieren. Der Auftritt verliert an Natürlichkeit und Authentizität.

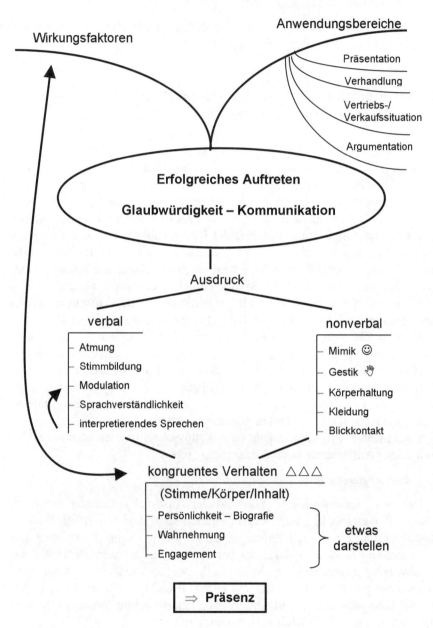

Abb. 11.3. Schaubild „Erfolgreiches Auftreten"[73]

---

[73] Vgl. Maier CM (2002)

11.3 Kongruentes Verhalten – der Schlüssel zu erfolgreichem Auftreten

Ob wir kongruent agieren können, ist stark von unserer Persönlichkeit abhängig. Unsere Biographie bestimmt unsere natürlichen Kompetenzen auf diesem Gebiet. Unsere Erfahrungen mit kommunikativen Auftritten, Normen und Werten, in welchem Kulturraum und unter welchen Umständen wir aufgewachsen sind, sind nur einige Beispiele für Einflussfaktoren auf die Begabung zu kongruentem Verhalten. Kurz gefasst beeinflussen alle persönlichkeitsbildenden Faktoren unser kongruentes Verhalten.

Man vergleiche als Beispiel einen Süditaliener mit einem Skandinavier. Beide haben die Möglichkeit, glaubwürdig und echt in Erscheinung zu treten, jeder nach seiner Façon und seinem Naturell, was ein Indiz für ihre Glaubwürdigkeit ist. Umgekehrt betrachtet mögen wir Schwierigkeiten damit haben, dem Skandinavier übersprühende Leidenschaft und Ausgelassenheit und dem Italiener ein wonniges, ausgeglichenes Gemüt zuzusprechen.

Hinzu kommt noch, dass neben den bereits erwähnten Faktoren auf der Seite des Sprechers, die Wahrnehmungsfähigkeit auf Seiten der Zuhörer das kongruente oder nicht-kongruente Verhalten beherrschen. Wichtig erscheint in diesem Zusammenhang ein Lernprozess, der über den Weg der Fremdwahrnehmung zur Einschätzung unserer Selbstwahrnehmung führt. Durch das Beobachten und Erkennen des „Fremden" resultiert eine Sensibilisierung für das eigene Verhalten und man ist damit jederzeit in der Lage, sein Verhalten zu ändern. Auf diese Weise kann man sein Handeln in Stresssituationen besser kontrollieren und besser auf Kongruenz hin überprüfen.

Wahrnehmungsfähigkeit, Persönlichkeit und Biographie wurden als Einflussfaktoren bereits angesprochen. Neben diesen spielt das Engagement, das ich einer Aussage zugrunde lege, im Zusammenhang mit kongruentem Verhalten noch eine bedeutende Rolle. Unter Engagement wird hier verstanden, mit welcher Einstellung ich mich einem bestimmten Sachverhalt annähere und welchen Einsatz ich für meine Argumente aufbringe. Das Engagement findet sich in meinem verbalen und nonverbalen Verhalten wieder.

Überprüfen Sie daher ihre persönliche Einstellung in einer beliebigen Verhandlungssituation? Zeigen Sie Initiative, versuchen Sie der Verhandlung etwas Positives abzugewinnen oder sehen Sie alles negativ?

Entspricht unser Verhalten den genannten Kriterien, verhalten wir uns also kongruent, so besitzen wir die Möglichkeit, etwas darzustellen und verfügen damit über Präsenz. Mit Präsenz verbinden wir stets Aura und Ausstrahlung.

Aufgabe: Welche Verhaltensmerkmale erkennen Sie bei erfolgreichen Menschen?

> *Resümee*: Körper, Stimme und Inhalt müssen zueinander kongruent sein, damit wir glaubwürdig und echt auftreten können. Das ist eine Grundvoraussetzung, um von unseren Mitmenschen besonders in Verhandlungssituationen ernst genommen zu werden.

11.4 Wirkungsfaktoren in der Praxis

Im Folgenden werden diejenigen Faktoren näher betrachtet, die einen Zuhörer tatsächlich zum Zuhören animieren. Wie also kann man es anstellen, Aufmerksamkeit zu erlangen?

Zu den Mittel, die uns dazu u.a. zur Verfügung stehen, gehören der Inhalt des Vortrags, die Stimme und der Körper/körperliche Ausdruck. Gelb hat in zahlreichen Untersuchungen festgestellt, dass entgegen jeglicher Vermutung, der Inhalt eine untergeordnete Rolle bei der Wirkung auf den Zuhörer spielt. Vielmehr sind die Wirkungsfaktoren wie folgt verteilt:

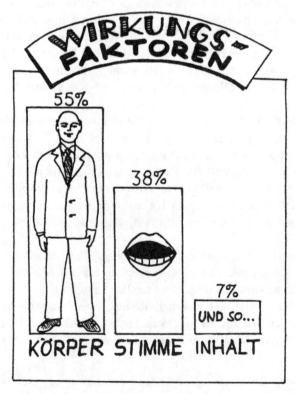

Abb. 11.4. Wirkungsfaktoren (Quelle: Gelb (1997) S. 117)

93% der Wirkungsfaktoren sind demnach unabhängig vom Inhalt. Das bedeutet nicht, dass der Inhalt gleichgültig ist. Aber der Inhalt kann beim Zuhörer nur ankommen, wenn die Wirkungsfaktoren Körper und Stimme adäquat eingesetzt werden. Der Inhalt muss sehr gut vorbereitet und fundiert formuliert werden, was anhand der Grafik nicht ausreichend erscheint. Vielmehr sollten wir uns der Wirkungsfaktoren im körperlichen und stimmlichen Bereich bewusst sein und unser Auftreten diesbezüglich optimieren. Auch hierbei gilt wiederum die Warnung: Immer im Hinblick auf ein kongruentes Verhalten.

Beispiel: Viele Seminare und Vorträge sind inhaltlich hervorragend aufbereitet. Aber deren Präsentation im körperlichen und stimmlichen Ausdruck wirkt für den Zuhörer schwerfällig und ermüdend. Die Aufmerksamkeit des Zuhörers bricht ab. Es wird in diesem Fall keine Chance für den Zuhörer geben, den Inhalt aufzunehmen.

Frage: Wann haben Sie das letzte Mal einen eindrucksvollen Verhandlungspartner erlebt?

11.5 Mit dem Körper überzeugen

Mimik

Die Mimik beinhaltet alle Ausdrucksformen, die wir mit unserem Gesicht herstellen können. Emotional-affektive Reaktionen finden sich in unseren Gesichtszügen wieder. Das Gesicht könnte man als eine Art „Spiegel unserer Seele" nennen und es erzählt, was ein Mensch fühlt, denkt und in welcher grundsätzlichen Verfassung er ist.[74] Die Ausdrucksweisen reichen von glücklich, freundlich, offen, entspannt bis hin zu enttäuscht, angespannt, unsicher und verschlossen.

Beispiel[75]: Menschen mit hochziehenden Mundwinkeln sind optimistisch, selbstsicher, haben Humor, sind spöttisch und sarkastisch. Menschen mit abfallenden Mundwinkeln zeigen damit häufig Pessimismus, Resignation, Hemmung oder Sorgen auf.

Frage: Welche weiteren Kennzeichen ordnen Sie einem positiven Gesichtsausdruck zu?

---

[74] Vgl. Hirschsteiner G (1999) S. 98
[75] Vgl. Hirschsteiner G (1999) S. 100

Gestik

Die Gestik umfasst alle Ausdrucksformen der Hände und Arme. Ebenso wie die Mimik, sollte auch die Gestik kongruent zum Inhalt sein und damit die Aussagekraft unterstützen. Die Gestik muss natürlich und nicht gekünstelt bzw. antrainiert wirken.

> *Merksatz*: Gute Gestik hat man – sie wird nicht gemacht![76]

Dieser Merksatz soll verdeutlichen, dass eine gute Gestik von selbst, quasi unbewusst entsteht und keineswegs aufgesetzt oder erzwungen werden kann.

Dennoch ist es möglich, auf eine wenig ausgeprägte Gestik Einfluss zu nehmen. In diesem Sinne ist etwa darauf zu achten, dass die Gestik grundsätzlich oberhalb der unteren Extremitäten anlegt sein sollte, so dass man selbst noch die Arme beim Gestikulieren im Blickfeld halten kann.

Fehler tauchen häufig durch das Unterbindung der Gestik auf und weniger durch „falsches" Gestikulieren. Lassen Sie die Gestik „laufen" und Sie werden Natürlichkeit gewinnen.

Übung: Nachfolgende Übungssätze sollen in einer Stehgreifsituation spontan komplettiert werden. Achten Sie dabei besonders auf Ihre Gestik!

- Heute werde ich über drei Qualitätsmerkmale unserer neuen Produkte sprechen, die da wären ...
- Meine Vorschlag zum Ablauf der Verhandlung sieht folgendermaßen aus ...
- Diese Verhandlung sollte folgende Faktoren berücksichtigen ...
- Nachdem wir mehrere Stunden verhandelt haben, möchte ich nun noch einmal zusammenfassen ...
- Diesen sensationellen Preis zu erzielen, ist nur möglich, wenn ...

Körperhaltung

Die Körperhaltung wird bestimmt durch den Ausdruck des gesamten Körpers „vom Scheitel bis zur Sohle". Ein selbstbewusster Körperausdruck ist gekennzeichnet durch eine aufrechte Haltung und einen sicheren Stand. Beim Stand sollten Sie darauf achten, dass das Gewicht auf beiden Beinen gleichmäßig verteilt ist.[77] Dies gilt auch für die Sitzhaltung. Eine offene Körperhaltung zum Verhandlungspartner wirkt sympathisch und strahlt

---

[76] Vgl. Allhof D-W, Allhoff W (1994) S. 40
[77] Vgl. Maier CM (2002)

Positives aus. Schenken sie ihrem Gegenüber Aufmerksamkeit, indem sie sich körperlich zu ihm ausrichten.

Agieren Sie mit ihrem Körper normal und legen Sie auf Natürlichkeit wert. Sie sollten sich in einer Verhandlungssituation nicht selbst beobachten, da sie dadurch eher angespannt und verkrampft wirken.

Blickkontakt

Der Blickkontakt zählt zu den bedeutendsten Faktoren im nonverbalen Ausdruck. „Blickkontakt steuert den Gesprächsablauf, signalisiert Gesprächsbereitschaft und Aufmerksamkeit, dient der Aufnahme von Feedback und kann die emotionale Gestimmtheit signalisieren".[78] In der Verhandlung sollten Sie ihren Verhandlungspartner ernst nehmen und ihm über den Blick Aufmerksamkeit und Konzentration vermitteln. Dies erreichen Sie durch einen Blick direkt in die Augen. Schauen Sie unter keinen Umständen an ihrem Gesprächspartner vorbei.[79] Vermeiden Sie ihren Verhandlungspartner anzustarren, sondern lösen Sie vielmehr den Blick auf und bemühen sie sich um erneute Qualität im Blick.

Bei der Ansprache vor mehreren Verhandlungsteilnehmern sollten Sie nicht den Blick oberflächlich über die Zuhörer hinweg schweifen lassen, sondern halten Sie Blickkontakt zu einzelnen Personen. Versuchen Sie Interesse bei den Verhandlungsteilnehmern über den Blick zu wecken und binden Sie diese mit in die Verhandlung ein. Halten Sie die Spannung und erzeugen Sie somit Aufmerksamkeit bei ihren Verhandlungspartnern.

Kleidung

Die Kleidung sollte grundsätzlich der Verhandlung angemessen, ordentlich, sauber und eher dezent sein.

Über Kleidung drücken sich Menschen aus, und sie sollte deshalb zu ihrer Persönlichkeit passen. Sie sollten sich in ihrer zweiten Haut wohl fühlen. Das gelingt am besten, wenn Sie die ausgewählten Kleidungsstücke gerne tragen.

Die Kleidung sollte ihnen wortwörtlich passen, d.h. weder zu eng noch zu weit, zu groß zu klein. So können Sie ihr Wohlgefühl verbessern, und in der Regel kleiden Sie sich dadurch vorteilhafter.

> *Tipp*: Kleiden sie sich ein „Tick" besser, als Sie es sich vorgestellt haben!

---

[78] Vgl. Allhof D-W, Allhoff W (1994) S. 43
[79] Vgl. Maier CM (2002)

Beispiel: Man entscheidet sich für Hemd, Jeans und Sakko. Ein „Tick" besser bedeutet in diesem Zusammenhang, eine qualitativ hochwertigere Jeans auszuwählen. Das heißt nicht, von den Jeans in die „Nadelstreife" zu schlüpfen.

11.6 Setzen Sie Ihre Stimme wirkungsvoll ein

Der verbale Ausdruck ist gekennzeichnet durch Atmung, Klang und Ton der Stimme, also durch die Stimmbildung sowie durch Sprachverständlichkeit und Modulation der Stimme. Langjährige Praxiserfahrung zeigt, dass in Verhandlungen besonders Sprachverständlichkeit und Modulation der Stimme die Aussagekraft unterstreichen. Grundvoraussetzung ist zunächst einmal, das man sie versteht. In der Verhandlungspraxis heißt das, dass auf eine saubere Artikulation geachtet werden muss. Sprachverständlichkeit erreichen wir durch eine deutliche Aussprache.

Beispiel: Was nützt ein interessanter Vorschlag in einer Verhandlung, wenn ihr Gegenüber Probleme hat, sie zu verstehen. Probleme können beispielsweise durch dialektalen Einschlag oder Nuscheln entstehen. Muss man sich anstrengen, um ihren Ausführungen zu folgen, verfällt ihr Verhandlungspartner schnell in Desinteresse.

Von größter Bedeutung im verbalen Ausdruck ist die Modulation. Sie ist der ausdrucksstärkste Faktor, den wir besitzen.[80] Die Modulation der Stimme entwickelt sich durch die Variation von Lautstärke und Geschwindigkeit unter der Berücksichtigung von Sprechpausen. Alles das, was wir unter Betonung verstehen, fällt unter den Begriff Modulation der Stimme. Mit einer vorhandenen Modulation können wir beim Zuhörer ein Zuhörverhalten auslösen, d.h. mit der Stimme erzeugen wir Spannung, der Inhalt wird für den Zuhörer attraktiver. Besonders die Variation von Lautstärke ermöglicht es dem Verhandler, bestimmte Positionen herauszuarbeiten und sie zu verstärken. Vorsicht: Ein zu lautes Organ wird von den meisten Zuhörern negativ ausgelegt. Nicht selten verbindet man Lautstärke mit Dominanz und Autorität. Die Lautstärke sollte den Raum- und Personenverhältnissen angepasst werden.

Übung: Sie führen eine Einkaufsverhandlung am Telefon und ihr Gesprächspartner neigt zu Monotonie und gleichbleibende Geschwindigkeit. Sie haben zudem das Gefühl, ihr Gesprächspartner schreit ins Telefon. Was haben Sie für einen Eindruck von Ihrem Gesprächspartner? Wie beurteilen Sie dieses Gesprächsverhalten?

---

[80] Vgl. Maier CM (2002)

11.7 Engagement – mentale Vorbereitung einer Verhandlung

„Der Profi-Einkäufer trägt den Erfolg in sich selbst"[81]. Was heißt das? Erfolg ist eine Frage der Einstellung zu einer Sache, zu einer Position, zu einem Verhandlungspartner und nicht zuletzt zu sich selbst. Geht die Arbeit in Fleisch und Blut über oder betreibe ich Alltagsbewältigung in Form von Schadensbegrenzung?

Der Erfolg spiegelt sich in unserem Engagement wieder. Mit Engagement bezeichnet man die innere Einstellung, den Willen und sämtliche emotionalen Motivationen, die unser Handeln bzw. unser Verhalten beeinflussen. Engagement ist eine Säule der Präsenz und beeinflusst unser Auftreten. Es ist ein gewaltiger Unterschied, ob ich in einer Verhandlungssituation Menschen mit Interesse, Spaß, Neugier und Leidenschaft begegne oder ob ich einer gelangweilten, uninteressierten, leidenden und lebensverneinenden Person ausgeliefert bin. Letzteres schafft keine Atmosphäre, die eine positive Einstellung ermöglicht.

Eine gewinnende Persönlichkeit mit Präsenz erreichen wir durch Ehrlichkeit, Wärme, Freundlichkeit, Sympathie und Identifikation mit ihrer Arbeit und ihrem Handeln.[82] Seien Sie überzeugt von dem was sie tun. Erwarten Sie etwas von ihrem Verhandlungspartner und von sich. Wer wenig erwartet wird in der Regel auch wenig bekommen. Vorsicht: Zu hohe Erwartungen können enttäuschen! Die Erwartungshaltung sollte dabei realistisch und der Situation angemessen sein. Stellen Sie sich dabei aber auch auf ein Geben und Nehmen ein.

In der mentalen Vorbereitung auf eine Verhandlung sollten Sie frei von inneren Zwängen sein. Berücksichtigen Sie stets den Zeit- und Ergebnisdruck. Nehmen Sie sich die Zeit, sich auf eine Situation einzustimmen. Die fachliche bzw. inhaltliche Vorbereitung sollte keine Lücken aufweisen. Im Gegenteil, sie sollte ihnen Sicherheit geben, damit Sie ihre Standpunkte überzeugend einnehmen können. Denken Sie daran, dass sie mit Menschen verhandeln. Ein Blick in die Gemütslage ihres Gegenübers ist ausschlaggebend, denn der Erfolg einer Verhandlung. wird von der sozialen Kompetenz und nicht von der fachlichen Kompetenz bestimmt. „Soziale Kompetenz geht vor Fachkompetenz; jedenfalls auf der nicht zu unterschätzenden Beziehungsebene in den zwischenmenschlichen Verhandlungen"[83].

---

[81] Dommasch CE (2000) S. 54
[82] Vgl. Dommasch CE (2000) S. 74
[83] Hirschsteiner G (1999) S. 20

11.8 Crashkurs Kommunikation

11.8.1 Richtige Einschätzung des Verhandlungspartners

Ihren Verhandlungspartner sollten Sie nach folgenden wesentlichen Kriterien beurteilen: Glaubwürdigkeit, Zuverlässigkeit, Sachkenntnis und Kooperationsbereitschaft. Wenn Sie sich mit diesen Kriterien auseinandersetzen, können Sie sich ein umfangreiches Bild über Ihren Kontrahenten machen und damit sein Verhalten während der Verhandlung besser einschätzen.

Glaubwürdigkeit

Um sich ein Bild über die Glaubwürdigkeit ihres Verhandlungspartners zu machen, sollten Sie lernen, Inhalte in seiner Sprache zu erkennen. Drückt er sich sprachlich präzise aus oder überspielt er Antworten mit Worthülsen? Klassische Beispiele für Worthülsen sind: „Das ist alles kein Problem, das haben wir schon immer hingekriegt" oder „Sie sind nicht der Erste und werden auch nicht der Letzte sein". Mit solchen inhaltsleeren Antworten erhalten sie leider keine Information. Als nächstes sollten Sie überprüfen, wie er mit Eingeständnissen umgeht. Bietet er Ihnen im vorhinein grundlos Rabatte an, so hat er diese meisten schon absichtlich zu seinen Gunsten kalkuliert. Ist er in der Lage, ihnen ohne Zögern Referenzen zu nennen – oder tut er sich damit schwer? Außerdem sollten Sie sich informieren, wie offen ihr Kontrahent über Garantieleistungen, Schadensquoten und Kündigungsmöglichkeiten spricht. Letzteres wird häufig verheimlicht oder man weicht solchen Unbequemlichkeiten aus.

Zuverlässigkeit

Die Zuverlässigkeit können Sie am besten einschätzen, wenn Sie mit ihrem Gegenüber schon einmal verhandelt haben. Wie professionell hat er sich an bisherige Zusagen und Absprachen gehalten? Wie zuverlässig ist seine Arbeitsweise in Bezug auf Angebote, Faxbestellungen oder Termineinhaltungen? Bei einem Erstkontakt am Telefon können telefonische Absprachen und schriftliche Absprachen auf Übereinstimmung überprüft werden.
Beispiel: Am Telefon erhalten Sie die Auskunft, dass ein Artikel zwischen 600–800 Euro/Stück kostet. Im schriftlichen Angebot liegt der Artikel plötzlich bei 897 Euro/Stück. Diese Aussage spricht nicht unbedingt für Zuverlässigkeit bzw. Glaubwürdigkeit.

Sachkenntnis

Sachkenntnis oder Fachkompetenz können Sie bei komplizierten Detaillösungen feststellen. Wie arbeitet ihr Verhandlungspartner beim Problemlösen? Hat er eine strukturierte Vorgehensweise oder ist er schlichtweg überfordert? Hat er bereits ähnlich knifflige Fälle gelöst? Ist er ein ausgewiesener Kenner in der Branche und wird er für sein Fachwissen geschätzt? Verfügt er über Referenzen oder Empfehlungen, die seine Kompetenz bestätigen?

Kooperationsbereitschaft

Die Frage nach der Kooperationsbereitschaft ist sehr wichtig. Denn schließlich ist Kooperation ein erstes Zeichen dafür, ob der Verhandlungspartner mit Ihnen zusammenarbeiten will und ob er Sie auf gleicher Augenhöhe behandelt. Verdächtig sind Menschen, die den Hang zum Monologisieren haben. Diese Form gipfelt im selbstherrlichen Redestil. Meistens handelt es sich um Menschen, die sich sehr gerne zuhören und andere nur wenig beachten.

Achten Sie auch darauf, wie ernst ihr Kontrahent sich mit ihren Einwänden oder Gegenargumenten beschäftigt. Einige Ihrer Verhandlungspartner sind Meister im Verdrängen, oder sie bevorzugen es sich an einem Sachverhalt „vorbeizumogeln".

Eine Kooperationsbereitschaft lässt sich auch an der grundsätzlichen Einstellung ihres Verhandlungspartners ablesen. In wie weit wird ein alt inszeniertes Programm abgespult? Oder ist ihr Verhandlungspartner bemüht, nicht alltägliche Problemlösungen anzugehen? Besteht ein Interesse an einer individuellen Leistungserstellung?

Checkliste Einschätzung eines Verhandlungspartners

- Wie präzise ist seine Sprache? Neigt er zu Worthülsen?
- Macht er freiwillig Eingeständnisse? Nennt er Ihnen ohne Zögern Referenzen?
- Spricht er offen über: Garantieleistungen, Schadensquoten, Kündigungsmöglichkeiten?
- Hält er sich an seine bisherigen Absprachen/Zusagen?
- Stimmen telefonische Absprachen und schriftliche Absprachen überein?
- Welche Fach- und Sachkompetenz hat er? Ist er ein ausgewiesener Kenner in der Branche?
- Monologisiert Ihr Verhandlungspartner?

- Nimmt er Einwände und Gegenargumente ernst oder versucht er sich an diesen „vorbeizumogeln"?
- Spult er ein Programm ab oder bemüht er sich auch um nicht alltägliche Problemlösungen?

11.8.2 In der Praxis bewährte Kommunikationstechniken

Hören Sie aktiv zu!

Aktives Zuhören hat zum Ziel, den Gesprächspartner zum Weiterreden zu animieren und ihm zu zeigen, dass man bewusst zuhört. Sie setzen aktive Zeichen des konzentrierten und bejahenden auf den Gesprächspartner eingehenden Zuhörens.[84] Dies kann durch Reaktionen wie „Hm hm" geschehen oder durch Bestätigen bzw. durch Wiederholen der letzten Aussage. Ein Blickkontakt oder ein Kopfnicken können ebenfalls ein Ausdruck des aktiven Zuhörens sein. *Beispiel*:

Verhandler A: Sie haben eben von Qualität hat Ihren Preis gesprochen. Nun, so großartige Unterschiede kann ich in Ihrer angebotenen Ware bzgl. der Qualität nicht erkennen.

Verhandler B: Sie meinen also, dass Sie zu diesem Preis die selbe Qualität von der Konkurrenz angeboten bekommen?

Geben Sie Feedbacks!

In einer Verhandlung ist es wichtig, dass Sie mit Feedbacks (Rückmeldungen) arbeiten. Feedback geben sollte man einsetzen, um die Qualität einer Kommunikation zu gewährleisten oder zu verbessern. Sie möchten sicher sein, dass sie ihr Kontrahent richtig verstanden hat. Sender und Empfänger sollten die Möglichkeit nutzen, sich Rückmeldungen zu geben bzw. zu holen. *Beispiele*:

- Habe ich Sie richtig verstanden? Sie meinen also ...
- Wie ist das bei Ihnen angekommen? Wie sehen Sie das?
- Sie sind der Meinung, wir sollten das Projekt so fortsetzen. Ist das richtig?

Feedback zeigt, wie etwas angekommen ist und eröffnet damit Steuerungsmöglichkeiten:

- Warten Sie einen Moment, ich glaube, wir haben uns da missverstanden. In Wirklichkeit meinte ich Folgendes ...

---

[84] Vgl. Allhof D-W, Allhoff W (1994) S. 241

- Bevor wir an diesem Punkt weiterarbeiten, sollten wir einen Blick auf Zukünftiges werfen. Wie ist ihre Meinung?

Feedback geben ist einerseits zur Überprüfung der Verhandlungsmethode einsetzbar, andererseits eine Rückmeldung auf ein spezifisches Verhalten ihres Verhandlungspartners. Sprechen Sie neben Sachverhalten auch Methoden und Umgangsformen offen an und schaffen Sie somit Transparenz in der Kommunikation. *Beispiele*:

- „Nach meiner Einschätzung haben Sie die Reihenfolge der diskussionswürdigen Punkte zu ihren Gunsten verdreht. Man sollte die Vorgehensweise noch mal überdenken, bevor wir weiter verhandeln."
- „,Mich stört Ihre aggressive Art. Können Sie bitte wieder ruhiger werden, damit wir sachlich weiter diskutieren können?' Oft reagiert der andere mit einer Entschuldigung und wird sofort ruhiger."[85]

Arbeiten Sie mit Zusammenfassungen!

Der Einsatz von Zusammenfassungen ist in zeitlich lang andauernden Verhandlungen und in brisanten Verhandlungssituationen besonders wichtig. Letzteres bezieht sich auf schwierige Verhandlungspartner, die eine Verhandlung manipulieren oder vom Thema abschweifen. Diese verworrenen Situationen können entspannt und erneut auf ein Ziel ausgerichtet werden. In langen Verhandlungen, die Verhandlungspausen benötigen, empfiehlt es sich, vor anstehenden Pausen oder nach einer Pause mit einer Zusammenfassung zu arbeiten. In der Praxis hat sich das schriftliche Zusammenfassen bewährt, dass die Möglichkeit bietet, den Verhandlungspartner aktiv mit einzubeziehen. Das Einsetzen von Zusammenfassungen in der Gesprächsführung hat viele Vorteile, die Sie insbesondere in der Verhandlungssituation nutzen sollen:

- Verhandlungen deren Zielorientierung vermisst wird, können zum Thema zurück geführt werden ...
- Sie erhalten Feedbacks über den Verhandlungsstand – wie weit bin ich in einer Verhandlung ...
- Sie können Erfolgsnachweise festmachen – was ist bereits verbindlich geklärt ...
- In kritischen Verhandlungssituationen hat man die Möglichkeit, beim letzten gemeinsamen Nenner anzuknüpfen ...

---

[85] Grossmann M (2001) S. 163

11.8.3 Schneller ans Ziel durch Verhandlungsriskmanagement

Im Riskmanagement geht es darum, die häufigsten Risikofaktoren in Verhandlungen zu vermeiden. Schaffen Sie sich ein Problembewusstsein und nutzen Sie somit Ihren Vorteil. In Tabelle 11.1 werden die zehn wichtigsten Risikofaktoren mit Tipps und Lösungsansätzen dargestellt.

Tabelle 11.1. Die zehn häufigsten Risikofaktoren während einer Verhandlung

Risikofaktoren	Tipps und Lösungsmöglichkeiten
Sie erkennen Manipulation nicht.	Hinterfragen Sie die Kommunikation ständig. Analysieren Sie den Verhandlungsablauf und beschäftigen Sie sich mit manipulativen Tricks, um die Manipulation zu durchschauen und sie zu entlarven.
Sie möchten zu schnell Ihr Ziel erreichen.	Lassen Sie sich Zeit und versuchen Sie ein gutes Angebot zu überdenken. Setzen Sie Verhandlungspausen bewusst ein. Mit Geduld können Sie Schnellschüsse verhindern.
Sie haben die Interessen der anderen Seite nicht verstanden.	Vernachlässigen Sie unter keinen Umständen die Interessen der anderen Seite. Seien Sie vorsichtig mit Selbstgefälligkeit und Monologen. Interessieren Sie sich für ihr Gegenüber! Setzen Sie Kommunikationstechniken wie „Aktives Zuhören" oder „Feedback geben" ein.
Sie setzen zu wenig Fragetechniken ein.	Fragen Sie und hinterfragen Sie insbesondere Sachverhalte die „anscheinend geklärt" sind. Setzen Sie die Fragetechnik ein. Offene Fragen dienen der Informationsbeschaffung.
Der Verhandlungspartner als Mensch wird nicht berücksichtigt.	Gehen Sie auf Ihren Verhandlungspartner ein. Denken Sie an die Bedürfnisse ihres Gegenübers. Entwickeln Sie Sympathie in dem Sie sich für den Mensch und nicht in erster Linie für das Geschäft interessieren. Denken Sie daran, neben dem Experten sind Sie als Beziehungsmanager[86] gefordert.
Sie beharren auf Ihrer Verhandlungsposition.	Arbeiten Sie permanent an ihrer Flexibilität. Ziehen Sie neue Lösungen in Betracht und stellen Sie sich auf ein Geben und Nehmen ein. Schrecken Sie nicht vor kreativen Elementen zurück. Setzen Sie Ihre Phantasie ein.

---

[86] Vgl. Grossmann M (2001) S. 206

11.8 Crashkurs Kommunikation

Risikofaktoren	Tipps und Lösungsmöglichkeiten
„Mitschreiben benötige ich nicht – ich kann mir alles merken."	Schreiben Sie mit, Ihr Erinnerungsvermögen ist nicht ausgelegt, dass Sie sich viele Details merken können. Fehlende Informationen im nachhinein zu recherchieren ist mühsam und benötigt viel Zeit, die man besser nutzen könnte. Nutzen Sie Zusammenfassungen, um ihre bereits gemachten Notizen auf ihre Inhalte zu überprüfen.
Sie bedenken nicht, wie Sie auf andere wirken.	Sind Sie sich ihrer Wirkungsfaktoren bewusst?[87] Setzen Sie ihre Natürlichkeit ein. Achten Sie auf Gestik, Blickkontakt, Mimik, Körperhaltung und sprachliches Verhalten. Sachliche und soziale Kompetenz sind Voraussetzung für persönliche Akzeptanz.[88] Wer sich mit Körper und Stimme mitteilen kann, wird andere überzeugen und motivieren.
„Vorbereiten ist unnötig – ich habe schon vieles gemeistert."	Nutzen Sie alle Möglichkeiten, um ihre Informationen auf dem neusten Stand zu halten. Arbeiten Sie mit Checklisten. Denken Sie an eine positive Ausstrahlung am besten mit viel Engagement. Mit einer gehörigen Portion Optimismus können Sie Sicherheit und Stärke gewinnen.
„Verhandlungen nachbereiten ist verschwendete Zeit!"	Bereiten Sie eine Verhandlung zeitnah nach. Arbeiten Sie positive Sachverhalte heraus und bedenken Sie Ihr Potential hinsichtlich Veränderungen. Machen Sie sich Ihre Verhandlungsschritte bewusst. Die kritische Betrachtungsweise ist der Anfang für Veränderungen ganz nach dem Motto: „Kritik ist Fortschritt!"[89]

Je größer die Vertrauensbasis zwischen den Verhandlungsakteuren ist, um so offener können Wünsche und auch Anliegen frei zum Ausdruck gebracht werden.

Diese Voraussetzung kann schwierigste Probleme lösen.

---

[87] Vgl. Abschnitt 11.4
[88] Vgl. Hirschsteiner G (1999) S. 46
[89] Zitat von Sir Karl Popper

12 Organisatorische Vorbereitung

„Binde zwei Vögel zusammen – sie werden nicht fliegen können, obwohl sie nun vier Flügel haben." (Persische Weisheit)

Bei einer Verhandlung kann es eine ähnliche Situation geben. Sie können mit einem Gesprächspartner wie zwei Vögel ein Stück Weg gemeinsam fliegen, oder Sie sind wie die zwei persischen Vögel so miteinander verknüpft, dass Sie nicht mehr frei fliegen können und nur noch flattern oder gar abstürzen.

Dieses Kapitel ist einer zielgerichteten, effizienten und fairen Verhandlungsmethode gewidmet, die alle Verhandlungspartner Gewinner sein lässt.

12.1 Ausgangssituation

Kennen Sie solche Situationen?

- Kein reservierter Besprechungsraum.
- Der Pförtner weiß nichts über Ihren bevorstehenden Besuch.
- Der Besprechungsraum sieht aus wie nach der letzten Weihnachtsfeier.
- Von Seiten des Lieferanten kommen unerwartet mehr Personen, als erwartet.
- Wichtige Unterlagen sind nicht im Verhandlungsraum sondern im Büro.
- Die Unterlagen sind mit Kaffeeflecken dekoriert.
- Ständige Störungen durch andere Personen im Besprechungsraum.
- Keine Visualisierungsmöglichkeiten im Besucherzimmer.
- Die Birne im Tageslichtprojektor ist wieder einmal defekt.

Die Liste der Verhandlungskiller ließe sich leicht noch um weitere nervenaufreibende Punkte ergänzen. Diese alles beeinträchtigt das Verhandlungsklima und führt zu einem erschwerten Verhandlungsstart. Daher wenden professionelle Unterhändler einen systemischen Ansatz zur Gestaltung der Verhandlung an. Dieser beginnt mit einer gründlichen Vorbereitung und endet mit der Nachbereitung der Verhandlung. Hier die bewährte Lösung von Verhandlungskillern aller Art:

Das 7-Phasen-Modell

Eine praxiserprobte Lösung für Verhandlungen bietet das bewährte 7-Phasen-Modell, welches aus folgenden Einzelschritten besteht:

Abb. 12.1. Einkaufen als Interaktions- und Kommunikationsprozess

1. Vorbereitungsphase
Hierbei soll die Sicherheit der eigenen Verhandlungsposition gestärkt werden, die eigene Schlagfertigkeit sichergestellt und der Verhandlungspartner durch eine gute Verhandlungsvorbereitung aufgewertet werden.

Die Praxis beweist immer wieder: wenn es etwas zu vergessen gibt, wird es auch vergessen. Deshalb wichtige Besprechungspunkte standardisieren.

2. Einstiegs- oder Kontaktphase
Ziel ist es, die Beziehung zum Gesprächspartner aufzubauen, den Prozessablauf zu sichern und Rituale zu beachten.

Die „Kommen-wir-gleich-zur-Sache-Typen" brauchen während der Verhandlung viel Zeit, um sich in den Sachthemen zu einigen.

3. Analyse oder inhaltliche Definitionsphase
In dieser Phase gilt es, die Ausgangsbasis zu definieren, Informationen über den Lieferanten einzuholen und die eigene Firma positiv darzustellen (Bedarfsverkauf).

Ohne Analyse in eine Verhandlung zu gehen ist fast so sinnlos wie wenn ein Jäger nachts blind in den Wald schießt in der Hoffung, einen Hasen zu treffen.

4. Verhandlungsphase
Das Verhandeln dient dazu, die Interessen auszuloten, Argumente auszutauschen und die beste Alternative für beide Verhandlungspartner zu finden.

Die arabische Verhandlungsmethode – sagt er „12" meint er „10" will er haben „8" wird wert sein „6" möchte ich geben „4" werde ich sagen „2"– wird damit überflüssig.

5. Ergebnisphase
Jetzt werden die vereinbarten Ergebnisse festgehalten und besprochen, wie die Punkte umzusetzen sind.

Um Missverständnisse zu vermeiden vergewissern Sie sich, ob der Partner mit allen Vereinbarungen einverstanden ist.

6. Ausstiegsphase
Ziel ist es dabei, die gemeinsame Zukunft zu sichern, dem Partner ein Feedback zu geben und die vereinbarten Punkte der Zusammenarbeit zu wiederholen.

So wie Sie aus dem Gespräch aussteigen, können Sie das nächste Gespräch beginnen.

7. Nachbereitungsphase
Nochmals die Verhandlung geistig durchgehen. Was ist gut gelaufen, was weniger gut? Welche Konsequenzen leite ich daraus ab. Was habe ich über den Lieferanten erfahren und was muss ich noch herausfinden. Welche Punkte sind von wem innerbetrieblich umzusetzen? Nicht das Wollen entscheidet, sondern das Tun.

12.2 Die Vorbereitung als Grundstein zum Erfolg

Je schwieriger eine Verhandlung sich vorausahnen lässt, desto gründlicher sollte man gerüstet sein. Erfahrene Verhandlungsprofis rechnen den Erfolg einer Verhandlung zu achtzig Prozent der Vorbereitung zu. Der Einkäufer bestimmt den Verhandlungsort, den Tag und den Termin. Was ist also noch bei einer professionellen Vorbereitung zu beachten?

Welche Vorteile bringt die Vorbereitung der Verhandlung?

Sie werden sicher, da Sie alle Szenarien durchdacht haben. Durch das Wissen um einen „roten Faden", können Sie sich leicht auf Nebenthemen einlassen, ohne den Anschluss ans Hauptthema zu verlieren. Die schriftliche Vorbereitung wertet einen selbst und den Gesprächspartner auf und reduziert letztlich die Verhandlungszeit.

> Eine sorgfältige Vorbereitung hilft den richtigen Weg zu finden.

Abb. 12.2. Gut vorbereitet?

Vorbereitung auf den Lieferanten

Was müssen Sie über den Lieferanten noch wissen, um eine Entscheidung zu treffen? Kann dieser Lieferant die gestellten Anforderungen erfüllen? Lieferantenfragebögen, die der Lieferant vor dem Besuch ausfüllen soll, geben erste Antworten. Auch kann das Internet gute Recherchemöglichkeiten bieten. Schauen Sie sich die Lieferanten-Homepage an und informieren Sie sich über sein Geschäftsfeld und seine Philosophie. Interessant sind Informationen über

- Aufbau der Unternehmens, Kapitalverhältnisse, Rechtsform,
- Marktstellung, Produktportfolio,
- Anzahl der Beschäftigten, Organigramm,
- Qualitätsmanagement, Zertifizierungen,
- Produktionsstätten,
- Kundenphilosophie, Referenzen,
- Vertriebswege, Einkaufspolitik,
- Service-Leistungen,
- Umweltbewusstsein.

Solche Informationen lassen sich durch Fragen ermitteln. Dazu eignen sich offene Fragen, die sog. W-Fragen – wer, was, wann, wo, wie, was, welcher welche, welches. Im Vergleich zu geschlossenen Fragen, die nur mit „ja" oder „nein" beantwortet werden, bringen offene Fragen Informationen.

Die offene Frage „Wie lautet Ihre Kundenphilosophie?" bringt viel mehr Informationen, als die geschlossene Frage „Haben Sie eine Kundenphilosophie?"

Jetzt gilt es zuzuhören und sich Notizen zu machen. Bei unklaren Antworten fragt man nochmals nach. Lassen Sie sich zu allgemeine Antworten präzisieren.

Mit etwas Übung und Erfahrung lernen Sie darauf zu achten, dass auf eine „WO-Frage" auch ein Ort genannt wird, eine „WIE-Frage" einen Vorgang beschreibt, eine „WANN-Frage" mit einem Termin beantwortet wird, eine „WER-Frage" einen Namen enthält und eine „WAS-Frage" eine Maßnahme beschreibt. Ansonsten fordern Sie die ausstehende Antwort nochmals beim Verhandlungspartner ein.

Vorbereitung auf den Verhandlungspartner

Neben den sachlichen Fragen, interessiert natürlich auch der Mensch:

- Wer wird mir in der Verhandlung gegenüber sitzen?
- Ist es ein verschlossener oder ein kommunikativer Mensch?
- Von wem ist mein Verhandlungspartner abhängig?
- In welcher Lage befindet er sich?
- Wie dringend braucht er den Auftrag?
- Wie ist seine Machtstellung innerhalb der Organisation?
- Welche Ziele hat er?
- Was weiß er bereits über uns?
- Was interessiert ihn besonders?

Abb. 12.3. Mit welchem Typ Mensch habe ich es zu tun?

Entwickeln Sie eine positive Neugier für den Menschen und seinen Arbeitsbereich und entwickeln Sie eine positive Einstellung zum Gesprächspartner – „think positiv".

Klären Sie jedoch vor einer Verhandlung unbedingt, welche Verhandlungskompetenz und Befugnisse der Partner mitbringt. Dies kann durchaus telefonisch erfolgen, etwa mit der Frage: „Angenommen wir würden uns einigen, könnten Sie dann den Vertrag abschließen?"

Was aber tun Sie nun, wenn der Verhandlungspartner partout nicht Ihren Vorstellungen entspricht? Wenn er mit einem zu engen Anzug aus den 50er Jahren kommt, seine Haare fettig sind und Goldkettchen am Handgelenk baumeln? Er ungeputzte Schuhe anhat und sein Geruch so raumfüllend aufdringlich ist, dass man am liebsten Reißaus nehmen möchte?

Ein bewährter Hinweis aus langer Erfahrung: Durchatmen und drei positive Eigenschaften am Gegenüber finden. Und wenn es auch nur das halbwegs rasierte Gesicht ist. Denken Sie daran: „Es hätte auch schlimmer kommen können."

12.3 Ablauf, Ort und Verhandlungsteam

Verhandlungsort

Zunächst einmal soll der Verhandlungspartner über Ort, Zeitpunkt und Zeitrahmen informiert werden.

Eine Verhandlung beim Lieferanten hat den Vorteil, dass auch eine Betriebsbegehung angeschlossen werden kann. Die Verhandlung im eignen Haus erspart Ihnen Zeit, das Heimrecht ist gewahrt und Personen können noch zusätzlich hinzugezogen werden.

Als Verhandlungszeitpunkt hat sich der Vormittag bewährt. Neun Uhr ist eine gute Zeit für einen Verhandlungsbeginn.

Im Vorfeld werden die Ziele ausgetauscht und daraufhin eine Agenda erstellt. Die Agenda wird dem Partner in schriftlicher Form zugeleitet und er ergänzt, bestätigt oder korrigiert die Tagesordnungspunkte. Bei einem Erstbesuch eines Lieferanten erhält er vorab eine Imagebroschüre des Hauses und eine Anfahrtsskizze.

Woran erkennt ein Lieferant einen gut organisierten Kunden?

Der Empfang wurde über die Besucher informiert. Der Lieferant wird nicht durch den Hintereingang geschubst. Eine Begrüßungstafel im Foyer mit dem Hinweise auf die Lieferantengäste verfehlt bei keinem Gast die gewünschte Wirkung.

12.3 Ablauf, Ort und Verhandlungsteam

Die Gäste holt der Verhandlungsführer an der Pforte ab. Selbstverständlich ist der Einkäufer pünktlich. Da ist ein Ausdruck von Wertschätzung. Denn der Gesprächspartner bringt nicht nur sachliche Wünsche in die Verhandlung mit ein sondern auch emotionale Bedürfnisse. Und auf das emotionale Konto kann man eine Menge „einzahlen", bevor die Verhandlung überhaupt beginnt. Der Weg durch den Betrieb sollte dem externen Besucher den Eindruck vermitteln, dass man es mit einem leitungsfähigen, modernen Unternehmen zu tun hat.

Verhandlungsteam und Verhandlungsführer

Auch den Teilnehmern aus dem eigenen Hause wird die Agenda übermittelt. Der Einkäufer bestimmt anhand der Besprechungspunkte, wer an der Verhandlung teilnimmt. Achten Sie auf eine ausgeglichene Anzahl gegenüber dem Lieferantenteam. Die eigenen Ziele und Optionen werden vereinbart, die Taktik der Verhandlungsführung besprochen und die Rollenverteilung für die Verhandlung vorgenommen.

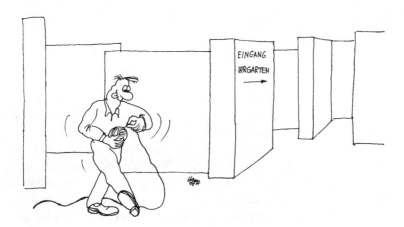

Abb. 12.4. Ein „roter" Faden hilft den Überblick zu behalten

Dieser letzte Punkt ist von entscheidender Bedeutung für den Erfolg einer Verhandlung. Nur wenn die eigenen Teilnehmer einen Konsens über die Ziele und die Taktik gefunden haben, kann mit einer „Sprache" zum Lieferanten hin aufgetreten werden. Eine klare Rollenverteilung hilft dabei: der Verhandlungsführer eröffnet die Verhandlung, stellt das Team vor und erläutert die Agenda. Ein Beobachter überwacht den Verhandlungsverlauf und interveniert bei Auffälligkeiten. Ein weiterer Kollege wiederholt die vereinbarten Punkte und hält sie schriftlich fest. Wenn nur eine Person verhandelt, hat er alle drei Aufgaben wahrzunehmen.

12.4 Organisieren: Bewirtung, Sitzordnung und Zeitrahmen

Hierbei sollte man mit einer Checkliste arbeiten, wie in Tabelle 12.1 aufgeführt:

Tabelle 12.1. Checkliste Organisation

Was?	Wer?	Bis wann?
Besuchszettel ausfüllen		
Abholung organisieren		
Mittagessen bestellen		
Raumbewirtung sicherstellen		
Betriebsbesichtigung abstimmen		
Abendaktivität planen		
Literatur der Stadt besorgen		
Hilfsmittel im Besprechungsraum		
Sitzordnung festlegen		
Besprechungsraum lüften		
Firmenbroschüre bereitlegen		
Mitbringsel vorbereiten		

Benutzen Sie die Verhandlung als Werbeveranstaltung. Die Einrichtung des Besprechungszimmers sollte ein Aushängeschild für Ihr Unternehmen sein. Der Eindruck, den Ihre Firma vermitteln möchte, sollte sich in Ausstattung und Einrichtung des Zimmers wiederspiegeln. Bilder über die Erzeugnisse an den Wänden sind eine gute Darstellung der eigenen Leitungsfähigkeit. Gute Belüftung oder Klimaanlage sind für Verhandlungszimmer heute Standard. Die Beleuchtung sollte den Wohlfühlstandards entsprechen, also keine Blendwirkungen hervorrufen. Ein Anhängeschild an der Tür stellt die Störungsfreiheit der Besprechung sicher.

Wenn Sie eine Betriebsführung organisieren, achten Sie darauf, dass der Lieferant die von ihm gelieferten Erzeugnisse sieht. Demonstrieren Sie Qualitätsmanagement, Sauberkeit und Prozesssicherheit.

Achten Sei darauf, dass benötigte Hilfsmittel funktionsbereit vorhanden sind. Ein Flipchart ist in jedem Falle empfehlenswert. Auf ihm wird die Agenda nochmals sichtbar gemacht. Dabei werden auch für jeden Verhandlungspunkt Zeitfenster definiert. Dadurch ist ein ständiges Verhandlungs-Controlling möglich. Wahrend der Verhandlung übernimmt der Verhandlungsführer durch Zusammenfassen der vereinbarten Punkte das Abhaken an dem Flipchart.

Sitzordnung

In den meisten Verhandlungen sitzen sich Verhandlungspartner gegenüber. Diese Sitzordnung impliziert eine gewisse „Gegnerschaft". Lockern Sie die Sitzordnung auf durch das Verteilen von Namensschildern. Ideal ist es, wenn ein runder Tisch zur Verfügung steht und die Teilnehmer des Lieferanten und der eigenen Kollegen sich untereinander mischen. Häufig wird hier der Einwand formuliert, dass dann der Gesprächspartner in die Unterlagen schauen kann. Das ist richtig, jedoch sollte in eine Verhandlung nur mitgenommen werden, was alle auch einsehen dürfen. Und dem Grundsatz der Gewinner-/Gewinner-Verhandlung folgend ist Offenheit das tragende Element, deshalb gibt es auch in den Unterlagen keine Geheimnistuerei. Denn wer Misstrauen sät, wird Misstrauen ernten.

Abb. 12.5. Ein runder Tisch vermeidet direkte Konfrontation durch Sitzpositionen

Lieferantenverhandlungsteam

Wie erkennen Sie den „Leitwolf" wenn der Lieferant mit mehreren Verhandlungspartnern kommt? Sie stellen eine Frage zum Prozess: „Wie wollen wir es mit den Pausen halten?" Bei solchen Verfahrensfragen stimmen sich die Teilnehmer meistens durch Blickkontakt untereinander ab und antworten wird derjenige, der das Sagen hat. Während der Verhandlung sichern Sie sich dessen Zustimmung durch Bestätigungsfragen ab.

Während der Verhandlung wird diese Person auch häufig um seine Meinung gefragt. Achten Sie aber darauf, dass Sie nicht nur ihn ansprechen oder ausschließlich anblicken, sondern allen Verhandlungspartnern gleichmäßig viel Aufmerksamkeit zu kommen lassen.

Verhandlungszeit festlegen und den Ablauf besprechen

Vom zeitlichen Ablauf her sollte eine Verhandlung so organisiert werden, dass die einzelnen Verhandlungspunkte realistisch abgearbeitet werden können. Der Verhandlungsführer bespricht zu Verhandlungsbeginn die Agenda und schlägt Pausenzeiten vor. Verhandelt werden sollte nicht länger als 60 Minuten am Stück. Der Verhandlungsführer holt sich das Einverständnis aller Beteiligten am Anfang der Verhandlung.

Gute Vorbereitung ist die halbe Miete

Legen Sie mit dem Bedarfsträger die Mindestanforderungen fest. Sammeln Sie alle Verhandlungspunkte und legen die Ziele fest, die in der Verhandlung erreicht werden sollen. Diese werden auf ein Minimal- und ein Maximalziel definiert, wobei Minimum das Ausstiegskriterium und Maximum das Wunschziel definiert. Dieser Verhandlungsspielraum ist ein wesentlicher Bestandteil der Win-Win-orientierten Verhandlung.

Die Lieferantenziele zu erkennen ist die nächste Aufgabe. Neben dem Verkaufen hat er noch weitere Interessen: Folgegeschäfte, den Kunden als Referenz zu gewinnen oder die gute Bonität des Kunden zu nutzen.

Erkennen Sie die wahren Ziele des Verkäufers. Indem Sie sich in die Situation des Partners hineinversetzen, können Sie diese Ziele abschätzen.

Denken Sie auch über Alternativen nach, falls die Verhandlung scheitert. An diesen Alternativen machen Sie Ihre Limits fest.

12.5 Mentale Vorbereitung

Selbstcoaching heißt, alles zu unternehmen, damit keine Unzulänglichkeiten in Verhandlungen vorkommen. Dazu bereitet sich der Profieinkäufer durch Checklisten vor. Seine Ziele und Fragen an den Lieferanten arbeitet er schriftlich aus.

Auch die *mentale Vorbereitung* ist ein wichtiger Bestandteil des Selbstcoachings. Denn wir kommunizieren alles, auch unsere inneren Zustände. Gehen Sie ausgeruht in die Verhandlung. Machen Sie am Morgen noch Ihr Bewegungstraining und positivieren Sie Ihre Gedanken. Orientieren Sie sich an Ihren Zielen und nicht an möglichen Problemen, die auftreten können. Stellen Sie sich ein positives Verhandlungsergebnis vorab. Stellen Sie sicher, dass Sie alle Unterlagen und Hilfsmittel bei sich haben. Brechen Sie zeitig zum Verhandlungsraum auf. Atmen Sie ein paar mal tief durch und gehen Sie dann mit einem positiven Gesichtsausdruck in das Verhandlungszimmer.

Abb. 12.6. Nicht durch negative Gedanken demotivieren lassen

Achten Sie auf die Auswahl Ihrer Kleidung. Bei externen Kontakten sollten Sie die „*business-basics*" beachten: Hemd mit Krawatte (ohne Mickey-Mouse-Motiv!!), zusammenpassendes Jackett und Hose. Bedenken Sie, dass Sie zu einer Verhandlung und nicht zum Tennismatch gehen. Verzichten Sie auf Luxusuhren, weiße oder bunte Socken. Tragen Sie gute Schuhe. Der Blick bei einer Begegnung geht nach dem Blickkontakt automatisch auf die Schuhe. Und auch hierbei gilt es, einen guten ersten Eindruck zu vermitteln. Verzichten Sie auf Accessoires wir Goldkettchen oder Ohrring. Achten Sie auf Ihren Mund- und Körpergeruch. Nicht umsonst sagt der Volksmund: „Den kann ich nicht „riechen"."

Abb. 12.7. Dieselbe Person – verschiedene Eindrücke

Bringen Sie sich mental in Hochstimmung! Lächeln Sie bewusst. Zeigen Sie, dass Sie gerne verhandeln und gerne mit Menschen zusammen sind. Signalisieren Sie, dass Sie wissen, wohin Sie wollen und dass Sie nicht manipulierbar sind. Zeigen Sie aber auch Kooperationsbereitschaft. Machen Sie deutlich, dass Sie der Verhandlungsführer sind. Achten Sie auf eine energiegeladene Köpersprache. Der Mensch strahlt aus, was er denkt.

12.6 Zu guter Letzt: Abschlusscheckliste

Bewährte Praxis-Tipps zur organisatorischen Vorbereitung

1. Erarbeiten Sie Optionen, was alles verhandelbar ist.
2. Definieren Sie Ihre maximalen und minimalen MUSS-Ziele.
3. Notieren Sie sich mögliche Ziele des Lieferanten.
4. Überlegen Sie die persönlichen Ziele der Gesprächspartner.
5. Bereiten Sie sich mit Checklisten vor.
6. Laden Sie relevante interne Gesprächspartner rechtzeitig ein.
7. Erstellen Sie eine Agenda und besprechen Sie diese.
8. Sorgen Sie für einen störungsfreien Verlauf der Verhandlung.

13 Verhandlungsbeginn: Ring frei für die erste Runde

13.1. Professioneller Aufbau einer Sach-Beziehungsebene

Jede Verhandlung mit einem Gesprächspartner hat einen konkreten Anlass. Der Einkäufer will je nach Aufgabengebiet Material oder Dienstleistungen verhandeln. Das ist die Sachebene einer Verhandlung. Da an der Verhandlung auch Menschen beteiligt sind, die ihre Eigenarten, Vorurteile und Voreingenommenheiten in die Verhandlung mit einbringen, spielt eine weitere Ebene in Verhandlungen eine wichtige Rolle: die Beziehungsebene.

Die Beziehungsebene hat zu Beginn und am Schluss einer Verhandlung die größte Bedeutung, sie nimmt aber auch während der gesamten Verhandlung Einfluss auf das Verhandlungsergebnis. Die Beziehungsebene dominiert die Sachebene. Bei gestörten Beziehungsebenen ist erst nach „Reparatur" dieser eine Fortsetzung der Verhandlung möglich.

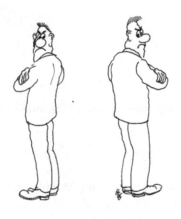
gestörte Beziehung

funktionierende Beziehung

Abb. 13.1. Beziehungsebene

Wie baut man nun eine gute Beziehung zum Gesprächspartner auf oder was stört die Beziehung zum Gesprächspartner? Die wichtigste Voraussetzung dazu ist die Wertschätzung uns selbst und dem Gesprächspartner gegenüber.

Die *Transaktionsanalyse* (TA) nennt uns vier verschiedene, kombinierte Wertschätzungshaltungen, die sich in Verhandlungen verbal oder nonverbal ausdrücken:

Ich bin nicht OK – Du bist nicht OK

Diese Haltung ist geprägt von Gefühlen der Hoffnungslosigkeit, Zweifel und Selbstzweifel. Keiner der Partner glaubt, dass eine Lösung der Situation möglich ist. Die Verhandlungspartner werten sich meistens gegenseitig durch verbale und nonverbale Signale ab. Was soll das überhaupt? Daran ändern wir doch nichts! Wie kommen Sie denn auf diese Idee? Das war doch die Schuld Ihrer Techniker!

Mit dieser Einstellung ist ein negatives Ergebnis der Verhandlung vorprogrammiert.

Abb. 13.2. Ich bin nicht OK – Du bist nicht OK: Beide haben ein gestörtes Verhältnis zu sich und ihrem Gesprächspartner

Ich bin OK – Du bist nicht OK

Der eine Verhandlungspartner sieht sich überlegen, setzt Machtsymbole ein und versucht den Gesprächspartner zu kontrollieren. Ich will gewinnen, der andere soll verlieren. Das mündet häufig in Befehle, Anweisungen oder Kritik. Sätze wie „Wenn Sie nicht so spuren, wie ich es will, gebe ich den Auftrag der Konkurrenz." sollen den Verkäufer gefügig machen. Es kommt leicht zum Streit oder zu einem angepassten, passiven Verhalten mit Rachegelüsten: Dem zahle ich es schon wieder heim!

Abb. 13.3. Ich bin OK – Du bist nicht OK: Ich fühle mich Dir überlegen

Ich bin nicht OK – Du bist OK

Abb. 13.4. Ich bin nicht OK – Du bist OK: Ich fühle mich Dir unterlegen

Ich sehe den Partner als überlegen, werte deshalb mich selbst ab und den anderen auf. Typische Signale sind dafür Unterwerfungsgesten (Diener bei der Begrüßung), Anpassungsgesten (Ja-Sager-Haltung) Gefallenssignale (Mitlachen, auch wenn man den Witz nicht verstanden hat) und Selbstabwertung (mein Wenigkeit, ständige Entschuldigungen, leise Stimme, eingeschränkte Gestik).Trotz der Aufwertung lehnt mich der Partner ab. Diese

Verhaltensvariante zeigt sich beim Einkäufer häufig gegenüber allmächtigen Monopolisten. Auch diese Einstellung führt zu keiner Gewinner-Gewinner-Situation.

Ich bin OK – Du bist OK

Diese Haltung führt zu einer realistischen Einschätzung der Situation. Wir beide wollen Geschäfte machen, jeder von uns hat Stärken und Schwächen. Wenn wir uns beide akzeptieren, gemeinsame Regeln vereinbaren, können wir auch Geschäfte machen, mit denen beide leben können. Ich achte den Gesprächspartner und halte mich für wichtig und ebenbürtig. Wenn auch der Partner diese Haltung vertritt, können wir ein tragfähiges Ergebnis erzielen und auch Schwierigkeiten meistern.

Abb. 13.5. Ich bin OK – Du bist OK: Ich sehe uns als gleichwertige Partner

Wenn sich Partner auf dieser Basis begegnen, werden sie Verhaltensweisen zeigen, die auf Anerkennung, Wertschätzung und gemeinsame Problemlösung ausgerichtet sind.

13.2 Begrüßung und Vorstellung

Der Einkäufer holt den Gesprächspartner am Empfang ab. Ein freundlicher, offener Gesichtsausdruck signalisiert die Gastfreundschaft. Der Gastgeber bietet als erster den Händegruß. Der Händedruck ist fest, mit einer leichten Beugung verbunden und mit aufgeschlossenem Blickkontakt. Der Gastgeber stellt sich dem Gast kurz vor und hört auch dessen Vorstellung aufmerksam zu. Nicht verstandene Namen werden nachgefragt und dann nochmals ausgesprochen. Der Weg vom Empfang zum Verhandlungszimmer wird für persönliche Fragen oder den „Small Talk" genutzt.

Small Talk – damit der Einstieg gelingt

Themen, die für den „Small Talk" geeignet sind: Anfahrt, bevorstehende Fest- oder Feiertage, positives Ereignis in der Firma, Betriebsteil in dem man sich gerade befindet. Auch ein Dank für die schnelle Terminvereinbarung und das pünktliche Erscheinen unterstreichen das empathische Verhalten.

Im Besprechungszimmer überlassen Sie die Platzwahl dem Partner. Es soll kein Eindruck der Manipulation oder Kontrolle entstehen. Den eigenen Sitzplatz kann man durch aufgelegte Unterlagen bereits markieren.

Beim Small Talk stellen Sie mehr Fragen, als Sie selbst erzählen. Denn wer sich für den anderen interessiert, wird für den anderen interessant. Authentizität und Echtheit stellt dieses Fragestellen voraus. Denn wer Fragen stellt und dann nicht zuhört wirkt arrogant und manipulierend.

Tipps zum Verhandlungsbeginn

1. Behandeln Sie Gesprächspartner so, wie sie selbst behandelt werden wollen.
2. Machen Sie sich nicht kleiner als Sie sind, begegnen Sie dem Partner ebenbürtig.
3. Schaffen Sie eine Atmosphäre, die Kommunikation fördert.
4. Legen Sie zu Verhandlungsbeginn mehr Gewicht auf die Beziehungsebene als auf die Sachebene.
5. Zeigen Sie Ihre Wertschätzung dem Partner gegenüber durch Ihre Erscheinung, Körpersprache, Wortwahl und Formulierungen.
6. Reden sie am Anfang weniger, lassen Sie den Gesprächspartner reden.
7. Hören Sie aktiv zu, machen Sie sich Notizen, verstärken Sie positive Aussagen Ihres Gegenübers.
8. Wählen Sie für Ihren Small Talk nur gängige Themen, vermeiden Sie Tabuthemen.
9. Finden Sie heraus, wer der „Leitwolf" in der Verhandlung ist.
10. Eröffnen Sie die Verhandlung durch Vorstellen der Agenda.

Einstieg in die Verhandlung

Nach der Einleitung/Small Talk beginnt der sachliche Teil der Verhandlung. Zunächst wird nochmals das Ziel der heutigen Verhandlung dargestellt. Dabei klären Sie auch, welche Erwartung der Partner an die Verhandlung hat. Der Gastgeber fängt mit dem Vorstellen der Agenda an. Zu jedem der Punkte wird das Einverständnis des Partners eingeholt, bzw. um Ergänzungen oder Korrekturen gebeten. Auch der vorgesehene Zeitetat wird auf Realitätsnähe überprüft. Ein Hinweis auf das Miteinander hilft Vertrauen aufzubauen: „Mir ist es wichtig, dass wir in dieser Verhandlung fair und partnerschaftlich miteinander umgehen. Ist das für Sie ok?" Wenn Sie zum ersten Tagesordnungspunkt übergehen, lassen Sie den Lieferanten zuerst sprechen.

Analyse oder Inhalt-Definitionsphase – aller Anfang ist schwer

In dieser Phase wird die Basis für die Verhandlung erarbeitet. Was ist das für ein Lieferant, der vor mir sitzt? Im Vorfeld der Verhandlung kann dazu schon einiges erarbeitet werden durch das Studieren der Lieferantenunterlagen, Einsicht in die Homepage oder durch das Einholen von Auskünften. Auch das Gespräch mit Einkäufer-Kollegen kann manche Information liefern. Was bis dahin noch unklar ist wird als Informationsziel formuliert. Dieses gilt es dann mittels offener Fragen herauszufinden.

Hören Sie dem Gesprächspartner aufmerksam zu. Machen Sie sich Notizen, wenn wichtige Informationen mitgeteilt werden. Fragen Sie nach, wenn eine Antwort nicht plausibel ist.

„Was verstehen Sie genau unter ..." lässt den Verkäufer Aussagen präzisieren. Bei Vergleichen, die der Verkäufer zitiert, lassen Sie sich immer den Bezug nennen.

Nachdem sich der Lieferant vorgestellt hat, fassen Sie die wichtigsten Aussagen zusammen. Dann gehen Sie zum nächsten Tagesordnungspunkt, der Analyse des Angebotes über. Stellen Sie sicher dass das Angebot dem Pflichtenheft entspricht. Wenn Sie dazu Fragen haben formulieren Sie diese als öffnende Fragen. Auch diese Punkte, die für Sie von Bedeutung sind, fassen Sie nochmals zusammen und notieren sich die Aussagen.

Klären Sie terminliche Voraussetzungen ab. Wann kann der Lieferant liefern, wann benötigen Sie die Produkte. Auch bei diesem Verhandlungspunkt gilt es die Minimum-/Maximum-Regel anzuwenden. Wann hätte ich gerne die Ware, mit welchem Termin kann ich auch noch leben. Halten Sie auch diese Ergebnisse schriftlich fest.

Der nächste Punkt der Analyse bezieht sich auf Ihr eigenes Unternehmen. Sie wollen feststellen, was der Lieferant bereits über Ihr Unternehmen weiß und welche Bedeutung er Ihnen als Kunde entgegenbringt. Fragen wie zum Beispiel „Was wissen Sie bereits über unser Unternehmen?" zeigen schnell, wie gut sich der Lieferant auf das Gespräch vorbereitet hat. Erfahrene Einkäufer sehen zum einen die Wertstellung in der Kundenskala des Lieferanten und zum anderen bestehende Informationslücken. Die Kenntnisse des Lieferanten können nun ergänzt, korrigiert oder erweitert werden. Sofern vorhanden übergeben Sie eine Firmenbroschüre oder zeigen Sie einen Videofilm über Ihr Unternehmen. Wenn Sie Unterlagen austeilen, geben Sie dem Lieferanten Zeit sich mit den Inhalten der Papiere zu beschäftigen. Fassen Sie die Kernaussagen anschließend zusammen.

13.3 Bewährte Fragearten

Diese Phase der Verhandlungsführung steuern Sie hauptsächlich über die Fragetechnik. In Tabelle 13.1 sind nochmals die wichtigsten Fragearten für die Verhandlungsführung als Übersicht zusammengestellt.

Abb. 13.6. Gespräche über Fragen führen

13 Verhandlungsbeginn: Ring frei für die erste Runde

Tabelle 13.1. Fragearten

Frageart	Beispiel	Zweck
Auswahlfrage	Können wir mit Ihrem Angebot bis morgen rechnen oder schaffen Sie es noch heute?	Sie helfen mit dieser Frageart die Entscheidung leichter zu treffen.
Öffnende Frage	Was sind Ihre besonderen Leistungsmerkmale?	Setzt ein Informationsziel voraus und verpflichtet zum Zuhören.
Sondierungsfrage	Arbeiten Sie auch nach dem Prinzip der verlängerten Werkbank?	Soll herausfinden, welche Erfahrung der Lieferant damit hat.
Intentionsfrage	Wozu ist dieser Auftrag für Sie wichtig?	Soll die Interessen ausloten.
Problemfrage	Was machen Sie, wenn es dabei zu Lieferengpässen kommt?	Soll Problemzonen des Lieferanten markieren.
Verfahrensfrage	Wann wollen wir die Pausen machen?	Um herauszufinden, wer die „Graue Eminenz der Gegenseite" ist.
Präzisierungsfrage	Was heißt das nun genau, bezogen auf unsere Zusammenarbeit?	Hilft Klarheit in die Verständigung zu bringen und erzieht den Verkäufer.
Bestätigungsfrage	Ist der pünktliche Zahlungseingang für Sie von Vorteil?	Überprüft eine Aussage und trägt zur Konsensbildung bei.
Begründungsfrage	Damit ich mir über Ihr Unternehmen einen Eindruck verschaffen kann, würden Sie mir bitte ein paar Fragen gestatten?	Ich mache klar, worum ich frage, so dass der Partner die Absicht versteht.
Blockadenbrecher fragen	*Verkäufer*: Das geht bei uns nicht. *Einkäufer*: Stellen Sie sich vor, dass das gehen würde, was dann?	Die Denkrinne des Partners soll aufgelöst werden, die Frage soll zum Nachdenken anregen.

Was sind nun die Kennzeichen von guten Fragen, die in einer Verhandlung weiterhelfen? Zunächst einmal wird eine Frage so formuliert, dass Sie der Gesprächspartner auch versteht. Verständlich sind kurze Fragen ohne Fachbegriffe. Die Art der Frageformulierung (Tonart und Modulation) regen den Gesprächspartner zum Nachdenken an. Durch Fragen erreichen Sie Konsens, stellen klar und vermeiden, dass Manipulationstechniken angewandt werden. Fragen öffnen den Gesprächspartner, Fragen lösen bei ihm einen inneren Denkprozess aus.

13.4 Die Kunst des Zuhörens

Obwohl viele Menschen sich als gute Zuhörer einschätzen, hören sie eben nur so lange zu, bis sie wieder eine Gelegenheit finden, etwas zu sagen.

Bewährte Zuhörtechniken

Entscheiden Sie sich am Anfang dafür, dass der Partner Wichtiges und Entscheidendes zu sagen hat. Setzen Sie sich in konzentrierter Form zum Partner. Halten Sie Blickkontakt. Zeigen Sie auch in Ihrer Mimik, dass Sie präsent sind. Vermeiden Sie Ablenkungen und Beschäftigungen sowie das Spielen mit Gegenständen. Da Sie vier mal schneller aufnehmen als der Redner sprechen kann, strukturieren Sie das Gesagte, achten auf die nonverbale Kommunikation des Partners und denken voraus, aber bleiben Sie am Ball.

Abb. 13.7. Aktives Zuhören mit Ohren, Augen und Mimik

Bewährte Praxistipps fürs Fragen, Zuhören und Analysieren

1. Stellen Sie fest, was der Lieferant kann und was er nicht kann.
2. Klären Sie ungenaue Aussagen durch Paraphrasieren.
3. Hören Sie aktiv zu: Vermeiden Sie Vermutungen, Ergänzungen oder Interpretationen. Verbalisieren Sie, was bei Ihnen angekommen ist.
4. Zeigen Sie durch Ihre Körperhaltung Präsenz und Zuwendung.
5. Setzen Sie Bestätigungssignale ein, durch verbale und nonverbale Äußerungen.
6. Klären Sie den Bedarf ab und finden Sie die Problemfelder heraus.
7. Beeinflussen Sie den Lieferanten in Richtung Ihres Wunschtermins.

8. Wählen Sie je nach Situation die richtige Frageart aus. Was ist das Ziel und welche Frage eignet sich zur Erreichung am besten.
9. Vermeiden Sie unseriöse Fragetechniken, wie zum Beispiel Provokationsfragen.
10. Stellen Sie Ihr Unternehmen so dar, dass der Lieferant einen Nutzen in einer Zusammenarbeit erkennt.
11. Fassen Sie alle Vereinbarungen zusammen, holen sich das Einverständnis des Partners ein und notieren Sie sich die Ergebnisse.

14 Verhandlungsphase – die richtige Strategie zur Zielerreichung

14.1 Verhandlungsstrategien

Wer über Macht verfügt, kann auch ultimativ verhandeln. Macht kann eine einseitige Abhängigkeit der Lieferanten vom Kunden bedeuten (siehe Zulieferer der Automobilindustrie), Macht kann ein bestimmtes Volumen bedeuten oder aber ein Prestigegewinn darstellen. So kann ein Zulieferer in der Werbung darauf hinweisen, dass er Teile für das Fahrzeug *Maybach* ausliefert. Wenn keine Macht auf Seiten des Einkaufes vorhanden ist (unbedeutender Kunde, geringe Losgrößen, Monopolstellung des Lieferanten) wird eine Verhandlung nur möglich, wenn ein gutes persönliches Verhältnis zwischen den Verhandlungspartnern herrscht.

14.1.1 Umgang mit Monopolisten

Es wird von Einkäufern häufig übersehen, dass in der Verhandlung mit Monopolisten selten Argumente auf der Sachebene zur Verfügung stehen. Will ich einen Monopolisten auf der Sachebene bewegen, obwohl mir keine materiellen Anreize zur Verfügung stehen, so benötige ich alle Persönlichkeits-Facetten, um diese Lieferanten zum „Freund" zu machen.

Profi-Einkäufer haben folgende Ideen im Umgang mit Monopolisten:

Gesprächspartner an der Pforte abholen.
Einen Parkplatz für Ihn reservieren.
Werksbesichtigung durchführen.
Exklusive Führung durchs Museum arrangieren.
Zum Essen ins Gästekasino statt Kantine einladen.
Am Lieferantentag besonders hervorheben.
Einen Vortrag vor den Technikern des Hauses halten lassen.
Mitwirkung in einem Gremium (Händlerbeirat).
Interesse am Menschen (Hobbys, Interessen, Engagement) zeigen.
Für besondere Aktivitäten danken.

> Mit Beziehungen zu Monopolisten ist es wie mit einem Automobil: die Pflege kostet weniger als die Reparatur.

14.1.2 Durchsetzungsstrategie

Dahinter steckt in der Regel die Einstellung Ich+/Du-. Der eine fühlt sich mit mehr Macht ausgestattet und ist dabei auf seinen eigenen Vorteil bedacht. Der Verhandlungspartner wird als unbedeutend eingeschätzt, man begegnet ihm von oben herab. Die in der Praxis oft gehörten Worte eines Verkäufers: „Das Gerät ist einmalig auf dem Markt. Preislich kann ich Ihnen da keine Cent nachlassen." führt in der Regel direkt zu einem Preiskampf. Die Folge kann die Beendigung der Verhandlung sein. Der Einkäufer gibt dem Lieferanten Hausaufgaben mit, die er zu lösen hat. Beide gehen aus der Verhandlung als Verlierer. Kommt trotzdem ein Geschäft zustande, sind Schwierigkeiten in Form von Nachbesserungen, Aufschlägen, Zusatzforderungen vorprogrammiert.

Abb. 14.1. Streitgespräche und Prestigediskussionen führen selten zum Ziel

14.1.3 Defensivstrategie

Die eigenen Erwartungen, Wünsche und Ziele werden nicht konsequent durchgesetzt. Diese Strategie kann dann erfolgreich sein, wenn langfristig daraus Vorteile entstehen. Wenn beispielsweise ein Lieferant in einer Liquiditätskrise steckt, kann er durch meinen Auftrag zu einem fairen Preis und Zahlung durch Vorkasse seinen Engpass beseitigen. Durch solche Vorleistungen und Hilfen entstehen langfristig feste Bindungen. Diese Strategie ist jedoch nicht sinnvoll, wenn man nur um der Harmonie willen nachgibt oder weil man den Zorn des Partners fürchtet.

14.1.4 Rückzugstrategie

Den Rückzug aus einer Verhandlungssituation nehmen wir dann vor, wenn sich zwischenzeitlich unser Ziel geändert hat und neue Anforderungen formuliert wurden. Ebenso können eigene Wissenslücken, bzw. wenn der Lieferant erhebliche Schwächen in anderen Punkten zeigt, zum Rückzug führen.

14.1.5 Kompromiss

Beim Kompromiss treffen sich beide Partner auf halbem Wege. Jeder gibt etwas von seinen Forderungen auf. So recht zufrieden ist keine Partei mit der Lösung. Aber immerhin wurde ein Ergebnis erreicht und das wird höher bewertet als der Kompromiss. Oft ist der Kompromiss das Ergebnis eines „Kuhhandels". („Ich lasse Ihnen zehn Cent nach, dafür holen Sie die Paletten bei uns im Werk ab.") Beide geben, beide bekommen etwas.

14.1.6 Die Gewinner-/Gewinner-Strategie (win/win)

Diese setzt voraus, dass sich beide Partner ebenbürtig begegnen (Ich+/Du+), auf jede Art von Tricks oder Manipulationen verzichten und ein Interesse daran haben, langfristig zusammenzuarbeiten. Es setzt ferner voraus, dass beide etwas zu bieten haben, einen Verhandlungsspielraum haben und offen miteinander kommunizieren.

Abb. 14.2. Verkäufer und Einkäufer gehen einer harmonischen Zukunft entgegen

14.2 Das Harvard-Konzept – die neue Erfolgsstrategie?

Dieses Verhandlungsmodell ersetzt das klassische Feilschen um Positionen. Dadurch wird in Verhandlungen viel Zeit gespart, man kommt schnell auf den Punkt und erzielt eine für beide Parteien vorteilhafte Lösung. Voraussetzung dieser Methode ist, dass sich beide Partner vertrauen. In der Regel wird zwar viel von win/win-Verhandlungen gesprochen, praktiziert wird aber nur das Feilschen verbunden mit einem Kompromiss. Das Modell geht von vier Prinzipien aus:

Mensch und Sache getrennt voneinander behandeln

Das ist eines der schwierigsten Prinzipien überhaupt. Gilt es doch, die ganzen Vorurteile beiseite zu lassen und dem Lieferanten unvoreingenommen zu begegnen. Auch wenn dieser einen schon mehrfach geärgert hat oder durch sein Auftreten alle Statussymbole zeigt, soll man ihm jetzt unvoreingenommen begegnen. Für einen erfolgreichen Einkäufer wie Verkäufer stellen sie aber eine Voraussetzung für diese Methode dar. Erreichen kann das der Einkäufer, wenn er sich strikt an der Frage orientiert: Wie kann mir dieser Lieferant in der Sache nützlich sein?

14.2 Das Harvard-Konzept – die neue Erfolgsstrategie?   177

Interessen in den Mittelpunkt stellen und nicht Positionen

Ein praktisches Beispiel: Zwei Männer streiten in einer Bibliothek. Der eine möchte das Fenster offen haben, der andere geschlossen, Sie zanken herum, wieweit man es öffnen soll: einen Spalt weit, halb-, dreiviertel offen. Keine Lösung befriedigt beide. Die Bibliothekarin kommt herein. Sie fragt den einen, warum er das Fenster öffnen möchte. „Ich brauche frische Luft." Sie fragt den anderen, warum er das Fenster lieber geschlossen hat. „Wegen der Zugluft." Nach kurzem Nachdenken öffnet sie im Nebenraum ein Fenster weit. Auf diese Weise kommt frische Luft herein, ohne dass es zieht.

Hier wird also deutlich, dass die eingenommene Position noch nichts über die dahinterliegenden Interessen aussagt. Deshalb gilt es in der Verhandlung, die Interessen des Partners umfassend herauszufinden.

Entwickeln Sie Entscheidungsmöglichkeiten (Optionen) zum beiderseitigen Vorteil

Zwei Schwestern streiten sich über ein Orange. Nachdem sie schließlich übereingekommen waren, die Frucht zu halbieren, nahm die erste ihre Hälfte, aß das Fruchtfleisch und warf die Schale weg. Die andere warf stattdessen das Innere weg und benutzte die Schale zum Kuchen backen. Viele Verhandlungen enden mit der halben Orange für jede Seite anstatt der ganzen Frucht für die eine und der ganzen Schale für die andere Partei.

Bestehen Sie auf der Anwendung objektiver Kriterien

Bei widerstrebenden Interessen gilt es, objektive Entscheidungskriterien und faire Maßstäbe zu finden, die von beiden akzeptiert werden. Diskutiert man diese Maßstäbe statt der Wünsche der Beteiligten, muss hinterher keiner „nachgeben".

Objektive Entscheidungskriterien können Gutachten, Testergebnisse, frühere Vergleichfälle oder standardisierte Werte liefern. In der Praxis kann das wie folgt aussehen: Ein Gebrauchtwagenverkäufer will für sein Fahrzeug 12.000 Euro haben. Dem Käufer ist das Fahrzeug mit abgefahrenen Reifen und einer Beule am vorderen Kotflügel nicht mehr wert als 8.000 Euro. Beide einigen sich auf das Hinzuziehen eines Sachverständigen. Dieser schätzt den Wagen auf 9.300 Euro. Jetzt ist eine Verhandlungsbasis vorhanden. Abgeschlossen wird um ± 9.300 Euro, je nachdem wer die besseren Argumente hat.

14.3 Der Moment der Entscheidung – die Preisverhandlung

Wie kann das nun in einer Verhandlung umgesetzt werden? Nehmen wir dazu das Beispiel eines Kopiergeräte-Einkaufs. Das Angebot lautet 5.400 Euro, 14 Tage, 2% Skonto und Lieferung frei Haus. Beide Gesprächspartner haben die Verhandlung bisher im beschriebenen Sinne geführt und kommen nun zum kommerziellen Teil der Verhandlung. Jetzt zeigt sich, wie systematisch der Einkäufer dabei vorgeht.

Die Preisverhandlung entscheidet sich im Kopf des Einkäufers!

Wie selbstsicher er jetzt ist, zeigt sich in seinen Äußerungen. „Ich hätte da jetzt noch ein Problem, über das wir reden sollten." zeugt von keiner selbstbewussten Überzeugung in dieser Verhandlung die eigenen Ziele erreichen zu können. Kommt dagegen die Einleitung: „Wir haben uns jetzt schon über wichtige Punkte geeinigt. Deshalb bin ich sicher, das wir uns auch über den nächsten Punkt einig werden: den Preis." wird die Preisverhandlung positiv eingeleitet, das gute Ergebnis wird bereits verbal vorweggenommen.

Der Nutzen des Lieferanten: die 4-Stufen-Argumentation

Diese Vorgehensweise hat den Vorteil, dass der Verkäufer zum Mitdenken eingeladen wird. Kommt zuerst eine Forderung des Einkäufers, so wird der Verkäufer in eine Verteidigungsposition gehen. Deshalb lautet sinngemäß die erste Aussage des Einkäufers:

1. „Sie wollen die Geschäftserfolge der Vergangenheit auch in Zukunft mit unserem Unternehmen fortsetzen."
2. „Durch diesen Abschluss haben sie die Möglichkeit, Ihren Anteil in unserem Unternehmen auszubauen."
3. „Und das sichert Ihnen auch weitere Aufträge."
4. „Ist das für Sie wichtig?"

Jetzt hat der Einkäufer für den Verkäufer einen Nutzen aufgebaut. Dieser Nutzen ist für den Lieferanten „begreifbar". Er kann bei dieser Art der Argumentation „Zukunftsbilder" sehen.

Gesetz vom Gleichgewicht der Kräfte

Da Gewinner/Gewinner-orientiertes Verhandeln immer nach dem Grundsatz *geben* und *fordern* abläuft, kann jetzt die Forderung formuliert wer-

14.3 Der Moment der Entscheidung – die Preisverhandlung

den. Bildlich ausgedrückt kann man hierzu auch eine Waage sehen: um in das Gleichgewicht zu kommen, werden in die eine Waagschale die Vorteile für den Lieferanten gelegt und in die andere Waagschale die Forderung des Einkäufers. Gewinner-/Gewinner-orientiertes Verhandeln heißt herauszufinden, was der Lieferant benötigt und ihm das zu eigenen Bedingungen zu geben

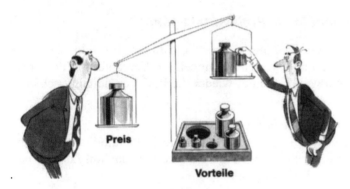

Abb. 14.3. Gleichgewicht der Kräfte

Der Einkäufer formuliert seine Forderung zuerst

Bei dieser Methode macht der Einkäufer den ersten Vorschlag. Er beginnt dabei immer mit einer realistischen Maximalforderung. Kein Verkäufer wird weiter verhandeln wollen, wenn unrealistische Forderungen gestellt werden. Deshalb realistische Maximalforderungen stellen. Diese ergeben sich aus Angebotsvergleichen, bisherigen Einkäufen oder durch eine Eigenkalkulation. In oben beschriebenem Kopiergeräte-Beispiel kann also die Forderung so lauten: „Ich möchte diese Geräte bei Ihnen bestellen zu einem Preis von 4.800 Euro. Diese Forderung muss durch eine Frage ergänzt werden: „Wie können wir dieses Ziel gemeinsam erreichen?" Das signalisiert Verhandlungsbereitschaft und kein Bestehen auf einer Position.

Einwände gegen das Modell

Bei Diskussionen unter Einkäufern kommt immer wieder der Einwand, dass vielleicht nicht das letzte herausgeholt worden ist. Was also, wenn der Verkäufer bereit gewesen wäre, auch um weitere 5% günstiger zu verkaufen. Das könnte durchaus sein, das Minimalziel des Verkäufers kennt der Einkäufer nicht und wird er wohl auch nie erfahren. Also beginnt er zu verhandeln, was ihm bekannt ist und was er beeinflussen kann, nämlich sein Maximalziel.

Der Vorteil dieses klaren Zieles ist, dass er weiß, wohin er will. Und wer ein Ziel hat, drückt das in Verhandlungen auch überzeugend aus. Das bleibt nicht ohne Wirkung auf den Verkäufer. Zusätzlich kann bei einer klaren Zielformulierung mittels eines Soll/Ist-Vergleichs das Ergebnis überprüft werden. Wer sein Ziel nicht nennt, neigt in der Verhandlung zum „Feilschen".

Der Verkäufer geht in die Preisverteidigung

So gefordert, wird der Verkäufer antworten, dass dies für ihn nicht machbar wäre, weil ... Und an der Stelle beginnen die Verkäufer mit der Preisverteidigung. Dabei werden immer wieder die fünf Verteidigungsschienen benutzt.

1. *Preis-/Leistungs-Argumentation*
„Unser Kopiergerät zeichnet sich durch die Kompatibilität mit Ihrem bisherigen Gerät aus. Sie können alle Zubehörteile auch in Zukunft nutzen. Und das spart Ihnen viel Geld."

2. *Seriosität*
„Wir sind ein seriöses Unternehmen. Was würden Sie von mir denken, wenn ich plötzlich den Preis um zehn Prozent senke?!"

3. *Zukunft der Lieferanten*
„Sie wollen doch auch in Zukunft mit einem leistungsfähigen Lieferanten zusammenarbeiten? Und das kann nur dadurch gewährleistet werden, dass wir an den Aufträgen etwas verdienen."

4. *Alleinstellungsmerkmal*
„Nur XY-Geräte haben die stufenlose Verkleinerung und Vergrößerung von 25% bis 800%. Und das war ein wesentliches Anforderungsmerkmal Ihrer Organisationsabteilung."

5. *Kalkulationspreis*
„Wir richten unsere Preise nicht nach dem Markt, sondern nach der Kalkulation. Diese lege ich Ihnen gerne vor und Sie können dann die Transparenz unserer Preise nachvollziehen."

Reaktionen des Profi-Einkäufers

Er geht nicht auf die Aussagen des Verkäufers ein. Machen Sie ein freundliches Gesicht zu diesen Aussagen. Senden Sie auch Bestätigungssignale wie leichtes Kopfnicken, die zeigen, dass Sie diese Argumente verstanden haben. Viele Einkäufer neigen dazu, die Verkäuferaussagen zu

14.3 Der Moment der Entscheidung – die Preisverhandlung 181

widerlegen und kommen dann in eine Diskussion mit dem Verkäufer, die in keinem Falle zielführend ist.

Der Einkäufer wiederholt den Nutzen für den Verkäufer

Der Einkäufer quittiert die Aussagen des Verkäufers und wiederholt dann den Nutzen der Zusammenarbeit für den Verkäufer und fügt einen weiteren Nutzen hinzu. Das setzt voraus, dass der Einkäufer die Nutzenarten im Kopf hat, welche einen Lieferanten zur Zusammenarbeit mit dem Unternehmen motivieren könnte:

- Image des Unternehmens, Zahlungssicherheit,
- langfristige Partnerschaft, Sicherheit, Optionen auf Folgeaufträge,
- Empfehlung an Unterlieferanten und Tochterunternehmen,
- Workshops zur Kosteneinsparung, Ablaufverbesserung, administrativer Vereinfachung,
- frühzeitige Einbeziehung in Entwicklungen,
- Name, Prestigegewinn, Referenz,
- gutes Ersatzteilgeschäft, gute Zahlungsmoral,
- hohe Volumina, Arbeitsauslastung,
- faire Partnerschaft, Langzeitverpflichtung.

Vergleichen Sie nun die Vorteile, die Ihr Unternehmen den Lieferanten bieten können. Ergänzen Sie die Liste und haben Sie diese in jeder Verhandlung abrufbereit. Denn nur wenn Sie Nutzen bieten können, können Sie auch Forderungen stellen. Und hierbei gilt der Grundsatz: Der Köder muss dem Fisch schmecken und nicht dem Angler. Also herausfinden, was sind die Interessen des Lieferanten und diese „scheibchenweise" in die Verhandlung einbringen.

So könnte die Wiederholung des Nutzens in unserem Beispiel lauten:

Weil Sie ein seriöses Unternehmen sind, wollen wir gerade mit Ihnen zusammenarbeiten. Und Sie wollen doch bei uns weiterhin gute Geschäfte machen und außerdem sind Sie an einem pünktlichen Rechnungsausgleich interessiert, stimmt`s?! Wie können wir deshalb das Ziel von 4.800 Euro erreichen? Jetzt gilt es die Macht des Schweigens einzusetzen, nichts zu sagen und den Partner freundlich anzusehen. Diese Wiederholungsrunde kann auch mehrmals durchgeführt werden.

Meistens kommt danach ein Vorschlag vom Verkäufer. Er kann zwar keine 4.800 Euro anbieten, könnte Ihnen aber diese Geräte für 4.950 Euro verkaufen. Kommt der Verkäufer nicht mit einem Vorschlag, fordern Sie ihn auf, Ihnen eine Zahl zu nennen oder noch besser, schieben Sie ihm einen Zettel hinzu und lassen ihn seinen äußersten Preis aufschreiben. Machen Sie das mit der Bemerkung: „Notieren Sie hier Ihren äußersten Preis, über den ich nicht mehr mit Ihnen verhandeln werde."

Jetzt vergleichen Sie dies mit Ihrem Verhandlungsspielraum. Was ist das Maximalziel und was ist das Minimalziel? Liegt der Vorschlag innerhalb, so akzeptieren Sie den Vorschlag und bringen eine Option in die Verhandlung ein.

Sie können so lange verhandeln, wie Sie Anreize und Optionen zur Verfügung haben. Anreize und Optionen müssen in der Vorbereitung erarbeitet werden.

14.4 Wenn-dann-Verhandlungstechnik

Neue Anreize bringen Sie mit der Wenn-dann-Verhandlungstechnik in die Verhandlung ein. Zuerst stellen Sie eine Sondierfrage: „Ist es für Sie interessant, auch Drucker an unser Haus zu liefern?" Wird diese Frage positiv beantwortet, haben Sie einen vom Lieferanten bestätigten Anreiz. Diesen setzen Sie mit der Wenn-dann-Verhandlungstechnik ein, um eine weitere Forderung zu realisieren. „Wenn Sie also auch bei den zu beschaffenden Druckern in Frage kommen, können wir dann für diese neuen Kopiergeräte die Einweisung unseres Personals kostenlos erhalten?"

Abb. 14.4. Forderungen und Nutzen miteinander verknüpfen

14.5 Erfolgreiche Verhandlungswerkzeuge der Einkäufer-Profis

Metaebene betrachten
Einkäufer: „So kommen wir an der Stelle nicht weiter. Lassen Sie uns gemeinsam einmal analysieren, wie es dazu kam."
Vorteil: Sackgassensituationen werden aufgelöst.

Unterbrechen
Einkäufer: „Herr Müller, danke für diese Ausführungen. Meine Frage lautet: ..."
Vorteil: Gut geeignet bei Verkäufern, die sich selbst gerne reden hören.

Pausen
Einkäufer: „Lassen Sie uns an dieser Stelle eine kurze Pause von zehn Minuten machen."
Vorteil: Positives Unterbrechen kann Konflikte lösen, Zeit zum nachdenken geben, festgefahrene Bahnen lösen oder einfach neue Perspektiven ergeben.

Intervenieren
Einkäufer: „Das ist eine Möglichkeit, ich habe folgende Erfahrung gemacht ..."
Vorteil: Pro und Contra eines Vorschlages werden gegenübergestellt.

Präzisieren
Einkäufer: „Was verstehen Sie genau unter ..."
Vorteil: Der Partner wird zu einer verständlichen Ausdrucksweise „erzogen".

Zusammenfassen
Einkäufer: „Ich fasse also nochmals zusammen. Wir waren uns über folgendes einig ..."
Vorteil: Beschlüsse, Aufgabenstellungen, Aufforderungen werden in klarer, präziser Form festgehalten. So kann sichergestellt werden, dass keine versteckten Einigungsmängel sich einschleichen. Am Schluss der Verhandlung wird die Gesamtheit der Vereinbarungen zusammengefasst.

Argumentieren (Wenn-dann-Methode)

Einkäufer: „Wenn Sie auch noch Empfehlungen für unsere Tochtergesellschaft haben wollen, möchte ich die Lieferung frei Haus haben."

Vorteil: Hier wird ein Nutzen für den Lieferanten mit einer weiteren Option verbunden. Das Ja-Sagen wird erleichtert.

Vorschlagen (Viererkette)

1. Behauptung: „Sie sind an einer Zusammenarbeit mit unserem Hause interessiert!"

2. Begründung: „Wenn wir uns preislich einigen kann das für Sie eine langfristige Kundenbindung werden."

3. Nutzen: „Und das sichert Ihnen eine hohe Auslastung."

4. Konsequenz: „Können Sie mir auf den Preis von Euro ... jetzt zusagen oder müssen Sie sich noch absprechen mit Ihrer Geschäftsleitung?"

Vorteil: In einer logischen Kette folgen Begründung, Nutzen und Konsequenz der Behauptung. Dadurch hat diese Verhandlungstechnik starke Überzeugungskraft.

Lösungen suchen (Problem-Ursache-Lösungs-Schema)

Problem: „Viele Kunden denken heute an Lieferantenreduktion.

Ursache: Der Kosten- und Zeitdruck zwingt viele Firmen zu dieser Maßnahme.

Lösung: Wenn Sie einer unserer Stammlieferanten wären, wäre das für Sie interessant?"

Verpacken

Einkäufer: „Wäre es für Sie auch interessant, in unser Ersatzteilgeschäft einzusteigen? Dann bräuchte ich dafür von Ihnen ..."

Vorteil: Die Variablen werden verändert, so dass der Vorschlag annehmbarer wird.

Vereinbaren

Einkäufer: „Wir sind uns also in folgenden Punkten einig ..."

Vorteil: In der Verhandlung „Knoten" bilden, festhalten, was vereinbart wurde.

Rückfragen

Einkäufer: „Was genau meinen Sie?" „Wie kann ich das verstehen?"

Vorteil: Schafft Klarheit, was der Partner wirklich gemeint hat.

14.6 Ganzheitliches Verhandeln – die neue Erfolgs-Philosophie

Als besonders wirkungsvoll haben sich bei Verhandlungen die folgenden Grundsätze erwiesen:

Die Merkfähigkeit auditiv fördern.

Das bedeutet für den Unterhändler, klar und deutlich zu sprechen, kurze Sätze zu formulieren und die Stimme bei Satzende zu senken.

Die Merkfähigkeit visuell fördern.

Der Unterhändler verzichtet bei seinem Outfit auf jegliches ablenkendes Zubehör. Er unterstützt seine Aussagen, indem er seine Argumente visualisiert. Dazu dienen ihm Flipchart, Prospekte, Statistiken und Kurvenverläufe. Werden beide Sinnesorgane aktiv angesprochen, ist die Merkfähigkeit bereits bei 50%.

Merkfähigkeit verbal fördern.

Der Unterhändler fasst regelmäßig zusammen. Er stellt Bestätigungsfragen, um sich die Meinung des Partners zur eigenen Aussage einzuholen.

14.6.1 Ergebnisphase mit Maßnahmenkatalog

Halten Sie alles fest, was vereinbart wurde. Fassen Sie immer wieder zusammen und notieren Sie dann die Ergebnisse. Machen Sie das in Übereinstimmung mit dem Verhandlungspartner. Nur was klar vereinbart wurde hat die Chance auch umgesetzt zu werden. Bei unklaren Vereinbarungen entstehen Rückfragen, Diskussionen, Missverständnisse, abweichende Interpretationen und Streitereien. Erstellen Sie dann einen Maßnahmenplan aus dem hervorgeht,

WAS, WER, BIS WANN zu tun hat.

Klären Sie dann die Fragen:
- Wurden alle Probleme gelöst? Was ist noch offen?
- Was unterstützt die Umsetzung, wer muss noch ins Boot geholt werden?
- Was befürchten Sie noch?
- Was braucht der Lieferant noch, um das Ergebnis „intern" zu verkaufen?

- Sind alle persönlichen, finanziellen, rechtlichen, organisatorischen Konsequenzen des Verhandlungsergebnisses berücksichtig worden?

Wenn Ihnen der Partner eine Vereinbarung zur Unterschrift vorlegt, unterschreiben Sie diese nur, wenn Sie die Inhalte durchgelesen und auch die Details verstanden haben.

14.6.2 Ausstiegsphase – Ende gut alles gut

Die Beziehungsebene hat beim Ein- und Ausstieg die höchste Bedeutung.. Deshalb gilt auch am Schluss der Grundsatz: *„Mensch vor Sache"* Der menschliche Kontakt soll gefestigt werden. Ein bewährtes Mittel dazu ist das Feedback. Der Einkäufer sagt dem Verkäufer, wie er ihn in der Verhandlung erlebt hat und fordert den Partner auf, seine Eindrücke zu nennen. Der Einkäufer wiederholt die wesentlichen Argumente, die dieser Auftrag für den Lieferanten bedeutet. Zum Schluss können einige Fragen zur Person des Gesprächspartners gestellt werden, die in den persönlichen Bereich gehen. Fragen wie „Und, wohin geht es bei Ihnen dieses Jahr in den Urlaub?" gestalten die Ausstiegsphase so, wie die Einstiegsphase in der nächsten Verhandlung aussehen könnte.

Abb. 14.5. Ein positiver Abschied ist die Grundlage für die nächste positive Begrüßung

14.6.3 Nachbereitungsphase

Um festzustellen, wie gut Sie verhandelt haben, ist ein Rückblick notwendig. Dabei vergleichen Sie Ihre Ziele mit den erreichten Ergebnissen. Bei negativen Abweichungen fragen Sie auch nach den Gründen.

- Was hat die Verhandlung erschwert?
- Waren zu wenig Vergleichsangebote eingeholt?
- War die Strategie geeignet? Hat sich die Taktik in dieser Verhandlung bewährt?
- Welche Strategie hat der Verhandlungspartner angewandt?
- War die Zeitplanung richtig für die Umstände?

Aus diesen Fragen ergeben sich Erkenntnisse für die nächste Verhandlung. Denn wer glaubt gut zu sein, hat aufgehört besser zu werden.

14.7 Die zehn erfolgreichsten Verhandlungsregeln

1. Bereiten Sie sich schriftlich auf die Verhandlung vor.
2. Trainieren Sie Ihre mentale Fitness vor der Verhandlung. Gehen Sie mit positiven Gedanken in die Verhandlung.
3. Treten Sie Ihrem Partner respektvoll und ebenbürtig gegenüber. Achten Sie auf die Körpersprache und den Blickkontakt.
4. Klären Sie die Erwartungshaltung des Lieferanten ab, besprechen Sie die Agenda. Fragen Sie, was Sie noch nicht wissen.
5. Hören Sie zu, indem Sie nachfragen, präzisieren lassen oder intervenieren. Argumentieren Sie mit der 4 Stufen-Argumentation.
6. Achten Sie während der gesamten Verhandlung auf die Beziehungsebene: nie beleidigen, nie in die Irre führen, keine Tricks anwenden und keine Beschuldigungen.
7. Verbinden Sie jeden Anreiz mit einer Forderung. Überhören Sie die Preisverteidigung des Verkäufers, wiederholen Sie den Nutzen.
8. Setzen Sie Verhandlungstechniken je nach Situation ein: Fragetechnik, Zuhörtechnik, Nachfragen, Ich-Botschaften, Pausentechnik, Argumentationstechnik, Intervenieren, Präzisieren, Metamodell und das Notieren.
9. Beenden Sie eine Verhandlung immer positiv. Auch wenn in der Sache noch keine Einigung erzielt wurde, kann die Verhandlung durch eine gute Beziehung zum Lieferanten weitere Verhandlungen ermöglichen.
10. Ziehen Sie Bilanz, was Sie erreicht haben, was noch offen ist, welche Fragen neu entstanden sind und was die nächsten Schritte sind.

Wissen und nicht danach zu handeln, heißt nicht wissen. Deshalb sollten Sie neue Erkenntnisse scheibchenweise in Ihre Verhandlungspraxis umsetzen. Beginnen Sie mit dem Punkt, der Sie am meisten beeindruckt hat. Wenn Sie damit Erfolg haben, werden Sie sich einen neuen Punkt vornehmen. Und so weiter, bis Sie sich zum Profiunterhändler entwickelt haben.

15 Verkäufer als Verhandlungspartner

15.1 Ziele und Vorgehensweisen der Verkäufer

Wichtigster (externer) Ansprechpartner jeden Einkäufers ist der Vertrieb. Ob es Ihnen gefällt oder nicht: Sie müssen mit den Damen und Herren aus dem Vertrieb leben, Sie müssen mit Ihnen verhandeln und Sie müssen mit Ihnen letztendlich Abschlüsse tätigen, d.h. Ihnen etwas *abkaufen*. Sicher sind Ihnen im Verlauf Ihrer Einkaufstätigkeit ganz unterschiedliche Charaktere und Typen von Vertriebsmitarbeitern begegnet. Alle werden unterschiedlich bei Ihnen aufgetreten sein und Sie haben unterschiedlich gute oder weniger gute Geschäfte mit Ihnen getätigt. Sie haben zuverlässige Geschäftspartner kennen gelernt und windige Gesellen, die Ihnen große Versprechungen gemacht – und nichts gehalten haben.

So unterschiedlich Ihre Geschäftspartner aus dem Vertrieb auch sein mögen, so verblüffend ähnlich sind sie sich alle, was ihre wichtigsten Ziele angeht. Und da unterscheiden sich die Damen und Herren Vertriebler auch ganz entscheidend von jedem Einkäufer. Das Zielsystem eines Vertriebsmitarbeiters ist sehr einfach und wird im Wesentlichen von zwei Oberzielen dominiert:

1. Ihnen so viel als möglich zu verkaufen.
2. So gut es geht als Mensch behandelt zu werden und das Gesicht zu wahren.

Das Zielsystem der Vertriebsmitarbeiter mag Ihnen jetzt vielleicht etwas eindimensional oder gar primitiv erscheinen – gelingt es Ihnen jedoch sich wirklich in die Lage Ihres Gegenübers zu versetzten, dann würden Sie sich mit größter Wahrscheinlichkeit sehr genau so oder ganz ähnlich verhalten.

Das hat ganz einfache Gründe: Machen Sie sich bitte immer wieder klar, dass anders als bei Ihnen im Einkauf, das Gehalt eines Vertriebsmitarbeiters keine regelmäßige und kalkulierbare Größe darstellt sondern vielmehr direkt davon abhängt, wie viel er verkauft hat. Stückzahl und Umsatz sind nun mal Größen, die sich sehr leicht messen lassen und viele Ihrer Besucher aus dem Vertrieb beginnen nach einer Verhandlung beim Kunden, noch bevor sie das Firmengelände verlassen haben, sich im Kopf ihre Provisionen auszurechnen.

Natürlich gibt es in vielen Firmen noch weitere Größen an denen der Erfolg eines Mitarbeiters aus dem Vertrieb gemessen wird. Beliebt sind hier u.a. die Anzahl akquirierter Neukunden, die Reklamationsquote oder eine Provisionsstaffel, die sich neben dem Gesamtumsatz nach einzelnen Produkten, Kunden oder Regionen bemisst. Häufig findet man auch Bonussysteme für das Erreichen individuell vereinbarter Zusatzziele. Manche Unternehmen haben aus dem Wunsch heraus alle erfolgsrelevanten Faktoren der Vertriebstätigkeit entsprechend zu honorieren ein höchst komplexes Provisions- und Bonussystem aufgebaut, das bis zu 40 (!) einzelne Zielgrößen beinhalten kann und entsprechend differenziert honoriert. Dermaßen verwirrende Gehaltssysteme führen jedoch entweder zu einer zufallsgetriebenen Gratifikation (der Steuerungseffekt wird durch die vielen, z.T. gegenläufigen Ziele zerstört) oder zu einer kompletten Verwirrung und Demotivation der Vertriebsmannschaft. Landläufige Provisionssysteme orientieren sich daher im Wesentlichen am erzielten Umsatz.

Das, meine Damen und Herren Einkäufer, werden Sie jetzt sagen, „*das* wissen wir schon lange". Stimmt. Und dennoch sollte sich jeder Einkäufer diese Erkenntnis mehrmals täglich gründlich durch den Kopf gehen lassen. Damit können Sie nämlich in Verhandlungen viel erreichen, denn Ihr Gegenüber aus dem Vertrieb wird ihnen mit dem Preis (oder den Konditionen) i.d.R. so weit entgegen kommen, wie es ihm seine Vorgaben gestatten. Denn bevor er ohne den Auftrag (und was für Ihn persönlich noch viel schlimmer ist, ohne die damit verbundene Provision) nach Hause fährt, begnügt er sich lieber mit einem niedrigeren Preis.

Für Sie richtig lustig (aber für den Arbeitgeber Ihres Ansprechpartners aus dem Vertrieb zur Existenz bedrohenden Gefahr) wird es dann, wenn die Vertriebsmannschaft dazu angehalten wird „Marktanteile zu gewinnen". Oder wie es häufig auch so schön heißt: „Marktanteile einzukaufen!" Dann wird z.T. erheblich zu günstig verkauft. Das heißt, während der Verkäufer mit dem höchsten Marktanteilszuwachs geehrt wird, erwirtschaftet das Unternehmen vielleicht sogar schon negative Deckungsbeiträge.

Das hier beschriebene Verhalten finden Sie nahezu immer dann, wenn Sie mit „gewöhnlichen" Vertriebsmitarbeiterinnen und -mitarbeitern verhandeln. Anders verhält es sich vielleicht, wenn sich die Vertriebsprovision an den erzielten Deckungsbeiträgen orientiert, was zugegebenermaßen äußerst selten vorkommt. Häufiger werden Sie jedoch in der Verhandlung einem Eigentümerunternehmer oder einem Geschäftsführer gegenübersitzen. Insbesondere dann, wenn es sich um den Eigentümerunternehmer eines mittelständischen Betriebes handelt, haben Sie vielleicht schon schmerzhaft feststellen müssen, dass hier die Bereitschaft im Preis nachzugeben häufig wesentlich geringer ist, als bei den Damen und Herren aus dem Außendienst (deren Verhalten sich ja vor allem an Umsatz und Provision orientiert).

Gute Eigentümerunternehmer oder Geschäftsführer gehen bei der Festlegung ihrer untersten Preisgrenze i.d.R. wesentlich differenzierter und sorgfältiger vor, als Vertriebsmitarbeiter, die mit einem vorgegebenen Handlungsspielraum zu Ihnen in die Verhandlung kommen. Neben dem erzielbaren Deckungsbeitrag, dem aktuellen Auslastungs- und Beschäftigungsgrad fließen hier strategische Überlegungen in die Preisgestaltung ein, die sich z.B. an der Bedeutung und Wichtigkeit des Kunden und des potentiellen Auftrages, möglichen Folgeaufträgen oder anderen weiter reichenden Zielen orientieren.

Nicht immer werden Sie auf Unternehmer oder Geschäftsführer mit derart differenzierten Preisansichten stoßen. Manchmal zeichnen sich diese Damen und Herren auch durch ein sehr eigenwilliges und aus Ihrer Sicht unkalkulierbares Verhalten aus: Schon mancher neue Mitarbeiter aus dem Einkauf hat hier schon sein blaues Wunder erlebt, wenn ein wütender Unternehmer die Verhandlung abrupt abgebrochen hat, da er die Preisvorschläge des Einkäufers nicht als Verhandlungsgrundlage akzeptieren wollte. Während sich angestellte Vertriebsmitarbeiter bei dieser Gelegenheit unter Ausflüchten (z.B. „das übersteigt meine Verhandlungskompetenzen") oder verschiedenen anderen Ausreden (z.B. „hier müssen wir nochmals neu Kalkulieren") zurückziehen, kann es durchaus passieren, dass ein aufgebrachter Chef einer mittelständischen Unternehmung Sie noch kräftig beschimpft und dabei gleichzeitig mit der vollständigen Einstellung sämtlicher noch offener Aufträge droht.

15.2 Ausbildung und Training der Verkäufer

Verkaufen ist schwerer als Einkaufen. – Zumindest wenn man das Schulungsangebot für Verkäufer mit dem für Einkäufer vergleicht, könnte man sehr leicht diesen Eindruck gewinnen: Sehen Sie sich doch einfach einmal am Markt um. Füttern Sie Ihre Suchmaschine im Internet und werfen Sie einen Blick in die einschlägigen Fachzeitschriften in denen Trainings- und Seminare angeboten werden. Zählen Sie die Angebote der hauseigenen Personalentwicklung oder fragen Sie ganz einfach den nächsten Lieferanten der Sie besucht und Sie werden feststellen, dass es unzählige Trainingsangebote für den Vertrieb und nur eine verhältnismäßig bescheidene Anzahl für den Einkauf gibt.

Für dieses Überangebot von Vertriebsseminaren gegenüber dem vergleichsweise spärlichen Weiterbildungsprogramm im Einkauf gibt es eine Reihe von mehr oder weniger berechtigten Gründen.

Hier spielt natürlich zunächst einmal die wesentlich höhere Anzahl von Mitarbeitern aus dem Vertriebsbereich gegenüber den Einkäufern eine entscheidende Rolle. Dieses Verhältnis ist natürlich von Branche zu Branche unterschiedlich und gilt natürlich nicht in Bereichen (wie z.B. dem Versicherungsgewerbe) in denen der Vertrieb direkt an den Endkunden verkauft (eine ähnliche Situation findet sich z.B. auch bei den Pharmavertretern). Ansonsten gibt es im B2B-Geschäft kaum einen Bereich, in dem der Vertrieb dem Einkauf rein zahlenmäßig nicht eindeutig überlegen wäre.

Neben dem hieraus resultierenden quantitativ höherem Schulungsbedarf ist das Angebot für den einzelnen Vertriebsmitarbeiter ebenfalls erheblich größer und vielfältiger als das Kontingent, das einem durchschnittlichen Einkäufer in einem durchschnittlichem Unternehmen an Seminaren zugebilligt wird. Des weiteren herrscht hier der nicht auszurottende anfänglich angesprochene Irrglaube, verkaufen sei um ein vielfaches schwerer als einkaufen, weshalb Vertriebsmitarbeiter wesentlich intensiver geschult werden müssten als Einkäufer.

Eine nähere Analyse der Inhalte, welche typischerweise in Seminaren für Vertriebsmitarbeiter zu finden sind, ermöglicht hier eine Einteilung in vier thematische Hauptgruppen:

1. (Allgemeine) Fachkompetenz der entsprechenden Branche,
2. (Spezifische) Produkt- und Unternehmenskompetenz,
3. Verhaltens- und Verhandlungskompetenz,
4. Motivation und Zielorientierung.

Selbstverständlich finden sich noch eine Vielzahl weiterer Themen auf den Angebotslisten der Trainer, die sich z.T. auch nicht oder nur sehr schwer in dieses Schema einordnen lassen.

Allgemeine Fachkompetenz in der relevanten Technik und den Besonderheiten seiner Branche ist häufig die Eintrittskarte und gewissermaßen eine Visitenkarte für das Unternehmen sowie die Produkte und Dienstleistungen, die ein Vertriebsmitarbeiter vertritt. Durch hohe Fachkenntnisse avanciert der Verkäufer zum glaubwürdigen Berater und Problemlöser. So ist schon mancher geschickte Vertriebsmitarbeiter zu einem gern gesehenen (Dauer-)Gast in der Entwicklungsabteilung seiner Kunden geworden. Durch konstruktive Vorschläge und tatkräftige Hilfe für den überlasteten und unter Zeitdruck stehenden Entwickler haben schon viele Produkte ihren Einzug in die Freigabeprozeduren und die Produktspezifikationen der Kundenerzeugnisse gefunden. Eine Art „stille Vergabeentscheidung" lange Zeit vor dem ersten Gespräch mit dem wenig erfreuten Einkäufer ist dann der Lohn für den kundigen Verkäufer.

Spezifische Produkt- und Unternehmenskompetenz sind Grundvoraussetzungen, die Sie auch zu Recht uneingeschränkt von Ihrem Gegenüber aus dem Vertrieb erwarten können (und erwarten sollten). Ein Vertriebsmitarbeiter der hier durch Unsicherheit oder Nichtwissen auffällt, verschlechtert seine Position ganz entscheidend. Seminare auf diesem Gebiet informieren daher zunächst einmal über die Funktion und den Leistungsumfang der von den Lieferanten angebotenen Produkte und Leistungen. Dabei liegt der Schwerpunkt im Wesentlichen auf den spezifischen Vorteilen und Besonderheiten, durch die sich das eigene Produkt vor denen der Konkurrenz auszeichnet. Insbesondere dann, wenn das eigene Produkt preislich höher angesiedelt ist und durch Qualität, Funktionsumfang, Zusatzleistungen oder Service überzeugen muss, ist eine sichere Argumentation und ein fundiertes Wissen für den Vertriebsmitarbeiter besonders wichtig.

Verhaltens- und Verhandlungskompetenz gelten als wichtige Schlüsselfunktionen im Vertrieb. Sicher hat, wie eingangs bereits erwähnt, jeder Verkäufer seinen eigenen, ganz persönlichen Stil. Aber es bedarf keiner groß angelegten empirischen Untersuchung oder tiefenpsychologischen Forschung um feststellen zu können, dass bestimmte Persönlichkeitsstrukturen und Verhaltensweisen den Erfolg im Vertrieb und beim Verkaufen erhöhen.

Ein freundliches, sicheres Auftreten, gute sprachliche und kommunikative Fähigkeiten sowie grundlegende Regeln der Höflichkeit und der landesüblichen Geschäftsgepflogenheiten sind wichtige Grundvoraussetzungen für den erfolgreichen Verkäufer. Hier setzen eine Vielzahl von Trainings- und Verkaufsseminaren an.

Veranstaltungen in diesem Bereich beschäftigen sich mit den rhetorischen Fähigkeiten der Teilnehmer sowie mit Fragen des äußeren Auftritts (z.B. der passenden Kleidungswahl oder dem Verhalten bei Geschäftsessen). Andere Seminare vermitteln z.B. das richtige Verhalten am Telefon, die Vereinbarung von Gesprächsterminen oder Präsentations- und Vortragstechniken. Ein Grossteil der hier anzutreffenden Seminare widmet sich dem Thema Verhandeln. Angefangen von der richtigen Verhandlungseröffnung und dem passenden „Small Talk" zur Herstellung einer positiven persönlichen Atmosphäre über die erfolgreiche Gestaltung der Angebotsphase bis hin zur kritischen Abschlussphase werden hier nahezu alle Aspekte der Verhandlung gründlich durchleuchtet und geschult. Neben methodischen Fragen wie z.B. der Verhandlungsvorbereitung, der Ergebnisprotokollierung und dem begleitenden Schriftverkehr, spielt in den Seminaren das Verhalten und die Psychologie der unbekannten und gefährlichen Spezies „Einkäufer" eine maßgebliche Rolle. In seriösen Seminar- und Bildungskonzepten werden die Vertriebsmitarbeiter zunächst in den allgemeinen Grundlagen des Verhandelns unterrichtet und begleitend zu ihrer Berufspraxis in die weiterführenden Aspekte der Materie eingeführt. Fortgeschrittenenseminare sowie individuelles Coaching und Feedback aus realen Verhandlungssituationen helfen dem bereits erfahrenen Verkäufer seinen persönlichen Verhandlungsstil gezielt zu verbessern.

Kein Bildungsbereich ist so umstritten wie die Vielzahl der Seminare die der Förderung der *Motivation und Zielorientierung* dienen sollen. Insbesondere Vertriebsmitarbeiter genießen immer wieder das zweifelhafte Privileg an derartigen Veranstaltungen teilnehmen zu dürfen. Viele der hier angebotenen Seminare und die durch sie vermittelten Inhalte sind wissenschaftlich nicht haltbar und in den meisten Fällen in ihrer Wirkung umstritten oder schlichtweg unseriös. Häufig widersprechen sie dem guten Geschmack und dem Bild eines reifen und selbständigen Mitarbeiters. Das heißt jedoch nicht, dass viele der angebotenen Motivationsseminare für die Mitarbeiter durchaus einen angenehmen Zeitvertreib darstellen können oder vielleicht auch zu gänzlich neuen Erkenntnissen führen mögen.

Aber ob eine nette Incentivereise oder ein Outdoorüberlebenstraining einen mäßigen Vertriebsmitarbeiter in einen Topverkäufer verwandeln werden, erscheint mehr als fragwürdig. Ob die hierbei gewonnen Erkenntnisse wie „Feuer ohne Streichhölzer zu machen" oder das „Abseilen von der Steilwand" seinen Eifer und seinen Willen Ihnen etwas zu verkaufen steigert bleibt offen. Die meisten der auf diesem Sektor angebotenen Seminare funktionieren nach den selben, relativ einfachen Prinzipien: „Du kannst (fast) alles erreichen, Du musst nur Deine inneren Hemmungen überwinden und die Dinge endlich tun, die Du Dir vorgenommen hast."

Zur Verdeutlichung Ihrer Thesen lassen manche Trainer Ihre Seminarteilnehmer laute Kriegsschreie ausstoßen oder über glühende Kohlen laufen um damit einen starken „Aha-Effekt" und einschneidende Erlebnisse bei Ihren Klienten zu provozieren. Jeder der ein- (oder vielleicht sogar mehrmals) so ein Seminar besucht hat, war hinterher (bei nüchterner Betrachtung) wahrscheinlich von der Leistungsfähigkeit der menschlichen Fußsohle sehr beeindruckt, ist aber mit größter Sicherheit nicht von heute auf morgen ein motivierter Spitzenverkäufer geworden ... Die häufig durch Effekthascherei und Gruppendynamik erzeugte Karnevalsatmosphäre derartiger Veranstaltungen hält in der Regel nicht sehr lange über das Seminar hinaus an.

Andere Veranstaltungen zur Stärkung der Motivation setzen stark auf Belohnungs- und Erlebnischarakter. Incentivereisen zu exotischen Plätzen, Golfschnupperkurse, Weinproben, Luxusessen, Yachtausflüge oder ähnliches sollen bei den Vertriebsmitarbeitern die Bindung an das eigene Unternehmen erhöhen, die Zufriedenheit fördern und die Leistung steigern.

Eine dritte Kategorie von Motivationsseminaren versucht sich in einer theoretisch geprägten Annährung an die Thematik. Nach vielen Jahren scheint man jedoch auch hier langsam erkannt zu haben, dass die (theoretische) Kenntnis einfacher Motivationstheorien, wie z.B. der beliebten Maslow'schen Bedürfnispyramide und die auf Ihnen aufbauenden Handlungsanweisungen für die tägliche Vertriebsarbeit Vertrieb nur von geringem Wert sind.

Die immer noch sehr hohe Beliebtheit von Weiterbildungsveranstaltungen zur Steigerung der Motivation beruht mit Sicherheit zum großen Teil auf einer Führungsschwäche und einer gewissen Hilflosigkeit vieler Vertriebsvorgesetzten. Der beliebte Irrglaube durch einen Seminarbesuch Vertriebsmitarbeiter auf einfache Weise mit „Motivation und Zielorientierung" ausstatten zu können, widerspricht dabei zum einen den Erkenntnissen der Motivations- und Leistungsforschung sowie den realen Erfahrungen der täglichen Vertriebspraxis.

15.3 Die Tricks der Verkäufer

Genauso wie fast jeder Einkäufer glaubt über Tricks und ein bestimmtes Verhalten sein Gegenüber aus dem Vertrieb beeinflussen zu können, denkt auch jeder Verkäufer so zu seinem Vorteil zu gelangen.

Die alten und leicht zu durchschauenden Tricks aus dem *Einkauf* kennen Sie ja: Der Verkäufer muss zunächst einmal an der Pforte warten, bevor er vorgelassen wird, er bekommt den schlechtesten Platz am Verhandlungstisch zugewiesen, Sie konfrontieren ihn mit fingierten Angeboten ominöser Konkurrenten etc. Ein derartiges Verhalten spricht nicht nur für den schlechten Stil und das mangelnde Einfühlungsvermögen eines Einkäufers sondern dürfte in der Praxis nur selten zu wirklichen und dauerhaften Erfolgen führen.

Genauso wie jeder Vertriebsprofi diese simplen Tricks schlechter Einkäufer sehr einfach durchschaut und dagegen vorgehen kann, verfehlen viele Verhaltensweisen aus der Trickkiste des Vertriebs bei einem versierten Einkäufer ihre Wirkung. Aber wie bei fast allen Dingen des menschlichen Zusammenlebens sind auch hier die Grenzen zum normalem und üblichem Geschäftsgebaren nicht scharf, sondern fließend gezogen.

Jeder gute Vertriebsmitarbeiter wird zunächst einmal versuchen, zu „seinem Einkäufer" eine gute persönliche Beziehung aufzubauen. Dazu sammelt er so viele Informationen über Ihre Person, wie es ihm irgend möglich ist. Er wird sich über Ihre beruflichen wie privaten Interessen und Ziele informieren, er wird sich nach dem Gespräch mit Ihnen den Namen und das alter Ihrer Kinder notieren, und sich aufschreiben wie Ihr Hund heißt und wo Sie Ihren letzten Urlaub verbracht haben. Er bemerkt an Ihrem Arbeitsplatz vielleicht ein Bild von einem Segelboot und wird Sie sofort fragen, ob Sie gerne Segeln.

Bis zu diesem Zeitpunkt ist sein Verhalten vollkommen legitim und angebracht: Um Ihnen etwas verkaufen zu können, kann er nicht gleich „mit der Tür ins Haus fallen" und Ihnen sogleich sein Verhandlungsangebot unterbreiten sondern muss zunächst Ihr Vertrauen gewinnen. Das kann er am besten auf einer persönlichen Ebene, die zunächst nicht in unmittelbarem Zusammenhang mit Ihrer Geschäftsbeziehung steht. So geht fast jeder Verhandlung oder geschäftlich motivierten Besprechung ein privates „Vorgespräch" voraus.

Je besser er sich mit Ihnen auf persönlicher Ebene versteht, umso reibungsloser und erfolgreicher gestaltet sich die Geschäftsbeziehung – was im Idealfall durchaus für beide Seiten gelten kann. Leider beginnen „Tricks" oder unseriöses Verhalten jedoch genau an dem Punkt dieser so wichtigen persönlichen Beziehungsebene zwischen Einkäufer und Vertriebsmitarbeiter. Zu den einfach zu durchschauenden Tricks des Vertriebes zählen dabei plumpe Vertraulichkeiten, wie z.B. vorgespielte übertriebene Bewunderung, unangemessen wertvolle Geschenke oder Einladungen zu teuren gesellschaftlichen Ereignissen (z.B. Formel 1-Rennen oder Tennisspiele in Wimbledon etc.).

Diese Dinge zählen mit Sicherheit zu den am meisten und am lebhaftesten diskutierten Themen bei Einkäufern. Wo die Grenze zwischen geschäftsüblicher Gefälligkeit und offener Bestechung anfängt, hängt dabei von sehr vielen unterschiedlichen Rahmenbedingungen ab und kann mit Sicherheit nicht pauschal entschieden werden.

Häufig anzutreffen ist ein Vertriebsverhalten, dass dem Moto: „If you can not convince them – confuse them" folgt. Gemeint sind hier die Vielzahl von Maßnahmen, die einen objektiven Vergleich mit den Konkurrenzprodukten erschweren sollen. Dazu gehört z.B. ein Angebot zu einem niedrigen Basispreis kombiniert mit hohen Kosten für Sonderausstattungen und Erweiterungen oder niedrige Einstandspreise, denen dann kostspielige Wartungs- und Ersatzteilverträge folgen. Der Vertrieb spricht hier mit Sicherheit nicht von einem „Trick" und betrachtet sein Vorgehen häufig nicht als unlauter sondern als durchaus legitim und in der Sache angemessen. Er ist vielleicht sogar besonders stolz auf seine fortschrittliche Marketingstrategie oder seine differenzierte Preispolitik.

Zu den unseriösen Verhaltensweisen zählt ebenfalls ein unlauterer Umgang mit Informationen. Die Palette reicht hier von relativ plumpen Lügen und falschen Versprechungen bis hin zur geschickten und unbemerkten Manipulation. Beliebt sind hierbei das Verstecken hinter angeblich nicht vorhandenen Kompetenzen und Vorschriften oder das Vorschieben scheinbar objektiv vorhandener technischer Sachzwänge. Manchmal begegnen Sie auch bewussten Fehl- oder Andersinterpretationen von Aussagen gefolgt von anschließendem sturen Beharren auf den angeblich so getroffenen Vereinbarungen. Eine ähnlich geartete Variante besteht in der bewussten Zurückhaltung von Informationen oder der falschen, unvollständigen oder manipulativen Wiedergabe von Sachverhalten.

In einigen Fällen arbeitet der Vertrieb auch mit dem Einsatz von versteckten oder offenen Drohungen und Einschüchterungsversuchen die bis hin zur Erpressung reichen können. Hierzu gehören auch Angriffe oder Diffamierungen, die sich gegen die Person des Einkäufers richten, wie z.B. die Drohung des Vertriebsmitarbeiters sich an anderer Stelle des Unternehmens (z.B. bei der Geschäftsführung) über den Einkäufer zu beschweren.

Zu einem unfairen Verhalten des Vertriebes gehört auch das einseitige und unverschämte Ausnutzen von Machtverhältnissen. (z.B. bei fehlenden Freigaben alternativer Hersteller, Lieferantenfestschreibung durch Ihren Endkunden etc.). Oder der Vertriebsmitarbeiter macht sich Ihre akute Notlage (wie z.B. einen Lieferantenausfall oder einen Lieferengpass) gezielt zu Nutze. Ebenfalls unfair sind unrechtmäßige Preis- oder Mengenabsprachen unter Ihren Lieferanten (die i.d.R. auch gegen geltendes Recht verstoßen).

15.4 Abwehr unfairer Verkaufs- und Verhandlungsstrategien

Wenn Sie als Einkäufer von den im vorausgehenden Kapitel geschilderten Verhaltensweisen betroffen sind, heißt es zunächst einmal ruhig Blut zu bewahren, um angemessen reagieren zu können. Häufig empfiehlt es sich hierbei sogar, die Verhandlung kurz zu unterbrechen oder sogar zu vertagen, anstatt durch emotionales Handeln die Situation womöglich noch weiter zu verschlechtern.

Bevor Sie jedoch auf irgendeine Weise auf ein unfaires Verhalten eines Vertriebsmitarbeiters reagieren, müssen Sie sich zunächst die hier alles entscheidende Frage beantworten:

„Sind Sie tatsächlich noch zu einer weiteren Geschäftsbeziehung bereit?"

In der Praxis hängt die Beantwortung dieser Frage im Wesentlichen an zwei Punkten:

1. *Wie* unfair verhält sich der Lieferant gegenüber Ihnen und
2. inwieweit sind Sie überhaupt in der Lage auf den Lieferanten zu verzichten?

Bei offenkundigem Betrug schweren Ausmaßes sollten Sie wenn irgend möglich, die Geschäftsbeziehung abbrechen, ohne dem Lieferanten die „berühmte zweite Chance zu geben" (er wird sie nutzen – und zwar um Sie erneut zu betrügen). Bei der Überprüfung, ob Sie auf den Lieferanten verzichten können, müssen Sie genau über die möglichen Folgen und die Kosten nachdenken, die sich aus der Auflösung der Geschäftsbeziehung ergeben.

Angenommen, Sie haben sich entschieden, dass Sie mit dem Lieferanten weiterhin im Geschäft bleiben wollen (oder müssen), machen Sie ruhig aber unmissverständlich deutlich, dass er „das Spiel mit dem schwarzen Peter", den er Ihnen gerade hingehalten hat, auf Dauer nicht gewinnen kann. Hier haben Sie zwei Ansatzpunkte: Einen der aus der Sache, den technischen Einzelheiten, dem Preis und weiteren „harten" Vereinbarungen besteht und einen, der den Umgangston und die Beziehung zu Ihrem Gegenüber betrifft.

Betreffen Ihre Probleme die Glaubwürdigkeit und die Zuverlässigkeit der Aussagen des Lieferanten, können Sie folgende Maßnahmen ergreifen:

- Nehmen Sie mit mehreren Mitarbeitern Ihres Unternehmens an den Besprechungen mit dem Lieferanten teil.
- Führen Sie ein ausführliches Protokoll über die in der Verhandlung gemachten Aussagen und Vereinbarungen. Lassen Sie dieses Protokoll direkt nach Beendigung der Verhandlung unterschreiben.
- Verlangen Sie Belege und Unterlagen wenn Sie den Versprechungen des Lieferanten nicht trauen können.
- Trauen Sie den Behauptungen des Vertriebsmitarbeiters nicht, können Sie ihm vorschlagen Ihnen eine vertragliche Garantie seiner Versprechungen zu geben (z.B. Lieferung innerhalb eines bestimmten Zeitraums. 24-Stunden Hotline, kostenloser Anlagenersatz bei Reparatur etc.). An dieser Stelle können Sie bereits viele falsche Versprechungen entlarven, wenn der Lieferant beginnt seine Aussagen zu relativieren oder sich scheut, verbindliche Garantieerklärungen zu unterschreiben.
- Halten Sie die noch offenen Punkte schriftlich fest und bestimmen Sie gemeinsam einen Zeitpunkt bis eine Entscheidung vorliegen muss. Lassen Sie sich die Eckpunkte der Verhandlung durch den Lieferanten

schriftlich bestätigen und vergleichen Sie seine Ausführungen mit Ihren Aufzeichnungen.

Zeigt ein Lieferant im Umgang mit Ihnen ein unzumutbares Verhalten, in dem er z.B. unberechtigte Anschuldigungen ausspricht oder sich in sonstiger Weise unangemessen gegenüber Ihnen äußert oder ausfallend wird, bleiben Sie freundlich und sachlich. Klären Sie zunächst, ob Ihr Verhandlungspartner Sie tatsächlich in unzumutbarer Art und Weise angegriffen hat oder ob vielleicht ein Missverständnis vorliegt. Ist dies nicht der Fall, machen Sie freundlich aber unmissverständlich klar, dass Sie einen derartigen Ton und ein entsprechendes Verhalten nicht tolerieren können. Fordern sie Ihren Verhandlungspartner auf, wieder zu einem sachlichen und angemessenen Gesprächsstil zurückzukehren. Sollte er darauf nicht eingehen, vertagen Sie die Verhandlung.

Gute Ansatzpunkte für einen „Sach- und Personengerechten Verhandlungsstil" bietet hier unter anderem die bekannte „Harvard-Methode", die eine Trennung von Sache und Person vorsieht und es somit ermöglicht auch bei stark kontroversen Verhandlungszielen den Verhandlungspartner als Person und Mensch zu achten.

Vermeiden auch Sie selbst unfaires Verhalten oder unangemessenes Ausnutzen Ihrer Macht als Einkäufer und geben Sie Ihrem Partner aus dem Vertrieb die Gelegenheit sein Gesicht zu wahren und das Gefühl als Mensch fair behandelt und geachtet zu werden. In den meisten Fällen wird dann auch Ihr Gegenüber mit einem entsprechendem Verhalten reagieren. Denken Sie bitte immer daran: „Wie man in den Wald ruft, schallt es zurück" oder „man sieht sich immer zweimal im Leben", und „bezahlt wird immer erst zum Schluss".

16 Erfolgreicher Umgang mit schwierigen Verhandlungspartnern

16.1 Mängel, Mafia und Monopolisten

Eine allgemein bekannte Situation: eine Verhandlung mit einem Lieferanten hat begonnen und zu einem bestimmten Zeitpunkt wird das Gespräch zäh. Die Positionen wurden von beiden Seiten dargelegt und sind festgefahren: die Verhandlung droht zu scheitern und man empfindet seinen Verhandlungspartner als schwierig.

An was macht man ein solches Urteil fest?

Wir unterteilen in drei verschiedene Kategorien:

- sachliche Gründe,
- persönliche Gründe und
- positionelle Gründe.

Die sachlichen Gründe sind leicht nachvollziehbar: der Lieferant ist zu teuer, die Lieferzeit zu lange oder die Qualität genügt nicht unseren Ansprüchen. Meist sind solche Mängel aber kombiniert mit einem Vorteil: zu teuer, aber gute Technologie; lange Lieferzeit, aber günstig im Preis; mangelhafte Qualität, aber mit dem Vorstand befreundet.

gute Technologie	⚡	hoher Preis
günstig im Preis	⚡	lange Lieferzeit
persönlicher Kontakt	⚡	mangelhafte Qualität

Persönliche Gründe entspringen mehr der Beziehungsebene: Manipulation, der persönliche Umgang miteinander oder die Wahl der Mittel zum Erreichen eines persönlichen Zieles haben oftmals Gemeinsamkeiten mit den Methoden der Mafia. Drohen, Erpressen, Bestechen sind Methoden, die man aus schlechten Gangsterfilmen kennt, die aber durchaus im täglichen Verhandeln ebenfalls zu finden sind. Wie sagt bereits Al Capone: „Nichts ist so überzeugend wie ein Lächeln und eine Waffe"

Abb. 16.1. Schwierige Verhandlungspartner

Nach mir die Hölle ...

Wenn wir die Waffe (zumindest eine echte!) außer Betracht lassen, so bleibt immer noch das Lächeln übrig. Mit einer funktionierenden Beziehungsebene kann der erfahrene Einkäufer viel erreichen. Und umgekehrt kann ein verletztes Ego eines Verhandlungspartners eine sicher geglaubte Verhandlung ins Kippen bringen. Erfahrungen aus der Praxis haben gezeigt, dass schwierige Verhandlungen aufgrund einer gestörten persönlichen Ebene ohne eine Auflösung der Störung oftmals nur sehr schwer zu kontrollieren sind. Der gekränkte Gesprächspartner kann im Zweifel leicht zu einer „Nach-mir-die-Hölle"-Reaktion kommen und persönliche Schäden in Kauf nehmen, nur um den anderen eine auszuwischen.

Ein prominentes Praxisbeispiel lieferte vor einigen Jahren ein Automobilzulieferer mit einem bekannten Automobilhersteller. Ohne große Vorankündigung konnte der Lieferant von heute auf morgen nicht mehr liefern. EDV-Probleme ließen angeblich keine Auslieferung für die nächsten beiden Wochen zu. Beim Automobilhersteller standen somit ein Teil der Produktionsbänder still.

Was war geschehen?

Der Einkauf des Automobilisten hatte wohl in Verhandlungen die Daumenschrauben zu fest angezogen. Dem Lieferanten platzte der Kragen und ihm war eine „Jetzt-zeig-ich´s-Dir"-Reaktion wichtiger, als die zukünftige Geschäftsbeziehung.

Abb. 16.2. Gewinner gibt's hier keinen ...

16.2 Vom Umgang mit Monopolisten

Der dritte Grund für schwierige Verhandlungspartner liegt in deren Position. Monopolisten haben eine herausragende Position innerhalb der eigenen Lieferantenbasis. Meist sind diese hausgemacht und selbst gezüchtet. Eine zu einseitige Fixierung auf bestimmte Technologien, eine zu frühe Festlegung auf einen bestimmten Lieferanten oder schlichtweg mangelhafte Recherche des Beschaffungsmarktes lassen einen Lieferanten oftmals ohne eigenes Zutun zum Monopolisten werden

Jeder Einkäufer weiß ja aus eigener leidvoller Erfahrung: Nichts ist schlimmer als ein Monopolist, der seine Position kennt und ausspielt!

Wie geht man nun mit einem solchen schwierigen Verhandlungspartner um?

Nehmen wir zuerst die Situation, die einem Mangel entspringt: der Lieferant weist einen sachlichen Mangel auf, den er aber mit Vorteilen wieder ausgleicht. Die Vorteile rechtfertigen diesen Lieferanten jederzeit, doch im täglichen Leben machen einem die Mängel immer wieder zu schaffen.

> Vorbereitung auf die Verhandlung heißt hier das Zauberwort!

Natürlich bereitet sich jeder Einkäufer auf seine Verhandlung vor. Mehr oder weniger. Doch fragen Sie sich mal ehrlich: Haben Sie alles nur Erdenkliche getan, um das mit dem Lieferanten bestehende Problem zu lösen?

Haben Sie auf einer Metaebene (Betrachtung aus der Vogelperspektive) die Schwierigkeiten, Ihre eigene und die Position des Lieferanten von allen Seiten her durchleuchtet?

Eine Verhandlung, basierend auf Härte und Drohgebärden, mag einem persönlich und emotional nahe liegen. Doch bekanntermaßen erfolgt auf Druck lediglich Gegendruck. Es ist wahrscheinlicher, dass die Reaktion des Lieferanten die Situation verschärft, als dass er sich Ihren Wünschen beugt.

Was tut man mit einem emotional schwierigen Gesprächspartner?

Ganz einfach: Ihn verstehen. Und ihm dieses Verständnis auch zeigen. Das heißt noch lange nicht, dass Sie seine Position akzeptieren. Wenn einer mal seine Position hat darstellen können, ohne dass der Verhandlungspartner ständig verneint und den Kopf schüttelt, entsteht eine positive Atmosphäre.

Wie Verona einen Monopolisten knackt ...

„Wie knacke ich einen Monopolisten?" ist die auch von Einkaufsprofis am häufigsten gestellte Frage in Einkäuferseminaren.

Es gibt dazu kein Patentrezept. Es gibt nur Methoden und Vorgehensweisen, die einen Erfolg wahrscheinlicher machen. Die Praxis zeigt es immer wieder: wenn es ein Rezept dafür geben sollte, so ist das eine übergründliche Vorbereitung. Vorbereitung, Vorbereitung und nochmals Vorbereitung!

Es gab im Jahr 2000 ein hervorragendes Lehrbeispiel.

Im ZDF in der JBK (Johannes B. Kerner)-Show waren Alice Schwarzer und Verona Feldbusch zur Diskussion eingeladen. Streitpunkt war die Rolle der modernen Frau in der heutigen Gesellschaft. „Monopolist" zu diesem Thema ist seit über 30 Jahren Alice Schwarzer, die ohne Frage sehr viel zur heutigen Stellung der Frau in der deutschen Gesellschaft beigetragen hat. „Herausforderer" war Verona Feldbusch, die landläufig mehr das Klischee des „Dummchens" besetzt und kaum einen Satz ohne Wortverdrehungen auszusprechen vermag.

Bereits in den ersten zehn Minuten war das „Duell" entschieden: Verona lag mit 4:1 vorn. Und genau das war auch das Ergebnis, welches TV-Analysten nach der Sendung attestierten.

Was war geschehen?

Bereits der erste Auftritt signalisierte eine hervorragende Vorbereitung von Seiten Verona Feldbuschs. Alice Schwarzer machte ihrem Nachnamen alle Ehre und trat entsprechend in schwarzen Gewändern auf (wie bereits seit vielen Jahren). Verona setzte diesem einen eng geschnittenen weißen Hosenanzug entgegen: weiß gegen schwarz; gut gegen böse!

Bei der Begrüßung küsste Verona den Moderator (der in diesem Augenblick Stellvertreter für das Publikum ist) links und rechts auf die Wange; Alice Schwarzer hingegen ließ sich die Hand küssen – ein Zeichen der Distanz.

Im Laufe der 60-minütigen Diskussion kam immer deutlicher zu Tage, dass Verona sich hervorragend auf diese „Verhandlung" vorbereitet hatte. Auf viele Stichworte von Alice Schwarzer hatte sie bestens vorbereitete Entgegnungen parat und konnte somit viele Punkte für sich verbuchen. Bei stärkeren Argumenten seitens Alice Schwarzers fiel sie ins Wort, wurde unsachlich und verdrehte Aussagen. Bei einem längeren Beitrag von Frau Schwarzer zog sie beiläufig ihre Jacke aus und brachte mit ihrem ausladenden Dekolletee (bei dem zufällig auch noch der oberste Knopf fehlte) selbst eine Alice Schwarzer in Stottern. Eine perfekte Strategie, welche das Publikum als Schiedsrichter mit reichlich Beifall belohnte.

Das Ende war ein deutlicher Sieg von Verona Feldbusch gegen eine vermeintliche Monopolistin Alice Schwarzer.

Mit welchen Mitteln hat sie den Sieg nach Punkten erreicht?

Mal angenommen, Verona war im Vorfeld der Sendung gar nicht krank (die Sendung wurde aufgrund einer Krankheit von Verona Feldbusch um zwei Wochen verschoben). Mal angenommen, sie saß mit drei Beratern zwei Wochen zusammen, und sie haben alles zur Verfügung stehende Material über Alice Schwarzer genauestens studiert. Filme, Biographien, Interviews und Sendungen. Alle Ansichten und Argumente waren bekannt. Nachdem die Position von Alice Schwarzer klar umrissen, die Stärken und Schwächen ebenfalls bekannt waren, wurde die Strategie darauf abgestimmt.

- Die Motive, Ziele und zur Verfügung stehenden Mittel eines jeden Beteiligten an dieser Verhandlung wurden erarbeitet.
- Welches Ziel hat das ZDF, welches das Publikum und warum stellt sich Alice Schwarzer diesem Rededuell?
- Welche Mittel kann jeder dieser Teilnehmer einsetzen?

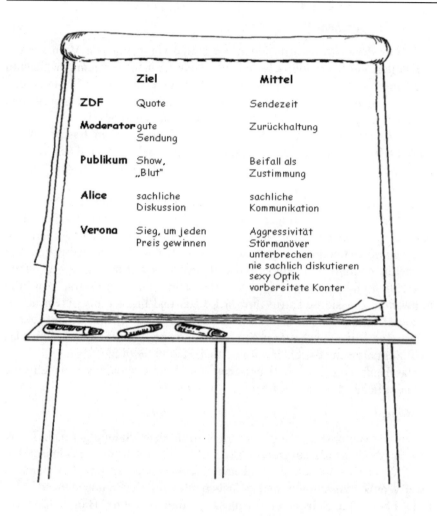

Abb. 16.3. So hätte eine mögliche Vorbereitung Veronas aussehen können

Es ist im Nachhinein nach dem Studieren der Sendung relativ einfach, die verschiedenen Positionen auszumachen. Umso beachtlicher, dass die von Verona und ihrem vermeintlichen Team festgelegte Strategie 1:1 aufging. Veronas Argumente waren sehr gut vorbereitet und ähnlich Robin Hood hatte auch sie einen perfekt ausgestatteten Köcher, aus dem sie zur passenden Gelegenheit den richtigen Pfeil ziehen und abschießen konnte.

Wie kann der professionelle Einkäufer Veronas Strategie anwenden?

Nun möchte ich niemanden motivieren, in einem eng geschnittenen weißen Hosenanzug eine Verhandlung zu eröffnen. Die geschilderten Mittel sind auf Verona und ihre Situation zugeschnitten. Vielleicht finden Sie aber genau die Mittel, die Ihnen und Ihrer Situation helfen. Verona und Berater hätten in diesem Falle 14 Tage zu viert darauf verwendet eine „Verhandlung" von der Dauer einer Stunde vorzubereiten. Ca. 300 Mannstunden Vorbereitung für eine Stunde Ereignis. Der Erfolg gibt ihnen Recht.

Durchleuchten Sie Ihre eigene und die Position Ihres Verhandlungspartners. Setzen Sie sich mit Kollegen (= Berater) zusammen, um möglichst viele Aspekte und Ansichten berücksichtigen zu können.

Viele Monopolisten neigen zur Selbstüberschätzung. Sie sind im Laufe der Jahre so selbstsicher geworden und sich ihrer Marktposition so gewiss, dass dies die größte Schwachstelle werden kann. Setzen Sie hier an. Nehmen Sie sich Zeit für eine gründliche Vorbereitung. Am besten in einem kleinen Team. Finden Sie neue Ansätze – der Kreativität sind hier keine Grenzen gesetzt.

Ein Praxisbeispiel belegt dies: Ein Einkäufer, der in einem Rüstungskonzern tätig ist, musste mit einem Elektroniklieferanten ein Elektromodul verhandeln, welches nur von diesem und für die nächsten 20 Jahre geliefert werden würde. Das Modul musste von einer Bundesprüfstelle sehr aufwendig geprüft und freigegeben werden. Der Lieferant wusste, dass außer ihm keiner diese Prüfung durchlaufen hatte. Entsprechend war seine Position und sein Auftreten. Was konnte der Einkäufer tun?

Er wusste, dass sein für dieses Modul zuständige Kollege aus der Technik ein gutes Verhältnis zum Lieferanten pflegte – wie wohl die meisten unserer Technikkollegen. Er bereitete Anfragen bei Alternativlieferanten vor und sprach diese mit dem Techniker durch. Wohl wissend, dass er wahrscheinlich keine wirkliche Alternative finden würde, glaubte er doch zu wissen, dass sein Vorgehen am Markt dem bestehenden Lieferanten nicht verborgen bleiben würde. Und tatsächlich floss diese Information wie beabsichtigt von seiner Technik an den Lieferanten. Was dazu führte, dass dieser bei den nächsten Verhandlungen etwas vorsichtiger auftrat. Der Einkäufer ging sogar noch weiter und kündigte bei der Bundesprüfstelle die Prüfung eines weiteren Lieferanten an. Und auch diese Vorgehensweise wurde – oh Wunder – dem Lieferanten kommuniziert.

Einkäufer unterschätzen gerne, dass Verkäufer vom Kommunizieren und von Informationen leben. Nur in den seltensten Fällen bleiben Dinge wirklich intern. In der Regel unterhält ein guter Vertriebsmann meist einen besseren Kontakt zu dem Kollegen aus der Technik, als der eigene Einkaufskollege. So ist es dann auch nicht verwunderlich, dass über diese Schiene Informationen an den Lieferanten gelangen, die eigentlich nicht für diesen bestimmt waren. Nutzen Sie dies!

16.3 Methoden, die nicht jedermanns Geschmack sind – aber *erfolgreich!*

In Verhandlungen geht es zu wie im richtigen Leben: der Vorteil ist auf der Seite des Rücksichtslosen. Je überraschender eine Attacke oder Aggression ist, desto größer die Chance damit durchzukommen.

Ein Einkaufsleiter aus der Automobilindustrie, der bekannt war für seine unkonventionellen Methoden, hatte eine Verhandlung mit einem unangenehmen Lieferanten zu führen. Dieser wollte eine deutliche Preiserhöhung und drohte im Gegenzug mit der Einstellung von Lieferungen. Er war zwar zu über 50% abhängig von seinem Kunden, doch dieser durch Single-Source ebenso von diesem.

Die Verhandlung begann. Zwei Einkäufer, der Geschäftsführer des Lieferanten und sein Verkaufsleiter saßen sich am Verhandlungstisch gegenüber. Der Einkaufsleiter kam herein, sah kurz in Richtung des Verkaufsleiters und fragte seine Einkäufer: „Was will denn dieser Idiot hier?" Pause. Der Verkaufsleiter bekam einen roten Kopf, der Geschäftsführer wurde bleich, die Einkäufer schwiegen betreten, der Einkaufsleiter setzte sich. Und die Verhandlung begann. Und ging haushoch zugunsten des Einkaufsleiters aus.

Was war geschehen?

Durch die hochaggressive und unfaire Attacke, welche ohne Zweifel unter der Gürtellinie war, wurde der Geschäftsführer völlig überrumpelt.

Eine angemessene Reaktion – beispielsweise eine Entschuldigung gegenüber seinem Verkaufsleiter zu fordern, kam ihm in diesem Moment nicht in den Sinn. Er war nur auf „Verhandeln in fairen Mustern" eingestellt. Seine Reaktion weiter zu verhandeln, zeigte dem Einkaufsleiter, dass dem Geschäftsführer das Geschäft mit ihm wichtiger war, als sein Verkaufsleiter.

Dieser „Erfolg" des Einkaufsleiters sprach sich herum und somit wurde sein Ruf, ein harter und schwieriger Verhandlungspartner zu sein, weiter bekräftigt. Dies war ihm bei vielen Verhandlungen ein großer Vorteil, da die Mehrzahl seiner Verhandlungsgegner bereits eingeschüchtert in den Ring stiegen.

16.3 Methoden, die nicht jedermanns Geschmack sind – aber erfolgreich!

Abb. 16.4. Ein unerwarteter Angriff kann eine Verhandlung vorentscheiden

Dazu gibt es ein prominentes Praxisbeispiel aus der Politik:

Ronald Reagan war kurz nach seinem Amtsantritt mit einer Streikandrohung der amerikanischen Fluglotsen konfrontiert. Obwohl es ihnen gesetzlich verboten war, wollten diese für eine Lohnerhöhung in den Streik treten. Reagan kündigte an, dass er jeden Streikenden umgehend entlassen würde, wenn es denn sein müsse alle 12.000.

Am Vortage des Streiks schrieben die großen Tageszeitungen ausführlich darüber, dass der Präsident wohl nur bluffen würde. Er könne doch niemals alle Fluglotsen zu entlassen und damit riskieren, dass Amerika ohne Flugbewegungen bliebe. Amerika ohne Flugzeuge würde die amerikanische Wirtschaft zum Erlahmen bringen. Das könne nur ein Bluff sein.

Am Tage des Streiks erhielten die ersten 1.000 Streikenden ihr Entlassungsschreiben nach einer Stunde. Zwei Stunden später waren die nächsten 1.000 entlassen. Weiteren Tausenden kündigte er in den folgenden Tagen. Ronald Reagan brachte es fertig, mit den nicht streikenden Fluglotsen und mit Lotsen der Army den Flugverkehr aufrecht zu erhalten.

Als ein paar Wochen später die Briefträger, die ebenfalls von Gesetzes wegen nicht streiken dürfen, in den Streik treten wollten, erinnerten sie sich an die harte und konsequente Haltung des Präsidenten – und streikten nicht.

Das Image des harten Hundes muss man sich schaffen.

Sie sehen, der Ruf ein „harter Hund" zu sein, ist durchaus von Vorteil. Und sich diesen zu erarbeiten, geht nicht von jetzt auf nachher. „Präparieren" Sie vor Verhandlungen kleinere Drohungen und setzen Sie diese während der Verhandlung sofort um. Die Anzahl von unverzüglich wahrgemachten Drohungen ist dabei wichtiger, als das Gewicht der angekündigten Maßnahme. Es ist wie beim Boxen: sofern Sie nicht Mike Tyson sind und in der ersten Runde den entscheidenden Schlag draufhaben, empfiehlt es sich im Stile von Henry Maske zu boxen: viele kleine Treffer, die aber am Ende des Kampfes einen Punktsieg einbringen.

16.4 Psychologie in der Verhandlung ...

Verhandeln heißt meist, sich mit Verhandlungspartnern auseinander zu setzen, konkret: mit Menschen. Und um mit Menschen so zu kommunizieren, dass dabei das Optimum an Ergebnis für einen herausspringt, bedarf es neben einer ausreichenden Vorbereitung, persönlicher Kompetenz auch dem Wissen, was sich zwischen Menschen beim Kommunizieren abspielt.

Was passiert emotional, wenn zwei Menschen aufeinander treffen?

Um dies zu verdeutlichen wird ein Modell aus der „Transaktionsanalyse" zu Hilfe gezogen.

Geprägt von Erziehung und Erfahrungen reagieren Menschen jeweils aus verschiedenen „Ich-Zuständen": Wer als Kind oft von bestimmenden Eltern befehligt wurde, neigt als Erwachsener dazu auf Druck aus dem sog. „angepassten Kind AK" zu regieren. Oder die Erinnerung an die Kindheit hat ihn zu einem Rebellen gemacht: eine Reaktion aus dem „trotzigen Kind TK" ist die Folge.

> Angriffe fängt man am besten mit einer angepassten Reaktion ab, bevor man im Erwachsenen-Ich sachlich weiterspricht.

16.4 Psychologie in der Verhandlung ...

Abb. 16.5. Modell aus der Transaktionsanalyse

Wie kann man sich dies in Verhandlungen zu Nutze machen?

Beobachten Sie Ihren Verhandlungspartner. Wie reagiert er auf Druck? Passt er sich an oder begehrt er dagegen auf. Lenken und steuern Sie Ihr Gegenüber, indem Sie verschiedene Ich-Zustände ansprechen. Lernen Sie Ihren Gesprächspartner in bestimmte Ich-Zustände zu zwingen. Beispielsweise ist es für eine lösungs- und faktenorientierte Diskussion förderlich, aus dem „Erwachsenen-Ich" zu kommunizieren. Sprechen Sie dieses bei Ihrem Gesprächspartner an. Federn Sie eine begonnene Kommunikation aus einem Ich-Zustand „kritisches Eltern-Ich" durch eine Reaktion aus dem „angepassten Kind" ab, bevor Sie aus dem „Erwachsenen-Ich" sachlich kommunizieren.

Hier ein Beispiel: Sie sind zu spät zu einer Besprechung zur Lösung eines Problems gekommen. Kollege: „Sie sind schon wieder zu spät. Wann lernen Sie es pünktlich zu sein?" Die sehr sachliche Reaktion aus dem „Erwachsenen-Ich": „Hat die Besprechung bereits angefangen?" kann eine unsachliche Reaktion des Kollegen auslösen. Ein kurzes Abfedern aus dem „angepassten Kind": „Entschuldigen Sie die Verspätung. Unser Chef hat mich noch aufgehalten.", kombiniert mit einer Frage aus dem „Erwachsenen-Ich": „Haben Sie bereits angefangen?" führt eher zu der gewollten sachlichen Diskussion über die Problemlösung.

Allen Kollegen aus dem Einkauf ist zu empfehlen, sich etwas näher mit der Transaktionsanalyse zu beschäftigen. Der Nutzen daraus hilft Ihnen ein großes Stück weiter auf Ihrem Weg zum Profi-Einkäufer!

16.5 Für jede Situation die richtige Strategie!

Make-or-buy-Entscheidung

Ein Automobilhersteller stand vor der Entscheidung, für künftige Modelle die Bearbeitung von Motorenteilen weiterhin in eigener Regie zu fertigen oder diese außer Haus in fremde Hände zu geben. Die Eigenfertigung hätte Investitionen in Höhe eines zweistelligen Millionenbetrages zur Folge gehabt. Es gab ein internes Team aus Mitarbeitern der Motorenplanung, die sich intensiv mit der Zusammenstellung der Kalkulation für die Eigenfertigung beschäftigten. Vom Einkauf wurde ein Vertreter ausgewählt, der die „buy-Entscheidungsgrundlage" bei potentiellen Lieferanten abklären sollte. Pikanterweise sollte dieser bei seinen Bemühungen eine gute Alternative außerhalb zu finden, von genau diesem für die interne Lösung zuständigen Team unterstützt werden. Eine heikle Aufgabe!

Es gelang dem Einkäufer die interne Planung in mehreren Gesprächen von dem Vorteil der Zusammenarbeit zu überzeugen: die interne Kalkulation würde in erheblichem Maße davon profitieren, andere Lieferanten und deren Lösungsvorschläge zu kennen.

Der erste Besuch stand an und der Lieferant gab ein einseitiges Angebot mit einer Gesamtsumme der Bearbeitungen ab. Gegenüber einer 50-seitigen Kalkulation aus dem eigenen Haus war das sehr mager! Der Einkäufer konnte den Lieferanten überzeugen, wenigstens die einzelnen Bearbeitungsschritte bekannt zu geben, um zu verstehen, ob alle Inhalte vollständig und richtig verstanden waren. Die dazu gehörenden Zeiten und somit Kalkulationsgrundlage wollte der Lieferant allerdings nicht mit liefern. Somit hatte der Einkäufer zwar ein vollständiges Angebot erhalten, jedoch waren die Stellen, an denen Zeiten gestanden hätte, weiß und ohne Inhalt gehalten.

Mit diesem „Angebot" ging das Team um den Einkäufer zum nächsten Lieferanten. Auch hier zeigte sich der Verkäufer in Bezug auf Zeiten und Werte sehr zugeknöpft. Der professionelle Einkäufer zog die *weißgeschwärzten* Unterlagen des vorherigen Bearbeiters hervor und zeigte sie dem Verkäufer. Seine Teamkollegen hielten die Luft an. „Diese Kalkulation haben wir von Ihrem Wettbewerber erhalten. Wie haben natürlich aus Fairnessgründen die Fertigungszeiten herausgenommen. Sie sehen aber, dass Ihr Wettbewerber uns eine komplette Kalkulation inklusive aller Fertigungszeiten gegeben hat. Wenn Sie dabei sein wollen, erwarten wir dasselbe von Ihnen und Ihrer Firma."

Der Bluff klappte. Der zweite Lieferant rückte eine komplette Kalkulation heraus. Mit dieser ging der Einkäufer nochmals zu dem ersten Anbieter. Unnötig zu erwähnen, dass dieser nach kurzer Einsicht der Kalkulationsunterlagen auch seine Zahlen herausrückte.

Dieses Beispiel zeigt, dass man nicht immer auf dem direkten Weg zum Ziel kommen kann. Die meisten schwierigen Situationen mit unangenehmen Gesprächspartnern sind nur über die so genannte Meta-Ebene zu lösen. Die Meta-Ebene wird auch gerne als „Vogelperspektive" oder „Feldherrenhügel" bezeichnet. Beim Schachspielen beispielsweise nehmen beide Schachspieler Meta-Ebenen ein. Die eigentliche Schlacht findet auf der „Mikro-Ebene" auf dem Schachbrett statt. Bauer gegen Läufer, Königin gegen Turm – hier wird um das Ergebnis gekämpft. Die Schachspieler selbst sehen die Schlacht aus der Vogelperspektive – und nehmen sich für jede entstehende Situation entsprechend Zeit um zu analysieren, bewerten, das Ziel und die Vorgehensweise des Gegenübers zu verstehen und über den nächsten eigenen Zug nachzudenken. Dann erst erfolgt der tatsächliche Zug auf dem Spielfeld.

Aus der Vogelperspektive (Meta-Ebene) können Sie Konflikte analysieren und Lösungsansätze finden!

Abb. 16.6. Situationsanalyse aus der Vogelperspektive

Und das ist die wohl wichtigste Erkenntnis im Umgang mit schwierigen Verhandlungspartnern:

Bevor ein routinierter Einkäufer auf einen schwierigen Gesprächspartner richtig reagieren kann, muss er erst einmal erkennen, dass es sich um einen solchen handelt. Das Bewusstsein es hier mit einem besonderen Fall zu tun zu haben, ist die Voraussetzung für eine richtige Reaktion. Und dazu bedarf es einer gut geschulten und bewusst eingesetzten Meta-Ebene.

Wer erkennt, dass es sich um eine schwierige Situation handelt, und den Grund dazu analysieren kann, der hat die Voraussetzung dafür geschaffen, eine Lösung zu finden.

Good guy – bad guy

Eine der ältesten Methoden überhaupt – und trotzdem noch wirksam. Jeder hat schon mal von der Methode „good guy – bad guy" oder besser aus alten Krimis bekannt „guter Bulle – böser Bulle" gehört. Man glaubt es nicht: obwohl eine altbekannte Methode und doch sooo bekannt, kann man sie trotzdem noch anwenden.

In der Praxis gab es einmal die Situation, dass ein Einkäufer und ein Kollege aus der Wertanalyse zur Verhandlung bei einem Gusslieferanten waren. Sie waren gut vorbereitet und konnten das angepeilte Ziel der Verhandlung erreichen. Zu Ende der Verhandlung erreichte sie ein Anruf ihres Vorgesetzten, der ihnen ein weiteres Thema zur Reduzierung von Werkzeugkosten mit auf den Weg gab. Ohne weitere Abstimmung, bzw. detaillierte Unterlagen gingen die beiden ins Rennen. Improvisation und Flexibilität war gefragt.

Der Verkäufer, der den beiden gegenüber saß, war als arrogant und hochnäsig bekannt. Selbstgefällig lehnte er sich zurück und lehnte eine Reduzierung ab. Der Mitarbeiter aus der Wertanalyse bekam im Laufe der Verhandlung einen immer dickeren Hals. Wütend begehrte er mit Argumenten gegen den Lieferanten auf. Der Einkäufer sah sich immer mehr in der Rolle des Vermittlers zwischen seinem erregten Kollegen und dem Verkäufer. Er beschwichtigte in beide Richtungen. Der Ton wurde lauter und nach einem weiteren Beschwichtigungsversuch seines Kollegen rutschte dem Wertanalytiker folgender Satz heraus: „Dir hat wohl die Düsseldorfer Altstadt gestern Abend nicht gut getan! Was sollen wir uns denn noch gefallen lassen?!?"

Es war Totenstille im Raum. Der Verkäufer war ehrlich erschreckt. Der Einkäufer bat ihn kurz um eine Unterredung mit seinem Kollegen unter vier Augen. Als der Verkäufer den Raum verließ, schlug sich der Wertanalytiker mit der Hand auf den Schenkel, grinste und sagte: „Jetzt haben wir ihn!"

Und tatsächlich – als die Verhandlung fünf Minuten später weiterging, konnten die beiden die angepeilte Reduzierung erreichen.

Dieser völlig unerwartete Ausbruch des Wertanalytikers hatte den Verkäufer völlig überrascht. Er war aus seiner scheinbar sicheren Position auf eine solche Reaktion nicht eingestellt und somit zu keiner Anpassung oder Korrektur seiner Strategie fähig.

16.5 Für jede Situation die richtige Strategie! 215

Abb. 16.7. Methode „good guy – bad guy"

Solche „Spiele" sollten allerdings nicht zu oft angewandt werden. Zum ersten sind sie ohne vorherige Abstimmung nur unter sich blind verstehenden Partner möglich und zum anderen schwitzen dabei beide Blut und Wasser, in der Sorge mit dem Rollenspiel auf zu fliegen. Darüber hinaus kann eine solche Strategie so schnell nicht wieder beim selben Lieferanten angewandt werden.

Der Einkäufer in der Rolle des Trottels

Dasselbe Duo war einige Zeit später bei einem anderen Lieferanten für Feinguss zu Verhandlungen. Der Wertanalytiker hatte zum ersten Mal Teile in dieser für ihn neuen Technologie kalkuliert und war somit gespannter Dinge. Der kalkulierte Zielwert versprach eine deutliche Reduzierung der Einstandkosten.

Als die beiden im Foyer des Lieferanten warteten, konnten sie anhand von Bildern und ausgestellten Teilen den Fertigungsvorgang der Feingussteile sehen. Schnell stellten sie fest, dass die von ihnen angenommene Kalkulation nichts mit dem tatsächlichen Entstehungsprozess zu tun hatte.

Innerhalb von Sekunden mussten sie eine Änderung der Strategie vornehmen. Sie sprachen ab, dass der Einkäufer die Rolle des „Neulings im Gussgeschäft", sprich des „Trottels" übernehmen sollte und der Kalkulator natürlich über den Entstehungsprozess im Bilde war. „Können Sie meinem Kollegen, der auf diesem Gebiet neu ist, zuerst einmal die Produktion unserer Teile zeigen?" fragte er den Verkäufer. Dieser war natürlich sehr davon angetan seinem Kunden sein Werk zu zeigen. Der Einkäufer ging mit dem Verkäufer voran und der Wertanalytiker folgte ein paar Schritte später. Während der Lieferant alles im Detail erklärte, stoppte der Kalkulator mit Hilfe seiner Armbanduhr die einzelnen Prozessschritte. Nach einer halben Stunde war die Begehung beendet und die Kalkulation komplett überarbeitet. Den Vorschlag der offenen Kalkulation nahm er an und staunte nicht schlecht über die hohe Übereinstimmung der beiden Kalkulationen. Es war somit ein Einfaches, ihn auf den vom Kaufteilpreisanalytiker errechneten Wert zu bringen.

Auch hier war eine gute und vertrauensvolle Zusammenarbeit der beiden Einkaufsmitarbeiter Basis für den Erfolg. Der Einkäufer war sich nicht zu schade, sich dem gemeinsamen Erfolg unterzuordnen und die undankbare Rolle des Unwissenden zu spielen.

Abb. 16.8. Der Einkäufer in der Rolle des Trottels

Abschließend bleibt nur noch zu sagen: Das Einkaufen ist kein statischer Job, bei dem es immer wieder die gleichen Abläufe gibt. Unterschiedliche Verhandlungspartner und immer wieder neue Situationen gestalten diesen Job so ungeheuer spannend. Wenn Sie diese ständig wechselnden Herausforderungen als großes Spiel wie zum Beispiel Monopoly sehen, haben Sie die richtige Einstellung.

> „Das Leben hat viele Risiken und Chancen – professionelles Einkaufen ist eines davon."

17 Bestechungsversuche und Korruption

17.1 Gründe für Korruption

Korruption. Das ist für viele deutsche Einkäufer ein Phänomen, das vor allem anderen Nationen angelastet wird. Dass auch in Deutschland eine nicht zu unterschätzende Anzahl an Straftaten dieser Art ans Tageslicht kommt, zeigt, dass auch wir dieses Problem nicht ignorieren können. Die jeden Tag neu aufgedeckten Fälle betreffen nahezu alle Branchen. Selbst in renommierten Unternehmen werden Fälle aufgedeckt, in denen Einkaufsmanager von Lieferanten Bestechungsgelder in sechsstelliger Höhe angenommen haben und dafür diese Lieferanten bei der Auftragsvergabe bevorzugt haben.

Doch was ist Korruption überhaupt? Im Prinzip nichts anderes als die Ausnutzung einer Machtposition zu Lasten Dritter. Das kann einerseits der Korrumpierende sein, der durch Bestechung einen Auftrag platzieren (und somit die Konkurrenz ausstechen) kann oder ein korrumpierter Einkäufer, der z.B. durch die Vergabe eines Auftrages irgendwelche Vorteile erlangen kann. Der Leidtragende ist in jedem Fall die korrekt arbeitende Firma, die den Auftrag wegen mangelnder „Schmierung" nicht erhält. Transparency International zählt zur Korruption folgende Tatbestände:

- Bestechung, Bestechlichkeit, Betrug, Untreue,
- Vorteilsgewährung und Vorteilsnahme,
- Wettbewerbsbeschränkungen, Absprachen,
- Submissionsbetrug, Geldwäsche, Schmuggel,
- Käuflichkeit politischer Entscheidungen, Abgeordnetenbestechung,
- Umgehung der gesetzlichen Bestimmungen zur Parteienfinanzierung.[90]

Doch welche Gründe für Korruption gibt es im Unternehmen und dort gerade im Einkauf? Ein Grund wird sicherlich sein, dass ein Täter in Deutschland bei einer Verurteilung nur mit geringen Haftstrafen rechnen muss. Aber auch die Tatsache, dass es bei der Korruption kein unmittelbares Opfer gibt, ist ein Indiz dafür, dass viele Korruptionsdelikte erst gar

---

[90] Vgl. Transparency International (2002)

nicht ans Tageslicht gelangen. Denn weder der bestechende Unternehmer noch der leistungsempfangende Einkäufer haben einen Vorteil davon, ein solches Vergehen anzuzeigen. Es sind in den meisten Fällen Kollegen bzw. Nachbarn, die den hohen Lebensstandard der Korrumpierten neiden und deshalb Anzeige erstatten. Um diesen Missstand zu beseitigen, bedarf es seitens der Gesetzgeber strenger Gesetze bzw. der auch in anderen Bereichen erfolgreich angewandten Kronzeugenregelung. Des weiteren gibt es Motive, sowohl von Opfer-[91] als auch von Täterseite.

17.1.1 Die Motive der sogenannten Opfer

Als Opfer wird in diesem Fall der Korrumpierte, in unserem Fall der Einkäufer oder der Produktionsleiter, bezeichnet. Ein Motiv, dass dazu führt, sich bestechen zu lassen, ist eine gewisse Skrupellosigkeit gegenüber dem Arbeitgeber. Das Opfer denkt nicht mehr an das Wohl der Unternehmung, sondern ist auf seinen eigenen Vorteil bedacht. Gründe hierfür sind nach Expertenmeinung z.B. die starke Ausrichtung der Unternehmung auf den shareholder value und nicht mehr auf das Unternehmen selbst. Das verringert stark die persönliche Bindung zum eigenen Arbeitgeber.[92]

Ein weiterer Aspekt ist in einer Zeit der Stagnation des Wirtschaftswachstums die gestiegene Arbeitslosigkeit und die vermehrt auftretenden Firmenpleiten. Um Verwandte, Freunde oder langjährige Geschäftspartner zu unterstützen, werden zum Teil gegen geringe Gegenleistungen Aufträge nicht nach den üblichen Kriterien vergeben.

Ein nicht zufriedenstellendes Einkommensniveau und die damit verbundene Unzufriedenheit mit dem ausgeübten Job lässt Mitarbeiter nach neuen Einnahmequellen suchen. Solche Kollegen sind besonders anfällig für Korruption, Bestechung, Unterschlagung und Diebstahl! Hier entsteht in vielen Fällen ein Strudel, dem das Opfer nur sehr schwer wieder entweichen kann. Meldet er die Bestechung, so verliert er nicht nur seinen hohen Lebensstandard, sondern in den meisten Fällen auch noch seinen Job.

17.1.2 Die Motive der Täter

Gerade die Täterseite hat weitreichende Motive zur aktiven Bestechung. Die Funktionsträger wollen mit allen Mittel die Kunden an sich binden und

---

[91] Der Begriff Opfer ist in diesem Bereich nicht ganz zutreffend, da die eigentlichen Opfer der Korruption die Wirtschaft bzw. Gesellschaft und nicht der Korrumpierte selbst ist.
[92] Vgl. Sonntag Aktuell (1998)

17.2 Korruptionsindex

Aufträge zu lukrativen Konditionen platzieren. Hierzu zählen nicht nur Motive zur Besserstellung des Unternehmens an sich, sondern unter Umständen auch persönliche Motive der Mitarbeiter. Denken Sie z.B. an Ihre Außendienstmitarbeiter!

Sollten diese Mitarbeiter am Umsatz beteiligt sein, so werden sie versuchen mit allen Mitteln diesen zu steigern. Getarnte Zahlungen an die Entscheidungsträger oder der großzügige Umgang mit wertvollen Werbegeschenken fallen – außer bei genauer Durchleuchtung – dem Controlling selten auf!

Werden solche Aktionen nicht registriert und fühlt sich der Verkäufer auf der sicheren Seite, so wird er diese Instrumente immer häufiger und in größerem Umfang einsetzen. Dadurch versetzt er sein Opfer in eine Abhängigkeitsspirale, die oben schon beschrieben wurde. Aber auch die Unternehmensleitung kann geschlossen hinter Korruptionsaktionen stehen, vor allem bei großvolumigen Aufträgen.

17.2 Korruptionsindex

Die regierungsunabhängige Organisation Transparency International (TI) erstellt jedes Jahr den Korruptionsindex. Nach Aussage von TI spiegelt dieser Index jedoch nur die Wahrnehmung der Korruptionsanfälligkeit der zu bewertenden Länder durch Geschäftsleute und Risikoanalysten wieder.

Ein Problem dabei ist, und das betont TI immer wieder, dass die Einschätzung von Funktionären vorgenommen wird, die oftmals selbst zu der korruptionsanfälligen Gruppe gehören. Dennoch ist dieser Index als Indiz für die Korruptionsanfälligkeit der einzelnen Länder international anerkannt. Leider werden Ihre Vermutungen enttäuscht, sollten Sie annehmen, Deutschland belege einen der vorderen Plätze der besonders ehrlichen Länder. Dem ist inzwischen nicht mehr so: Die Bundesrepublik Deutschland ist im Jahr 2004 auf den fünfzehnten Platz abgerutscht.[93] Tabelle 17.1 zeigt einen Ausschnitt der Rangfolge der „ehrlichsten und unehrlichsten" Länder.

Auf Platz 18, 19, 20 und 21 der ehrlichsten Länder folgen USA, Chile, Barbados und Frankreich. Danach kommen Spanien, Japan, Malta, Israel und Portugal. Auffallend ist, dass die skandinavischen Länder einen Spitzenplatz bei den ehrlichsten Ländern belegen. Scheinbar lassen die dortigen Kontrollmechanismen wenig Raum für Korruption.[94]

---

[93] Vgl. Transparency International: Corruption Perceptions Index 2004, s.a. www.transparency.de (29.06.2005)
[94] Vgl. http://channel1-aolsvc.de (25.07.2005)

Tabelle 17.1. Korruptionsindex 2004

Die ehrlichsten Länder		Die unehrlichsten Länder	
Rang	**Land**	**Rang**	**Land**
1	Finnland	128	Kamerun
2	Neuseeland	129	Irak
3	Dänemark	130	Kenia
4	Island	131	Pakistan
5	Singapur	132	Angola
6	Schweden	133	Kongo, Demokr. Rep.
7	Schweiz	134	Elfenbeinküste
8	Norwegen	135	Georgien
9	Australien	136	Indonesien
10	Niederlande	137	Tadschikistan
11	Großbritannien	138	Turkmenistan
12	Kanada	139	Aserbaidschan
13	Österreich	140	Paraguay
14	Luxemburg	141	Tschad
15	Deutschland	142	Miranmar
16	Hongkong	143	Nigeria
17	Belgien	144	Bangladesch
18	Irland	145	Haiti

Quelle: Transparency International (2004)

Transparency International führte eine Untersuchung durch mit der Frage: Wie wahrscheinlich ist es in den folgenden Wirtschaftsbranchen, dass hochrangige Amtsträger in diesem Land (Wohnsitz des Befragten) Schmiergelder verlangen oder annehmen z.B. für öffentliche Ausschreibungen, gesetzliche Vorschriften, Genehmigungen). Die Ergebnisse finden Sie in Tabelle 17.2.

Die Ergebnisse dieser Untersuchung stehen in Einklang mit einer weiteren Untersuchung von Transparency International. Die Fragestellung lautete: In welchen der nachfolgend aufgeführten Wirtschaftsbranchen ist es am wahrscheinlichsten, dass die höchsten Bestechungsgelder gezahlt werden? Das Ergebnis in Tabelle 17.3 spiegelt den Prozentanteil der Befragten wider, die die betreffende Branche genannt haben.

Nach Erkenntnissen der Gesellschaft zur Bekämpfung von Korruption, Transparency International (TI) kommen nur fünf Prozent aller weltweit bekannten Bestechungsfälle an das Licht der Öffentlichkeit.

Tabelle 17.2. Korruptionswahrscheinlichkeit nach Wirtschaftsbranchen (1)

Jahr der Untersuchung	2002
Anzahl der Befragten	835
Öffentliche Infrastruktur/Bauwirtschaft	1,3
Waffen-/Rüstungsindustrie	1,9
Gas- und Ölindustrie	2,7
Immobilien/Sachanlagen	3,5
Telekommunikation	3,7
Energieerzeugung/-übertragung	3,7
Bergbau	4,0
Transport-/Lagerwesen	4,3
Pharmaindustrie/Gesundheitswesen	4,3
Schwerindustrie	4,5
Bank- und Finanzwesen	4,7
Zivile Luftfahrt	4,9
Forstwirtschaft	5,1
IT	5,1
Fischerei	5,9
Leichtindustrie	5,9

Quelle: Transparency International (2004)

Tabelle 17.3. Korruptionswahrscheinlichkeit nach Wirtschaftsbranchen (2)

Jahr der Untersuchung	2002
Anzahl der Befragten	835
Öffentliche Infrastruktur/Bauwirtschaft	46%
Waffen-/Rüstungsindustrie	38%
Gas- und Ölindustrie	21%
Bank- und Finanzwesen	15%
Immobilien/Sachanlagen	11%
Pharmaindustrie/Gesundheitswesen	10%
Energieerzeugung/-übertragung	10%
Telekommunikation	9%
IT	6%
Forstwirtschaft	5%
Bergbau	5%
Transport-/Lagerwesen	5%
Schwerindustrie	4%
Landwirtschaft	3%
Fischerei	3%
Zivile Luftfahrt	2%
Leichtindustrie	1%

Quelle: Transparency International (2004)

17 Bestechungsversuche und Korruption

In der Bundesrepublik Deutschland wird am häufigsten Parteien, Parlamenten und Unternehmen Bestechlichkeit vorgeworfen. Einen sehr guten Ruf haben dagegen deutsche Polizisten. Mit einer Note von 2,5 gelten deutsche Polizisten auch im internationalen Vergleich als sehr sauber. Der internationale Durchschnittswert liegt hier bei 3,6.[95]

17.3 Präsente, Werbegeschenke und Vorteilsnahmen

Doch welche Arten der Bestechung gibt es? Die verschiedenen Formen sind weder genau zu definieren noch genau abzugrenzen. Überlegen Sie sich, ab welchem Geldwert einer Zuwendung Sie von Bestechung reden würden! Diskutieren Sie die Antwort mit einem Kollegen und Sie werden feststellen, dass Sie beide unterschiedlicher Meinung sind. Generell lässt sich jedoch sagen: Ein gutes Zeichen dafür, dass Sie nicht bestechlich sind, ist die Tatsache, dass Sie die Zuwendungen nicht verheimlichen, sondern offen legen. Und hier werden Sie automatisch an Grenzen stoßen!

Wie erklären Sie Ihrem Vorgesetzten z.B. die Einladung zum Schlittenhundefahren nach Finnland oder zum Badeurlaub nach Südamerika? Wie kommt es, dass Sie jedes Jahr mit einem neuen Oberklasse-PKW vorfahren oder in Ihrer eigenen Skihütte den Winterurlaub verbringen, seit Sie bestimmte Waren bei einer Schweizer Firma einkaufen?

Bestechungsmethoden

Verkäufer versuchen Einkäufer mit den unterschiedlichsten Methoden zu ködern und zu bestechen. Und dabei hilft ihnen schon das sehr weit verbreitete Office-Programm Outlook, dass bei der Rubrik „Kontakte" extra ein Feld „Spitzname" sowie genug Platz zum Notieren von Hobbies vorsieht. So werden Sie als Einkäufer oder als Produktionsmitarbeiter systematisch durchleuchtet und Ihre Daten erfasst.

In den meisten Fällen erhalten Sie genau die Präsente, die auch Ihren Geschmack treffen. Zufall? Sicher nicht! Sie würden nie einen neuen Golfschläger von einem Geschäftspartner erhalten, wenn Sie mit diesem Sport nichts zu tun hätten.

Ab wann kann man von Bestechung reden?

Die häufigsten Präsente und Werbegeschenke bewegen sich jedoch im Rahmen bis ca. 50 Euro. Das können Seidenkrawatten, Kugelschreiber,

---

[95] Vgl. http://channel11.aolsvc.de (25.07.2005)

Terminplaner, Uhren, Schirme, Wein- oder Spezialitätenpräsente sein. Solche Mitbringsel werden von den Einkäufern gerne in der Abteilung verteilt oder einer Weihnachtstombola zugeführt. Hier sollte man noch nicht von Bestechung sprechen.

Grauzonen

Es gibt in diesem Bereich aber auch die berühmte Grauzone. Fachkongresse, die von Herstellern kostenlos für Ihre Kunden angeboten werden, gehören in aller Regel dazu. Doch wissen Sie, welcher Anteil derzeit für Geschäftliches und welcher für Privates genutzt wird? Ist es nicht etwas verdächtig, wenn solche Treffen in landschaftlich reizvollen Gegenden in einem Ferienhotel stattfinden oder das Wochenende mit einschließen. Die Bewertung muss jedoch jeder für sich vornehmen.

17.4 Diebstahl im Handel

Welches Unternehmen hat nicht das Problem des Schwundes von Waren? Hört man sich bei Kollegen aus anderen Betrieben um, so werden fast alle von Diebstahl im eigenen Haus berichten können. Das ist nicht verwunderlich, ereignen sich doch durchschnittlich 18 Diebstähle pro Minute in Büros, Hotels, Fabrikhallen, Warenhäusern oder Restaurants.[96] Und gerade im Handel werden in Europa pro Jahr Waren im Wert von gut 30 Mrd. Euro gestohlen.[97]

Tabelle 17.4. Schwund nach Geschäftstypen in Prozent am Umsatz

Geschäftstyp	2001	2000
Nahrungsmittel	1,22	1,21
Super- und Hypermärkte	1,11	1,05
Feinkostgeschäfte	1,56	1,69
Kaufhäuser/Geschäfte mit gemischtem Warensortiment	1,92	1,86
Kleidung/Textilien	1,73	1,69
Elektro/Video/Musik	0,96	1,01
Haushaltswaren/Heimwerkerartikel/Möbel	1,68	1,72
Schuhe/Lederwaren	0,60	0,61
Sonstige Non-Food-Geschäfte	1,94	1,89
Gesamt	1,42	1,40

(European Retail Theft Barometer (16.01.2002) Ein bisschen Schwund ist immer)

---

[96] Vgl. Frankfurter Allgemeine Zeitung (2002a)
[97] Vgl. Frankfurter Allgemeine Zeitung (2002b)

Tabelle 17.4 zeigt den Schwund in Prozent am Umsatz europäischer Geschäfte[98], sortiert nach Geschäftstypen. Demnach gehen pro Jahr ca. 1,4% des Umsatzes auf das Konto von Falschbuchungen und Diebstahl. Dabei gibt es regelrechte Diebstahlsrenner wie Tabelle 17.5 zeigt.

Tabelle 17.5. Diebstahlsrenner in Prozent nach Warenart

Warenart	2000	1999
Textil	18,6	14,6
Elektro	13,6	12,2
Kosmetik	12,5	15,0
Drogerie	9,4	6,2
Werkzeuge / Eisenwaren	8,5	keine Angabe
Tabak	7,3	7,5
Lebensmittel	7,2	6,7
Spielwaren	3,5	2,9
Spirituosen	3,4	4,8
Fahrrad / Auto	2,8	3,7
Rundfunk / CDs	2,4	4,1
Schmuck / Uhren	2,1	4,1

Quelle: HDE, „Geklaut wird alles, was nicht angebunden ist", in Frankfurter Allgemeine Zeitung. 20.08.2001

17.5 Abwehr von Bestechung und Korruption

Der volkswirtschaftliche Schaden, der durch die Wirtschaftskriminalität pro Jahr verursacht wird, beträgt nach Aussage vom Bund Deutscher Kriminalberater mindestens 36 Mrd. Euro.[99] Bei derart hohen Summen ist die Eindämmung dringend erforderlich. Ziel muss es sein, diesen Schaden in den nächsten Jahren massiv einzudämmen.

Wie schädlich Korruption auch für die eigene Karriere sein kann, zeigt folgendes Beispiel:

Dem Einkaufsleiter eines großen LKW-Herstellers wurde ein neuer, noch höher dotierter Job mit weiteren Annehmlichkeiten bei einem Zulieferbetrieb angeboten. Vorrausetzung war aber, dass er bei der Auftragsvergabe das Angebot eben dieses Zulieferers als das Beste bewerten und den Zuschlag für die Lieferung erteilen sollte. Der Einkäufer folgte diesem Vorschlag und wurde vom Zulieferer eingestellt. Bedauerlicherweise hatte der Einkäufer beim Aushandeln des neuen Gehaltes und den zusätzlichen Leistungen vergessen, die Passage Probezeit aus dem

---

[98] inklusive Schweiz und Norwegen
[99] Vgl. Die Rheinpfalz (2002b)

17.5 Abwehr von Bestechung und Korruption

Vertrag zu nehmen. Nach einer sehr kurzen Einarbeitungszeit wurde der ehemalige Einkäufer wieder entlassen.

Um Korruption abwehren zu können, bedarf es der Erkenntnis, dass dieses Phänomen überhaupt existiert. Doch welche konkreten Anzeichen im Unternehmen deuten auf Korruption hin? Ausgehend von den oben behandelten Gründen lassen sich Anzeichen ableiten, die unter Umständen Indizien für Bestechung sein können. Diese Indizien können von Unternehmen zu Unternehmen verschieden sein:

- Ihr Unternehmen hat seit vielen Jahren Haus- und Hoflieferanten, die nicht angetastet werden.
- Mitarbeiter an Schlüsselpositionen verfügen über ein durchschnittliches Gehalt, fallen jedoch durch einen sehr hohen Lebensstandard (Auto, Urlaub, Haus, Kleidung, Schmuck, Hobbys etc.) auf.
- Der Umgang mit Lieferanten erfolgt erstaunlich freundschaftlich, was sich an gemeinsamen Freizeitaktivitäten zeigt (gemeinsames Skifahren, Golf spielen, Tennis spielen etc.).
- Trotz des hohen Auftragsvolumens bei einem Lieferanten bleiben die Preise konstant bzw. erhöhen sich über die Jahre.
- Es werden bei einigen Produkten keine Ausschreibungen mehr durchgeführt, obwohl diese in die Kategorien A- bzw. B-Produkte fallen.
- Es verschwinden immer wieder Unterlagen in diesem Bereich.
- Bestimmte Einkäufer sind jahrelang alleine für bestimmte Produkte zuständig.

Doch wie schützen Sie Ihr Unternehmen bzw. Ihre Abteilung vor Korruption? Hier gibt es kein Patentrezept! Wie sich in der Praxis gezeigt hat, sind besonders die Einkaufsabteilung und die Produktion anfällig für Korruption und Unterschlagung. Erstaunlicherweise ist nach Auskunft von Karl Stefan Schotzko, Landesgeschäftführer des Verbandes für Sicherheit in der Wirtschaft, die Produktion das schwächste Glied in der Kette. Das liegt auch nahe, kann doch der Produktionsleiter solange Ausschuss produzieren, bis der Einkauf die gewünschte Ware beschafft, für die der Produktionsleiter die vereinbarte, illegale Provision erhält.[100]

Kommt Ihnen so etwas in Ihrem Unternehmen bekannt vor? Doch wie können Sie einer solchen Situation Herr werden? Versuchen Sie, z.B. die nächstniedrigere Hierarchieebene mit ins Boot zu nehmen! Weisen Sie Prämien für die Produktionsmitarbeiter aus, die den Einsatz eines anderen Produktes lukrativ machen.

---

[100] Vgl. Sonntag Aktuell (1998)

In den meisten Fällen werden diese Mitarbeiter – je nach Höhe der Prämie – alles daran setzen, ein anderes Produkt zur Einsatzreife zu bringen. Bestechliche Kollegen fallen durch unkollegiales Verhalten und destruktives Handeln ziemlich schnell auf.

Transparency International hat versucht, einen Leitfaden zur Abwehr von Korruption aufzustellen:

Schritt 1

Den ersten Schritt zur Bekämpfung der Korruption muss die Unternehmensleitung einleiten. Sie muss ausdrücklich darauf hinweisen, dass Korruption weder geduldet wird, noch unbestraft bleibt. Es müssen Unternehmensgrundsätze formuliert werden, nach denen die Mitarbeiter handeln müssen. Ein wichtiger Punkt ist die Proklamation einer Anzeigepflicht beim Erkennen von Korruption, ob im eigenen Bereich oder bei Kollegen.

Schritt 2

Halten Sie fest, was Mitarbeitern passiert, die sich nicht an die Regeln halten. Schreiben Sie nieder, dass z.B. bei erneuter Zuwiderhandlung die fristlose Kündigung ausgesprochen wird.

Schritt 3

In der zweiten Phase ist eine Ist-Analyse durchzuführen um schwache Stellen zu enttarnen. Nehmen Sie in jedem Fall die Mitarbeiter, die konkret betroffen sind, mit an den Besprechungstisch.

Schritt 4

Die Schwachstellen, wie z.B. Einkaufsabteilung, Produktionsabteilung oder Forschung & Entwicklung, müssen genannt und festgehalten werden.

Schritt 5

Gleich im Anschluss müssen geeignete Maßnahmen zur Beseitigung der Schwachstellen entwickelt werden:

- Verbessern Sie Ihre Buchführung und trennen Sie die verschiedenen Unternehmensfunktionen voneinander.
- Richten Sie das sogenannte Vier-Augen-Prinzip ein, d.h. lassen Sie niemanden allein eine Entscheidung fällen. Ändern sie gegebenenfalls die Befugnisregelung.
- Lassen Sie Ihr Personal, welches an den entscheidenden Risikostellen sitzt, alle zwei bis drei Jahre den Job wechseln (Job-Rotation).

Generell muss bei diesem Schritt die Unternehmung darauf achten, dass Korruption schon im Keim erstickt wird. Hier müssen geeignete Verhaltensregeln formuliert werden, an denen sich der Mitarbeiter orientieren kann, sollte er Opfer von Korruption werden. Auf der anderen Seite sind natürlich auch Kollegen und Mitarbeiter zu sensibilisieren. Anzeichen der Korruption müssen erkannt und auch gemeldet werden.

Und denken Sie daran: Korruption muss bestraft werden! Beachten Sie aber, dass bei solchen Maßnahmen ggf. der Betriebsrat Ihres Unternehmens zustimmen muss (§ 87 (1) Ziffer 1 BetrVG).

Schritt 6

Nun folgt für Sie der entscheidende Schritt: Implementieren Sie Ihr Programm richtig. Leiten Sie die Maßnahmen zur Bekämpfung der Korruption in Ihrem Unternehmen ein. Es hat sich in der Praxis gezeigt, dass das alleinige Aushändigen eines Merkblattes an die Mitarbeiter zur Bekämpfung der Korruption bei weitem nicht ausreicht!

Schritt 7

Zeigen Sie Ihren Mitarbeitern in Schulungen an praxisnahen Beispielen, wie sie sich verhalten sollen. Kommunizieren Sie den Verhaltenskodex und schärfen Sie das Unrechtbewusstsein bei Korruption. Zeigen Sie deutlich, was in Ihrem Unternehmen erwünscht ist und was nicht. Verdeutlichen Sie die Konsequenzen bei Nichtbeachtung der Vorgaben.

Schritt 8

Nach diesen Schritten muss das Konzept beobachtet und ausgewertet werden. Stellen Sie fest, dass sich an der Einstellung der Mitarbeiter bzw. an den Korruptionsverdachten nichts geändert hat, so müssen Sie eine Revision des Programms durchführen. Beginnen Sie in jedem Fall wieder ganz von vorn und checken Sie jeden Schritt, inwieweit er Einfluss auf das Endergebnis gehabt hat.[101]

Um diese Schritte konsequent zu verfolgen, gehen Sie nach der Checkliste Tabelle 17.6 vor.

---

[101] Vgl. Transparency International (2002)

Tabelle 17.6. Checkliste Korruptionsbekämpfung

	Checkliste: Korruptionsbekämpfung	
Phase 1	Unternehmensgrundsätze formuliert? (z.B. Wir sind ein ehrliches Unternehmen und dulden keine korrupten Mitarbeiter)	OK
Phase 2	Konsequenzen bei Zuwiderhandlung definiert? (z.B. sollten wir einen korrupten Mitarbeiter aufdecken, so werden wir die fristlose Kündigung aussprechen)	OK
Phase 3	Ist-Analyse durchführen (z.B. für Korruption anfällige Bereiche identifizieren).	OK
Phase 4	Schwachstellen benennen (z.B. ein besonders hohes Risiko für Korruptionsanfälligkeit besteht im technischen Einkauf).	OK
Phase 5	Maßnahmen erarbeiten, mit denen Schwachstellen beseitigt werden können (z.B. Jobrotation, Vier-Augen-Prinzip,...).	OK
Phase 6	Maßnahmen einleiten.	OK
Phase 7	Maßnahmen kommunizieren.	OK
Phase 8	Maßnahmen kontrollieren und ggf. verbessern.	OK

18 Rechtssicherheit durch professionelles Vertragsmanagement

18.1 Einleitung

Das beste Verhandlungsergebnis ist wertlos, wenn es nicht in eine wirksame und klare rechtliche Form gebracht wird. Am Ende jeder Verhandlungsführung muss daher die vertragliche Fixierung stehen – in welcher Form auch immer. Nach Vertragsschluss ist das Vertragsmanagement allerdings nicht beendet, denn es sollte ständig überprüft werden, ob der Vertragspartner seine Vertragspflichten auch ordnungsgemäß und fristgerecht einhält. Nachfolgend werden die wesentlichen Eckpunkte des Vertragsmanagements für den Einkauf behandelt.

18.2 Wesentliche rechtliche Einigungspunkte

18.2.1 Leistungsbeschreibung

Das Wichtigste zuerst: Die Kaufleute müssen sich dazu zwingen, dass sie das, was sie als wesentliche Leistungsverpflichtung der verschiedenen Vertragsparteien ansehen, in irgendeiner Form schriftlich niederlegen. Für den Profi im Einkauf muss es Routine sein, ein klare und allgemeinverständliche Leistungsbeschreibung (normalerweise die berühmte „Anlage 1" eines Vertrages) zu formulieren, in dem alles steht, was er vom Verkäufer erwartet. Hierbei ist Fachchinesisch zu vermeiden. Im schlimmsten Fall muss über die Frage, was die verschiedenen Vertragsparteien tatsächlich leisten müssen, ein Generaldilettant entscheidet, nämlich ein Richter. Richter haben – insbesondere in Deutschland – zumeist keinerlei praktische Erfahrung im Wirtschaftsleben, so dass die Leistungsbeschreibung klar und verständlich sein muss. Die beste Leistungsbeschreibung ist die, die ein Laie versteht. Das bedeutet:

- Keine Abkürzungen verwenden!
- Spezialtermini einer bestimmten Branche definieren!

- Auch Selbstverständlichkeiten in die Leistungsbeschreibung aufnehmen!
- Aus welchem Material soll das Produkt sein?
- Welche Eigenschaft soll es haben?
- Welche Farbe, Form, Gewicht usw. soll es haben?

> Die Leistungsbeschreibung muss klar und allgemeinverständlich sein!

18.2.2 Fristen, Fälligkeit

Natürlich gehört zu der Definition der Leistungsverpflichtung auch,

- wann (z.B. 30.09.),
- wer (Firma XY),
- welche Leistung (z.B. Lieferung von Maschinen),
- wie (Lieferung frei Haus, verzollt, etc.)

erbringen muss. Für den versierten Einkäufer empfiehlt es sich, konkrete Tage für eine Lieferung durch den Verkäufer zu benennen. Jede Verspätung der Leistung führt dann zur Verzugshaftung des Lieferanten (§ 286 Abs. (2) Nr. 1 BGB). Wenn man als Einkäufer zu einem bestimmten Zeitpunkt auf eine bestimmte Lieferung angewiesen ist, muss man konkrete Daten hierfür nennen. Noch besser ist eine deftige Vertragsstrafe für jeden Tag der Verspätung des Verkäufers.

18.2.3 Erst die Ware, dann das Geld

Wenn auch für den Einkäufer dieser alte Kaufmannsspruch nicht mehr immer durchsetzbar ist, muss der vorsichtige Käufer bei der Definition der Fälligkeit des Kaufpreises sehr vorsichtig sein. Es muss darauf geachtet werden, dass eine Zahlung nicht fällig wird, so lange die mangelfreie Lieferung nicht gesichert ist. Eine solche Sicherung wären z.B. Akkreditive oder Bankgarantien, Gewährleistungseinbehalte oder einfach ein weiträumiges Zahlungsziel für den Kaufpreis nach Lieferung.

Die Frage, die sich der Einkäufer stellen muss ist: Gibt es irgendeinen Zeitpunkt in der Abwicklung des Vertrages, bei dem ich als Einkäufer einen Schaden habe, wenn der Verkäufer bankrott geht? Wenn der Einkäufer schon zahlt, obwohl er die Lieferung noch nicht hat, dann ist das Risiko offensichtlich. Aber auch nach Lieferung kann sich ein wesentlicher Mangel erst später herausstellen. Wenn dann schon der ganze Kaufpreis gezahlt ist, würde die Insolvenz des Lieferanten unmittelbar zu einem Schaden des Einkäufers führen.

Spätestens seit dem Zusammenbruch des US-Konzerns Enron weiß der Profi, dass die sichersten Felsen wanken können. Die Sicherung der Kaufpreisvorleistung ist angesichts des ständig bestehenden Insolvenzrisikos des Lieferanten wichtiger denn je.

> Der Kaufpreis darf nicht fällig sein, bevor der Einkäufer die Ware auf Mängelfreiheit prüfen konnte (Bsp.: Bezahlung spätestens 30 Tage nach Erhalt der Ware).

18.2.4 Sonstige Klauseln

Darüber hinaus sollten keine Verträge geschlossen werden, wenn sie nicht zumindest folgende Themen abhandeln:

- Haftungsklauseln, insbesondere für Mängel und Spätlieferung;
- Laufzeit/Kündigungsmöglichkeit, insbesondere bei Dauerlieferverträgen in der Massenfertigung;
- Gerichtsstandklausel, d.h. eine Einigung wo ein möglicher Prozess über den Vertrag zu führen ist. Jedenfalls, soweit es Verträge zwischen deutschen Parteien betrifft, muss vor Schiedsgerichtsvereinbarungen deutlich gewarnt werden, da diese im Vergleich zu den staatlichen Gerichten sehr teuer sind. Im internationalen Verkehr kann anderes gelten;
- Schriftformklausel, wobei immer eine sog. „qualifizierte" Schriftformklausel verwendet werden soll, damit später sich keine Partei mehr auf angebliche mündliche Nebenabreden berufen kann. Eine solche „qualifizierte" Schriftformklausel lautet wie folgt:

„Änderungen oder Ergänzungen dieses Vertrages bedürfen der Schriftform, was auch auf den Verzicht für diese Schriftformerfordernis gilt."

18.2.5 Kampf der Allgemeinen Geschäftsbedingungen

Jeder Einkaufprofi kennt das Problem: Die Verkäufer, mit denen er verhandelt, wurden von ihren Rechtsabteilungen dazu verdonnert, nur auf Grundlage deren „Allgemeinen *Verkauf*sbedingungen" zu verkaufen. Der Einkäufer hat von seiner Rechtsabteilung mitgeteilt bekommen, er möge ausschließlich zu seinen „*Einkauf*sbedingungen" einkaufen.

Einbezogen wird das Kleingedruckte der Parteien, die Allgemeinen Geschäftsbedingungen – egal ob vom Verkäufer oder vom Einkäufer – nur dadurch, dass bei Vertragsschluss die Parteien einvernehmlich die Gültigkeit *einer* der Allgemeinen Geschäftsbedingungen vereinbart haben. Nehmen die Parteien bei Abschluss jeweils auf die eigenen Allgemeinen Geschäftsbedingungen Bezug, so gilt, sofern sich die Einkaufs- und Verkaufsbedingungen widersprechen, keine von beiden, sondern das Gesetz.

Beispiel: Verkäufer schreibt: „Ich biete 50.000 Stück Glühbirnen, 40 Watt, zum Preis von je 0,50 Euro zu meinen Verkaufsbedingungen an." Einkäufer schreibt: „Ich nehme Ihr Angebot unter Einbeziehung meiner Einkaufsbedingungen an."

Allerdings sollte man einen solchen „Kampf der Allgemeinen Geschäftsbedingungen" vermeiden. Die Parteien sollten sich ausdrücklich einigen, welche Geschäftsbedingungen gelten sollen, und wenn man sich nicht einigen kann, so soll keine der beiden Allgemeinen Geschäftsbedingungen Anwendung finden.

Und der erfahrene Einkäufer weiß: Auf Punkte, die wirklich wichtig sind, sollte man sich nicht auf die eigenen Allgemeinen Geschäftsbedingungen verlassen. Wichtige Punkte sind immer ausdrücklich in der jeweiligen Bestellung/dem Vertrag zu regeln. Die individuelle Einigung geht nämlich immer den Allgemeinen Geschäftsbedingungen vor!

> Nicht auf die Wirksamkeit von AGBs verlassen! Wesentliches immer individuell mit dem Vertragspartner vereinbaren!

18.2.6 Wichtiges zum Neuen Kaufrecht

Am 1. Januar 2002 ist das neue Kaufrecht in Kraft getreten. Dies war das Kernstück der großen Reform des Schuldrechts des BGB, dem eine jahrzehntelange Diskussion vorausging. Im Folgenden sollen kurz die wesentlichen Neuerungen dargestellt werden:

a) Übergangsregelungen

Prinzipiell ist das neue Recht nur anwendbar auf Verträge, die am oder nach dem 1. Januar 2002 abgeschlossen wurden. Das alte Recht gilt für alle Verträge, die davor abgeschlossen wurden. Ausnahmen gelten unter Umständen im Bereich des Verjährungsrechts. Dort gilt die Daumenregel, dass die kürzere Verjährungsfrist gilt, je nachdem, ob diese aus dem alten Recht oder neuen Recht folgt (Art. 229, § 6 Abs. (4) Einführungsgesetz zum BGB).

b) Gewährleistungsfrist

Prinzipiell wurde die Verjährung von Gewährleistungsrechten von der früheren kurzen Frist von 6 Monaten auf 24 Monate verlängert (§ 438 Abs. (1) Nr. 3 BGB). Diese Verlängerung gilt nicht nur für Verbrauchsgüterkauf, sondern auch für Kaufverträge zwischen Unternehmen. Die Frist kann in Allgemeinen Geschäftsbedingungen auf 12 Monate reduziert werden (§ 309 Nr. 8 b) ff) BGB).

> Achtung Einkäufer: Keine Verkaufs-AGB akzeptieren, in dem die Gewährleistung auf 1 Jahr verkürzt ist!

c) Gewährleistungsrechte

Das Recht der kaufrechtlichen Gewährleistung, also der Rechte des Einkäufers, wenn die gelieferten Waren Mängel haben, wurde vollständig neu geordnet. Hierbei wurden die Rechte des Einkäufers erheblich gestärkt, da dieser nunmehr zunächst die Nacherfüllung verlangen kann, also die Lieferung eines mangelfreien Produktes durch

- Nachlieferung eines neuen, mangelfreien Produktes gleicher Art oder
- Reparatur des mangelhaft gelieferten Produktes (§ 439 Abs. (1) BGB).

Der Käufer kann – sofern nicht Abweichendes in den Allgemeinen Verkaufsbedingungen geregelt ist – nach Fehlschlagen der Nacherfüllung

- die Herabsetzung des Kaufpreises (früher: Minderung) verlangen oder
- vom Kaufvertrag zurücktreten (früher: Wandlung), (§§ 440, 441 BGB).

Darüber hinaus kann der Käufer, sofern der Verkäufer den Mangel der gelieferten Ware verschuldet hat und er trotz Fristsetzung der Nacherfüllung nicht nachkommt,

- Schadenersatz wegen der mangelhaften Lieferung verlangen (§§ 440, 280, 281 BGB).

Insbesondere das Recht auf Schadenersatz des Käufers ist eine Revolution im deutschen Kaufrecht, da bisher der Käufer nur dann ein Schadensersatzrecht hatte, wenn er vom Verkäufer arglistig getäuscht wurde oder aber die gelieferte Ware eine ausdrücklich zugesicherte Eigenschaft nicht hatte.

d) Werbung wird ernstgenommen

Unter dem alten Kaufrecht konnte der Verkäufer in der Werbung und in Hochglanzbroschüren seine Produkte anpreisen wie er wollte, ohne dass er dafür gehaftet hätte. Selbst wenn diese Anpreisungen frei erfunden waren, hat er im Regelfall nicht gehaftet, denn Aussagen zu Produkteigenschaften in Werbebroschüren galten nicht als zugesicherte Eigenschaften und deren Fehlen begründete keinen Mangel. Nunmehr sieht das BGB ausdrücklich vor, dass ein Mangel dann vorliegt, wenn der Verkäufer in seinem Werbematerial eine bestimmte Produkteigenschaft anpreist, obwohl diese gar nicht vorliegt (§ 434 Abs. (1) Satz 3 BGB).

Der professionelle Einkäufer verlässt sich aber natürlich nicht auf Werbematerialien. Wenn es ihm wichtig ist, dass eine ganz bestimmte Eigenschaft des gelieferten Produktes vorhanden ist, sollte dies ausdrücklich schriftlich vereinbart werden, um später gesicherte Rechte zu haben, sollte die Eigenschaft nicht vorliegen.

> Trotz des neuen Rechts: Wichtige Eigenschaften des Produkts muss der Lieferant ausdrücklich schriftlich zusichern! Beispiel: Maschine läuft 10.000 Betriebsstunden wartungsfrei.

e) Rückgriff des Wiederverkäufers

Eine völlige Neuerung im neuen Kaufrecht ist der Rückgriffsanspruch des Wiederverkäufers (§ 478 BGB). Wenn ein Unternehmen Produkte einkauft, um sie an den Endverbraucher wiederzuverkaufen, gab es unter dem alten Recht das Problem, dass der Wiederverkäufer gegenüber seinem Kunden unter Umständen bei Mangelhaftigkeit der Ware haftete, er selbst aber aufgrund Verjährung keinen Rückgriffsanspruch gegen seinen Lieferanten mehr hatte.

Dieses Problem hat der Gesetzgeber gesehen und beseitigt. Nunmehr hat der Wiederverkäufer auch nach Ablauf der zweijährigen Gewährleistungsfrist noch einen Rückgriffsanspruch gegen seinen Lieferanten. Allerdings muss er innerhalb einer sehr kurzen Frist von zwei Monaten, nachdem er seinen Kunden befriedigt hat, gegenüber seinem Lieferanten den Anspruch geltend machen. Längstens jedoch gilt dieser Rückgriffsanspruch fünf Jahre ab dem Zeitpunkt, in dem das Produkt an den Unternehmer geliefert wurde.

Beispiel: Ein Unternehmen handelt mit DVD-Playern. Es kauft DVD-Player en gros ein, wobei mit dem Lieferanten deutsches Recht vereinbart wird. Die Geräte werden am 1. Juli 2003 geliefert. Der Unternehmer verkauft die Geräte an Endkunden, wobei er den größten Teil der Geräte im

Weihnachtsgeschäft 2003 an den Mann bringt. Im September 2005 zeigt sich an den Geräten ein epidemischer Fehler. Reihenweise kommen die Endkunden zum Unternehmer und verlangen Mangelgewährleistung. Der Unternehmer lässt alle Geräte reparieren, wodurch ihm ein großer Schaden entsteht.

In unserem Beispiel wäre eigentlich die zweijährige Gewährleistungsfrist gegenüber dem Lieferanten des Unternehmens abgelaufen. Nun sieht aber der neue Rückgriffsanspruchs des Unternehmers vor, dass der Lauf der Zwei-Jahres-Frist bis zwei Monate nach Befriedigung der Kunden des Unternehmers gehemmt ist. Sobald der Unternehmer somit seine Kunden befriedigt, muss er umgehend, innerhalb von zwei Monaten, eine verjährungsunterbrechende Maßnahme gegenüber seinem Lieferanten vornehmen. Wenn der Lieferant nicht anerkennt, heißt das zumeist: Klage erheben.

> Der Rückgriff des Wiederverkäufers gegen den Lieferanten muss innerhalb der kurzen Frist von 2 Monaten geltend gemacht werden!

f) Werkvertrag

Der Werkvertrag unterscheidet sich vom Kaufvertrag dadurch, dass beim Werkvertrag der Lieferant das Produkt für den Kunden extra herstellt. Die Änderungen mit dem neuen Recht sind beim Werkvertrag nicht so einschneidend. Es gab auch bisher die Schadenersatzhaftung des Werkunternehmers. Wesentliche Neuerungen sind eigentlich nur zwei:

- Auch beim Werkvertrag ist die Gewährleistungsfrist nunmehr zwei Jahre anstatt sechs Monaten (§ 634a Abs. (1) Nr. 1. BGB).
- Weiterhin muss im Falle der mangelhaften Werkleistung nun nicht mehr der komplizierte Weg der „Fristsetzung mit Ablehnungsandrohung" gegangen werden. Der Kunde muss sich also nicht mehr zwischen „Nacherfüllung", Rücktritt (Wandlung) und Schadenersatz entscheiden, sondern kann alle Gewährleistungsrechte geltend machen (§ 634 BGB).

18.3 Form des Vertrages

18.3.1 Auch mündliche Verträge sind Verträge

Verträge sind – jedenfalls nach deutschem Recht – im Regelfall nicht formbedürftig. Daher kann ein Vertrag auch wirksam mündlich, am Telefon, per E-Mail oder sogar einfach durch Handzeichen abgeschlossen werden. Wesentlich ist lediglich, dass sich zwei Willensäußerungen von zwei Vertragsparteien decken, d.h., dass das Angebot von einer Vertragsseite durch ein „Ja" der anderen Vertragsseite angenommen wird.

Manche Verträge allerdings bedürfen einer bestimmten Form. So müssen in Deutschland die Abtretungen von GmbH-Geschäftsanteilen und der Verkauf von Grundstücken notariell beurkundet werden. Darüber hinaus gibt es allerdings sehr wenige Rechtsgeschäfte, die zwischen Kaufleuten einer besonderen Form bedürfen.

Dennoch ist es im kaufmännischen Verkehr in hohem Maße ratsam, alles Wichtige schriftlich zu machen. Auch wenn das Aufschreiben manchmal ein wenig mühsam ist, es kann viel Mühe im Nachhinein sparen, wenn man sich nicht darüber streiten muss, was eigentlich vereinbart war. So ist ein schriftlicher Vertrag das beste Beweismittel dafür, was die Parteien wirklich wollten. Darüber hinaus ist man im Streitfalle mit einem schriftlichen Vertrag meist nicht darauf angewiesen, Zeugen über bestimmte Sachverhalte zu hören. Wer jemals vor Gericht war, weiß, dass das schlechteste aller Beweismittel das Gedächtnis von Menschen ist, insbesondere wenn finanzielle Interessen berührt werden. Deshalb die wichtigste Grundregel:

> Verträge werden schriftlich gemacht !

18.3.2 Einkauf im Internet

Diese Grundregel gilt im Prinzip auch im Internet. Der juristisch bewanderte Einkäufer weiß, dass eine E-Mail allein ein schwaches Beweismittel ist. Insbesondere weiß er, dass man ohne eine sichere Signatur nicht beweisen kann, wer die E-Mail geschickt hat, ob er dazu bevollmächtigt war oder ob sie vollständig ist.

Wenn eine anerkannte, zertifizierte Signatur verwendet wird, dann kann man sich auf die jeweiligen E-Mails verlassen, als seien sie auf Papier geschrieben (§ 126a BGB in Verbindung mit dem Signaturgesetz). Es ist lediglich die Archivierung der Kommunikation sicher zu stellen.

Wird kein sicheres, zertifiziertes Signaturverfahren verwendet, dann empfiehlt es sich dringend, im Internet abgeschlossene Verträge – sofern sie von einiger Wichtigkeit sind – im Wege eines Kaufmännischen Bestätigungsschreibens formell zu bestätigen (Formulierung s. 18.4.4). Andernfalls kann man erhebliche Beweisschwierigkeiten im Streitfalle erzeugen.

> *Einkauf im Internet:* Entweder sicheres Signatursystem verwenden, oder Kaufmännisches Bestätigungsschreiben auf Papier!

18.4 Rechtliche Bedeutung des Verhandelns

18.4.1 Wann kommt ein Vertrag zustande ?

Ein Vertrag kommt erst zustande, wenn zwei Willenserklärungen sich decken, d.h. zwei Vertragspartner übereinkommen, nunmehr einen Vertrag zu wollen. Daraus folgt, dass die Verhandlung als solche, solange noch keine Übereinstimmung über die wesentlichen Punkte gefunden wurde, nicht zu einem Vertragsschluss führt.

Broschüren, Werbematerial, generelle Anpreisungen oder der Inhalt von „Angeboten" auf der Website sind noch keine definitiven Angebote im juristischen Sinne zum Abschluss eines Vertrages. Der Einkaufsprofi weiß, dass die Verkäufer sich nur ungern an derartige generelle Anpreisungen binden lassen wollen. Rechtlich ist es daher auch so, dass diese „Angebote", die sich nicht an einen bestimmten potenziellen Vertragspartner richten, unverbindlich sind. Sie sind lediglich Aufforderungen an den Markt, konkrete Angebote zum Abschluss eines Vertrages über die angepriesenen Leistungen abzuschließen.

Bindend wird ein Angebot somit erst dann, wenn alle wesentlichen Vertragsbedingungen vereinbart wurden. Diese wesentlichen Punkte sind zumindest folgende:

- Wer ist Vertragspartei?
- Was ist das verkaufte Produkt?
- Wieviel kostet es?

Der erfahrene Einkäufer verlässt sich daher nicht auf Aussagen des Verkäufers in seinen Hochglanzbroschüren. Alle wesentliche Merkmale des gekauften Produktes vereinbart er ausdrücklich in einem Vertrag. Nur so werden diese Merkmale Vertragsbestandteil und hat der Einkäufer Gewährleistungsrechte, sollten die Merkmale nicht erfüllt sein.

18.4.2 Haben wir einen Deal?

Am Ende einer mündlichen Verhandlungsrunde zwischen Kaufleuten kommt oft die Frage „Haben wir einen Deal?". Auf diese Frage sollte möglichst nicht mit „Ja" geantwortet werden. Der geschulte Einkäufer weiß: Dadurch kommt mündlich ein Vertrag zustande. Es sollte aber wo immer möglich vermieden werden, Verträge mündlich zu schließen. Auf die Frage „Haben wir einen Deal?" sollte daher geantwortet werden: „Erst wenn die Tinte trocken ist!", d.h. der Einkäufer macht deutlich, dass der

Vertrag erst dann gilt, wenn das Verhandlungsergebnis schriftlich fixiert wurde und beide Seiten dem schriftlich zugestimmt haben.

> Möglichst keine Handshake-Verträge abschließen. Bei Verhandlungen ausdrücklich auf schriftliche Fixierung bestehen!

18.4.3 Rechtsrat

Bei wichtigen Verträgen sollte nach der kaufmännischen Einigung ein Jurist bei dem Entwurf des schriftlichen Vertrages eingeschaltet werden. Zumindest sollten Vertragsstandards und Klauseln verwendet werden, die einmal generell durch einen Juristen abgesegnet wurden. Hier heißt es, auch wenn dies für den Einkäufer schmerzhaft ist: „Schuster bleib bei deinen Leisten." Kaufleute sind oft juristisch nicht ausreichend ausgebildet, um wichtige Verträge in allen Details zu formulieren.

Wenn man einen unabhängigen Anwalt einschalten kann, hat man dazu noch den Vorteil, dass dieser für Fehler haftet, insbesondere wenn er über rechtliche Risiken nicht ordentlich aufgeklärt hat.

18.4.4 Zumindest: kaufmännische Bestätigungsschreiben

Wenn schon kein ordentlicher schriftlicher Vertrag entworfen und abgeschlossen werden soll, so bestätigt der geschulte Verhandlungsführer zumindest das in einer mündlichen Verhandlung Vereinbarte schriftlich. Wenn deutsches Recht Anwendung findet, hat ein förmliches „Kaufmännisches Bestätigungsschreiben" die Wirkungen eines Vertragsdokumentes, sofern die Gegenseite dem Inhalt des Kaufmännischen Bestätigungsschreibens nicht unverzüglich widerspricht.

Wichtig ist hierbei, dass das kaufmännische Bestätigungsschreiben explizit darauf Bezug nimmt, dass man sich bereits vor Abfassen des Schreibens mündlich, telefonisch, per E-Mail oder auf sonstige Weise auf einen bestimmten Vertragsinhalt geeinigt hat. Die Formulierung des kaufmännischen Bestätigungsschreibens muss daher auf einen in der Vergangenheit liegenden Vertragsschluss Bezug nehmen. Es bietet sich folgende Formulierung an:

> *„Hiermit nehme ich Bezug auf unser Telefonat (oder: E-Mail-Kommunikation) vom ... und bestätige die getroffene Liefervereinbarung wie folgt:*
> *..."*

Der erfahrene Einkäufer kennt das Problem: das kaufmännische Bestätigungsschreiben muss dem Verkäufer zugehen, und er muss diesen Zugang beweisen können. Eine E-Mail verschicken genügt hierfür nicht! Ein Fax mit Faxbestätigung ist zwar kein 100%iges Beweismittel, allerdings besser als nichts. Am sichersten wäre ein schriftlicher Zugangnachweis, wobei ein solcher oft nur schwer zu erreichen ist.

Umgekehrt muss der clevere Einkäufer aufpassen, dass ihm nicht ein Kaufmännisches Bestätigungsschreiben „untergeschoben" wird. Jeder Einkäufer muss daher hellhörig werden, wenn in einem Schreiben eines Verkäufers, mit dem man sich nach eigener Ansicht noch nicht geeinigt hat, das Wort „bestätigen" vorkommt. In diesem Fall muss man sofort (spätestens am nächsten Tag!) dem Inhalt des angeblich Vereinbarten widersprechen.

Für den Zugangsnachweis des „Widersprechens" gilt das gleiche wie für das kaufmännische Bestätigungsschreiben selbst: Man muss den Zugang beweisen und dieser sollte daher zumindest per Fax mit Sendebestätigung erfolgen.

> Inhaltlich falschen Kaufmännischen Bestätigungsschreiben muss man sofort, d.h. innerhalb von einem Tag wiedersprechen!

18.4.5 Verschulden bei Vertragsverhandlungen

Ein Vertrag kommt erst zustande, wenn sich beide Parteien geeinigt haben. Manchmal jedoch kann es zu Situationen kommen, in denen die Verweigerung eines Vertragsschlusses treuewidrig von einer Vertragsseite ist. Eine solche Treuwidrigkeit, also ein unfaires Verhalten, kann sich insbesondere dann ergeben, wenn eine Vertragspartei die andere im erheblichen Umfang bereits arbeiten lässt, im Vertrauen darauf, dass es schon zu einem Vertragsschluss kommen wird. Man nennt dies „Verschulden bei Vertragsverhandlungen" (oder *culpa in contrahendo*) und ist seit der großen Reform des BGB in § 311 Abs. (2) Nr. 1 jetzt ausdrücklich angesprochen.

Beispiel: Ein Einkäufer sagt einem Verkäufer, es werde bald zu einem großen Auftrag kommen. Der Verkäufer solle aber schon mal umfangreiche Entwicklungsleistungen für das Produkt vornehmen. Diese Entwicklungsleistungen würden dann später im endgültigen Vertrag schon bezahlt werden.

In derartigen Fällen kann es dazu kommen, dass der Nichtabschluss eines Vertrages als treuewidrig angesehen wird. Zwar kann der Einkäufer nicht verpflichtete werden, gegen seinen Willen einen Vertrag abzuschließen. Allerdings könnte es sein, dass der Einkäufer dazu verpflichtet ist, Schadenersatz zu leisten für den Schaden, der dem Verkäufer dadurch entstanden ist, dass er darauf vertraut hat, es werde zu einem Vertrag kommen. In unserem Beispiel könnte daher, unter gewissen Umständen, der Verkäufer seine Entwicklungsleistung abrechnen, obwohl kein förmlicher Auftrag (Vertrag) zustande kam.

18.5 Ausländische Vertragsparteien

18.5.1 Sprache

Man mag es bedauern, aber unsere deutsche Muttersprache ist irrelevant im internationalen Geschäftsverkehr. Die Erfahrung zeigt, dass die gesamte Transaktion auf Englisch abgewickelt wird, wenn auch nur eine an einer Transaktion beteiligte Partei nicht deutsch ist.

Der Vertragsabschluss in einer Sprache, die nicht die Muttersprache ist, birgt enorme Risiken. Deshalb sollten Verträge in Englisch, selbst wenn man meint, ganz passabel Englisch zu sprechen, nur von Personen entworfen werden, die absolut verhandlungssicher sind.

Bei den Verhandlungen mögen sich die Kaufleute bisweilen gut verstehen, auch wenn nicht jeder Satz grammatikalisch richtig ist. Grammatikalische Fehler in schriftlichen Verträgen können aber dazu führen, dass ihr Sinn völlig entstellt wird oder sie gar schlicht unverständlich werden. Deshalb muss jeder Einkäufer selbstkritisch genug sein, um einschätzen zu können, ob sein Englisch wirklich ausreicht, um Vertragstexte zu entwerfen.

18.5.2 Rechtswahlklausel und UN-Kaufrecht

In einem Vertrag, indem eine ausländische Partei beteiligt ist, muss unbedingt eine Regelung über das anwendbare Recht getroffen werden. Geschieht das nicht, so unterliegt ein Kaufvertrag im Regelfall dem Recht des Landes des Verkäufers. Dagegen sollte sich der erfahrene Einkäufer durch eine Rechtswahlklausel schützen.

Können sich Einkäufer und Verkäufer, die aus verschiedenen Ländern kommen, nicht auf ein Recht einigen, so bietet sich das UN-Kaufrecht an. Das UN-Kaufrecht ist ein Regelwerk, das im Rahmen der UN verhandelt wurde und dem fast alle wichtigen Industrienationen beigetreten sind (Wichtige Ausnahmen: Großbritannien, Portugal). Bei Kaufverträgen mit Verkäufern aus einem Mitgliedsstaat des UN-Kaufrechts gilt dieses Recht automatisch, sofern man keine anderweitige Rechtswahl trifft.

Seit der Neuregelung des deutschen Kaufrechts ab dem 1. Januar 2002, ist das UN-Kaufrecht vom deutschen Kaufrecht fast nicht mehr zu unterscheiden. Deshalb kann sich der deutsche Einkäufer getrost – wenn er nicht das Recht des ausländischen Verkäufers anerkennen will – auf das UN-Kaufrecht als „Kompromissrecht" einigen.

> In internationalen Verträgen immer eine Rechtswahlklausel aufnehmen!

18.5.3 Gerichtsstand

Ebenso wichtig wie die Rechtswahlklausel ist die Gerichtsstandklausel. Der Profi im internationalen Geschäft sorgt dafür, dass ein eventueller Prozess möglichst „zu Hause" geführt wird. Wo immer durchsetzbar, soll daher ein inländischer Gerichtsstand gewählt werden.

Jedenfalls sollten die Wahl des Gerichtsstandes, d.h. das Land in dem ein Rechtsstreit geführt werden soll, und die Rechtswahlklausel synchronisiert werden. Nur so kann verhindert werden, dass ein Richter einen Fall in einem Recht entscheiden muss, in dem er nicht ausgebildet ist.

Im internationalen Verkehr können Schiedsgerichtsvereinbarungen sinnvoll sein, insbesondere wenn der Verkäufer in einem Land sitzt, das nicht oder nur über ein eingeschränkt funktionierendes Zivilrechtssystem verfügt (z.B. Italien, Griechenland, Belgien, China, Russland usw.). Es sollte auf ein anerkanntes institutionelles Schiedsgericht des jeweiligen Landes verwiesen werden.

> In Deutschland ist das z.B.
>
> die Deutsche Institution für Schiedsgerichtsbarkeit e.V.
> Beethovenstr. 5-13
> 60674 Köln
> www.DIS-ARB.de

Nur so kann man sicherstellen, dass man im Streitfalle in angemessener Zeit ein Urteil bekommt. Allerdings muss beachtet werden, dass Schiedsgerichte, außer in Fällen mit einem sehr hohen Streitwert, im Regelfall erheblich teurer sind als staatliche Gerichte.

> In internationalen Verträgen immer eine Gerichtsstandsklausel aufnehmen!

18.5.4 Vollstreckung ausländischer Urteile

Wenn der in einem Prozess Unterlegene nicht zahlt, dann muss das Urteil vollstreckt werden. Im Internationalen Bereich ist das häufig schwierig. Die Urteile von ausländischen staatlichen Gerichten müssen zur Vollstreckung in einem anderen Land für vollstreckbar erklärt werden. Gleiches gilt für Schiedsgerichtsurteile, sowohl im Inland wie im Ausland.

Innerhalb der Europäischen Union und im Verhältnis zu den USA ist diese Vollstreckbarkeitserklärung zumeist ein reine Formalie, weil gut funktionierende internationale Verträge über die Anerkennung ausländischer Urteile und Schiedsgerichtsurteile bestehen. Schwieriger kann die Vollstreckung von Urteilen und Schiedsgerichtsurteilen in Ländern mit mangelhafter Zivilrechtspflege sein.

Hier muss der Profieinkäufer Vorsorge treffen. Er muss dafür sorgen, dass er niemals in die Lage kommen kann, den Verkäufer verklagen zu müssen. Wenn also der Verkäufer aus einem Land kommt, in dem man schwer vollstrecken kann und/oder ein Gerichtsstand vereinbart wird, bei dem nicht sicher ist, ob es ein faires Verfahren gibt, sollte der Einkäufer nie einseitig in Vorleistung treten. Insbesondere darf der Kaufpreis erst dann zahlbar sein, wenn der Einkäufer sicher ist, dass er mangelfreie Ware erhalten hat. Im Vertrag muss daher vereinbart werden, dass der Kaufpreis erst fällig ist, wenn der Einkäufer ausreichend Gelegenheit hatte, die Ware zu prüfen.

19 Der Abschluss der Einkaufsverhandlung

Die letzte Phase der Verhandlung wird nun eingeläutet. Einkäufer und Verkäufer haben sich persönlich und inhaltlich ausgetauscht. Argumente wurden durch Gegenargumente neutralisiert und wiederum durch Gegen-Gegen-Argumente doch noch als Punkte verbucht. In Abhängigkeit der Positionen, Vorbereitung und Argumentationstechniken wurde ein für beide Seiten zufrieden stellendes und akzeptables Verhandlungsergebnis erreicht. Es kommt nun zur Abschlussphase.

19.1 Abhaken der Vereinbarungen

Der sorgfältige Einkäufer hat seit Beginn der Verhandlung eine Liste geführt mit all den vereinbarten Punkten. Diese können sein

- Qualitätsvereinbarungen,
- Preise,
- Termine,
- Volumina,
- weitere von Bedeutung scheinende Interessenspunkte.

Die in der Verhandlung miteinander getroffenen Vereinbarungen werden gemeinsam durchgegangen und visuell abgehakt. Das ist ein sehr wichtiger Vorgang. Hier wird das gleiche Verständnis der Vereinbarungen nochmals abgeglichen und Differenzen geklärt. Wenn Sie diesen Schritt nicht miteinander gehen, kann es Ihnen passieren, dass Teile der Vereinbarungen unterschiedlich interpretiert wurden und im Zweifel Ihre Verhandlung ohne Ergebnis war. Das könnte eine Neuansetzung derselben Verhandlung bedeuten!

Erst nachdem alle Punkte zur Zufriedenheit beider Parteien durchgegangen worden sind, besteht eine Vereinbarung.

Besprechen Sie diese mit dem Lieferanten. Fragen Sie ihn, ob er damit zufrieden ist. Das Abhaken und das nochmalige Darübersprechen hat eine manifestierende Wirkung. Es nimmt den Verkäufer nochmals in die Pflicht, sich an seinen Teil der Vereinbarung zu halten.

Abb. 19.1. In der Zusammenfassung getroffene Vereinbarungen abhaken

19.2 Das Protokoll

Viele Einkaufskollegen freuen sich, wenn der Verkäufer das Protokollieren der Verhandlung freiwillig auf sich nimmt. Dieser scheinbare Akt der Höflichkeit ist wohl berechnet und gibt dem Schreibenden die Möglichkeit „das letzte Wort" zu haben, nämlich beim Anfertigen des Protokolls. Ein schriftliches Protokoll mit einem gewissen Verteiler hat eine große Macht: Was darin steht, ist erst einmal Gesetz! „Was in der Zeitung steht..." singt Reinhard Mey glaubt jeder erst einmal. „Wer schreibt, der bleibt" heißt es beim Skatspielen.

> Fertigen Sie selbst das Protokoll an!

Auch wenn es für Sie mehr Arbeit bedeutet, so haben doch Sie es in der Hand zu kontrollieren, was und wie an den Verteiler informiert wird.

Schreiben Sie das Protokoll sofort im Anschluss an die Verhandlung. Da sind die Impressionen und Informationen noch am frischesten.

Es ist wie beim Falten eines Papierblattes: direkt nach der Verhandlung haben Sie noch die komplette Seite im Kopf, am nächsten Tag nur noch die Hälfte und am weiteren Tag nur noch ein Viertel.

Abb. 19.2. Sofortiges Protokollieren bringt mehr Inhalt und kostet weniger Zeit

19.3 To-Do-Liste

Neben dem Protokoll, welches den internen und externen Gesprächspartnern und Interessenten zugestellt wird, gibt es auch eine interne Nachbereitung, die „To-Do-Liste".

Wer wann was zu tun hat und wer über all die anstehenden Aufgaben die Gesamtverantwortung hat – das alles wird in dieser Checkliste festgehalten und verfolgt.

Wichtig dabei ist, dass die zu leistenden Aufgaben sowohl mit verantwortlichem Namen, als auch mit Datum versehen sind. Verantwortungen nur an: „Abteilung PQC21 – zu erledigen bis KW 14/03" zu delegieren, machen es bei Nichterfüllung schwer einen Verantwortlichen zu greifen. Ebenso ist als Datum „KW 14/03" nicht genau definiert, ab nun Montag oder Freitag gemeint ist. Besser Sie adressieren folgendermaßen: „Prüfung xyz-Teile – Termin 24.03.03 – verantwortlich: Kurt Link".

Sorgfältiges Protokollieren ist eine Disziplinsache. Erfahrene Einkäufer stecken aber lieber etwas mehr Zeit und Mühe in ein aussagekräftiges Protokoll als noch mehr Zeit und viel mehr Mühe in das Hinterherfragen und -diskutieren aufgrund eines mangelhaften Protokolls.

19.4 Die Bewertung der Ergebnisse

Grundlage einer ordentlichen Bewertung der Ergebnisse ist ein messbares Ziel.

| Ohne klares Ziel keine Ergebnisbewertung! |

Abb. 19.3. Bewertung ist nur mit messbaren Zielen möglich!

Neben dem Protokollieren der Verhandlung und der To-Do-Liste ist die Bewertung der Ergebnisse mit der wichtigste Punkt nach der Verhandlung.

„Nach dem Spiel ist vor dem Spiel..." wusste bereits der alte Sepp Herberger (ehemaliger deutscher Fußballnationaltrainer). Und diesem Grundsatz nach ist nach der Verhandlung vor der nächsten Verhandlung.

Die Bewertung sollte ehrlich und objektiv erfolgen, da sie die Grundlage für eine Verbesserung der Verhandlungsstrategie darstellt. Dabei werden gut funktionierende Dinge herausgearbeitet, sowie weniger erfolgreiche Strategien und Verhandlungspunkte analysiert.

Hierbei geht es nicht darum, einen Schuldigen für irgendwelche Versäumnisse zu finden, sondern die Erfolgs- bzw. Misserfolgstreiber zu identifizieren. Nur wer weiß, was warum erfolgreich war, kann dies auch bei nächsten Verhandlungen reproduzieren.

19.5 Checkliste Verhandlungsnachbereitung

Zusammengefasst sind folgende Punkte nach einer Verhandlung wichtig:

1. Protokoll der Verhandlung: Fassen Sie Ihre während der Verhandlung gemachten Notizen in kurzen markanten Sätze zusammen. Eine stichwortartige Aufzählung des besprochenen Inhaltes erhöht die Übersicht.

2. Benennen Sie Verantwortliche beim Namen und Erledigungstermine mit genauem Datum.
3. Erstellen Sie eine To-Do-Liste mit allen anstehenden Aufgaben, Verantwortlichen und Erledigungstermin.
4. Bewerten Sie Ihre Verhandlungsergebnisse. Dies ist die Grundlage zur Verbesserung der nächsten Verhandlung.
5. Bedenken Sie: eine saubere Nachbereitung ist die beste Vorbereitung für die nächste Verhandlung!

20 Umgang mit ausländischen Verhandlungspartnern

20.1 USA: Verhandlungsführung im Land der unbegrenzten Möglichkeiten

Amerika ist anders...

Die USA sind außerhalb von Europa Deutschlands bedeutendster Handelspartner und der mit Abstand beliebteste Standort für deutsche Direktinvestitionen im Ausland. Das Land der unbegrenzten Möglichkeiten bietet vielfältiges Geschäftspotenzial sowohl auf der Absatz- als auch auf der Beschaffungsseite. Im Jahr 2003 belief sich das deutsch-amerikanische Handelsvolumen auf über 100 Mrd. Euro. Die Importe deutscher Unternehmen aus den USA beliefen sich auf über 39 Mrd. Euro, was einem Anteil von 7,3% der deutschen Gesamteinfuhren entspricht.

Die US-Unternehmenslandschaft zeichnet sich durch eine überdurchschnittlich hohe Wettbewerbsfähigkeit aus. Das BIP pro Kopf beträgt in den USA über 34.000 US$, wohingegen Deutschland und Frankreich Werte um die 24.000 Euro verzeichnen. Insbesondere in zukunftsweisenden Branchen wie beispielsweise die Informations- und Kommunikationstechnologien setzen US-Unternehmen die Messlatte für die internationale Wettbewerbsfähigkeit. Dies wissen Einkäufer aus aller Welt zu schätzen. Zu den wichtigsten Einfuhrgütern deutscher Unternehmen aus den USA zählen Maschinen, elektrotechnische Erzeugnisse, Luftfahrzeuge, chemische Vor- und Enderzeugnisse, Kraftfahrzeuge sowie feinmechanische und optische Erzeugnisse.

„Das Geheimnis des Erfolges liegt in der Fähigkeit, den anderen zu verstehen und die Dinge mit seinen Augen zu betrachten." Diesen Rat von Henry Ford sollten Sie bei Ihren USA-Aktivitäten unbedingt beherzigen, denn Amerika ist anders. So banal diese Aussage klingen mag, so schmerzlich sind auch die Misserfolge der Unternehmen, die diese angebliche Binsenweisheit nicht berücksichtigt haben. Insbesondere der hohe Grad an Informalität und die freundliche Offenheit der Amerikaner täuschen über die enormen Ansprüche des US-Geschäftslebens hinweg. Die

USA sind einer der anspruchsvollsten Märkte der Welt. Einkäufer müssen sich im Land der unbegrenzten Möglichkeiten auf zähe Verhandlungspartner einstellen. Can-do-Spirit, Engagement und Fairplay sind Voraussetzung für den Geschäftserfolg in den USA. Zudem sieht die US Businessetikette gewisse Spielregeln vor, die Sie als Einkäufer im Land der unbegrenzten Möglichkeiten unbedingt respektieren sollten.

Tabelle 20.1. Informationen für Einkäufer in den USA

Staat	United States of America
Hauptstadt	Washington D.C.
50 Bundesstaaten	Alabama, Alaska, Arizona, Arkansas, California, Colorado, Connecticut, Delaware, District of Columbia, Florida, Georgia, Hawaii, Idaho, Illinois, Indiana, Iowa, Kansas, Kentucky, Louisiana, Maine, Maryland, Massachusetts, Michigan, Minnesota, Mississippi, Missouri, Montana, Nebraska, Nevada, New Hampshire, New Jersey, New Mexico, New York, North Carolina, North Dakota, Ohio, Oklahoma, Oregon, Pennsylvania, Rhode Island, South Carolina, South Dakota, Tennessee, Texas, Utah, Vermont, Virginia, Washington, West Virginia, Wisconsin, Wyoming.
Bevölkerung	294,5 Mio.
Bevölkerungsdichte	30,1 Einw./qkm
Bevölkerungswachstum	0,9% p.a.
Fläche	9,8 Mio. qkm
Küste	19.924 km
Geographische Koordinaten	38 00 N, 97 00 W
Währung	US Dollar
BIP	11.004 Mrd. US Dollar
BIP, Pro-Kopf	37.840 US Dollar
Wirtschaftswachstum	3% (2003); 4,3% (Prognose 2004)
Inflationsrate	2,3%
Arbeitslosigkeit	6,0%
Hauptabnehmerländer	Kanada (23,2%), Mexiko (14,1%), Japan (7,4%), Großbritannien (4,8%), Deutschland (3,8%), Korea (3,3%)
Hauptausfuhrgüter weltweit	Kfz und Maschinen (50,4%), chemische Erzeugnisse (12%), Fertigerzeugnisse (11,9%) Vorerzeugnisse (9,4%), Nahrungsmittel (5,8%)

20.1 USA: Verhandlungsführung im Land der unbegrenzten Möglichkeiten

Staat	United States of America
Hauptausfuhrgüter nach Deutschland	Maschinen (20%), elektrotechnische Enderzeugnisse (15%), Luftfahrzeuge (14%), feinmechanische und optische Erzeugnisse (10%), Kfz u. -teile (9%), chem. Enderzeugnisse (8%), chem. Vorerzeugnisse (6%)
Links	www.ahk-usa.com (allgemeine Seite des Netzwerks der Deutsch-Amerikanischen Industrie- und Handelskammern) www.gaccsouth.com – www.gaccom.com – www.gaccny.com (Deutsch-Amerikanische Industrie- und Handelskammer in Atlanta – Chicago – New York) www.case-europe.com (Council of American States in Europe) www.buyusa.com (Informationen des US Department of Commerce für Einkäufer in den USA) www.fedstats.gov (Daten von über 100 US Bundesbehörden zu Zoll, Handel, Steuern, Wirtschaft etc.) www.census.gov (Seite des US Department of Commerce u.a. mit ausführlichen Infos zu den einzelnen Bundesstaaten) www.stat-usa.gov (Seite des US Department of Commerce mit umfassenden Business- und Wirtschaftsinfos) www.e-trade-center.com (Virtuelle Kooperationsbörse der IHKs, AHKs und BfAI)

Die Zahlen beziehen sich auf das Jahr 2003. Quellen: Bundesagentur für Außenwirtschaft, OECD und CIA World Factbook

Amerikanische Verhandlungspartner kämpfen mit harten Bandagen

In der wettbewerbsintensiven US-Geschäftswelt weht ein rauer Wind und Amerikaner sind es daher gewohnt, fair, aber dennoch mit harten Bandagen zu kämpfen. Lassen Sie sich also nicht vom offenen und herzlichen Umgangston im US-Geschäftsalltag zu dem Trugschluss verleiten, US-Geschäftspartner seien lasche Verhandlungspartner. Das Gegenteil ist der Fall. Im US-Geschäftsalltag gilt der Grundsatz „you never get a second chance to make a first impression". In Verhandlungen sollten Sie also ausschließlich sehr gut vorbereitet erscheinen und in der Lage sein, Ihr Anliegen kurz, prägnant und kompetent zu präsentieren. Wichtiges Material muss in amerikanischer Sprache vorliegen. Lange Vorreden, weite Ausschweifungen und exzessives Untermauern mit Zahlen und Fakten sind ebenso unbeliebt wie ein verhaltenes Jein, wenn es um Entscheidungen geht. Für Verhandlungen in den USA gilt die Devise „time is money". Kommen Sie also möglichst schnell auf den Punkt. Eine ausgezeichnete Vorbereitung, viel Engagement und eine gehörige Portion can-do-spirit sind für die professionelle Entscheidungsfindung à l'américaine unerlässlich. Stimmt einmal die grobe Marschrichtung eines *Agreements*, können kleine Kursberichtigungen immer noch später im Sinne des *Trial and Error* vorgenommen werden.

Feilschen Sie nicht!

Verhandlungen in den USA verlaufen geradlinig und fair. Ziel ist es, wie oben bereits erwähnt, auf schnellstem Wege auf ein für beide Seiten akzeptables Ergebnis zu kommen. Als Fauxpas in Verhandlungen mit US-Geschäftspartnern gilt daher das Feilschen und Tricksen. Legen Sie gleich zu Anfang Ihre Karten auf den Tisch und ziehen Sie nicht im Laufe der Verhandlung noch den ein oder anderen Trumpf aus dem Ärmel. Dies widerspricht dem in den USA gängigen Prinzip einer fairen Verhandlungsführung und ist zudem unnötig zeitraubend, da dies die Festlegung einer gemeinsamen Marschrichtung erschwert. Vielmehr sollten Sie sich daher bemühen eine sog. Win-Win-Situation zu schaffen, die beide Vertragspartner zufrieden stellt und somit eine solide Grundlage für eine langfristige Geschäftsbeziehung schafft.

Freundlichkeit heißt nicht Sympathie

In den USA werden Sie von Ihren Geschäftspartnern im Allgemeinen sehr herzlich, nach deutschem Empfinden fast schon freundschaftlich, empfangen. Gerade Deutsche, die im Geschäftsalltag eher distanziert und sehr sachlich miteinander umgehen, neigen hier zu Fehlinterpretationen. Die natürliche Herzlichkeit vieler Amerikaner ist eben keine individuelle Sympathiebekundung sondern vielmehr das Ergebnis der amerikanischen Erziehung. Rückschlüsse auf Verhandlungsvorteile oder einen Vertrauensvorschuss sind vollkommen unangebracht.

Auch beiläufig erwähnte Einladungen sollten Sie mit Vorsicht genießen. Häufig handelt es sich hierbei nur um eine höfliche Geste. Überraschen Sie Ihren US-Geschäftspartner also nicht tatsächlich mit einem Besuch.

Erkundigen sich Amerikaner insbesondere zu Beginn einer Sitzung nach Ihrem Wohlbefinden oder dem Verlauf Ihrer Anreise, dann warten Sie nicht mit Ihrer Krankengeschichte oder einem detaillierten Reisebericht auf. Geben Sie auf solche Fragen knapp und freundlich ein positives Feedback. Manchmal eignet sich allerdings eine amüsante Anekdote beispielsweise über Ihre Anreise durchaus als *Icebreaker*. Beachten Sie aber auch hier, dass in der Kürze die Würze liegt.

Üben Sie sich im Small Talk

Amerikaner sind Meister des Small Talk. Small Talk schafft insbesondere im Businessalltag eine gelockerte, angenehme Atmosphäre, die sich positiv aufs Geschäft auswirkt. Vermeiden Sie also auf Messen oder Empfängen die Clusterbildung unter deutschen Kollegen und nutzen Sie den Small Talk, um mit potenziellen amerikanischen Geschäftspartnern ins Gespräch zu kommen. Die offene, herzliche Art der meisten Amerikaner erleichtert auch Small-Talk-Ungeübten den ersten Schritt; jedoch sollten Sie einige Spielregeln beachten.

Stellen Sie sich kurz mit Angabe von Vorname, Name, Firma und Position vor und erwähnen Sie gegebenenfalls, wo Sie Ihren Small-Talk-Partner bereits getroffen haben oder bauen Sie eine ähnliche Brücke. Versuchen Sie unbedingt, sich die Namen Ihrer Gesprächspartner einzuprägen. Bei der Anrede mit Vornamen sollte die Initiative grundsätzlich von Ihrem amerikanischen Gesprächspartner ausgehen. Dies gilt insbesondere dann, wenn es sich um ältere oder ranghöhere Personen handelt.

Vorsichtig sollten Sie bei der Auswahl der Gesprächsthemen sein. Nicht jeder Scherz, der in Deutschland einen Lacher garantiert, ist auch in den USA salonfähig. Viele Themen sind aus Gründen der Diskriminierung vom Grundsatz her Tabu. Fragen, Anmerkungen und Späße zu Alter, Erscheinungsbild, Religion, heiklen geschichtlichen und politischen Themen, ethnischer Zugehörigkeit oder Ehestand sollten Sie sich auf jeden Fall verkneifen. Auch Scherze über Randgruppen gelten als äußerst unpassend. Gleiches gilt in verschärfter Form für sexuelle Anzüglichkeiten in An- oder Abwesenheit von Amerikanerinnen.

Kleider machen Leute

Die US-Business-Etikette sieht einen dezenten und gepflegten Kleidungsstil vor. Anzüge und Kostüme sollten in gedeckten Farben beispielsweise in (dunkel)blau, (dunkel)grau oder schwarz gehalten sein. Zu besonderen Anlässen sind Nadelstreifen angesagt. Schrille oder auffällig bunte Outfits sind mit Ausnahme von einigen wenigen Branchen (Modedesign, Musik etc.) grundsätzlich nicht geeignet. Verzichten Sie ebenfalls auf zu bunte Krawatten, weiße Socken, kurze Röcke oder transparente Kleidung. Socken bzw. Strümpfe gehören auch im Sommer zum Businessoutfit. Penetrante Parfums bzw. Rasierwasser und protziger Schmuck haben im US-Geschäftsalltag ebenfalls nichts zu suchen. Je nach Branche und Bundesstaat kann der Dresscode durchaus ein wenig variieren. Viele US-Unternehmen auch in Deutschland kennen den *Casual Friday*, was jedoch nicht heißt, dass Mitarbeiter in Freizeitkleidung erscheinen können. Vielmehr handelt es sich hierbei um ein legeres Businessoutfit ohne Krawatte. Tabu sind auch am *Casual Friday* schrille Farben und knappe oder transparente Kleidung. Im Zweifelsfall ist es durchaus angebracht, sich bei einem US-Mitarbeiter im Vorfeld einer Einladung nach dem Dresscode zu erkundigen.

Nehmen Sie Platz – aber gewusst wo!

Bei Verhandlungen, aber auch bei Geschäftsessen, gelten in den USA einige Grundsätze zur Sitzordnung. An exponierter Stelle sitzen immer die hochrangigsten Verhandlungsteilnehmer. Je nach Ranghöhe scharen sich die anderen Mitarbeiter um die Chefs. Der beste Platz ist der rechts neben dem amerikanischen Verhandlungsführer, der somit idealerweise vom deutschen Verhandlungsführer in Anspruch genommen werden sollte.

Erscheinen Sie auf jeden Fall rechtzeitig zu Verhandlungen, um den Ihrer Position entsprechenden Sitzplatz auch einnehmen zu können. Unpünktlichkeit ist im Übrigen in den USA genauso verpönt wie in Deutschland. Zudem ist man in den USA grundsätzlich bemüht, bei Sitzungen zwei von der Anzahl der Personen her gleich starke Teams zu schaffen. Dies unterstreicht das oben beschriebene Prinzip der fairen Verhandlungsführung. Auch wenn eine Sitzung in gelockerter Atmosphäre verläuft, sollten Sie ihr Handy ausgeschaltet lassen und vor allem nicht rauchen, es sei denn die amerikanischen Sitzungsteilnehmer rauchen. Rauchen in der Öffentlichkeit ist den USA ohnehin stark reglementiert. In der Regel gibt es hierfür bestimmte Raucherecken.

Umfangreiche Kaufverträge in den USA

Die informelle, nette Art der Amerikaner verführt manche deutschen Geschäftsleute zu dem Irrglauben, auf einen Vertrag verzichten zu können. Dies ist jedoch insbesondere in den USA sehr gefährlich, denn das für deutsche Geschäftsleute übliche subsidiäre Eingreifen der Regelungen des allgemeinen Vertragsrechts als eine Art Auffangnetz für versehentlich oder bewusst nicht geregelte Vertragsbestandteile ist in den USA nur in sehr beschränkter Form vorhanden.

Schließen Sie also mit Ihrem US-Lieferanten einen Vertrag ab bzw. stellen Sie zumindest sicher, dass die *General Terms of Delivery* bzw. *Sale* wirksamer Vertragsbestandteil und entsprechend inhaltlich angepasst sind. In der Rechtswahl sind Sie grundsätzlich frei. Die Rechtswahl ist nicht zwingend, jedoch dringend ratsam. In Ermangelung einer Rechtswahlklausel entscheidet das Internationale Privatrecht, welches Recht zur Anwendung kommt. Hierbei wird auf die vertragscharakteristische Leistung abgestellt. Sollten Sie sich auf amerikanisches Recht einigen, beachten Sie, dass auf Grund des nur lückenhaft vorhandenen Auffangnetzes aus gesetzlichen Regelungen dem Wortlaut von Verträgen in den USA eine sehr große Bedeutung zukommt. US-Verträge sind daher regelmäßig sehr umfangreich und enthalten auch häufig eine Präambel, die die Absichten der Vertragsparteien zusammenfasst. Als Gerichtsbarkeit stehen grundsätzlich ein ordentliches und ein Schiedsgericht zur Auswahl. Schiedsgerichte bieten insbesondere im transatlantischen Handel eine Reihe von Vorteilen. Informationen zu entsprechenden Schiedsklauseln erhalten Sie u.a. bei der IHK.

Bei der Gestaltung von Verträgen mit US-Lieferanten und der Anpassung der AGB ist kompetenter Rechtsbeistand unerlässlich. Über entsprechende Netzwerke verfügen u.a. die IHKs und die deutsch-amerikanischen AHKs.

Tatkräftige Hilfe bei der Lieferantensuche

Zweiundzwanzig der insgesamt fünfzig US-Bundesstaaten verfügen über Kontaktbüros in Europa, davon haben mehrere ihren Sitz in Deutschland:

- in Stuttgart: State of Alabama; in München: State of Florida, State of Georgia, State of South-Carolina, State of West-Virginia,
- in Frankfurt: State of Iowa, State of North-Carolina, State of Virginia,
- in Berlin: State of Massachusetts,
- in Mainz: State of Missouri.

Die Dachorganisation dieser Kontaktbüros ist das Council of American States in Europe mit Sitz in Frankfurt. Weitere Informationen zu CASE und den einzelnen Bundesstaaten finden Sie im Internet unter www.case-europe.com. Die Mitarbeiter der Kontaktbüros stellen interessierten Unternehmen kostenlos Marktinformationen über die jeweiligen Bundesstaaten zur Verfügung und geben Hilfestellung bei der Suche von Lieferanten in den USA. Marktinformationen sind ebenfalls kostenlos erhältlich im Information Resource Center der America Häuser mit Sitz in Frankfurt, Berlin, Köln und München. Eine gezielte Geschäftspartnersuche bietet auch das Netz der deutsch-amerikanischen Industrie- und Handelskammern in den USA. Diese individuelle Dienstleistung ist kostenpflichtig. Auf eigene Faust können Sie in der virtuellen Kooperationsbörse der IHKs, AHKs und BfAI etc. unter www.e-trade-center.com kostenlos Angebote von US-Lieferanten einsehen und Ihr Gesuch einstellen.

Vorbereitung ist alles

Der Weg auf den US-Markt lohnt sich, jedoch ist eine gute Vorbereitung unerlässlich für den Geschäftserfolg. Über 50% der deutschen Unternehmen scheitern beim Versuch, Absatz- und Beschaffungspotenzial in den USA effektiv zu nutzen. Sparen Sie also nicht an der falschen Stelle. Eine gute Vorbereitung ist eine unerlässliche Investition für Ihren Geschäftserfolg in den USA.

Wasserdichte Verträge sind ebenso wichtig wie Engagement, Entscheidungsfreude und der gekonnte Umgang mit der US-Geschäftskultur und Businessetikette. Eine Visumspflicht besteht für Geschäftsreisende bei einem Aufenthalt von bis zu 90 Tagen im Rahmen des Visa-Waiver-Programms nicht, jedoch benötigen Sie einen gültigen Reisepass. Geschenke können im Wert von bis zu 100 US$ pro Person zollfrei eingeführt werden. Einfuhrverbot gilt jedoch u.a. für Fleisch und Fleischprodukte sowie für mit Alkohol gefüllte Süßigkeiten. Beachten Sie dies bei der Auswahl Ihrer „Mitbringsel". Zudem ist es vielen Mitarbeitern von US-Firmen nicht erlaubt, (insbesondere hochwertige) Geschenke anzunehmen.

Um Geschäftschancen im Land der unbegrenzten Möglichkeiten strategisch klug zu nutzen, sollten Sie rechtzeitig kompetente Beratung und das weite Angebot an Workshops und Seminaren in Anspruch nehmen. IHKs, das Netz der deutsch-amerikanischen IHKs, das USA-Forum, die US-Botschaft, Konsulate und Amerika-Häuser in Deutschland, das Council of American States in Europe und viele kompetente private Anbieter unterstützen Sie bei Ihrem US-Engagement. Nehmen Sie diese Hilfestellung in Anspruch.

20.2 Frankreich: erfolgreiche Verhandlungsführung in der Grande Nation

Michel und Marianne – Gegensätze ziehen sich an

Frankreich bleibt für Deutschland trotz zunehmender Öffnung der weltweiten Absatz- und Beschaffungsmärkte der bedeutendste Handelspartner auf dem internationalen Parkett und einer beliebteste Standort für deutsche Direktinvestitionen innerhalb der EU. Die Grande Nation bietet ein umfangreiches Geschäftspotenzial gleichermaßen für Vertrieb und Einkauf von Produkten und Dienstleistungen. Allein im Jahr 2003 beliefen sich die Einfuhren deutscher Unternehmen aus Frankreich auf rund 49 Milliarden

20.2 Frankreich: erfolgreiche Verhandlungsführung in der Grande Nation

Euro, was einem Anteil von 9,18% der deutschen Gesamtimporte entspricht.

Tabelle 20.2. Informationen für Einkäufer in der Grande Nation

Staat	République Française (5. Republik mit einer Verfassung von 1958)
Hauptstadt	Paris
22 Regionen (96 Departements, zzgl. DOMs und TOMs))	Alsace, Aquitaine, Auvergne, Basse-Normandie, Bourgogne, Bretagne, Centre, Champagne-Ardenne, Corse, Franche-Comté, Haute-Normandie, Ile-de-France, Languedoc-Roussillon, Limousin, Lorraine, Midi-Pyrénées, Nord-Pas-de-Calais, Pays de la Loire, Picardie, Poitou-Charentes, Provence Alpes Côte d'Azur, Rhône-Alpes
Bevölkerung	61,1 Mio.
Bevölkerungsdichte	111,8 Einwohner/qkm
Bevölkerungswachst.	0,6%
Fläche	551.700 qkm
Küste	3.427 km
Geogr. Koordinaten	46 00 N, 2 00 E
Währung	EUR
BIP	1.548 Mrd. EUR
BIP, Pro-Kopf	24.837 EUR
Wirtschaftswachst.	2,4%
Inflationsrate	1,7%
Arbeitslosigkeit	9,7%
Hauptabnehmerländer	Deutschland (15%), Großbritannien (9,5%), Spanien (10,3%), USA (7,1%), Italien (9,3%), Belgien/Luxemb. (7,5%)
Hauptausfuhrgüter weltweit	Investitionsgüter (23,1%), Konsumgüter (15,2%), Halbfertigwaren (30,3%), Kfz (15,4%), Nahrungsmittel und Agrargüter (9,2%)
Hauptausfuhrgüter nach Deutschland	Kraftfahrzeuge (15,9%), Luftfahrzeuge (8,3%), Maschinen (5,9%), Vorerzeugnisse (12,8%), Nahrungs- und Genussmittel (12%), elektrotechn. Enderzeugnisse (5,9%)
Links	www.ahk-ccifa.fr (Dienstleistungsangebot AHK Paris) www.ccip.fr (Chambre de Commerce et d'Industrie de Paris) www.coffra.de (COFFRA: Infos zum französischen Wirtschaftsrecht) www.vosdroits.service-public.fr (staatliche Infoseite zu diversen Rechtsbereichen) www.insee.fr (INSEE: statistische Daten zu Frankreich) www.infogreffe.fr (Französisches Handelsregister mit Firmeninfos)

www.societe.com (Firmenauskünfte) www.cfce.fr (Centre Français du Commerce Extérieur: u.a. vielfältige Links) www.ladocfrancaise.gouv.fr (Französische Staatsbibliothek: Infos rund um Frankreich) www.e-trade-center.com (Virtuelle Kooperationsbörse der IHKs, AHKs und BfAI)

Die Zahlen beziehen sich auf das Jahr 2003, Quellen: Bundesagentur für Außenwirtschaft, OECD und CIA World Factbook

Deutsche Einkäufer wissen vor allem die hohe Innovationskraft und Wettbewerbsfähigkeit französischer Unternehmen, die moderne Infrastruktur sowie die stabile wirtschaftliche und politische Lage des Nachbarlandes zu schätzen. Zu den wichtigsten Einfuhrgütern aus Frankreich gehören traditionell Kraftfahrzeuge gefolgt von Luftfahrzeugen, Maschinen, diversen Vorerzeugnissen, Nahrungs- und Genussmitteln sowie einer weiten Palette an elektronischen Enderzeugnissen.

Trotz dieses enormen Geschäftspotenzials direkt vor der Haustür scheitern deutsche Einkäufer in Frankreich vor allem an der interkulturellen Falle. Im Geschäftsalltag erweisen sich selbst die grundsätzlich positiven Stereotypen diesseits und jenseits des Rheins als Hemmschuhe. Werden Fantasie, *Savoir Vivre* und Flexibilität der Franzosen aus der Ferne bewundert, verwandeln sich diese Tugenden im Geschäftsalltag in Unberechenbarkeit, Unordnung und Unzuverlässigkeit, d.h. in das negative Image des *Filou*. Ebenso schätzen Franzosen grundsätzlich die klassischen deutschen Tugenden Disziplin, Liebe zum Detail und Pünktlichkeit, nehmen diese aber eher selten für sich selbst in Anspruch und empfinden diese deutschen Eigenschaften im Geschäftsalltag auch zuweilen als Inflexibilität und Sturheit. Geschäftsverhandlungen in Frankreich unterliegen daher besonderen Spielregeln, die deutsche Unternehmen für ihren Erfolg in der Grande Nation beherrschen sollten. Wer die Tricks und Kniffe der französischen Geschäftskultur und Verhandlungsführung kennt, dem erschließt sich auf Grund der hohen Komplementarität der beiden Kulturen ein weites Synergiepotenzial.

Der persönliche Draht ist der Schlüssel zum Erfolg im Frankreich-Geschäft

Am Anfang einer jeden Geschäftsbeziehung steht der persönliche Kontakt und hierzu muss – insbesondere in Frankreich – Zeit investiert werden. Eine effektive Zusammenarbeit mit Lieferanten aus der Grande Nation setzt Vertrauen voraus, das Sie im Vorfeld der Geschäftsbeziehung aufbauen müssen. Die eher sachlich distanzierte Art deutscher Geschäftsleute ist grundsätzlich wenig förderlich für eine Zusammenarbeit *à la française*. Investieren Sie Zeit in den Aufbau einer persönlichen Beziehung zu Ihrem französischen Lieferanten, der dies insbesondere bei deutschen Geschäftspartnern zu schätzen weiß. Erkundigen Sie sich bei Telefonaten und Treffen nach dem Wohlbefinden der Familie Ihres Lieferanten und plaudern auch Sie selbst ein wenig aus dem Nähkästchen. Achten Sie darauf, diesen persönlichen Kontakt im Laufe der Geschäftsbeziehung nicht abebben zu lassen. Korrespondieren Sie nicht nur per Fax und E-Mail, sondern greifen Sie auch öfter mal zum Telefon. Planen Sie in nicht zu unregelmäßigen Abständen Treffen mit Ihrem Lieferanten ein, die wahlweise in Frankreich oder in Deutschland stattfinden können.

Spätestens, wenn Sie dringend wichtige Informationen von Ihrem französischen Geschäftspartner brauchen, ist dieser persönliche Draht Gold wert. Setzen Sie bei den emotional handelnden Franzosen auf die sog. *complicité*. Besonders wirksam ist dies in informellen Beziehungen zwischen deutschen und französischen Mitarbeitern gleichen Ranges und könnte in der Praxis wie folgt aussehen: „Mein Chef macht mir mal wieder Druck und du bist der einzige, der mit helfen kann. Ich weiß, dass ich auf dich zählen kann und werde mich selbstverständlich bei Gelegenheit bei dir revanchieren". Die sachliche Anforderung dieser Informationen selbst aus der Chefetage des deutschen Unternehmens wäre vergleichsweise erfolglos.

Geschäftsessen à la française: bleiben Sie bis zum Dessert

Die ausgeprägte französische Esskultur ist auch ein integrativer Bestandteil des Geschäftslebens in der Grande Nation. In Frankreich sind ausgedehnte Mittagspausen selbst in der hektischen Metropole Gang und Gebe. Geschäftsessen bieten insbesondere in der Anfangsphase die Möglichkeit, potenzielle Geschäftspartner näher kennen zu lernen sowie bei Verhandlungen zähe Durststrecken zu überbrücken. Deutsche Unternehmer sollten auf keinen Fall den beliebten Fehler begehen, Geschäftsessen frei nach dem Motto „Zeit ist Geld" auf ein Minimum zu begrenzen. Haken Sie auf keinen Fall Geschäftsessen als lästige Pflichttermine ab, denn nicht selten endet in Frankreich ein ausgedehntes *déjeuner d'affaires* mit einem Geschäftsabschluss; und dies auch gerne erst zwischen Dessert und Kaffee.

Zu einem guten Essen gehört u.a. auch ein guter Wein. Selbst wenn Sie keinen Alkohol trinken möchten, wäre es unhöflich das Angebot abzulehnen. Seien Sie also kein Spielverderber und nippen Sie eben ab und an am Glas.

Bei der Frage wer zahlt, gilt in der Regel, wer das letzte Mal eingeladen wurde. Lädt Sie Ihr französischer Lieferant zum ersten Mal ein, dann nehmen Sie diese Einladung dankend an und bestehen Sie nicht darauf, selbst zu bezahlen. Revanchieren Sie sich lieber beim nächsten Mal. Je nach Auswahl des Restaurants, drückt sich auch die Wertschätzung des Geschäftspartners aus. Achten Sie darauf, Ihren französischen Geschäftspartner bei einer Rückeinladung in ein gleichwertiges Restaurant einzuladen.

Halten Sie sich immer ein Hintertürchen offen

Franzosen sind geschickte Strategen und Meister der Verhandlung. Wie beim Schach gilt auch in Verhandlungen die Devise *faire de la bonne guerre*. Franzosen testen gerne Grenzen aus. Rechnen Sie damit, dass Ihr französischer Geschäftspartner taktiert und nehmen Sie es ihm nicht übel, wenn er versucht, Ihnen auch mal ein Bein zu stellen. Dies gehört wie beim Schach zum Spiel der Verhandlung. Beliebte Verhandlungsstrategie in Frankreich ist u.a. wichtige Punkte wie beiläufig erst kurz vor dem geplanten Ende einer Verhandlung aus dem Ärmel zu zaubern in der Hoffnung, dass diese Punkte in der Kürze der Zeit schnell zum Vorteil des französischen und zum Nachteil des unvorbereiteten deutschen Geschäftspartners abgehandelt werden. Rechnen Sie in Verhandlungen mit Franzosen mit diesem strategischen Schachzug und halten Sie sich hierfür ein Hintertürchen offen. Wenn das Ende einer Verhandlung beispielsweise für 18 Uhr vorgesehen ist, dann buchen Sie auf keinen Fall den Rückflug am selben Abend, sondern nehmen Sie einen Flieger am nächsten Morgen, sagen dies aber nicht. So bleiben Sie flexibel und vermeiden unnötigen Druck.

Kooperationen sind für französische Geschäftspartner meist nur ein notwendiges Übel

Französische Verhandlungspartner gehen äußerst ungern Kompromisse ein. Macht und Anerkennung werden in Frankreich höher aufgehängt als in Deutschland, und Kompromisse werden auf Grund dieses Wettbewerbsdenkens im Allgemeinen als Niederlage gewertet. Die in Deutschland weit verbreitete Kooperationsbereitschaft ist bei den individualistischen Franzosen recht unbeliebt und wird nur dann in Erwägung gezogen, wenn die Zusammenarbeit für die Zielerreichung wirklich unabdingbar ist. Teamgeist zu schaffen ist in deutsch-französischen Geschäftsbeziehungen daher unerlässlich. Suchen Sie sich eine gemeinsame Herausforderung, die Ihren französischen Partner anspornt. Zuträglich hierfür ist beispielsweise einen gemeinsamen Gegner (wichtiger Konkurrent) zu definieren und diesen zusammen „zu bekämpfen".

Setzen Sie auf Flexibilität

Absolut tödlich bei Geschäftsverhandlungen in Frankreich ist die beliebte deutsche Unart, Tagesordnungspunkte, die teilweise weit im Vorfeld des eigentlichen Zusammentreffens festgelegt wurden, stur abzuhaken. Hier monieren Franzosen regelmäßig die mangelnde Flexibilität deutscher Geschäftsleute, sich an neue Situationen entsprechend anzupassen. Dieses sture Abhaken von Gesprächspunkten sowie das Durchdrücken von bis ins Detail vorbereiteten Konzepten entspricht dem negativen deutschen Stereotyp des *rouleau compresseur*, der Dampfwalze, die sich durch mangelnde Reaktivität auszeichnet und neue Ideen einfach platt walzt.

Betrachten Sie im Frankreichgeschäft Tagesordnungen eher als einen groben Leitfaden für eine bevorstehende Verhandlung und reagieren Sie nicht abweisend oder gestresst, wenn Ihr französischer Verhandlungspartner mit neuen Diskussionspunkten aufwartet. Vergessen Sie nie, dass in Frankreich Flexibilität und die hiermit verbundene Fähigkeit, selbst unter starkem Druck schnell und effizient auf neue Situationen zu reagieren, bereits im Rahmen der Hochschulausbildung exzessiv trainiert und als eine grundlegende Fähigkeit für den Geschäftserfolg im französischen Businessalltag betrachtet wird.

Lassen Sie den deutschen Schulmeister zu Hause

Schier unerträglich ist Franzosen die deutsche Vorliebe für lange, sachliche Vorträge untermauert mit einer Vielzahl von Fakten und Zahlen, die bis ins letzte Detail ausgearbeitet wurden. Insbesondere das Nachhaken und Verbessern bei Detailfragen wird im Allgemeinen als belehrend und schulmeisterhaft aufgefasst. In Frankreich gilt ohnehin verstärkt die Devise „Traue nie einer Statistik, die du nicht selbst manipuliert hast". Sachverhalte werden daher in der Grande Nation eher global angegangen.

Häufig hören Sie auch in Verhandlungen *c'est globalement o.k.*, was besagt, dass die grobe Marschrichtung stimmt. Die Klärung von Detailfragen schieben Franzosen gerne so weit wie möglich nach hinten, da dies die Anpassung an ein ständig wandelndes Umfeld optimiert. Die hierzu notwendige Reaktivität wird im französischen Geschäftsalltag vorausgesetzt. Zudem gilt es als unhöflich, dem Gegenüber Fakten bis ins letzte Detail zu erklären, da dies impliziert, dass der französische Gesprächspartner nicht in der Lage ist, seine eigenen Schlüsse zu ziehen. Ähnlich unhöflich gilt es, Kritik oder Ablehnung sehr direkt zu äußern. Franzosen sind sehr höflich und äußern selbst ungern direkte Kritik. Nur selten treffen Sie in Frankreich auf Molières Misanthropen, der unverblümt sagt, was er denkt. Lernen Sie also beizeiten zwischen den Zeilen zu lesen. Hören Sie von Ihrem französischen Geschäftspartner folgende Kommentare *si vous voulez ... oui, pourquoi pas ... c'est une idée,* dann sollten die Alarmglocken bei Ihnen läuten, denn dies ist kein Zeichen für Understatement sondern in der Regel eine höfliche Form der Ablehnung.

Kopieren Sie keine schlechten französischen Angewohnheiten

Wer hat sich in Frankreich nicht schon über Unpünktlichkeit oder mangelnde Vorbereitung, selbst bei von langer Hand geplanten Treffen, geärgert. Dies gilt insbesondere für die Unart mancher Franzosen, sich selbst bei Verhandlungen im eigenen Hause teilweise erheblich zu verspäten. Dennoch wäre es ein Fauxpas, als deutscher Geschäftsmann in Frankreich zu spät zu kommen oder Deadlines nicht einzuhalten. Franzosen schätzen die deutschen Tugenden wie Pünktlichkeit und Verlässlichkeit und erwarten dies von ihren deutschen Geschäftspartnern, selbst wenn sie paradoxerweise diese Eigenschaften für sich selbst nicht in Anspruch nehmen.

Bei der Vertragsgestaltung in Frankreich ist UN-Kaufrecht eine attraktive Alternative

Bei Außenhandelsgeschäften zwischen französischen und deutschen Unternehmen steht es den Vertragsparteien frei, das auf den Vertrag anwendbare Recht zu wählen. Neben dem *Code Civil* haben Sie also auch noch die Wahl zwischen dem BGB/HGB, UN-Kaufrecht sowie einem Drittlandsrecht. Prüfen Sie unbedingt vor der Rechtswahl die jeweiligen Vor- und Nachteile der in Frage kommenden Rechtsordnungen. Auch wenn in der Praxis eher die Verhandlungsposition der Vertragspartner über das anwendbare Recht entscheidet, sollte sie sich immer mit dem aus dem Vertrag entstehenden Rechten, Pflichten und Rechtsbehelfen vertraut machen. Mit der Vollendung der deutschen Schuldrechtsreform bietet das UN-Kaufrecht für deutsche Verkäufer eine interessante Alternative zum BGB/HGB bei der Gestaltung von Verträgen im deutsch-französischen Außenhandel.

Die französische Rechtsprechung beruft sich für die Gestaltung von Kaufverträgen im Wesentlichen auf den 1804 von Napoleon ins Leben gerufenen *Code Civil.* Der *Code Civil* ist im Vergleich zum BGB/HGB grundsätzlich käuferfreundlicher. Das französische Kaufrecht zeichnet sich u.a. durch eine sehr strenge Auslegung der Gewährleistung aus. Eine umfangreiche käuferfreundliche Rechtssprechung existiert insbesondere bei technisch erklärungsbedürftigen und komplizierten Produkten.

Eine Verpflichtung zur Rechtswahl besteht nicht. In diesem Fall regelt bei Auftreten eines Rechtsstreites das internationale Privatrecht, welches

Recht dem Vertrag zu Grunde gelegt wird. Hierbei wird auf die vertragscharakteristische Leistung abgestellt. Verzichten Sie bei Ihrem Kaufgeschäft in Frankreich auf eine entsprechende Rechtswahlklausel, so käme grundsätzlich nach den Regeln des IPR UN-Kaufrecht zur Anwendung.

Deutsche Geschäftsleute tendieren im Rahmen der Gerichtsstandswahl zu einem Gericht an ihrem Wohnort bzw. Geschäftssitz. Dies ist für deutsch-französische Geschäfte grundsätzlich nicht nachteilig, da von einem deutschen Gericht erlassene Urteile auf Grundlage des EuGVÜ innerhalb der EU recht leicht und schnell anerkannt werden. Als Gerichtsbarkeit stehen Ihnen ein ordentliches oder ein Schiedsgericht zur Verfügung. Informationen zu Schiedsklauseln erhalten Sie u.a. bei der IHK.

Bei der Gestaltung von Verträgen mit französischen Lieferanten und der Anpassung der AGB ist kompetenter Rechtsbeistand unerlässlich. Über entsprechende Netzwerke verfügen u.a. die IHKs und die deutsch-französische IHK in Paris.

Hilfe bei der Lieferantensuche

Der Besuch von Messen ist ein beliebtes und kostengünstiges Instrument zur Lieferantensuche in Frankreich. Informationen zu geeigneten Fachmessen sind erhältlich bei der IHK sowie auf der Internet-Seite des Ausstellungs- und Messeausschusses der Deutschen Wirtschaft e.V., AUMA, www.auma.de. War Ihr Messebesuch erfolgreich, dann finden Sie im Internet unter www.infogreffe.de und www.societe.com weitergehende Auskünfte über Ihren potenziellen Lieferanten.

Auch die deutsch-französische Industrie- und Handelskammer in Paris bietet deutschen Unternehmen Hilfestellung bei der gezielten Suche nach französischen Lieferanten. Diese Dienstleistung ist kostenpflichtig und umfasst auf Wunsch auch die Begleitung bei Verhandlungen sowie die juristische Unterstützung bei der Vertragsgestaltung.

Auf eigene Faust können Sie in der virtuellen Kooperationsbörse der IHKs, AHKs und BfAI unter www.e-trade-center.com kostenlos Angebote von französischen Lieferanten einsehen und Ihr Gesuch einstellen.

Lesen Sie mal wieder Asterix

Zum Verständnis der französischen Mentalität eignet sich bestens die Lektüre von Asterix. Der gewitzte Kampf dieses kleinen gallischen Völkchens gegen die römische Übermacht spiegelt auch die Vorliebe der Franzosen für Herausforderungen und Genialität wieder. Gerade schwierige und knifflige Situationen können Franzosen zu Höchstleistungen anspornen, wenn dabei die Aussicht auf Macht, Unabhängigkeit und Anerkennung lockt. Fehlt allerdings die entsprechende Motivation, verlieren französische Geschäftspartner insbesondere bei langwierigen und wenig spektakulären Projekten recht schnell die Lust. Wie Sie effektiv mit französischen Geschäftspartnern arbeiten und die interkulturelle Falle vermeiden, können Sie in speziellen Seminaren und Workshops rund um die Soft Facts im Frankreich-Geschäft lernen. Nutzen Sie diese Veranstaltungen, die u.a. von den IHKs, der deutsch-französischen Industrie- und Handelskammer in Paris sowie zahlreichen privaten Anbietern regelmäßig durchgeführt werden.

20.3 Lateinamerika: Verhandlungsführung von Mexiko bis Feuerland

Goldene Regeln für geschäftlichen Erfolg in Lateinamerika

Wenn Sie nach Lateinamerika reisen und dort erfolgreich Geschäfte machen wollen, müssen Sie sich auf die Mentalität der Bevölkerung vorbereiten, das Verhalten Ihres Geschäftspartners verstehen lernen, sich einlassen auf eine andere Kultur mit anderen Menschen und deren fremden Sitten, Regeln und Verhaltensweisen. Schon längst sollten wir aufräumen mit dem Klischee des lateinamerikanischen Mannes, der mit einem riesigen Sombrero im Schatten eines großen Kaktus liegt und Tequila trinkt.

Deutsche Unternehmer genießen in Lateinamerika einen hervorragenden Ruf. Sie werden nicht nur wegen ihrer technologischen Errungenschaften sondern auch aufgrund ihrer Offenheit, Pünktlichkeit, Zahlungsmoral und Zuverlässigkeit sehr geschätzt. Auch deutsche Produkte gelten als qualitativ sehr hochwertig.

Darüber hinaus sorgen niedrige Arbeits- und Produktionskosten, die räumliche Nähe Mexikos zu den USA und die bis 2005 beschlossene Errichtung einer gesamtamerikanischen Freihandelszone FTAA von Alaska bis Feuerland für günstige Geschäftsbedingungen.

Mexiko und Brasilien, die beiden größten Volkswirtschaften Lateinamerikas werden vorgestellt.

Mexiko – so weit von Gott entfernt und den Vereinigten Staaten so nah!

Mit einem Bruttoinlandsprodukt von 544 Mrd. Euro war das NAFTA-Land Mexiko im Jahre 2004 das wirtschaftlich bedeutendste Land Lateinamerikas und mit Abstand die größte Exportnation dieser Region. Eine in vielen Bereichen wettbewerbsfähige Industrie, umfangreiche Bodenschät-

20.3 Lateinamerika: Verhandlungsführung von Mexiko bis Feuerland

ze, ausgedehnte Erdöl- und Erdgasvorkommen, u.a. machen das Land zu einem attraktiven Handelspartner direkt vor der Toren der USA. Durch die Errichtung der Nordamerikanischen Freihandelszone NAFTA und das Inkrafttreten des Freihandelsabkommens mit der Europäischen Union hat Mexiko auch für den deutschen Unternehmer erheblich an Bedeutung gewonnen.

Tabelle 20.3. Informationen für Einkäufer in Mexiko

Ländername	**Vereinigte Mexikanische Staaten**
Fläche	1,96 Mio. qkm (5½ mal so groß wie die BRD)
Bevölkerung	104 Mio. Einwohner, ca. 80% Mestizen (Mischlinge aus Weißen und Indios), 10% Indios, 10% Weiße
Unabhängig seit	1821 von Spanien
Staats- u. Regierungsform	Demokratische und föderale Republik
BIP, BIP pro Kopf (2004)	544 Mrd. EUR, 5.231 EUR
Währung/Wechselkurs (Stand: 22.07.2005)	1 Mex. Peso = 0,077 EUR, 1 EUR = 12,93 Mex. Peso
Inflation (2004)	4,5%
Ausfuhr Mexikos (2004)/ Hauptausfuhrländer	141,1 Mrd. EUR davon: 81,1% USA; 5,9% Kanada; 4,1 EU; 1,1% Japan; 0,9% China; 0,5% Kolumbien; 0,4% Brasilien
Hauptausfuhrgüter (2001)	Elektrische und elektronische Geräte 29%, Transport- und Kommunikationsausrüstung 20%, Kraftfahrzeuge und Teile 19%, Ausrüstungen für Spezialanfertigungen 16%, Erdöl 7%, Textilien, Bekleidung und Leder 7%, Chemische Erzeugnisse 4%, Nahrungsmittel 3%, Agrar- und Forstprodukte 2%
Nützliche Links	Deutsche Handelskammer in Mexiko: www.camexa.com.mx Schwerpunktkammer Mexiko bei der IHK Pfalz: www.pfalz.ihk24.de/mexiko Bundesagentur für Außenwirtschaft: www.bfai.de E-Trade Center (Geschäftskontaktplattform des Netzwerkes der IHKs, AHKs und des DIHK): www.e-trade-center.com Nationale Vereinigung mexikanischer Im- und Exporteure: http://www.anierm.org.mx/main.asp Bancomext, Verzeichnis mexikanischer Exporteure: http://www.bancomext.com/Bancomext/aplicaciones/Diex/index.jsp Informationssystem mexikanischer Unternehmen: http://www.siem.gob.mx/portalsiem/ -> „productos"

Zollinformationen:
http://www.aduanas.sat.gob.mx/principal.htm
http://www.caaarem.org.mx/
Nationales Statistikinstitut:http://www.inegi.gob.mx/

Brasilien – der Riese im Süden Amerikas

Von der Marktgröße mit seinen 175,5 Mio. Einwohnern fällt Brasilien ins Gewicht. Eine Fläche von 8,51 Mio. qkm machen es zu dem größten lateinamerikanischen Land, das mit einem Bruttoinlandsprodukt von 482 Mrd. Euro im Jahre 2004 nach Mexiko die zweitgrößte Volkswirtschaft Lateinamerikas ist. Reiche Ressourcen wie Bodenschätze, Wasserkraft, Arbeitskräfte und gute Bedingungen für die Landwirtschaft stellen ein enormes Potenzial für den deutschen Außenhandel dar.

Nach einer Politik der handelspolitischen Abschottung in den siebziger und achtziger Jahren haben neue Handelsabkommen (wie der MERCOSUR bestehend aus Brasilien, Argentinien, Paraguay, Uruguay und dem assoziierten Mitglied Chile) riesige Märkte geschaffen. Brasiliens Suche nach einem Gegengewicht zur nordamerikanischen Dominanz hat den Wunsch nach einer intensiveren Beziehung zur Europäischen Union verstärkt, wodurch sich insbesondere für deutsche Einkäufer attraktive Möglichkeiten ergeben werden.

Tabelle 20.4. Informationen für Einkäufer in Brasilien

Ländername	Föderative Republik Brasilien
Fläche	8,5 Mio. qkm, 47% Fläche des südamerikanischen Kontinents, 24 mal so groß wie die BRD
Bevölkerung	175,5 Mio. Einwohner, davon 54% Weiße, 41% Mischlinge, 5% Schwarze, Wachstum 1,4% p.a.
Unabhängig seit	1822 von Portugal
Staatsform	Präsidiale Föderative Republik
BIP, BIP pro Kopf (2004)	482 Mrd. EUR, 2.747 EUR
Währung/Wechselkurs (Stand: 22.07.2005)	1 BRL = 0,35 EUR, 1 EUR = 2,87 BRL
Inflation (2004)	6,6%
Ausfuhr Brasiliens (2004) Hauptausfuhrländer	75,8 Mrd. EUR / davon: 25,6% EU; 21,4% USA; 7,8% China; 6,1% Argentinien; 6% Deutschland; 3,6% Mexiko; 3,5% Japan; 2,7% Chile; 1,9% Kanada
Hauptausfuhrgüter (2001)	Kfz 7,5%; Maschinen und Apparate 7,2%; Flugzeuge, Luft- und Raumfahrttechnik 6,1%; Elektrische Maschinen und Geräte 5,5%; Erze 5,3%; Eisen und Stahl 4,8%; Ölsamen und -früchte 4,7%; Fleisch und Schlachterzeugnisse 4,3%; Zucker und -waren 4,1%

Nützliche Links	Deutsche Handelskammern in Brasilien: Porto Alegre: http://www.ahkpoa.com.br Rio de Janeiro: http://www.ahk.com.br São Paulo: http://www.ahkbrasil.com Bundesagentur für Außenwirtschaft: www.bfai.de E-Trade Center (Geschäftskontaktplattform des Netzwerkes der IHKs, AHKs und des DIHK): www.e-trade-center.com Unternehmerverzeichnis: http://www.brazilbiz.com.br/english/ Firmenverzeichnis: http://br.externa.com/ Ministerium für Auslandsbeziehungen: http://www.mre.gov.br/projeto/mreweb/ingles/default.htm

Persönlicher Kontakt ist das „A" und „O"

Ein Grundmerkmal des lateinamerikanischen Geschäftslebens ist die ausgeprägte Personenorientierung. Erfolgreiches Verhandeln heißt daher nicht nur über den Geschäftsgegenstand zu sprechen, sondern vielmehr das Vertrauen seines Gegenübers zu gewinnen. Lateinamerikaner freuen sich am zwischenmenschlichen Kontakt und achten stets darauf, dass ein Gespräch in einer positiven, Vertrauen schaffenden Atmosphäre stattfindet.

Treten Sie Ihrem Verhandlungspartner mit Interesse und Aufmerksamkeit entgegen! Beginnen Sie ein Verhandlungsgespräch nie mit dem eigentlichen Geschäftsgegenstand! Fragen Sie statt dessen nach dem Wohl der Familie oder erwähnen positive Errungenschaften des Landes. Versuchen Sie, ein gegenseitiges Vertrauensverhältnis aufzubauen!

Darüber hinaus sind Verhandlungen in Lateinamerika nie ganz steif. Versuchen Sie, eine aufgelockerte Atmosphäre zu schaffen! Lustige Bemerkungen und das Lachen über die Witze des lateinamerikanischen Partners können viel Sympathie schaffen und den Ausgang der Verhandlung positiv beeinflussen. Die große Bedeutung der persönlichen Beziehung führt dazu, dass Lateinamerikaner sehr sensibel auf Kritik reagieren und Probleme, ungünstige Entwicklungen oder Fehler nicht ansprechen. Lassen Sie auf keinen Fall negative Bemerkungen gegenüber anderen Anwesenden fallen! Gehen Sie auf jeden Fall freundlich mit Ihren Geschäftspartnern um! Nur durch den Aufbau einer persönlichen Beziehung erreichen Sie die Motivation und den Arbeitseinsatz der Lateinamerikaner. Dies kann durch die reine Vorgabe abstrakter Ziel nicht erreicht werden: Ihr lateinamerikanischer Partner erweist Ihnen persönlich einen Gefallen!

Un besito oder Abratzoo – die richtige Begrüßung

Das Begrüßungsritual nimmt in Lateinamerika mehr Zeit in Anspruch als in Deutschland; eine Zeit, die Sie sich aber unbedingt nehmen sollten. Beim allerersten Geschäftstreffen werden Sie meistens mit einem einfachen Handschlag – ähnlich wie in Deutschland – begrüßt. Schauen Sie hierbei Ihrem Partner in die Augen und sagen einige der in Lateinamerika üblichen freudigen Bemerkungen („me da mucho gusto de conocerle" – es freut mich, Sie kennen zu lernen).

Bereits beim zweiten Treffen kann es sein, dass Sie auf lateinamerikanische Art und Weise per Handschlag, „abrazo" (Umarmung) und Schulterklopfen begrüßt werden. Frauen werden üblicherweise ab dem zweiten Treffen mit einem „besito" (Küsschen auf die Wange) begrüßt, ob von Männern oder anderen Frauen. Schrecken Sie in diesem Moment nicht vor der ungewohnten Nähe zu Ihrem Gegenüber zurück, sondern üben Sie vielmehr dieses Ritual bereits einige Male vorher in Deutschland! Beim Abschied fallen meistens sehr höfliche Worte wie „fue un placer de conocerle" (es war mir ein Vergnügen, Sie kennen zu lernen).

Cortesía – Höflichkeit und Harmonie

Der hohe Stellenwert der positiven sozialen Beziehungen führt dazu, dass Lateinamerikaner im Umgang mit anderen Menschen stets Respekt walten lassen und in jeder Situation freundlich mit ihren Geschäftspartnern umgehen. Diese für Deutsche oft übertriebene Höflichkeit äußert sich in vielen sprachlichen und gestischen Ausdrucksformen. Hierzu gehören Ausdrücke wie „con mucho gusto" (mit Vergnügen), „para servirle" (zu Ihren Diensten) ebenso, wie die Gewohnheit, Türen aufzuhalten und beim Eintreten dem anderen den Vortritt zu gewähren, häufiges Bedanken und Entschuldigen usw.

Diese sehr zuvorkommende Art insbesondere Frauen gegenüber ist für viele Deutsche ein Zeichen von Unterwürfigkeit. Sie ermöglicht dem lateinamerikanischen Partner jedoch, eine harmonische Beziehung zum anderen aufzubauen. Versuchen Sie, genauso höflich und zuvorkommend zu sein! Reden Sie in Verhandlungen mit ruhiger aber betonter Stimme! Dies ist für Lateinamerikaner ein Zeichen von Respekt.

Hierarchiedenken verstehen

Durch die lange Zeit eines stark lenkenden Staates in vielen Ländern Lateinamerikas herrschen noch heute oft die historisch gewachsenen strengen hierarchischen Strukturen vor. Eine Person wird nach ihrer persönlichen Macht – ihrem Status im Unternehmen – bewertet. Während die niedriger angesiedelten Mitarbeiter den Anweisungen ihres Vorgesetzten folgen, pflegen die Chefs einen streng autoritären Führungsstil. Sie verteilen nicht nur die Aufgaben im Unternehmen sondern sind darüber hinaus auch die alleinigen Entscheidungsträger.

Achten Sie daher unbedingt darauf, wichtige Verhandlungen immer mit dem Entscheidungsträger zu führen! (In mittelständischen Unternehmen ist dies meist der Inhaber selbst.) Alles andere wäre reine Zeitverschwendung! Umgekehrt erwartet der lateinamerikanische Entscheidungsträger einen deutschen Gesprächspartner der gleichen Hierarchieebene. Darüber hinaus sollten Sie immer eine ausreichende Menge an Visitenkarten mit sich führen, die bei jedem Verhandlungsgespräch oder Geschäftsessen eifrig verteilt werden. Der Text sollte möglichst in Spanisch bzw. Portugiesisch (oder Englisch), aber auf keinen Fall in Deutsch verfasst sein. Achten Sie unbedingt darauf, dass Ihr Titel und Ihre Stellung im Unternehmen deutlich zu erkennen sind! Weiterhin sind die Internetseite der Firma und Ihre E-Mail-Adresse wichtige Ergänzungen.

¡Qué viva México/Perú/...! – der Stolz der Latinos auf ihr Vaterland

Der selbstbewusste und gleichzeitig kritische Blick nach vorn, in die Zukunft des Landes, ist in Lateinamerika nicht sehr verbreitet. Man erinnert sich viel lieber mit großem Stolz an die reiche indianische Geschichte oder die Unabhängigkeit von den Spaniern/Portugiesen.

Höhepunkt des staatlich forcierten Nationalstolzes ist unumstritten der Tag der Unabhängigkeit: zahlreiche Soldaten, Feuerwehrleute und Polizisten marschieren mit wehenden Nationalflaggen die Prachtstrassen der Hauptstädte entlang.

Verletzen Sie den Stolz der Latinos auf ihr eigenes Vaterland nicht! Versuchen Sie, keine kritischen Äußerungen über das Land zu verbreiten sondern erzählen Sie lieber mit Begeisterung von Ihren positiven Erlebnissen und erwähnen alles, was die Region zu bieten hat: hochentwickelte Industriezweige im Automobilbau, die reiche Kultur, das leckere Essen, Fußball in Brasilien. Hierbei kann es für Sie von unschätzbarem Vorteil sein, sich vor Ihren Verhandlungen einige Grundkenntnisse in lateinamerikanischer Geschichte und Politik anzueignen!

Erwerb von Spanisch- bzw. Portugiesischkenntnissen

Obwohl viele lateinamerikanische Geschäftsleute in ihrer Ausbildung Englisch gelernt haben, ist die Verhandlungssprache generell Spanisch bzw. Portugiesisch. Bei nicht ausreichenden Sprachkenntnissen sollten Sie unbedingt einen Dolmetscher hinzuziehen! Dennoch können Sie bei Ihrem ausländischen Geschäftspartner viele Punkte sammeln, wenn Sie sich einige Sätze oder zumindest die Begrüßungsfloskeln in der Fremdsprache aneignen. Latinos freuen sich über jeden Versuch eines Ausländers, ihre Sprache zu sprechen. Hierdurch können Sie sowohl für einen angenehmen Beginn eines Gespräches sorgen als auch mehr Respekt von Ihrem Gegenüber erlangen.

Choclo, empanada, tortilla – Geschäftsessen in Lateinamerika

Lateinamerikaner lieben das Essen und verbringen gerne Stunden beim Dinieren mit Freunden und Bekannten. Eine Einladung zum Geschäftsessen erfolgt meist zum Mittagessen, der sog. „Comida" und findet in einer lockeren, heiteren Atmosphäre statt.

Wenn Sie aus Zeitgründen zu einem Abendessen eingeladen werden, so beginnt dies meist erst gegen 21 oder 22 Uhr. Sollten Sie hierzu in die private Wohnung gebeten werden, so sind geschäftliche Angelegenheiten Tabu. Regelrecht in Entsetzen bringen können Sie Ihren Geschäftspartner, wenn sie pünktlich zum Essen erscheinen. Im Allgemeinen ist eine halbe Stunde Verspätung gang und gäbe. Als kleines Mitbringsel ist ein Blumenstrauß für die Ehefrau des Gastgebers immer gern gesehen.

No se preocupe – die andere Art der Zielerreichung

Während der Deutsche stets bestrebt ist, anspruchsvolle Ziele vorzugeben und möglichst mehrere Jahre in die Zukunft zu planen, sind die Lateinamerikaner der Auffassung, dass ihre Zukunft nicht vorhersehbar sei – trotz zahlreicher Statistiken, Prognosen und Marktanalysen, die der Deutsche eifrig studiert. Aufgrund diverser Naturkatastrophen wie Erdbeben oder Überschwemmungen oder mehrmaliges Auf und Ab in der lateinamerikanischen Politik und Wirtschaft, ist eine Ersparnisbildung nur in sehr begrenztem Umfang möglich. Somit richten Lateinamerikaner ihr Handeln eher kurzfristig aus und „verschwenden" oftmals keinen Gedanken an den nächsten Planungszeitraum.

Arbeiten Sie daher lieber überschaubare Planungszeiträume aus! Da Lateinamerikaner auch dem angestrebten Ziel eine geringere Verbindlichkeit beimessen als die Deutschen, sind sie bei der Verfolgung und eventuellen Anpassung von Zielen allerdings enorm flexibel und handeln mit dem Wissen: Irgendwie wird es schon klappen – „no se preocupe" (kein Grund zur Sorge).

Ahorita – das lateinamerikanische Zeitverständnis

„Mañana", „ahorita" oder „un momentito" (morgen, jetzt gleich, einen Augenblick) ist oft die Antwort auf eine Frage, die mit „Wann ...?" beginnt. Doch Vorsicht: Alle Zeitangaben in Lateinamerika sollten nicht wörtlich genommen werden. So können mit dem insbesondere in Peru häufig benutzten „ahorita" sowohl einige Minuten, als auch einige Stunden eventuell sogar Tage gemeint sein. Für Lateinamerikaner gibt es Wichtigeres, als sich streng und minutengenau an Terminabsprachen zu halten.

Schauen Sie nicht ständig auf die Uhr! Bei Verhandlungen steht der Augenblick, das Gespräch mit dem jetzigen Partner im Vordergrund. Über ein pünktliches Besprechungsende, nur um zum nächsten Termin zu hetzen, macht sich insbesondere am Nachmittag niemand Sorgen. Stecken Sie Ihren Terminkalender nicht zu eng, planen Sie stattdessen zeitliche Spielräume ein!

Paciencia – nur mit Geduld erreichen Sie Ihr Ziel!

Wer kennt nicht eine der folgenden Situationen in Lateinamerika: Der Bus fährt nicht zum angegebenen Zeitpunkt ab, der Verhandlungspartner erscheint nicht pünktlich, ewiges Warten an langen Schlangen bei Banken, ... In dieser Situation sollten Sie ruhig Blut bewahren. Üben Sie sich in Geduld! Auch Verhandlungen ziehen sich in Lateinamerika erheblich länger hin als in Deutschland. Für den Lateinamerikaner sind es Prozesse, deren Ziel es ist, ein positives Ergebnis zu erreichen.

Setzen Sie Ihren Geschäftspartner auf keinen Fall unter Druck! Hierdurch würden Sie einen Gesichtsverlust provozieren und damit schnell auf Gegendruck oder weitere Beharrlichkeit stoßen. Generell wird Ihr lateinamerikanischer Partner bereit sein, Zugeständnisse zu machen, die er umgekehrt aber auch von Ihnen erwartet. Darüber hinaus wird sich Ihr Verhandlungspartner bereits im Vorfeld sehr gut über den Verhandlungsgegenstand, die Zahlungsmodalitäten und Preise informieren. Beginnen Sie daher die Verhandlungen nicht mit utopischen Maximalforderungen und vermeiden Sie auf jeden Fall Drohungen oder Schuldvorwürfe!

Verleugnen Sie Ihre eigene Kultur nicht!

Für einen geschäftlichen Erfolg in Lateinamerika müssen Sie sich an die dortigen Geschäftsusancen anpassen. Achten Sie jedoch darauf, dass Sie Ihre eigene Kultur nicht völlig unterordnen. Gerade die typisch deutschen Eigenschaften wie Pünktlichkeit, Zuverlässigkeit und Gradlinigkeit werden von den Lateinamerikaner sehr hoch geschätzt. Reisen Sie mit ein paar Vokabeln der spanischen bzw. portugiesischen Sprache nach Lateinamerika! Treten Sie Ihren lateinamerikanischen Geschäftspartnern aufgeschlossen und mit Respekt gegenüber!

Auch Sie werden dann herzlich empfangen und Ihrem geschäftlichen Erfolg steht nichts mehr im Wege! Denn wie heißt es doch so schön in Lateinamerika:

> *¡Todo es posible!* (alles ist möglich)

20.4 China: erfolgreiche Verhandlungsführung im Reich der Mitte

20.4.1 Warum in China einkaufen?

Zu Beginn der zweiten Jahreshälfte 2002 avancierte die VR China zum wichtigsten Handelspartner Deutschlands in Asien und überholte damit Japan als traditionelle Topdestination in Fernost. Der Warenhandel mit dem Reich der Mitte ist seit Jahren überdurchschnittlich gewachsen. Das 1978 noch vollständig vom Welthandel abgeschottete China ist heute aus deutscher Perspektive (offizielle Zahlen von 2003) bereits sechstwichtigster Lieferant und zehntwichtigster Abnehmer deutscher Güter und Waren. Schätzungen zufolge wird das Außenhandelsvolumen 2004 im Vergleich zum Vorjahr um rund 18% ansteigen und einen Wert von ca. 52 Mrd. Euro erreichen (Importe aus China nach Deutschland: 30 Mrd. US$; Exporte von Deutschland nach China: 22 Mrd. US$). Der globale Außenhandel Chinas, der sich bereits auf knapp 1,1 Billionen Euro beläuft soll sich Hochrechnungen zufolge bis zum Jahr 2010 auf 2 Billionen Euro fast verdoppeln.

Deshalb ist China mit seiner oft anderen Kultur und Verhandlungsmentalität als Handelspartner für Einkäufer eine große Chance und Herausforderung zugleich.

Verschiedene Faktoren machen Importe aus China attraktiv: Einerseits sind es die nach wie vor niedrigen Kosten für eine lohnintensive Produktion, andererseits die erheblich verbesserte Qualität chinesischer Produkte. Das Qualitätsbewusstsein chinesischer Verbraucher ist gewachsen, schlechte Qualität bleibt auch zu Tiefstpreisen unverkäuflich. Ferner sind die immensen Rohstoffvorkommen wie Eisenerz, Kohle, Antimon, Mangan, Molybdän, Wolfram und Zinn zu nennen, die vergleichsweise gut ausgebeutet werden.

20.4 China: erfolgreiche Verhandlungsführung im Reich der Mitte

Tabelle 20.5. China – Einkaufspartner auf einen Blick

Staat	Volksrepublik China (Zhonghua Renmin Gonghe Guo), Sozialistische Volksrepublik, Verfassung von 1982 mit Änderungen 1999
Fläche	9,6 Mio. qkm (Weltrang #4)
Bevölkerung	1,3 Mrd. Einwohner (Weltrang #1), davon 92% Han-Chinesen und weitere 56 Minderheiten
Politisches System	Autoritäres Einparteiensystem unter der Führung der Kommunistischen Partei Chinas (KPCh)
Wirtschaftssystem	Offiziell: „Sozialistische Marktwirtschaft", tatsächlich post-sozialistisches System mit staatlichen und privaten Parallelstrukturen
BIP, BIP pro Kopf (2004)	ca. 1.500 Mrd. US$, ca. 1.150 US$
Pro-Kopf-Einkommen in Kaufkraftparitäten (2003)	ca. 5.150 US$
Währung/ Wechselkurs (03.03.2005)	Renminbi Yuan – 1 € = 10,89 RMB Yuan; 1 US$ = 8,29 RMB Yuan Renminbi Yuan ist in engen Bandbreiten an US$ gekoppelt. Keine volle Konvertierbarkeit vorhanden.
Ausfuhr Chinas (2003)/Hauptabnehmerländer	Warenausfuhr (2003): ca. 413 Mrd. US$ davon: 21,1% USA; 17,4% Hongkong; 13,6% Japan; ASEAN-Staaten 7,1%; Südkorea 4,6%; Deutschland 4,0%; Niederlande 3,1%; Großbritannien 2,5%
Hauptausfuhrgüter (2003)	Büromaschinen, automatische Datenverarbeitungsmaschinen 14,3%; Bekleidung und Bekleidungszubehör 11,9%; Nachrichtentechnik, Radio, TV 10,3%; Elektrische Maschinen & elektrische Teile davon 9,7%; Garne & Gewebe 6,1%; Chemische und Kunststofferzeugnisse 4,5%; Nahrungsmittel 4%; Metallwaren 3,4%; Schuhe 3%
Bruttoverdienste der Arbeitnehmer im verarbeitenden Gewerbe	Durchschnittlich ca. 105 €/Monat; Mindestlohn in Shanghai ca. 50 €/Monat, in westlichen Landesteilen deutlich niedriger
Kontaktadressen/ nützliche Links Import aus China	Deutsche Handelskammer in China: www.ahk-china.org Schwerpunktkammer China: IHK Pfalz: www.pfalz.ihk24.de/china TÜV Rheinland Product Safety GmbH: www.de.tuv.com Landesgewerbeanstalt Bayern LGA: www.lga.de Verband der Fertigwarenimporteure: www.vfi-deutschland.de Ostasiatischer Verein e.V.: www.oav.de

274 20 Umgang mit ausländischen Verhandlungspartnern

	German Centre Shanghai: www.germancentreshanghai.com Aktuelle Nachrichten für Geschäftsleute: www.business-china.com
Lieferantenverzeichnisse China und Trade Directories	E-Trade Center (Geschäftskontaktplattform des Netzwerkes der IHKs, AHKs und des DIHKs): www.e-trade-center.com 30.000 chinesische Im- und Exporteure: www.chinainfornet.com Diverse Suchmaschinen: www.pfalz.ihk24.de/china *Aus der Praxis, für die Praxis Import* Suchmaschine für chinesische Lieferanten: www.i-cantonfair.com

Außerdem ist China längst kein Markt des Mangels mehr: Ein breites und in vielen Bereichen übersättigtes Güterangebot drückt die Preise nachhaltig. Schließlich führen die Liberalisierungsschritte und Zollsenkungen, zu denen sich China im Rahmen des im Dezember 2001 vollzogenen WTO-Beitritts verpflichtet hat, zu Preissenkungen von ausländischen Vor- und Zwischenprodukten und damit zu Preisnachlässen chinesischer Endprodukte.

20.4.2 Grundlagen erfolgreicher Einkaufsverhandlungen

Reisen Sie als Einkäufer eines deutschen Unternehmens nach China, um dort Einkaufsverhandlungen zu führen, so bringen Sie, auch wenn Sie nicht in der Verkäuferrolle sind, zunächst einen Bonus mit: „de guo de zhi liang hen hao!" („Deutsche Qualität ist sehr gut!") hört man sehr häufig in China. Deshalb ist es in chinesischen Augen ein Gesichtsgewinn, dass gerade Deutsche in ihrem Land einkaufen möchten.

Aber deutsche Unternehmer werden nicht nur wegen Ihrer hochqualitativen Produkte verehrt, sondern auch aufgrund deren Rufs als seriöse, beständige und berechenbare Geschäftspartner. Hinzu kommt, dass die politischen Beziehungen seit der diplomatischen Anerkennung Chinas durch die Bundesrepublik Deutschland 1972 als sehr gut und stabil zu bezeichnen sind. Das einzige, worauf Sie in diesem Zusammenhang vorbereitet sein müssen, ist, dass Sie unter Umständen auf das Thema Drittes Reich und Hitler angesprochen werden. Oftmals ist es am besten, man lässt sich nicht näher darauf ein und wechselt kommentarlos das Gesprächsthema – so wie es auch die Chinesen bei Themen handhaben, die für sie nicht in jeder Situation ganz passend sind. Chinesen verstehen dies sofort, man wird

Sie nicht mehr darauf ansprechen und Sie konnten das Gesicht Ihres Gegenübers wahren.

Das eigene Gesicht wahren – Grundlage für den Verhandlungserfolg

„Das Gesicht wahren" und „Gesicht geben" sind zentrale Begriffe für Ihren Verhandlungserfolg. Zunächst gilt es, Ihr eigenes Gesicht zu wahren. Sie erreichen dies, indem Sie auch in hektischen Situationen Ruhe und Contenance bewahren, Enttäuschungen oder schlechte Laune sich nicht anmerken lassen sowie peinlich genau die hierarchischen und protokollarischen Rangordnungen bei geschäftlichen Anlässen einhalten. Ferner sollten Sie keine flapsigen Bemerkungen machen, nicht schlecht über Dritte sprechen, Ihrem Gegenüber genau zuhören, ihn aussprechen lassen und sich ausgesprochen höflich verhalten. Denn in China können Sie gar nicht zu höflich sein! Und Pünktlichkeit wird auch in China großgeschrieben. Gerade von Ihnen als Deutscher (Chinesisch: „de guo ren" bedeutet „Tugendländer") wird strikte Pünktlichkeit erwartet, eine unbegründete Verspätung wird von Chinesen als „deutliche" Beleidigung bewertet.

Geben Sie Ihrem Verhandlungspartner sein Gesicht!

Das eigene Gesicht zu wahren ist wichtig, weitaus bedeutender ist es jedoch, Ihrem chinesischen Verhandlungspartner nicht das Gesicht zu rauben, sondern ihm Gesicht zu geben: Kritisieren Sie ihn niemals direkt und schon gar nicht im Beisein Dritter. Wenn Probleme auftauchen, so fassen Sie Ihren Gesprächspartner mit Glace-Handschuhen an. Loben ihn zunächst für die gute Zusammenarbeit oder die hervorragende Gastfreundschaft. Machen ihn nur indirekt auf die Probleme aufmerksam, sprechen „durch die Blume", bzw. wünschen sich eine „Verbesserung". In diesem Zusammenhang gilt es, ein feines Gespür zu entwickeln. Der Besuch interkultureller Vorbereitungsseminare ist hier bei fehlender Verhandlungspraxis anzuraten und von geldwertem Vorteil.

20.4.3 Drei Dinge braucht der erfolgreiche Einkäufer: Taktik, Nerven, Camouflage!

Bei Verhandlungen mit Chinesen wird anfangs versucht, eine gute Atmosphäre zu schaffen.

Obwohl Sie gefragt werden, was Sie trinken möchten, sollten Sie, um peinliche Situationen zu vermeiden, Tee bestellen (Kaffee ist in China kaum verbreitet). Sie ersparen Ihrem chinesischen Gastgeber einen eventuellen Gesichtsverlust.

Zunächst findet ein vergleichsweise langer (und in deutschen Augen häufig unproduktiver) Small Talk statt, um sich näher kennen zu lernen. Während dieses „Beschnupperns" tauscht man Höflichkeiten aus, lobt das jeweils andere Land (eignen Sie sich ein paar Glanzlichter der chinesischen Geschichte an!) und erzählt etwas von sich und der eigenen Familie (z.B. über die eigenen Kinder). Aber Vorsicht: Niemand will etwas Negatives hören – oberflächliche Harmonie ist erwünscht. Drängen Sie nicht darauf, zum Geschäftlichen zu kommen. Ihr chinesischer Counterpart wird Ihnen signalisieren, wann dafür der richtige Zeitpunkt gekommen ist.

Nun geht die „eigentliche" Verhandlung los, die Sie mit einer kurzen Vorstellung Ihres Unternehmens und Ihrer Produkte beginnen können. Wenn möglich, visualisieren Sie dies am besten anhand einer kleinen PowerPoint-Präsentation oder Folien. Beschreiben Sie darauf Ihre Einkaufswünsche – seien Sie aber vorsichtig mit voreiligen Versprechungen der Chinesen, Ihnen alle Produkte schnell und in der notwendigen Qualität liefern zu können. Häufig werden Ankündigungen gemacht, die jenseits der tatsächlichen Leistungsfähigkeit des chinesischen Unternehmens liegen.

Der professionelle Einkäufer erlebt bei seinen chinesischen Verhandlungspartnern hier häufig Übertreibungen bezüglich der Produkteigenschaften. Informieren Sie sich deshalb zunächst über die chinesischen Produkte und lassen Sie die Chinesen selbst über die Auswahlkriterien ihrer Firma in Deutschland weitgehend im Dunkeln. Ansonsten kann es Ihnen geschehen, dass die chinesischen Verhandlungspartner sich sofort darauf einstellen und Ihnen den „Himmel auf Erden" versprechen.

Vorsicht: Chinesen beherrschen klassische Verhandlungstaktiken!

Grundsätzlich sollten Sie mit einer zu „hemdsärmeligen" Herangehensweise vorsichtig sein. Wenn Sie Ihre Karten zu schnell auf den Tisch legen, wird Ihnen das als Schwäche ausgelegt werden. Denn wenn man genau weiß, was der „Gegner" will, ist es viel einfacher, ihn zu „schlagen". Diese Taktik ist im Zusammenhang mit den 36 Strategemen zu verstehen, über die bereits General Tan Daoji (südliche Song-Dynastie, 479–420 v. Chr.) verfügte. Das vierte Strategem lautet nämlich: „Ausgeruht den erschöpften Feind erwarten". So verwundert es nicht, dass sich Chinesen gerne in Undurchsichtigkeit und Geduld üben, den „Gegner" gerne reden lassen und hervorragende Zuhörer sind. So sagt auch Sunzi in seinem Meisterwerk „Die Kunst des Krieges" (5. Jahrhundert v. Chr.): „Wenn Du den Feind und Dich selbst kennst, brauchst Du den Ausgang von hundert Schlachten nicht zu fürchten. „Täuschung, Zermürbung, Flexibilität, Überraschung und die genaue Analyse der Ziele, Stärken und Schwächen des Verhandlungspartners" sind taktische Instrumente, die chinesische Verhandlungsführer bis heute exzellent beherrschen.

Missverständnisse vermeiden

Auf mögliche typische Missverständnisse während Verhandlungen sollte präventiv hingewiesen werden: Kopfnicken bedeutet in China: „Ich höre zu und verstehe"; es signalisiert grundsätzlich keine Zustimmung. Ebenso gilt es in Europa zwar als schicklich, seinem Gesprächspartner in die Augen zu schauen, in China stellt dieses Verhalten eine Provokation und Respektlosigkeit dar. Gegenüber dem anderen Geschlecht ist dies besonders problematisch.

Ferner sollten Sie bei Verhandlungen Zeichensprache vermeiden, da die Bedeutung mancher Zeichen in China gänzlich anders belegt ist. Eine weitere Besonderheit gilt es zu beachten: Chinesen verabscheuen absolute Erklärungen. Anstatt einem definitiven „Nein" hört man häufig ein „Vielleicht" oder „Ungefähr". Denn klare Ablehnungen können beim Gesprächspartner oder bei sich selbst zu einem Gesichtsverlust führen, den es immer zu vermeiden gilt.

20.4.4 Geldwerte Tipps für Einkaufsprofis

Verhandlungen mit Chinesen können leicht zu einem aufreibenden „Abenteuer" werden, wenn man nicht darauf vorbereitet ist: Angebote sind anfangs deutlich übertreuert, Verhandlungsspielraum ist immer drin. Häufig gerät eine ausländische Delegation zunächst an eine „Vorhut" in der chinesischen Verhandlungs- bzw. Entscheidungshierarchie, d.h. der tatsächliche Entscheidungsträger schickt eine meist junge Truppe vor, um Informationen über den potentiellen Kunden zu bekommen.

Nur dann, wenn es sich für die chinesische Verhandlungspartei lohnen könnte (z.B. Preisvorstellungen liegen nicht zu weit auseinander zwischen dem Preis der Käufer und dem reellen Preis des chinesischen Anbieters) schaltet sich der Entscheidungsträger ein. Häufig bleibt aber bis zuletzt im Dunkeln, wer tatsächlich das Sagen hat. Dies stiftet bei der ausländischen Delegation nicht nur Verwirrung, sondern führt auch schnell zu einem Ungleichgewicht der Kräfte – die „frischen" Verhandlungspartner sind ausgeruht und haben vor allen Dingen viel, viel Zeit. Die ausländische Seite hat jedoch meist einen engen Zeitplan zu erfüllen, der Rückflug ist gebucht und zu allem Überfluss erwartet der Chef zu Hause Ergebnisse, denn die Dienstreise war teuer genug.

In diesem Umfeld geraten die Mitglieder ausländischer Delegationen schnell in eine gewisse Stressfalle, in der Fehler gemacht werden: Diese können inhaltlicher Natur sein, d.h. es werden zu große Zugeständnisse von deutscher Seite gewährt bzw. die gebotene Vorsicht wird vernachlässigt oder das Verhalten gegenüber der chinesischen Seite leidet darunter: Mit der Brechstange versucht man, zu Ergebnissen zu kommen. Diese Strategie ist in China jedoch grundsätzlich zum Scheitern verurteilt (es sei denn, man hat eine überwältigende Verhandlungsmacht und/oder das Projekt ist von nationalem Interesse). Denn Druck erzeugt bei chinesischen Partnern Gegendruck und Beharrlichkeit. Außerdem rechnet die chinesische Seite nicht damit, schnell zu einem Verhandlungsergebnis zu gelangen – dies ist meist auch „technisch" gar nicht möglich, da nur der „unbekannte Dritte" darüber entscheiden kann.

Grundregel – nicht verunsichern lassen

Lassen Sie sich außerdem nicht davon aus dem Konzept bringen, dass chinesische Verhandlungsteilnehmer während der Gespräche telefonieren, unerwartet den Raum verlassen oder ein Nickerchen machen. Chinesische Verhandlungsteams sind in unseren Augen meist „aufgebläht" – ein Teil davon sind lediglich Beobachter, die keine Mitwirkungs- oder Entscheidungsbefugnis haben. Außerdem ist es in China Usus, viele Dinge gleichzeitig zu tun, währenddessen in Deutschland eher ein linear-funktionaler Arbeitsstil vorherrscht. Achten Sie auch darauf, was Sie in Deutsch Ihrem Team am Verhandlungstisch mitteilen. Es ist gut möglich, dass einer der „Beobachter" in Deutschland studiert hat ...

Rechnen Sie ebenfalls damit, dass Chinesen gerne zu Verhandlungspunkten zurückkehren, die Sie bereits als „erledigt" eingestuft haben. Ferner werden nach dem Prinzip „Das Leichteste zuerst" (in Deutschland: „Das Wichtigste zuerst") die problematischen Punkte meist ganz am Ende der Verhandlungsrunde angesprochen. Zu raten ist diesbezüglich, ein Verhandlungsprotokoll zu führen, in dem die wichtigsten Zwischenergebnisse festgehalten werden und welches beide Verhandlungsführer unterzeichnen. Außerdem sollten Sie sich als Einkäufer schon im Vorfeld der Verhandlungen darauf einstellen, sich Zeit zu nehmen. Denn in China muss es langfristiges Ziel sein, persönliche Beziehungen („guanxi") aufzubauen. Chinesen schätzen die seriöse deutsche Geschäftsmentalität, Versprechen einzuhalten und ein verlässlicher Partner zu sein. Deshalb sollten Sie auch gegenüber Ihrem Vorgesetzten rechtzeitig kommunizieren, dass in China normalerweise nicht mit schnellen Ergebnissen zu rechnen ist.

Die Rolle des Dolmetschers nicht unterschätzen

Dolmetscher können der Schlüssel zum Erfolg, manchmal aber auch die Ursache für Misserfolg von Geschäftsverhandlungen darstellen.

Zunächst muss man sich – so banal es ist – darüber klar werden, dass nicht das, was von ausländischer Seite gesagt wird, dem chinesischen Verhandlungspartner zu Ohren kommt, sondern das was der Dolmetscher übersetzt hat. Und da können Welten dazwischen liegen. Dies ist häufig sogar wünschenswert, da westliche Verhandlungsführer häufig viel zu direkt Dinge ansprechen, in chinesischen Augen plump, aufdringlich und ausgesprochen unhöflich sind. Ein guter Dolmetscher leistet diese kulturelle Übersetzungsarbeit, allerdings ohne den Sinn des Gesagten zu verfälschen. Beherrscht ein Dolmetscher diese Fähigkeit und hat darüber hinaus noch einen großen technischen Wortschatz, so hat man einen Grundstein für erfolgreiche Verhandlungen gelegt.

Immer wieder treffen ausländische Delegation jedoch auch auf Dolmetscher, die mehr daran interessiert sind, sich selbst darzustellen, anstatt Ihrer Pflicht, einer sinngemäßen Übersetzung nachzukommen. Bei Unklarheiten wird nicht nachgefragt, denn man könnte ja das Gesicht verlieren. Dieses Verhalten rührt einerseits daher, dass Übersetzen nach chinesischer Auffassung eher zu den niedrigen Tätigkeiten zählt, andererseits wird versucht, durch Selbstdarstellungskünste von den sprachlich unzulänglichen Fähigkeiten abzulenken. Zwar werden in China allzu verfahrene Situationen dadurch bereinigt, man wäre sprachlichen Missverständnisse unterlegen. Hilfreich ist es jedoch, bei wichtigen Verhandlungen einen eigenen Dolmetscher zu rekrutieren. Man sichert sich dadurch auch die Loyalität dieses erfahrungsgemäß unterschätzten Dienstleisters. Diesbezügliche Unterstützung bietet die Deutsche Auslandshandelskammer in China (www.ahk-china.org) oder der Bund der Dolmetscher und Übersetzer e.V. (www.bdue.de).

20.4.5 Keine Verhandlung ohne Geschäftsessen

Chinesen trennen Geschäftliches und Privates nicht in dem Maße, wie wir Deutschen dies pflegen. Hinzu kommt, dass Essen zu den liebsten Beschäftigungen der Chinesen zählt. Deshalb sollte man die Bedeutung von Geschäftsessen für den Verhandlungserfolg nicht unterschätzen.

Sollten Sie bereits vormittags ein Business-Meeting anberaumen, so ist zu beachten, dass um Punkt 12.00 Uhr mittags die Verhandlungen abgebrochen werden und man gemeinsam Essen geht – ungeachtet an welchem Punkt der Agenda man sich gerade befindet. Im Anschluss an das Mittagessen ist meistens „xiu xi" („sich ausruhen") angesagt. In der Mittagspause, die bis 15.00 Uhr sich ausdehnen kann, gönnen sich Chinesen gerne ein Nickerchen. Sollte eine dementsprechende Mittagspause aufgrund der Begebenheiten nicht möglich sein, schlagen Sie nach dem Essen einen gemütlichen Spaziergang vor oder verweilen Sie länger am Mittagstisch. Sollten Sie versuchen, in die für Chinesen „heilige" Mittagspause hineinzuverhandeln, so wird Ihnen dies Ärger bescheren!

Was Sie essen und wie gegessen wird, unterscheidet sich stark von westlichen Gewohnheiten: Schlange, Hund, Schildkrötenblut – alles Spezialitäten, die die Chinesen sich etwas kosten lassen. Mit etwas Fingerspitzengefühl kann der erfahrene Einkäufer jedoch das ein oder andere auslassen, ohne das Gesicht zu verlieren. Essen Sie nur nicht ausschließlich Reis, denn das wäre eine grobe Beleidigung. Da gemeinsam von großen Tellern gegessen wird und in keinem Land der Welt Hepatitis mehr verbreitet ist als im Reich der Mitte, sollten Sie vor Abflug in Deutschland Ihren Hepatitis-Impfschutz (vor allem Hepatitis A) überprüfen.

Lautes Schlürfen, Schmatzen und Auf-den-Boden-Spucken sind in China nichts Ungehöriges. Versuchen Sie – auch wenn es schwer fällt – dies einfach zu überhören; vermeiden Sie aber gleichzeitig, ein gebrauchtes Taschentuch wieder in Ihre Hose zu stecken, sondern schmeißen Sie es besser auf den Boden (ansonsten erzeugt dies bei Chinesen einen Ekelreiz).

Ein Wort zur Sitzordnung bei Geschäftsessen in China: So streng wie früher wird die Sitzordnung nicht mehr eingehalten. Gegessen wird meist an runden oder ovalen Tischen. Eine besondere Ehre ist es, wenn der Gastgeber ein häufig fensterloses Separee organisiert hat. Der chinesische Gastgeber weist dem hochrangigsten Gast freundlich einen Platz zu und setzt sich zu seiner Linken. Üblich ist es, im Rahmen von Tischreden, in denen die gute Zusammenarbeit gelobt wird, kräftig zu trinken (hochprozentiger Schnaps, jedoch werden Rotwein und Bier glücklicherweise immer beliebter). Sollten Sie als Einkäufer nicht trinkfest sein, geben Sie im Vorfeld medizinische Gründe an, nur wenig oder keinen Alkohol zu trinken. Dies müssen Sie aber dann abends an der Hotelbar strikt durchhalten – sonst wäre dies, falls man Sie beobachtet, ein nicht wieder gut zu machender Fauxpas.

Noch ein paar weitere wertvolle Tipps rund ums Geschäftsessen: Essen Sie niemals ganz auf, es sei denn Sie haben tatsächlich noch Hunger. Ansonsten wird ihnen immer mehr nachgereicht, ein Wettlauf beginnt, den nur Obelix gewinnen könnte. Die Rechnung begleicht üblicherweise der Gastgeber; eine getrennte Rechnung ist in China undenkbar. Sollte Ihr Gastgeber eine Tischrede halten, so erwidert der Verhandlungsführer Ihrer Delegation im gleichen Stil nach einer kurzen Pause seine Tischrede. Da Witze meistens nicht verstanden werden, verzichten Sie am besten darauf.

Bedenken Sie, dass das gemeinsame Essen dazu dient, eine engere persönliche Beziehung aufzubauen. Die Diskussion von problematischen Verhandlungspunkten ist hier fehl am Platze. Aber: Ein heiteres Abendessen hat schon viele festgefahrene Verhandlungen wieder in Gang gebracht.

20.4.6 Qualität, Verträge und Streitschlichtung

Obwohl die Qualität chinesischer Produkte sich in den letzten Jahren deutlich verbessert hat, wird ein europäisches Qualitätsniveau häufig nicht erreicht. Verlassen Sie sich deshalb nicht auf qualitativ hochwertige Muster, denn diese werden mit besonders großer Sorgfalt (Chefsache!) hergestellt, was für das Gros der Produkte meistens nicht gilt. Außerdem kann es schon vorkommen, dass Sie das Muster eines anderen Herstellers vorgesetzt bekommen!

Um diesem Problem vorzubeugen, lassen Sie sich möglichst die Produktionsstätte Ihres potentiellen chinesischen Lieferanten zeigen. Zur Qualitätssicherung empfiehlt es sich in den meisten Fällen, einen externen Dienstleister wie TÜV oder LGA vor Ort einzuschalten. Diese Dienstleister ermöglichen – wenn gewünscht – eine lückenlose Qualitätsüberwachung der Herstellung derjenigen Produkte, die Sie von Ihrem chinesischen Lieferanten beziehen möchten. Kosten-Nutzen-Erwägungen sollten Sie jedoch einkalkulieren, da sonst der vermeintlich billige Einkauf in China recht schnell überraschend teuer werden kann. Eine stichprobenartige Vorversandkontrolle (pre-shipment-control) ist jedoch fast immer unumgänglich.

Welche Bedeutung haben Verträge in China?

Verträge sind nach chinesischer Auffassung Absichtserklärungen, an die man sich „irgendwie" halten sollte. Verändern sich die Rahmenbedingungen, so sind Verträge nachverhandelbar und Vertragstexte flexibel zu handhaben. Deshalb bietet ein noch so detailliert ausgearbeiteter Vertragstext keine Gewähr für eine problemlose Abwicklung Ihres Geschäfts.

Die Erfahrung zeigt, dass sich Chinesen nur dann an Verträge halten, wenn sie diese als „fair" empfinden, d.h. zu gegenseitigem Nutzen ausgestaltet sind. Sollte es daher zu Vertragsabweichungen kommen, drohen Sie nicht gleich mit juristischen Konsequenzen, sondern versuchen Sie, das Problem flexibel zu lösen. Fragen Sie nach, weshalb die Vertragsabweichung erfolgt ist, aber schenken Sie nicht jeder Ausrede (z.B. „Das geht nicht aufgrund bestimmter rechtlicher Bestimmungen") Glauben. Im Zweifelsfalle – gerade bei der Zahlungsabwicklung durch Akkreditive – ziehen

Sie einen externen Experten zu Rate. Schlagen Sie unbürokratisch realistische Kompensationen vor. Dies ist auch in Ihrem Interesse, da die Durchsetzung von Gerichtsurteilen in China schwierig und langwierig ist und die Anrufung eines Schiedsgerichts sich erst bei hohen Streitwerten lohnt.

Eine gute Geschäftsbeziehung wird gerade im Streitfall durch gegenseitige Konsultationen und die Zustimmung zum außergerichtlichen Vergleich gefestigt.

Viele potentielle Streitfälle können Sie jedoch bereits im Vorfeld ausschalten. Seit November 1995 besteht zwischen der VR China und der Bundesrepublik Deutschland ein Standardliefervertrag für Liefergeschäfte in beide Richtungen. Dieser Liefervertrag gilt für bewegliche Maschinen und Güter, jedoch nicht für Anlagenlieferverträge und Montagen. Er regelt neben Liefer- und Zahlungsbedingungen, Gerichtsstand und anwendbares Recht, Versicherungen und Gewährleistungen, etc. Wahlmöglichkeiten sind vorhanden.

20.4.7 Kleine Geschenke erhalten die Freundschaft

In Asien ist es Brauch, sich gegenseitig zu beschenken. Was nicht mit Korruption zu verwechseln ist. Zu große, zu wertvolle Geschenke können kontraproduktiv sein. Bestechung ist in China strafbar, und wenn Ausländer mit im Spiel sind, kann ein Bestechungsversuch zu Gesichtsverlust beim chinesischen Partner als auch beim Bestechenden führen. Kleinere Geschenke, wie z.B. alkoholische Getränke, Zigaretten, Fotokameras, Lederartikel, typisch deutsche Souvenirs wie Bierkrüge, CDs mit klassischer Musik, Bildbände aus den Rheingau sind sehr willkommen – nur Markenartikel sollten es sein.

Messer sollten Sie nur verschenken, wenn es sich um eines der berühmten Schweizer Armeemesser oder ein Qualitätsprodukt aus Solingen handelt. Vermeiden Sie aufgrund deren negativer symbolischer Bedeutung die Farben Schwarz und Weiß sowie die Zahl „4", die gleich ausgesprochen wird wie „sterben". Verpacken Sie Ihr Geschenk farbenfroh (rot, gelb, orange), schreiben Sie jedoch Namen nicht mit roter Schrift.

Verhandlungen mit Chinesen bleiben für Europäer nach wie vor ein besonderes Abenteuer. Lassen Sie sich aber trotzdem nicht zu abenteuerlichen Zugeständnissen hinreißen, die Sie zuhause nicht rechtfertigen können – und schon gar nicht auf dem Flugplatz kurz vor Ihrem Rückflug nach Europa. Obwohl Chinesen immer betonen, dass in China die Uhren vollkommen anders laufen als in Deutschland, gilt auch in China die Rechenregel: 2+2=4.

20.5 Indien: Verhandlungsführung auf dem indischen Subkontinent

20.5.1 Indien ist mehr als Dschungelbuch und heilige Kühe

Indien – wie von selbst entstehen Bilder vor dem inneren Auge, Bilder von prachtvollen Palästen, farbenfroh und exotisch gekleideten Menschen, Tigern, Elefanten, aber auch von riesigen, chaotischen Städten und unvergleichbarer Armut. Erst in den letzten Jahren wurde das Indienbild im Rahmen der Debatte um die „green card" um eine neue Facette bereichert: Indien als Standort für hochwertige Informationstechnologie und Exporteur exzellent ausgebildeter Fachkräfte.

„Im Vergleich zum chinesischen Nachbarn mausert sich Indien in sicherlich kleinen Schritten und auf eher leisen Sohlen vom Sorgenkind zum Hoffnungsträger, die entstehende Dynamik sollte jedoch nicht unterschätzt werden." So schätzt die Landesbank Baden Württemberg in ihrem Länderbericht die Entwicklung der größten Demokratie der Welt durchaus positiv ein. Mit Recht, denn die 1991 eingeleitete Liberalisierung des indischen Marktes und die begleitenden rechtlichen und politischen Reformen schlagen sich in jährlichen Wachstumsraten zwischen sechs bis sieben Prozent nieder und liegen damit nur geringfügig hinter denen Chinas.

Getragen wird dieses Wachstum u.a. von einer stetig wachsenden Mittelschicht (Schätzungen schwanken zwischen 200 bis 300 Millionen Menschen), die im Ausbildungsstand westlichen Standard erreicht und sich auch im Konsumverhalten immer stärker annähert. Indien ist damit nicht nur aufgrund der geringeren Lohnkosten attraktiv, sondern der indische Markt selbst bietet zunehmend Absatzchancen in Dimensionen, wie sie so im europäischen Markt nicht denkbar sind.

20.5.2 Günstige Rahmenbedingungen

Die Rahmenbedingungen für den indischen Markt sind günstig: Englisch als zweite Amtssprache neben Hindi ist als Geschäftssprache etabliert und erleichtert den sprachlichen Zugang zu Kunden, Partnern und Lieferanten. Das Rechtssystem wurde in großen Teilen von den britischen Kolonialherren übernommen, ist somit für westliche Unternehmen, transparent und leicht zugänglich, wenn auch noch etwas von Unwägbarkeiten gekennzeichnet. Ähnlich zu Deutschland ist die wirtschaftliche Struktur in Indien stark geprägt durch den Mittelstand – oft inhabergeführte Familienunternehmen, die es gewohnt sind, direkt Entscheidungen zu treffen und nicht aus relativ trägen Staatsunternehmen hervorgegangen sind.

Trotz all dieser erfreulichen Voraussetzung und Bedingungen für ein Engagement mit indischen Partnern trifft doch eines aus dem Anfangs skizzierten Indienbild zu: Indien als ein vom Hinduismus geprägtes Land unterscheidet sich kulturell beträchtlich von Deutschland – und dies führt auch in der Geschäftswelt zu deutlichen Unterschieden. Um den unternehmerischen Erfolg nicht zu gefährden, ist eine sorgfältige Vorbereitung auf die kulturellen Besonderheiten gerade bei Verhandlungen unabdingbar.

Tabelle 20.6. Indien auf einen Blick

Staat	Republik Indien; Verfassung von 1949
Fläche	3,16 Mio. qkm (Weltrang #7)
Bevölkerung	1,03 Mrd. Einwohner (Weltrang #2); 30% sprechen Hindi; 24 Sprachen, die jeweils von mind. einer Million Menschen gesprochen werden; insgesamt 1.600 verschiedene Sprachen
Politisches System	Größte Demokratie der Welt, parlamentarische Republik sehr ähnlich zu westlichen konstitutionellen Systemen
Wirtschaftssystem	„Gemischte" Wirtschaftspolitik: Importsubstitution mit dem Staat als zentralem Motor für die Binnenwirtschaft und Privatwirtschaft mit zahlreichen Lizenzen, Quoten und staatlichen Genehmigungen
BIP (2004)	ca. 629 Mrd. US$,
BIP pro Kopf (2004)	ca. 572 US$
Pro-Kopf-Einkommen in Kaufkraftparitäten (2004)	ca. 3.100 US$
Währung/ Wechselkurs (26.07.2005)	1 Rupie = 0,02 €; 1 € = 52,4 Rupien;1 US$ = 43 Rupien
Ausfuhr Indien (2004)/Hauptabnehmerländer	Warenausfuhr (2004): ca. 80 Mrd. US$ 18,4% USA, 7,8% China, 6,7% Vereinigte Arab. Emirate, 4,7% Großbritannien, 4,3% Hongkong, 4% Deutschland
Hauptausfuhrgüter	Textilien, Chemikalien, Edelsteine und Juwelen, Schmuck, Lederwaren

20.5.3 Kulturelle Besonderheiten bei Verhandlungen mit Indern

„Und ehrt den weitgereisten Gast wie Euren Gott"

In Indien ist der Gast nicht nur König, sondern nach den hinduistischen Schriften (Veden) sogar Gott – und so werden Sie dort auch behandelt. Ihre Gastgeber werden alles erdenkliche tun, um Ihnen den Aufenthalt so angenehm wie möglich zu machen. Dies beginnt damit, dass sie in aller

Regel durch einen Fahrer am Flughafen abgeholt werden. Dieser wird Sie Verlaufe der Fahrt mit einer Vielzahl an Fragen „bombardieren". Manche davon mögen uns als Deutsche reichlich indiskret vorkommen: Familie, verheiratet, Kinder, Kinderwunsch, Position im Unternehmen bis hin zum Einkommen.

Lassen Sie sich durch diese Fragen nicht irritieren und zeigen Sie auf keinen Fall Ihren Unmut, falls Ihnen die Fragen zu persönlich erscheinen. Diese Fragen sind für Ihren Gesprächspartner bedeutsam, denn in Indien hängt Kommunikation und Verhalten anderen gegenüber sehr stark von deren Status und Stellung in der Hierarchie ab. Bei einem Westler fällt Indern dies schwer einzuschätzen. Deswegen und um dem Gast Respekt und Interesse entgegen zu bringen, stellt der Inder Ihnen diese Fragen. Beantworten Sie sie also ruhig und verkaufen Sie sich nicht unter Wert, denn wenn es sich um den Mitarbeiter Ihres indischen Partners handelt, besteht eine gute Chance, dass er diesem das Gespräch Wort für Wort erzählen wird.

Freundliche Distanz zu Untergebenen und Mitarbeitern

Wichtig ist in dieser Situation und wenn Sie es sonst mit Angestellten oder gar Dienstboten zu tun haben: Zeigen sich freundlich aber distanziert. Sie verlieren den Respekt Ihrer Gastgeber, wenn Sie sich durch einen sehr entspannten, persönlichen Umgang mit diesen Personen auf eine Stufe begeben. Dies mag uns als Deutsche schwer fallen, doch diese ungleiche Behandlung ist in der indischen Kultur nicht zuletzt durch das Kastenwesen immer noch so stark verankert, dass es zu Irritationen kommt, wenn Sie sich nicht daran halten.

Fragen als Ausdruck von Respekt und Interesse

Wenn Sie nun am nächsten Tag Ihren Partner treffen, so ist es wahrscheinlich, dass sie wieder mit einer *Vielzahl an Fragen* konfrontiert werden – aus *Höflichkeit und Respekt Ihnen gegenüber* kann der Gastgeber dies auf keinen Fall unterlassen. Also gehen Sie auf die Fragen ein und nutzen sie die Zeit, indem auch Sie Ihren Geschäftpartner kennen lernen und ihm Fragen stellen. Sie werden eine Fürsorge erleben, die es Ihnen unter Umständen schwer machen wird, überhaupt Konkurrenten zu treffen. Um andere Termine wahrnehmen oder sich einfach mal zurück ziehen zu können, sollten Sie sich vorsichtig und unter Vorgabe akzeptabler Gründe (müde, Klima nicht gewöhnt, erschöpft etc.) von den Gastgebern verabschieden. Auf keinen Fall sollte diese Gastfreundschaft direkt mit dem Hinweis zurückgewiesen werden „man hätte noch etwas anderes zu tun". Eine solche Brüskierung wäre nur schwer wieder gut zu machen.

20.5.4 Inder zu Gast in Deutschland

Sollten Sie einmal in der Situation sein, indische Partner in Deutschland zu erwarten, wechseln Sie bitte die Perspektive: Für Inder ist es unüblich, dass Gäste nicht am Flughafen abgeholt werden oder man ihnen individuellen Freiraum lässt für die Freizeitgestaltung außerhalb der Meetings. Unsere deutsche Sicht „der will doch sicher seine Ruhe am Abend" wird von Indern als Desinteresse und Nachlässigkeit interpretiert. Nicht selten merken dies deutsche Unternehmen erst, wenn ihr indischer Gast schon sehr verstimmt ist.

Beziehungen und Beziehungsnetzwerke

Überall auf der Welt ist es Geschäftpartnern wichtig, eine positive Beziehung zu einander aufzubauen. In Indien gilt es jedoch in besonderem Maße, dass eine harmonische Beziehungen die Grundlage für eine Zusammenarbeit darstellt. Bevor diese nicht etabliert ist, machen weitere Schritte keinen Sinn. Besteht eine enge persönliche Beziehung, ist diese häufig von Loyalität und einer langfristigen Ausrichtung geprägt. Ein Ausdruck dieses Bedürfnisses nach dem Aufbau einer harmonischen Beziehung ist die ausgeprägte Gastfreundschaft. Dazu kommt der bereits angedeutete *ausführliche Small Talk, um sich kennen zu lernen.*

Es ist wichtig eine positive Atmosphäre zu erzeugen und z.B. nicht alle gestellten Fragen negativ zu beantworten: Verheiratet? „Nein", Kinder?, „Nein" und eine Partnerin? „Nein" wäre ein Beispiel für einen ungünstigen Gesprächsverlauf. Zum einen wäre dies für Inder, die Großfamilien gewohnt sind eine sehr suspekte Person, zum anderen würde das Gespräch einen ungünstigen Verlauf in eine Sackgasse nehmen. Deswegen verhalten Sie sich bitte „indisch", wenn sich solche Situationen abzeichnen: Bei unangenehmen Themen, über die man nicht reden möchte wechselt man das Thema, stellt eine Frage an den Partner, der diesen Themenwechsel zu interpretieren weiß. Es geht also darum, eine positive Stimmung zu erzeugen.

Ungeeignete Themen für Small Talk

Um diese harmonische Stimmung nicht zu gefährden, bieten sich eine Reihe von Themen nicht zum Small Talk an:

- Entwicklungsstand des Landes,
- Politik (insbesondere Verhältnis zu Pakistan),
- Religion und Kastenwesen,
- Geschlechterrollen oder gar sexuelle Anspielungen.

Aus indischer Sicht hervorragende Themen, um zu plaudern sind

- Kultur und Geschichte Indiens,
- Familie,
- Sport,
- Arbeit.

Übrigens ein heikles Thema für Deutsche ist den Indern als solches nicht bewusst: Hitler und das dritte Reich haben eindeutig nicht die negative Bewertung wie in Deutschland und werden schon auch mal in Scherzen verwendet „Mein Vater ist manchmal wie Hitler" (so streng). Seien Sie also gewappnet, diese Aussprüche sind nicht als Provokation gedacht.

20.5.5 „No problem" – indirekte Kommunikation

Eine wichtige Rolle zur Bewahrung positiver Beziehungen zu Ihrem Geschäftspartner oder Kollegen spielt der indische Kommunikationsstil, der von Indirektheit geprägt ist.

> Ablehnung und Widerspruch bringen Inder nur bei massivem Ärger oder Hierarchiegefälle direkt zum Ausdruck.

Bitte unterlassen Sie den Ausdruck von Ärger und Ungeduld in Bezug auf Ihren Partner. Der beiderseitige Gesichtsverlust mag sonst irreparabel sein.

Ein eindeutiges „Nein" wird ebenso vermieden, wie ein klarer, transparenter Diskussionsstil, der eindeutig z.B. die Erörterung von Vor- und Nachteilen ermöglicht. Inder kreisen vielmehr um die Thematik und wechseln gerne bei kritischen Punkten zu einem anderen Aspekt. Das kann auf uns Deutsche sehr sprunghaft und anstrengend wirken, für Inder ist es normal, mehrere Themenstränge parallel zu verfolgen und zu besprechen. Durch diese Themensprünge wächst das deutsche Bedürfnis für Zwischenresumés und Zusammenfassungen des Verhandlungsstandes, was wiederum von Indern als unnötig und Indiz einer gewissen Schlichtheit auf deutscher Seite interpretiert werden kann.

Bei Nachfragen zur Realisierbarkeit von Vereinbarungen werden Sie häufig mit der Formulierung „no problem" konfrontiert werden. Selten werden Sie von Indern hören, dass etwas nicht machbar ist. Eine negative

Aussage wäre wiederum ein Gesichts- und natürlich ein potentieller Geschäftsverlust. Inder gehen tatsächlich davon aus, dass sie die gegebene Zusage (irgendwie) halten werden – doch nicht zwingend in deutschem Sinne, nämlich Wort für Wort wie vereinbart und ohne, dass ein weiteres Follow up nötig ist. Betreiben Sie also bei allen Zusagen unbedingt ein Follow up – dieses ist für Ihren Partner auch ein Ausdruck dafür, wie wichtig Ihnen die Sache ist.

„Let me think about it"

Ein *„let me think about it"* könnte einem indischen *„Nein"* sehr nahe kommen. Diese Indirektheit bedeutet für Sie als Deutscher, behutsamer in der Kommunikation vorzugehen als zu Hause, um Ihre indischen Partner nicht vor den Kopf zu stoßen. Übersetzen Sie nicht einfach aus dem Deutschen, das wirkt oft sehr hart. Borgen Sie sich lieber elegante Formulierungen Ihrer meist sehr eloquenten indischen Gesprächspartner. Wenn es Kritikpunkte gibt, die Sie unbedingt ansprechen müssen, dann wählen Sie dafür lieber das informelle Seitengespräch als Rahmen und vermeiden Sie Konfrontationen und Konflikte vor der Gruppe.

20.5.6 Termin- und Zeitplanung – Indian Stretched Time

In der Sprache Hindi gibt es keine unterschiedlichen Wörter für gestern und morgen oder vorgestern und übermorgen. Diese verdeutlicht schon, dass in Indien ein anderes Zeitverständnis vorherrscht als in Deutschland. Genaue Zeitplanung und ein konsekutives Abarbeiten von Themen und Aufgaben sind in Indien unüblich. Selbst Inder scherzen darüber und deuten das Kürzel IST (Indian Standard Time) in Indian Stretched Time um. Dies hat gute Gründe und eine Fülle von Konsequenzen für Sie:

1. Lassen Sie sich einen Tag vor einem vereinbarten *Termin* diesen *bestätigen* – man weiß nie, vielleicht ist etwas dazwischen gekommen.
2. Planen Sie sehr *viel extra Zeit für die Anfahrt* zu Geschäftsterminen ein, nicht unbedingt wird Ihnen der Taxifahrer sagen, dass er den Weg nicht kennt (siehe „no problem") – extremes Verkehrsaufkommen trägt sein übriges bei.
3. Es besteht eine gute Chance, dass ihre Gesprächspartner sich verspäten, denn *in Indien wird nicht wie in Deutschland zwischen Privat und Beruf getrennt*, so dass eine berufliche Verspätung aufgrund eines wichtigen privaten Ereignisses ein durchaus legitimer Grund ist. Es empfiehlt sich aber nicht, dies als Deutscher zu kopieren und zu spät zu Terminen zu kommen. Seien sie pünktlich und geduldig.

4. Packen Sie sich also Ihren Terminkalender auf keinen Fall so voll wie in Deutschland, damit Sie wirklich entspannt in die Gespräche gehen können. *Setzen Sie sich nicht selbst durch einen engen Terminplan unter Druck.* Viele indische Manager wissen um den Zeitdruck deutscher Partner und setzen dies unter Umständen gezielt als Hebel in der Verhandlungsführung ein.
5. Achten Sie bei der Gestaltung Ihre Verträge oder bei einfachen Vereinbarungen darauf, dass der vereinbarte Liefertermin deutlich vor dem Termin liegt, an dem Sie die Leistung benötigen, um noch den nötigen Puffer zu haben.

Die Kunst, viele Aufgaben parallel zu bearbeiten

Verhandlungen dauern in Indien auf jeden Fall länger als in Deutschland. Dies hat zum einen mit der Bedeutung des Beziehungsaufbau zu tun, zum anderen mit den *häufigen Unterbrechungen in Gesprächen*. Es ist in Indien weder unüblich noch unhöflich, während Verhandlungen Telefonate entgegen zu nehmen und von Mitarbeitern wird erwartet, dass sie ein Meeting unterbrechen, wenn sie Rücksprache mit ihrem Vorgesetzten halten müssen.

Inder besprechen nicht nur mehrere Themenstränge parallel, sondern sind es gewohnt, mit häufigen Unterbrechungen zu arbeiten. Wichtig ist, dass Sie dies nicht als ein Zeichen des Desinteresses oder Unhöflichkeit interpretieren, sondern als typisch indischen Arbeitsstil. Dieser Arbeitsstil mag dazu beitragen, dass Indern das von Zeitplanung und Terminen bestimmte Arbeiten in Deutschland als langsam und völlig ohne Druck erscheint.

20.5.7 Hierarchien – klare Rollenverteilung in Organisationen

Am Schwierigsten ist für viele Deutsche die Akzeptanz der ausgeprägten hierarchischen und patriarchalischen Strukturen in der indischen Gesellschaft. Unternehmen wie Familien besitzen oft *klare, steile Hierarchien,* die aus deutscher Sicht nicht mehr funktional sind. Die Mitarbeiter handeln bei Aufgaben, die in Deutschland klar der Mitarbeiter alleine zu bewältigen und verantworten hätte, erst nach Rücksprache mit ihrem Vorgesetzten. Das führt zu verzögerten Arbeitsprozessen und die Mitarbeiter sind selbstverantwortliches Arbeiten in der Regel nicht gewohnt. Dies bedeutet für Sie in der Verhandlungssituation, unbedingt darauf zu achten, mit der richtigen Hierarchieebene am Tisch zu sitzen. Eine zu niedrige Ebene führt dazu, dass im Gespräch keine Entscheidungen getroffen werden. Ein Gesprächspartner der hierarchisch über Ihnen steht, kann unter Umständen Ihre Legitimation anzweifeln oder Sie als inadäquaten Partner empfinden.

Wenn Sie im Small Talk davon berichten, wie Sie als Heimwerker aktiv sind oder gerne selbst kochen, mag dies ebenfalls zu Irritationen bei Ihren indischen Partnern führen, denn dies sind aus deren Sicht *niedrige Tätigkeiten*, die doch wohl kaum eine Führungskraft einer deutschen Firma selbst ausführt. *Dafür hat man doch Personal – zumindest in Indien.*

Visitenkarten kommt wie überall im asiatischen Raum eine große Bedeutung für die Einordnung des Gesprächspartners zu. Achten Sie darauf, dass Ihre Karte nicht zu bescheiden ausfällt und (akademische) Titel und Ihre aktuelle Position klar ersichtlich sind. Dies ist insbesondere für Frauen von Bedeutung, um von Indern respektiert zu werden.

Der erste Kontakt – Erscheinungsbild und Begrüßung

Als Mann ist man in Indien mit *klassischer Business-Kleidung* richtig angezogen, Hemden mit kurzen Ärmeln werden durchaus akzeptiert. Für Frauen empfiehlt es sich, *keine kurzen Röcke* zu tragen oder Kleidung, die viel Haut frei lässt. Farbenfrohe Kleidung ist für Frauen im Arbeitsbereich durchaus üblich. Zur Begrüßung ist mittlerweile der Händedruck in den Städten weit verbreitet – besser ist es jedoch, wenn Sie sich gerade bei gegengeschlechtlichen Gesprächspartner zögerlich verhalten und darauf warten, ob Ihnen die Hand gereicht wird. Wenn nicht, genügt eine angedeutete Verbeugung. Der Händedruck fällt in Indien ausgesprochen weich aus, ein fester Händedruck wird als unangenehm empfunden. Die Anrede ist, bis man sich kennt, ausgesprochen höflich, oft in Verbindung mit Sir/Madam.

20.5.8 Praktische Hinweise zum Geschäftsleben in Indien

Korruption stellt in Indien ein ausgesprochen schwieriges Thema dar. Sie können Ihren Ansprechpartner nicht danach fragen, ob nun ein *„bakshish"* den Prozess beschleunigen oder begünstigen würde. Deswegen die Empfehlung: Auf keinen Fall damit experimentieren, denn Korruption wird in Indien strafrechtlich verfolgt – was nicht heißt, dass es selten vorkommt.

Sollten Sie von Indern *nach Hause eingeladen* werden, ist dies eine besondere Ehre und Sie sollten auf keinen Fall ablehnen. Wichtig ist dabei zu wissen, dass ein Gastgeschenk (am besten aus Deutschland, z.B. Pralinen, Alkohol nur wenn man weiß, dass der Gastgeber ihn trinkt) durchaus angebracht ist. Vorsicht allerdings, wenn Sie indische Geschäftpartner in Deutschland nach Hause einladen wollen. Die Essenvorschriften im Hinduismus sind vielfältig, komplex und streng – überprüfen Sie besser im Vorfeld, ob Ihr Gast danach lebt, denn dann empfiehlt sich eher, ihn in ein indisches Restaurant einzuladen.

Indien durchläuft gegenwärtig einen rasanten Wandel, so dass natürlich große Vorsicht mit Verallgemeinerungen geboten ist, noch dazu wo Sie sich auf einen Personenkreis von mehr als einer Milliarde Menschen beziehen. Diese Hinweise können Sie nicht zu einem Inder machen, Sie jedoch ermuntern, Ihr Verhaltensrepertoire zu erweitern, um Ihnen Zugang, Kooperation und Akzeptanz bei Ihren indischen Partner zu erleichtern.

Nützliche Links und hilfreiche Informationen

Weitere Informationen zu Indien und Unterstützung für Ihre Tätigkeit in Indien finden Sie unter folgenden Adressen.

Tabelle 20.7. Links und Literaturhinweise für Indien

Kontaktadressen/ nützliche Links	Indische Botschaft in Berlin: www.indischebotschaft.de Deutsche Botschaft in New Delhi: www.germanembassy-india.org Indo-German Chamber of Commerce: www.indo-german.com Deutsch-Indische Gesellschaft: www.dig-ev.de Indien-Institut e.V.: www.indien-institut.de
Interkulturelle Trainings für Indien (oder Integrationstrainings für Inder)	st_schmid@arcor.de www.schroll-machl.de www.iko-consult.de
Zeitungen (englischsprachig)	www.timesofindia.indiatimes.com www.india-today.com www.hindustantimes.com
Literaturempfehlungen	G. Kreuser (2002) Der Schlüssel zum indischen Markt. Wiesbaden, Gabler M. Kutschker, A. Bendt (Hrsg.) (1999) Management in Indien. Aachen, Shaker-Verlag A. Roy (1997) Der Gott der kleinen Dinge. München, Karl Blessing Verlag S. Schroll-Machl (2002) Die Deutschen – wir Deutschen. Fremdwahrnehmung und Selbstsicht. Göttingen, Vandenhoeck & Ruprecht A. Thomas, E.-U. Kinast & S. Schroll-Machl (Hrsg.) (2003) Handbuch interkulturelle Kommunikation und Kooperation. Band 1 & 2. Göttingen, Vandenhoeck & Ruprecht

20.6 Mittel- und Osteuropa: neue Märkte – neue Chancen

Die Verwaltung in Osteuropa ist korrupt, die Menschen durch den jahrzehntelangen Kommunismus geprägt, Produkte aus diesen Ländern haben bestenfalls historischen Wert und eignen sich nur unter Recycling Gesichtspunkten zur Weiterverarbeitung.

Wenn Sie mindestens zweien dieser Klischees bedenkenlos zustimmen, sind Sie in der glücklichen Lage, die nächsten Seiten dieses Kapitels überspringen zu können. Allerdings verpassen Sie dadurch vielleicht eine gute Chance, Ihr Unternehmen durch preiswerte Einkäufe in dieser Region fit für den Wettbewerb und die Zukunft zu machen. Denn wie alle Klischees haben auch diese ihre Wurzeln in der Vergangenheit und vernachlässigen neue Entwicklungen. Bekanntlich hat mit dem Wegfall des Eisernen Vorhangs eine deutliche politische und wirtschaftliche Annäherung der Staaten Mittel- und Osteuropas (MOE) an die Europäische Union (EU) und an Deutschland stattgefunden.

Diese Annäherung zeigt sich auch besonders in der Tatsache, dass acht dieser Länder (Polen, Ungarn, Tschechische Republik, Slowakische Republik, Slowenien, Estland, Lettland und Litauen) am 1. Mai 2004 der Europäischen Union beigetreten sind. In der für 2007 vorgesehenen nächsten Stufe der EU-Erweiterung ist sowohl für Rumänien als auch für Bulgarien ein EU-Beitritt wahrscheinlich, so dass ab diesem Zeitpunkt bereits die Mehrzahl der Staaten Osteuropas Mitglieder der Europäischen Union wären.

20.6.1 Osteuropa – Einkaufspartner auf einen Blick

Die Märkte der wichtigsten osteuropäischen Staaten stellen mit einer Gesamtbevölkerung von rund 330 Mio. Einwohnern und einem Gesamt-Bruttoinlandsprodukt von 800 Mrd. US-Dollar eine bedeutende Chance für deutsche Unternehmen dar. Dies trifft sowohl für ein Engagement in diesen Ländern als auch für den Einkauf oder Verkauf von Produkten zu.

Die wichtigsten Länderinformationen können Sie den Tabellen 20.8 und 20.9 entnehmen.

Tabelle 20.8. Länderinformationen Osteuropa (1)

	Bevölkerung in 2003*	Fläche in qkm	Landessprache	Weitere Sprachen (Korrespondenz)
Albanien	3.145	28.748	Albanisch	Englisch, deutsch, griechisch, französisch
Bulgarien	7.801	110.994	Bulgarisch	Russisch, englisch, deutsch
Estland	1.351	45.227	Estnisch	Russisch, englisch, deutsch
Kroatien	4.440	56.542	Kroatisch	Englisch, deutsch
Lettland	2.320	64.600	Lettisch	Russisch, englisch, deutsch
Litauen	3.446	65.300	Litauisch	Russisch, englisch, deutsch
Polen	38.180	312.683	Polnisch	Englisch, deutsch, französisch
Rumänien	21.700	238.391	Rumänisch	Englisch, deutsch, französisch
Russische Föderation	144.664	17,1 Mio.	Russisch	Englisch, deutsch
Slowakei	5.379	49.035	Slowakisch	Englisch, deutsch, französisch
Slowenien	1.985	20.256	Slowenisch	Englisch, deutsch, italienisch
Tschech. Republik	10.293	78.866	Tschechisch	Englisch, deutsch, französisch
Ukraine	47.600	603.700	Ukrainisch	Russisch, englisch, deutsch
Ungarn	10.117	93.030	Ungarisch	Englisch, deutsch
Weißrussland	9.800	207.600	Belarussisch	Russisch, englisch, deutsch

* Fortgeschriebene, geschätzte Zahlen bzw. Volkszählung in 1.000 Einwohner

20 Umgang mit ausländischen Verhandlungspartnern

Tabelle 20.9. Länderinformationen Osteuropa (2)

	Bruttoinlandsprodukt 2002 (Marktpreise in Mio. US$)	Wirtschaftswachstum 2003 (reale Veränd. des BIP in %)	Arbeitslosigkeit 2003 in %	Inflationsrate 2003 in %	Durchschnittslohn 2003 (brutto, pro Monat in Landeswährung)
Albanien	Keine Angaben	+6,00**	15,0	3,3	21.325**
Bulgarien	13.784	+4,3	13,5	5,6	302
Estland	5.122	+5,1	10,0	1,3	6.723
Kroatien	24.288	+4,3	19,1	1,8	3.940 (netto)
Lettland	6.533	+7,5	8,6	2,9	192
Litauen	8.911	+9,7	12,4	-1,2	1.066 (vorläufig)
Polen	178.749	+3,8**	19,2	0,8	2.201
Rumänien	33.955	+4,9	7,2	15,3	7.021,2 Tsd.
Russische Föderation	469.300	+7,3	8,0	12,0	5.512
Slowakei	26.217	+2,3	11,2	5,6	253.200
Slowenien	23.178	+3,0	11,8	8,4	214.561 (brutto)
Tschech. Republik	58.107	+3,1**	7,8	0,1	16.917
Ukraine	49.869	+9,4	9,1 (Schätzung nach ILO)	8,2	462.)
Ungarn	58.446	+3,0	5,9	4,7	137.187
Weißrussland	Keine Angaben	+6,8	3,1	25,4	246.000

* in konstanten Preisen und Wechselkursen von 1995
Quelle: bfai
** Schätzung des IWF

Bereits heute ist Deutschland der wichtigste Handelspartner der Staaten Mittel- und Osteuropas: rund ein Drittel aller Einfuhren und knapp 30% aller Ausfuhren der in den Tabellen genannten Staaten werden mit Deutschland getätigt. Dabei ist alles, was im weitesten Sinne als „Made in Germany" gilt, weitaus mehr als eine Herkunftsbezeichnung und übt als Qualitätsbegriff nach wie vor eine hohe Anziehungskraft in Osteuropa aus. Deutsche Unternehmer gelten als seriöse, solide und zuverlässige Geschäftsleute, die hart, aber fair verhandeln.

Tabelle 20.10. Außenhandel

	Außenhandel insgesamt 2002 in Mio. US$		Außenhandel mit Deutschland 2003 in Mio. Euro [1)2)]	
	Einfuhr	Ausfuhr	Einfuhr	Ausfuhr
Albanien	Keine Angaben	Keine Angaben	21	80
Bulgarien	7.831	5.631	825	1.283
Estland	5.863	4.333	497	712
Kroatien	10.464	4.842	589	2.023
Lettland	4.041	2.311	445	891
Litauen	7.357	5.472	748	1.602
Polen	55.069	40.986	15.888	16.362
Rumänien	16.200	13.868	2.667	3.522
Russ. Föderation	45.507	107.224	14.231	12.120
Slowakei	12.786	11.869	4.179	3.927
Slowenien	10.932	10.357	2.446	2.441
Tschech. Republik	36.315	38.080	17.538	16.785
Ukraine	Keine Angaben	Keine Angaben	743	2.591
Ungarn	37.308	33.919	12.297	11.860
Weißrussland	Keine Angaben	Keine Angaben	357	940

[1)] Inkl. nicht aufgliederbarem Intrahandelsergebnis und einschl. Zuschätzungen für Befreiungen
[2)] vorläufige Ergebnisse
Quelle: Statistisches Jahrbuch für das Ausland 2004 und für die Bundesrepublik Deutschland 2004

20.6.2 Attraktive Märkte vor der Haustür

Viele Gründe sprechen für einen Einkauf von Produkten oder Vorprodukten aus Osteuropa. Niedrige Lohnkosten und eine Qualität, die dem hohen Anspruch westeuropäischer Unternehmen zunehmend entspricht, machen einen Einkauf in diesen Staaten attraktiv. Die räumliche Nähe zu Deutschland garantiert darüber hinaus niedrige Transportkosten.

Wenn Sie also erwägen, in Osteuropa einzukaufen, sollten Sie die Auswahl des Landes von mehreren Kriterien abhängig machen. Natürlich müssen Sie bspw. in Ungarn durch die vorangeschrittene wirtschaftliche Entwicklung mit stabileren rechtlichen Rahmenbedingungen, aber auch mit höheren Einkaufspreisen rechnen, als dies etwa in Moldawien der Fall wäre. Gleichzeitig sollten Sie bestehende Zollabkommen der EU mit einigen osteuropäischen Staaten berücksichtigen. Diese ermöglichen Ihnen, gewerbliche Waren zollfrei oder zumindest -ermäßigt einzuführen. Denken Sie auch an den bevorstehenden Prozess der EU-Erweiterung, der einen Wegfall der Zollabwicklung im Warenverkehr mit diesen Ländern mit sich bringen wird.

Dennoch will die Entscheidung, den Einkauf in den MOE-Staaten zu tätigen gut durchdacht sein. Denn trotz der großen Schritte, die diese Länder gemacht haben, sind die Unterschiede in Kultur und Mentalität – auch wenn sie nicht auf dem ersten Blick erkennbar sind – groß. Darüber hinaus ist Osteuropa aus sehr heterogenen Staaten zusammengesetzt. Sie werden dort Länder wie Ungarn, Tschechien oder Polen bereisen, die in ihrer Entwicklung und ihrer Mentalität in einem weitaus stärkerem Maße westlich orientiert sind als beispielsweise die Länder der ehemaligen Sowjetunion.

Dabei sollten Sie Folgendes nicht aus den Augen verlieren: je weiter Sie sich vom „Alten Europa" entfernen, um so häufiger werden Sie all den alten Klischees über Osteuropa wie hoher Alkoholkonsum, strenge Hierarchiestrukturen, Auswüchse an Bürokratie etc. begegnen, also dem Weltbild, das wir als Westeuropäer von der Sowjetunion vor der Wende hatten!

Eine gründliche Vorbereitung ist das halbe Geschäft

Bevor Sie also Ihr Vorhaben angehen, sollten Sie grundlegende Informationen über das Land einholen. Neben den deutschen Industrie- und Handelskammern (IHK) bieten auch Auslandshandelskammern (AHK), die Bundesagentur für Außenwirtschaft (bfai) oder die Handelsvertretungen einzelner Länder Informationen über politische, rechtliche und steuerliche Rahmenbedingungen sowie über geltende Zoll- und außenwirtschaftsrechtliche Vorschriften an. Prüfen Sie z.B. vorab, ob Sie das Produkt überhaupt in das Zollgebiet der EU einführen dürfen und falls ja, zu welchen Bedingungen dies möglich wäre.

Kenntnisse über geltende Gesetze und Vorschriften, über zuständige Behörden und vor allem über die Rechtssicherheit im jeweiligen Land sollten im Vorfeld der Reise bekannt sein und kritisch durchleuchtet werden. Außerdem zeigen Sie mit Ihren umfangreichen Kenntnissen über das Land, den Markt und die Konkurrenzsituation vor Ort Ihr echtes Interesse und Ihre ernstzunehmende Absicht, eine geschäftliche Verbindung mit dem potentiellen Geschäftspartner einzugehen. Dies verschafft Ihnen Respekt und Sympathie.

Fällt Ihre Entscheidung nach Prüfung der Rahmenbedingungen positiv aus und Sie haben sich für ein Land entschieden, ist vorab eine grobe Planung der Aktivitäten notwendig. Dabei sollte eine erste Kontaktaufnahme mit potentiellen Geschäftspartnern bereits von Deutschland aus stattfinden. Die deutsche Kammerorganisation verfügt über ein ausgebautes Netzwerk an Auslandshandelskammern (AHK) in den einzelnen Ländern. Ihre Dienste sind bei der Suche nach geeigneten Partnern sehr hilfreich.

Tabelle 20.11. Außenhandelskammern

Kontaktadressen/ nützliche Links	Deutsche Industrie- und Handelskammern: www.ihk.de Kompetenzzentrum Rumänien IHK Pfalz www.pfalz.ihk24.de/rumaenien Deutsche Auslandshandelskammern: www.ahk.de Deutsches Außenwirtschaftsportal: www.ixpos.de Bundesagentur für Außenwirtschaft (bfai): www.bfai.com Auswärtiges Amt: www.auswaertiges-amt.de Ost- und Mitteleuropa Verein (OMV): www.omv.de Außenwirtschaftsportal Bayern: www.auwi-bayern.de/awp/base/inhalte/index.de Informationsagentur für Mittel- und Osteuropa (iMOE): www.imoe.de Länderkontakte DE: www.laenderkontakte.de Brücke Osteuropa: www.bruecke-osteuropa.de Kontaktdatenbank in Politik, Wirtschaft, Kultur, Wissenschaft: www.ost-mittel-europa.de Internetzeitschrift zu den MOE- und GUS-Staaten www.fifoost.org
Firmendatenbanken	E-Trade Center (Geschäftskontaktplattform des Netzwerkes der IHKs, AHKs und des DIHKs): www.e-trade-center.com Wer liefert was: web.wlw-online.de Europages: www.europages.com Kompass: www.kompass.com World Pages: www.worldpages.com

Ganz besonders wichtig ist, einen günstigen Zeitpunkt für Verhandlungen auszuwählen. Dabei sollten die Sommermonate wegen ihrer langen Ferienzeit und des damit einhergehenden „Sommerlochs" ebenso gemieden werden wie wichtige religiöse Feiertage. Aber auch die Tagesabläufe der dort lebenden Geschäftspartner sollten ausfindig gemacht werden. So kommt es z.B. in Polen durchaus vor, dass in manchen Unternehmen an Samstagen und auch an Sonntagen gearbeitet wird.

Unter Geschäftspartnern in Osteuropa ist es Usus, Visitenkarten auszutauschen. Deshalb sollten Sie als Geschäftsreisender über eine ausreichende Menge an eigenen Visitenkarten verfügen, die Sie in deutscher und englischer Sprache vorrätig halten. Es ist dabei nicht selten, dass Ihr Gegenüber zuerst einen Blick auf Ihre Funktionsbezeichnung wirft und erst danach Ihren Namen aufnimmt. Nach wie vor spielen Hierarchien und Titel eine große Rolle in Osteuropa. Deshalb: Seien Sie wichtig und demonstrieren Sie dies durch Ihren Titel. „General executive purchase manager" liest sich einfach besser als „Leiter Einkauf". Im Gegensatz zu Deutschland spielen akademische Titel eine wesentlich geringere Rolle als firmenhierarchische Bezeichnungen. Gleichzeitig sollten Sie auch nicht vergessen, dass kleine Präsente und eigene (farbige) Firmenpublikationen, die zu Anfang überreicht werden, Türen öffnen. Wenn Sie sich selbst nicht gründlich daneben benommen haben, werden Sie aller Wahrscheinlichkeit nach zum Abschied ebenfalls ein Andenken erhalten, welches Sie auch begeistert entgegennehmen sollten. Schließlich stellt es für Sie als General Executive Manager sicherlich kein größeres Problem dar, sechs Flaschen Wein im Handgepäck unterzubringen.

Ein zentrales Element Ihres Gesprächs ist naturgemäß die Sprache. Unabhängig davon, ob oder wie gut Sie die Landessprache tatsächlich beherrschen, ist es ratsam, bei den Verhandlungen einen Dolmetscher Ihres Vertrauens hinzuziehen. Diesen sollten Sie entweder selbst oder über eine seriöse Kontaktstelle auswählen, um Missverständnissen oder Schlimmerem vorzubeugen. Dabei müssen Sie darauf achten, dass der designierte Dolmetscher nicht nur über ausreichende Sprachkenntnisse sondern auch über das notwendige Fachvokabular verfügt. Über vorzügliche englische Sprachkenntnisse verfügen vor allem die jüngeren Generationen von osteuropäischen Managern, die nach dem Fall des Eisernen Vorhangs in das Berufsleben eingetreten sind. Mit ihnen können ohne Probleme Verhandlungen in englischer Sprache geführt werden, sofern Sie selbst über wirklich verhandlungssichere Englischkenntnisse verfügen. Fühlen Sie sich aber selbst etwas unsicher oder vermuten doch gewisse Lücken bei Ihrem Geschäftspartner, ist hier nicht der Zeitpunkt für falsche Eitelkeiten. Bestehen Sie in diesem Fall trotzdem auf einen Dolmetscher.

Wahrscheinlich verfügen Sie selbst nicht über Kenntnisse der Landessprache. Dennoch kommen aber zumindest einige Begrüßungsworte und Höflichkeitsfloskeln in der jeweiligen Landessprache immer sehr gut an. Kommen Sie aber nicht auf die Idee, in Ländern außerhalb der Gemeinschaft Unabhängiger Staaten (GUS: Armenien, Aserbaidschan, Georgien, Kasachstan, Kirgistan, Moldau, Russland, Tadschikistan, Turkmenistan, Ukraine, Usbekistan und Weißrussland) Worte auf Russisch zu sprechen. Damit würden Sie nur einen sehr eingeschränkten Erfolg erzielen, selbst wenn dort noch russische Sprachkenntnisse vorhanden sind. Nur zu gut erinnern sich die Menschen an die Zeiten der Unterdrückung durch die Sowjetunion und haben gerade deshalb vieles vergessen. Denken Sie auch daran, dass in manchen Staaten (Russland, Bulgarien, Mazedonien, Serbien, Ukraine und in Weißrussland) die Schriftzeichen kyrillisch sind und Sie nicht einmal Straßen- oder Ortsnamen lesen können.

Informationen, Informationen, Informationen

Sie sollten sich bereits im Vorfeld Informationen über die Geschäftsfelder des ausländischen Unternehmens, seine Organisation, Hierarchie, Unternehmenskultur und bereits bestehende Auslandsverbindungen beschaffen. Wichtig ist auch, ob das Unternehmen vollständig privatisiert oder noch staatlich ist. Diese Informationen können Sie eventuell auch selbst beschaffen. Viele Unternehmen Osteuropas verfügen heute bereits über einen Internetauftritt, häufig auch in englischer Sprache. Darüber hinaus sollten im Vorfeld des Gesprächs die Fachkenntnisse des Gegenübers und seine Entscheidungskompetenz so weit wie möglich abgeschätzt werden. Das Wissen über den Kommunikations- und Verhandlungsstil des Verhandlungspartners ist genauso wichtig wie Kenntnisse über die kulturellen Besonderheiten des Landes.

Dabei sollten Sie wissen, dass ein ungarischer Geschäftspartner Ihren Besuch äußerst geschickt gestalten wird und seinen Charme zielgerichtet einsetzt. Tschechische Geschäftspartner bleiben dagegen eher freundlich distanziert, während Rumänen ihren romanischen Einschlag mit der Affinität zu Italien pflegen. Rauer Charme wird Ihnen in Russland und einigen Ländern der GUS begegnen. Nach dem Motto „hart aber herzlich" wird hier tagsüber hart verhandelt, abends tritt dann der herzliche Aspekt in den Vordergrund.

Um zu vermeiden, dass die bevorstehenden Verhandlungen unnötig in die Länge gezogen werden und Sie und Ihr Gesprächspartner aneinander vorbeireden, sollten Sie dafür sorgen, dass der Informationsstand auf beiden Seiten der Gleiche ist. Geben Sie Ihrem Verhandlungspartner schon vor Beginn oder spätestens bei Beginn der Gespräche alle Informationen, die er benötigt, um das anstehende Geschäft realistisch einzuschätzen und auf dieser Basis eine Entscheidung treffen zu können.

Wie bei der Partnerwahl: der erste Eindruck ist entscheidend

Deutsche Unternehmer sind es gewohnt, zielstrebig Verhandlungen zu führen und mit Klarheit die zu verhandelnden Punkte abzuarbeiten. Es ist dabei üblich, das Ziel der Verhandlungen direkt zu Beginn anzusprechen. Dies sollten Sie in Osteuropa nicht tun. Die dortige Etikette verlangt eine langsame Herangehensweise und eine freundlich-höflich-distanzierte Umgangsform. Es ist überaus wichtig, dass Sie sich auf den Verhandlungsstil der Osteuropäer einstellen, um im Rahmen der Verhandlungen die von Ihnen abgesteckten Ziele zu erreichen.

Die erste Kontaktaufnahme und das erste gegenseitige Kennen Lernen dient vor allem dem Vertrauensaufbau und dem Abtasten der beiderseitigen Zielvorstellungen. Die Umgangsformen in den osteuropäischen Ländern unterscheiden sich im Wesentlichen nicht mehr von den westeuropäischen Verhaltenregeln. Dennoch sollten Sie auf einige Besonderheiten achten. Pünktlichkeit ist in Osteuropa selbstverständlich und wird auch von Ihnen erwartet. Dagegen sollten Sie nicht auf eine Einhaltung des angepeilten Zeitfensters hoffen oder gar beharren. Gespräche mit einem „Open End" sind durchaus üblich. Offensichtliche Ungeduld ist fehl am Platz und wird Ihnen Übel genommen werden.

In Osteuropa gehen die Uhren anders – Zeit und Geduld für Verhandlungen einplanen

Das erste Treffen sollte in einer ruhigen und zweckmäßigen Atmosphäre stattfinden und kann durchaus auch ein Restaurant sein. Das Zeitgefühl ist in Osteuropa ein anderes als wir es gewohnt sind, deshalb sollten Sie auch genügend Zeit für ausgedehnte Geschäftsessen einplanen. Dabei spielt die uns bekannte „Trinkfreude" in weiten Teilen Osteuropas keine große Rolle mehr. Der Genuss alkoholischer Getränke und vor allem von Wodka, der zu jedem Anlass früher pflichtmäßig dazu gehörte, ist heute einem maßvollen Genuss an alkoholischen und antialkoholischen Getränken gewichen. Lediglich in den Ländern der GUS besteht hier noch ein teilweise nicht unerhebliches Restrisiko für Ihre Leber. Die Sitzordnung wird in der Regel vom ausländischen Gastgeber vorgegeben und Trinksprüche werden erwartet. Sie sollten aber vor oder nach der warmen Mahlzeit gehalten werden. Die Rechnung wird üblicherweise vom Gastgeber übernommen.

Ihr Verhalten sollte außerordentlich höflich und zurückhaltend sein, Ihre Kleidung offiziell. Zuerst begrüßen sich die beiden ranghöchsten Anwesenden per Handschlag, die dann in einem zweiten Schritt ihre Begleiter vorstellen. Die Anrede mit den akademischen Titeln und möglicherweise der Funktion ist selbstverständlich. Deftiger Humor, großes Gehabe und Monologe sind fehl am Platz und werden Ihnen negativ ausgelegt. Zeigen Sie, dass Sie zuhören können. Die Gesprächsthemen werden zu Anfang allgemein gehalten und beziehen sich in der Regel auf die Anreise, Unterbringung und die ersten Eindrücke des Gastes über das Land.

Wenn Sie diese Hürde erfolgreich genommen haben, folgt häufig zum Aufbau einer vertrauensvollen Atmosphäre eine persönliche Einladung des ausländischen Geschäftspartners in privater Umgebung. Nicht selten wird die Familie des Gastgebers in dieses Treffen einbezogen. Mit einer solchen

Einladung müssen Sie rechnen, da die Schaffung von Kontakten auf einer persönlichen Ebene in Osteuropa sehr wichtig für gute und dauerhafte Geschäftsbeziehungen ist. Ein kleines Präsent für die Dame des Hauses sollte selbstverständlich sein und Sie sollten sich im nachhinein für die Einladung angemessen bedanken.

Viele (Verhandlungs-)Wege führen nach Osteuropa

Nach diesen Einführungsphasen folgt das erste sachliche Thema. Dabei hat sich bewährt, über die einfachen und unproblematischen Themen und Verhandlungspunkte einen langsamen Einstieg in die Verhandlungen zu finden.

Am Ende dieser ersten Verhandlungsrunde stehen zumeist schon die groben Eckpunkte der geschäftlichen Vereinbarung fest, auf die beide Seiten sich einigen konnten. Drängen Sie zu *diesem Zeitpunkt* noch nicht auf eine schriftliche und detailgenaue Ausformulierung der Vereinbarung. Dafür haben Ihre Geschäftspartner wenig Verständnis, denn diese erste Runde dient vor allem dem Vertrauensaufbau und dem groben Abstecken der Verhandlungsziele. Sie sollten es in dieser Phase dem Gastgeber überlassen, ob er die Abfassung eines kurzen Textes für notwendig erachtet, das die Grundlage für weitere Verhandlungsrunden bildet.

Verhandlungsmarathon mit Hürden

Die in der ersten Verhandlungsrunde vereinbarten Eckpunkte bilden zwar das Fundament der Geschäftsvereinbarung, werden aber in den folgenden Verhandlungsrunden immer wieder zur Diskussion gestellt werden. Diese Verhaltensweise werden Sie häufig antreffen. Gleichzeitig ist es in Osteuropa durchaus üblich, dass zu Anfang ein deutlich überhöhter Preis genannt wird, der dann aber im Verlauf der Verhandlungen sukzessive gesenkt wird. Auch die frühzeitige Zusicherung, dass „alles kein Problem" sei, werden Sie häufig von Ihrem Gastgeber hören. Deshalb sollten Sie in späteren Verhandlungsrunden – unter Wahrung des Taktgefühls – aber so lange nachhaken, bis auch die letzten Detailfragen geklärt sind.

Auf viele Worte und zahlreiche Wiederholungen des Gesagten müssen Sie sich einstellen. Rechnen Sie mit einem Verhandlungsmarathon mit mehreren fast identischen Runden, an denen mehrere Personen aus unterschiedlichen Hierarchiestufen (z.B. Verkaufsabteilung, Technikabteilung, Firmeninhaber) teilnehmen. Dabei wird auf die strenge Einhaltung der Entscheidungsebenen großer Wert gelegt. Sie müssen sich bei Verhandlungen darüber im Klaren sein, dass in Osteuropa immer und ausschließlich die Person auf der höchsten Hierarchieebene eine endgültige Entscheidung trifft. Entscheidungen werden grundsätzlich nicht auf niedrigere Ebenen delegiert, so dass Mitarbeiter sich immer bei den höheren Ebenen rückversichern werden. Dieser sehr traditionelle Unternehmensaufbau geht noch auf die alten Zeiten vor der Wende zurück und findet sich auch bei den öffentlichen Institutionen wieder.

Da bereits verhandelte Punkte später wahrscheinlich nachverhandelt werden, ist es in jedem Fall sinnvoll und wichtig, die Punkte in einem Protokoll festzuschreiben, bei denen bereits eine Einigung erreicht werden konnte. Dieses Protokoll und das „Festhalten" am schriftlich Vereinbarten lässt deutliche Rückschlüsse auf die Zuverlässigkeit Ihres Gesprächpartners zu. Ähnliches gilt für mögliche „Hausaufgaben", die sich aus den Verhandlungsrunden ergeben. Qualität und Zeitaufwand der Erledigung lassen ebenfalls Rückschlüsse auf Arbeitsweise und Zuverlässigkeit Ihres Gastgebers zu.

In den Verhandlungen: Gelassenheit, Diplomatie und Taktgefühl

Zeigen Sie sich bei den Verhandlungsrunden selbstbewusst und scheuen Sie sich nicht, dem Gastgeber Ihre gute und intensive Vorbereitung auf diese Gespräche zu demonstrieren, indem Sie neben ihrer Sachkenntnis auch über gute Länder- und Marktkenntnisse verfügen. Falls Ihnen zufällig das Logo eines Konkurrenten Ihres Gegenübers aus den Unterlagen fällt, kann dies unter Umständen die Verhandlungen in Ihrem Sinne beeinflussen. Und bleiben Sie in jeder Situation höflich, respektvoll, geduldig und offen. Denken Sie immer daran, dass in Osteuropa vor allem der Aufbau einer vertrauensvollen partnerschaftlichen Beziehung im Vordergrund steht, auf deren Basis dann Geschäfte getätigt werden.

Das Ansehen des eigenen Unternehmens – unabhängig davon ob Ihr Gastgeber in einem Angestelltenverhältnis arbeitet oder Inhaber des Unternehmens ist – nimmt eine besondere Bedeutung ein. Osteuropäer sind sehr stolz auf das von ihnen Erreichte und damit auf ihr Unternehmen, das sie gerne ihren Gästen im Rahmen einer Besichtigung zeigen. Vergessen Sie daher nicht, den Betrieb Ihres Gastgebers ausreichend zu würdigen!

Die Geschichte und Politik des eigenen Landes spielt in Osteuropa eine große Rolle – auch bei den Geschäftsverhandlungen. Sie werden feststellen, dass Ihr Geschäftspartner über die politische Geschichte seines Heimatlandes sehr gut informiert ist und darüber hinaus bei vielen Gelegenheiten auf die guten bilateralen Beziehungen seines Landes mit Deutschland zu sprechen kommen wird. Dies zeigt deutlich, in welchem Maße Osteuropäer sich ihrem Land verbunden fühlen, macht aber auch deutlich, wie sehr sie sich inzwischen mit der westlichen Welt und ihren Werten identifizieren. Halten Sie sich in jedem Fall mit kritischen Äußerungen über das Land zurück.

Gleichzeitig sollten Sie auch nicht vergessen, dass insbesondere die älteren Generationen, die den Zweiten Weltkrieg miterlebt haben, nach wie vor kritisch gegenüber Deutschland eingestellt sind. Gelegentlich werden Sie aber auch bei denjenigen, die in ihrem Land vor dem Fall des Eisernen Vorhangs aufgewachsen sind, eine gewisse Nostalgie für die „gute alte Zeit" feststellen, in der Arbeit und Auskommen scheinbar sicher waren. Ähnliches gilt übrigens auch für den Glauben. Osteuropäer sind in ihrem Glauben tiefer verwurzelt als Westeuropäer. Dieser Tatsache sollten Sie mit dem gebührenden Respekt und Verständnis begegnen.

Schwierigkeiten bei Verhandlungen: Wahren Sie das Gesicht des Geschäftspartners!

Geschäftspartner in Osteuropa neigen dazu, bei Verhandlungen immer wieder die gleichen Argumente vorzubringen und sich auf diese Weise selbst in eine Sackgasse zu bringen. Sollte dies im Rahmen der Gespräche geschehen, vermeiden Sie es, durch das Vorbringen weiterer Argumente die Situation zu verschärfen. Sie können Ihrem Geschäftspartner helfen, indem Sie gemeinsam festzuhalten versuchen, welche Punkte der Verhandlungen bereits eindeutig geklärt und damit unstrittig sind und welche Einzelheiten noch einer Klärung bedürfen. Dabei sollten Sie vorsichtig versuchen herauszufinden, welches die tatsächlichen Beweggründe für das Beharren auf eine bestimmte Position des Geschäftspartners sind.

Sollten Sie feststellen, dass das Thema wirklich festgefahren ist, ist es sinnvoll, diese strittigen Punkte ruhen zu lassen und andere Verhandlungspunkte in Angriff zu nehmen. Die Verhandlungen über die problematischen Aspekte sollten erst wieder nach einer angemessenen Zeitspanne aufgenommen werden, so dass beide Parteien ausreichend Zeit zur Verfügung hatten, sich zu beruhigen und diese Punkte zu überdenken.

Gleichzeitig kann es auch dazu kommen, dass Ihre Vorschläge von der Gegenseite abgelehnt werden, ohne dass Sie den Grund hierfür nachvollziehen können. In diesem Fall gilt es ebenfalls, Brücken zu bauen, so dass beide Verhandlungspartner ihr Gesicht wahren können. Versuchen Sie auch hier herauszufinden, welches die wirklichen Gründe für eine Ablehnung Ihrer Vorschläge sind. Häufig steckt dahinter der Gedanke Ihres Geschäftspartners, dass Sie möglicherweise diese Verhandlungen nur zum Schein führen und die tatsächlichen Verhandlungsziele bereits längst feststehen. Dieses Vorurteil gilt es, aus dem Weg zu räumen und gleichzeitig den Weg für Kompromisse offen zu halten.

Qualität: Vertrauen ist gut – Kontrolle ist besser

Nehmen wir an, Sie haben die vorangegangenen guten Vorschläge befolgt und fahren nicht nur mit einem guten Vertragsabschluss in der Tasche nach Hause, sondern auch in der Gewissheit, einen neuen guten Freund gewonnen zu haben. Damit Ihr Glücksgefühl nicht mit der ersten Lieferung jäh beendet wird, empfiehlt es sich, einige Vorkehrungen zu treffen. Erwägen Sie dabei beispielsweise eine Art Vorversandkontrolle, d.h. lassen Sie die zur Ausfuhr bereitgestellten Waren durch eine Person Ihres Vertrauens kontrollieren. Sichern Sie sich vertraglich möglichst umfassend ab und nehmen Sie dafür die Hilfe erfahrener Anwälte in Anspruch. Bezahlen Sie auf keinen Fall im Voraus, in der guten Hoffnung, dass Ihr neuer Freund termingerecht und qualitativ einwandfrei liefern wird. Vereinbaren Sie besser eine faire Aufteilung des Risikos, in dem Sie z.B. die Zahlungen splitten und dabei einen gewissen Prozentsatz erst nach erfolgter Qualitätskontrolle freigeben. Gelegentlich ist auch festzustellen, dass mit der Zeit die Motivation der Geschäftspartner in Osteuropa und die Qualität der gelieferten Waren nachlassen. Halten Sie sich deshalb Alternativen offen, die sich kurzfristig aktivieren lassen. Konkurrenz belebt das Geschäft und hat durchaus disziplinierende Begleiterscheinungen – auch in Osteuropa.

20.7 Naher und Mittlerer Osten: Verhandeln im Land des schwarzen Goldes

Egal in welches arabische Land Sie Ihre Geschäfte und Projekte führen, Eines sollte Ihnen immer bewusst sein: Handeln und Verhandeln sind elementare Bestandteile des privaten und geschäftlichen Alltags. So ist z.B. ein Kauf ohne das sogenannte „Feilschen" den Arabern so fad wie eine Suppe ohne Salz. Trotz der großen geographischen Ausdehnung, den verschiedenen Nationalitäten, anderen Bräuchen und den erheblichen Gegensätzen zwischen Arm und Reich, hat das arabische Volk (Bevölkerung ca. 300 Mio.) einen breiten gemeinsamen kulturellen Nenner, der sich für Europäer in sogenannten typischen arabischen Verhaltensweisen widerspiegelt. Umgangsformen, Ethik und Religion, Sozialstruktur, Sprache und Gestik des Orients sind aus westlicher Sicht schlichtweg gesagt fremd und andersartig.

Tabelle 20.12. Länderinformationen arabische Länder (1)

	Bevölkerung in 2004*	Fläche in qkm	Landessprache	Weitere Sprachen (Korrespondenz)
Ägypten	76.117.500	1.001.450	Arabisch	Englisch, Französisch
Algerien	32.129.300	2.381.741	Arabisch	Französisch
Bahrain	677.900	710.9	Arabisch	Englisch
Irak	26.074.906	437.072	Arabisch	Englisch
Jemen	20.024.900	536.869	Arabisch	Englisch
Jordanien	5.611.200	92.098	Arabisch	Englisch
Katar	840.300	11.437	Arabisch	Englisch
Kuwait	2.257.600	17.818	Arabisch	Englisch
Libanon	3.777.300	10.452	Arabisch	Englisch, Französisch
Libyen	5.631.700	1.759.540	Arabisch	Englisch
Marokko	32.209.200	458.730	Arabisch	Englisch, Französisch
Mauretanien	3.086.859	1.030.700	Arabisch	Englisch
Oman	3.001.583	309.500	Arabisch	Englisch
Saudi Arabien	26.417.599	2.240.000	Arabisch	Englisch
Sudan	40.187.486	2.505.813	Arabisch	Englisch
Syrien	18.448.752	185.180	Arabisch	Englisch, Französisch
Tunesien	10.074.951	165.000	Arabisch	Französisch, Englisch
VAE	4.000.000**	90.000	Arabisch	Englisch

* Fortgeschriebene, geschätzte Zahlen bzw. Volkszählung in 1.000 Einwohner
** Schätzungen

Die Länderinformationen in den Tabellen 20.12 bis 20.14 machen die wirtschaftlichen Unterschiede der arabischen Länder in ihrem Ausmaß deutlich. So sind die arabischen Golfländer und Libyen, sowie Algerien von „Allah" mit dem Öl gesegnet. Andere Länder, wie Jordanien und Ägypten, können auf diesen Rohstoff nicht bzw. nur sehr eingeschränkt zurückgreifen und sind daher finanziell in einer viel schlechteren Ausgangsposition als die reichen arabischen Golfstaaten.

Tabelle 20.13. Länderinformationen arabische Länder (2)

	Bruttoinlandsprodukt 2004 (Marktpreise in Mrd. US$)	Wirtschaftswachstum 2004 (reale Veränderung des BIP in %)	Arbeitslosigkeit 2004 in %	Inflationsrate 2004 in %	Kaufkraftparität (BIP) per Capita 2004
Ägypten	316,3	+ 4,5	10,9	9,5	1.200 US$
Algerien	212,3	+ 6,1	25,4	3,1	1.600 US$
Bahrain	13,0	+ 5,6	15,0 [1]	2,1	1.200 US$
Irak	89,8	+52,3	24-30	25,4	1.500 US$
Jemen	16,2	+1,9	35	12,2	800 US$
Jordanien	25,5	+5,2	15,0 [2]	3,2	1.500 US$
Katar	19,5	+8,7	2,7 [3]	3,0	1.200 US$
Kuwait	48,0	+6,8	2,2	2,3	1.300 US$
Libanon	18,8	+4,0	18,0 [4]	2,0	1.000 US$
Libyen	37,5	+4,9	30,0	2,9	1.700 US$
Marokko	134,6	+4,4	12,1	2,1	1.200 US$
Mauretanien	5,53	+3,0	20,0	7,0	1.800 US$
Oman	38,09	+1,2	15,0	0,2	1.100 US$
Saudi Arabien	310,2	+5,0	25,0	0,8	1.000 US$
Sudan	76,19	+6,4	18,7	9,0	1.900 US$
Syrien	60,44	+2,3	20,0	2,1	1.400 US$
Tunesien	70,88	+5,1	13,8	4,1	1.100 US$
VAE	63,67	+5,7	2,4 [3]	3,2	1,200 US$

* Quelle: Indexmundi.com, Auswärtiges Amt, CIA World Factbook
[1] Aus 1998
[2] Inoffiziell 30%
[3] Aus 2001
[4] Aus 1997

Deutschland ist für die arabische Welt ein wichtiger Handelspartner. Das Markenzeichen „Made in Germany" gilt in Arabien immer noch als Qualitätssiegel. Deutsche Unternehmer haben einen seriösen und zuverlässigen Ruf. Jedoch fehlt ihnen aus arabischer Sicht oft die notwendige Geduld für das obligatorische und zeitaufwändige Verhandeln.

20.7 Naher und Mittlerer Osten: Verhandeln im Land des schwarzen Goldes

Tabelle 20.14. Außenhandel der arabischen Länder

	Außenhandel insgesamt 2004 in Mio. US$		Außenhandel mit Deutschland 2003 in Mio. Euro *	
	Einfuhr Mrd. $	Ausfuhr Mrd. $	Einfuhr von D	Ausfuhr nach D
Ägypten	19,21	11,00	1.423 (04)	508,8 (04)
Algerien	15,25	32,16	974,7 (04)	823,4 (04)
Bahrain	5,87	8,20	215,0	Keine Daten
Irak	9,9	10,1	204,6	10,7
Jemen	3,734	4,469	116,2	4,8
Jordanien	7,6	3,2	458 ($/02)	Keine Daten
Katar	6,15	15,0	426,1	23,6
Kuwait	11,12	27,42	815,9	56,7
Libanon	8,16	1,78	579 (US$)	20 (US$)
Libyen	7,22	18,65	650,00	2.800
Marokko	15,63	9,75	892,00	490,00
Mauretanien	0,86	0,541	39,00	43,00
Oman	6,37	13,14	230,7	8,7
Saudi Arabien	36,21	113,0	3.400	1.058
Sudan	3,49	3,39	101,4	31,0
Syrien	5,04	6,086	486,00	1.267
Tunesien	11,52	9,926	985,7	871,39 €
VAE	45,66	69,48	3.230	240,00

* Quellen: Auswärtiges Amt, Ghorfa, UN Human Development Report 2003, AHK

20.7.1 Verhandeln in Arabien – die vier elementaren Unterschiede

Folgende vier soziologische Faktoren sind für die arabische Kultur charakteristisch. Diese sind auch in anderen Regionen, wie Asien und Lateinamerika, maßgeblich und lauten:

- starke Gruppenorientierung,
- Hierarchien,
- Kontextorientierung,
- Zeitoffenheit.

Diese soziokulturellen Charakteristika beeinflussen sich gegenseitig. Der Unterschied zu westlichen Verhandlungsstrategien kommt am stärksten im Bereich der gruppenorientierten Verhaltensweise und deren Folgen zum Ausdruck.

20.7.2 Starke Gruppenorientierung innerhalb der Gesellschaft

Stark gruppenorientiert bedeutet, dass die arabische Gesellschaft die Gemeinschaft, die Familie und den Stamm vor das Individuelle stellt. Ehre und Ansehen gehören zu den wichtigsten Werten, welche *immer* gewahrt werden müssen. Gruppenorientierte Gesellschaften legen größeren Wert auf Beziehungen als auf den schnellen Geschäftsabschluss. Die orientalische Gastfreundschaft ist eine Sache des Ansehens und der Ehre und somit eine Art Pflicht. Dies wird fälschlicherweise von Europäern oft als geschäftliche Zusage interpretiert.

Geschäfte machen Araber in der Regel mit Freunden. Das bedeutet, dass zu Beginn einer Geschäftsbeziehung Vertrauen aufgebaut werden muss; nicht etwa nur zu Ihrem Unternehmen, sondern in erster Linie zu Ihnen als Person. Der Aufbau der persönlichen Beziehung dauert natürlich seine Zeit, was von vielen Europäern als Zeitverschwendung angesehen wird. Dieses ist jedoch für erfolgreiche Geschäfte im arabischen Raum fast unumgänglich.

Die Harmonie der Geschäftsbeziehung muss aufrechterhalten werden. Daher werden Entscheidungen lange beraten und offene Konflikte werden, wenn möglich, stets vermieden. Man verlässt sich geschäftlich auf funktionierende Netzwerke und Beziehungen. In Konfliktfällen werden oft Vertrauenspersonen als Schlichter beauftragt.

20.7.3 Gegenseitiger Vertrauensaufbau

Wegen des stark gruppenorientierten Verhaltens in arabischen Ländern, sollten Sie einige wichtige Punkte beachten, um sich in der arabischen Geschäftswelt angemessen zu verhalten. An erster Stelle steht hier, wie schon oben erwähnt, der persönliche Touch und der Vertrauensaufbau zum Geschäftspartner. Man will Sie kennen lernen, um Ihnen persönlich (nicht Ihrem Unternehmen) vertrauen zu können. Das führt bei ersten Geschäftsbesuchen häufig zu sehr persönlichen Fragen.

Bevor man das Produkt erkunden will, will man wissen, mit wem man am Tisch sitzt. Small Talk ist hierfür ein typisches Mittel. Damit Sie im Small Talk und bei persönlichen Fragen auch für Araber vertrauenswürdig bleiben, müssen Sie berücksichtigen, dass in Arabien gewisse Werte, wie Familie und Ansehen einen höheren Stellenwert als materieller Wohlstand haben. Private Angelegenheiten, die für Deutsche normal sind, würden einen arabischen Geschäftpartner eventuell schockieren. So gelten uneheliche Beziehungen, uneheliche Kinder oder geringer Kontakt zur eigenen Familie als unehrenhaft.

Sollten Sie im Small Talk auf die Frage nach Ihren Eltern z.B. berichten, dass Ihr Vater im Altersheim sei, wird die arabische Seite nicht nur wenig Verständnis dafür haben, sondern auch noch schlussfolgern: „Wenn er seinen eigenen Vater ins Altersheim steckt, wird er mich als Geschäftspartner gerade in Konfliktfällen auch nicht besser behandeln."

Hat man einmal Vertrauen geschaffen, geht man auch außergeschäftliche Verpflichtungen ein. Man hilft sich gegenseitig und nutzt das Netzwerk des Anderen, um schneller und effektiver voranzuschreiten. Sollte Ihnen ein arabischer Geschäftsmann beispielsweise berichten, sein Sohn wolle in Deutschland studieren, so ist dies eine versteckte Aufforderung an Sie, in dieser Sache zu helfen. Wenn man um einen Gefallen gebeten wird, ist es am Besten, tatsächlich zu helfen. Solche Investitionen zahlen sich in der Regel irgendwann wieder aus. Kann man der Bitte nicht nachkommen, sollte man dennoch dem Geschäftspartner klar machen, dass man sich bemühen wird. Ablehnungen gelten als Tabu. Versprechen Sie aber auch nichts. Zeigen Sie Bemühungen, indem Sie z.B. Ihr eigenes Netzwerk einschalten und den Geschäftspartner wenigstens mit den verfügbaren Informationen versorgen.

Sehr wichtig für arabische Gesellschaften ist die Wahrung des Ansehens und des Gesichts. Nie darf der arabische Partner durch Sie sein Gesicht verlieren, indem Sie beispielsweise seine Schwächen oder Fehler offen ansprechen oder gar Druckmittel einsetzen. In Verhandlungen, insbesondere wenn mehrere Personen involviert sind, kann es aus diesen Gründen bei problematischen Gesprächen zum Stocken der Verhandlungen kommen. Niemand will bloßgestellt werden und schon gar nicht zugeben, dass man eine unangemessene Forderung aufgestellt hat.

In stockenden Verhandlungssituationen ist es ratsam, eine Pause einzulegen und bei einer arabischen Tasse Kaffee unter vier Augen mit dem Endscheidungsträger das Thema nochmals zu besprechen. Was am Verhandlungstisch nicht gelöst werden kann, lässt sich dann oft im Gespräch abseits der Verhandlung verhältnismäßig einfach lösen. Bei größeren Konflikten vermittelt oft ein Schlichter, eine Vertrauensperson beider Seiten, zwischen den Parteien.

Im Gegensatz zu den abschlussorientierten deutschen Geschäftsleuten sind Araber auch auf geschäftlicher Basis sehr beziehungsorientiert. Aus diesem Grund und wegen der Wahrung des Ansehens und des Gesichts, benötigt man in Verhandlungen mit arabischen Geschäftspartnern sehr viel Geduld und vor allem Diplomatie.

Kleinigkeiten, wie ein Anruf ohne geschäftlichen Hintergrund, eine Grußkarte zum Ramadan und zu islamischen Feiertagen oder gar eine private Einladung nach Deutschland können keine Wunder bewirken, aber vieles in der Geschäftsbeziehung vereinfachen.

20.7.4 Einfluss der Hierarchiestrukturen bei Geschäften

In den arabischen Ländern mit ihren ausgeprägten Hierarchiestrukturen muss man mit sehr viel Bürokratie rechnen.

Der erste Kontakt zu einer arabischen Firma in der Golfregion geschieht meist über einen indischen, pakistanischen oder ägyptischen Angestellten, der oftmals hoch qualifiziert sein wird, jedoch häufig keine selbstständigen Entscheidungen treffen dürfte. Oft treten die Entscheidungsträger erst sehr spät in die Verhandlungen ein. Dennoch ist es ratsam, sich immer wieder zu bemühen, möglichst früh den Kontakt zu dem eigentlichen Entscheidungsträger zu suchen, um eine persönliche Beziehung zu bilden.

Für Gastarbeiter in den Golfländern ist die Situation sehr kompliziert. Die Arbeitnehmerrechte in diesen Ländern sind für sie stark eingeschränkt. Ein indischer Angestellter beispielsweise kann von heute auf morgen gekündigt und des Landes verwiesen werden. Da er sich unterordnen muss, wird er vermeiden, selbstständige Entscheidungen zu treffen. Denn die möglicherweise unangenehmen Konsequenzen hätte er am Ende allein zu verantworten. Dieses spiegelt sich auch in der offiziellen Erwartungshaltung des arabischen Kunden wider.

Die Anforderungen an ein Produkt wirken in Ausschreibungen oftmals widersprüchlich und übertrieben detailliert. Dem liegt nicht etwa Böswilligkeit oder Mangel an technischem Verständnis zugrunde. Mit so einer Arbeitsweise, die an Pedanterie und übersteigerter Sorgfalt grenzt, versuchen ausländische Angestellte, die mit der Erstellung der Anforderungen oder Ausschreibungen beauftragt sind, sich gegen spätere Kritik zu versichern. Denn bei nachweisbaren Fehlern, mögen sie auch noch so gering sein, droht der plötzliche Verlust des Arbeitsplatzes. Deshalb ist hier Kommunikation sehr wichtig. Verlassen Sie sich nicht nur auf die schriftlichen Anforderungen, sondern erfragen Sie die Prioritäten und das tatsächliche Einsatzgebiet des Produktes.

Für Geschäftsbesuche in den arabischen Raum sei betont, dass das Einhalten der Hierarchieebenen von großer Wichtigkeit ist. In arabischen Unternehmen ist es nicht üblich, dass ein arabischer Geschäftsführer sich mit einem deutschen Techniker oder dem Vertriebspersonal an einen Tisch setzt. Schickt man nun aber den „Area Manager", sieht die Sache anders aus. Deswegen setzen einige deutsche Firmen für die asiatische und arabische Region etwas hierarchie-betonendere Visitenkarten als für den deutschen Raum ein.

Kleidung, Namensschild, Titel, gerahmte Urkunden, sowie Größe und Ausstattung des Büros geben Auskunft über Rang und Position des Angestellten im arabischen Unternehmen.

20.7.5 Unterschiede in arabischer und europäischer Kommunikation

Das bereits erwähnte Ansehen und das Bestreben, sein Gesicht zu wahren, sowie starke Hierarchien bewirken, dass Kommunikation oft „zwischen den Zeilen" stattfindet. Probleme offen und direkt anzusprechen oder gar NEIN zu sagen, ist nicht die feine arabische Art. Anstatt eine Forderung nur abzulehnen, sollten Sie Alternativen aufzeigen. Anstelle über ein Problem zu reden, sollten Sie über Lösungen reden. Sie werden feststellen, dass im arabischen Raum der Spruch „No Problem" sehr beliebt ist.

Im Arabischen sagt man: „Welchen Wert hat schon die Wahrheit, wenn sie beleidigend ist." Vermeiden Sie daher, Befehle auszusprechen. Diplomatische Formulierungen darüber, was man sich vom anderen wünscht, natürlich nur, wenn er einverstanden ist, sind erfolgversprechender. An dieser Stelle muss auch betont werden, dass die arabischen Geschäftspartner in Wirklichkeit meistens keine Partner, sondern Kunden sind und die Erwartungen an Sie als Verkäufer sind sehr hoch. Gerade im arabischen Raum gilt: „Der Kunde ist König". Dieser Grundsatz sollte sich auch in Ihrer Kommunikation widerspiegeln.

Viele Europäer beschweren sich, dass in Arabien immer nur *um den heißen Brei herumgeredet* wird. Dies ist kein Ausweichen, sondern Höflichkeit. Um eine konkrete Antwort zu bekommen, können Sie getrost mehrmals nachfragen, solange Sie dabei höflich und unaufdringlich sind. Denn gerade in Arabien macht der Ton die Musik. Bei Antworten mit *„Insha Allah"*, also *„so Gott will"*, darf man allerdings nie eine konkretere Antwort fordern. *„Ein Insha Allah reicht mir nicht, ich brauche ein JA oder NEIN"* ist ein Tabubruch.

Suchen Sie die Antwort auch im Kontext. Araber lieben es, Beispiele und Anekdoten zu erzählen, welche meist indirekte Botschaften bergen. Achten Sie auch auf die Körpersprache. Sie ist oft wahrhaftiger als die indirekten Formulierungen.

Empfehlenswert ist auch, sich ein paar arabische Floskeln, wie z.B. *Guten Tag* und *Dankeschön* anzueignen. Zwar lächeln Araber oft, wenn sie einen Europäer ein paar Brocken Arabisch sprechen hören. In der Regel ist das kein Auslachen, sondern viel mehr ein erfreutes Lachen darüber, dass Sie sich mit der arabischen Sprache befasst haben und sich Mühe geben.

20.7.6 Der dehnbare arabische „Zeitbegriff" bei Verhandlungen

Fragt man arabische Geschäftsleute nach ihren positiven Vorurteilen über deutsche Geschäftsleute, so hört man oft das Wort *Pünktlichkeit*. Diese Eigenschaft wird von Arabern sehr geschätzt. Es ist ratsam, daran festzuhalten und sich nicht an arabische Gepflogenheiten durch Verspätungen anzupassen. Ein positives Vorurteil sollte man nicht unnötig verspielen. Zum Verständnis der Zeitoffenheit sei gesagt, dass eine Verspätung der arabischen Seite nicht als Beleidigung oder gar als Desinteresse interpretiert werden sollte. Geschäfte haben eine geringere Priorität als Ansehen und Familie. Es wird erwartet, dass man Verständnis für andere wichtige Ereignisse hat.

In zeitoffenen Gesellschaften wird die Dauer des Meetings vom Gefühl bestimmt. Ist das Gespräch gut und versteht man sich bestens, kann man danach auch noch gemeinsam essen gehen oder Wasserpfeife rauchen. Auf die schnelle Heimreise zu bestehen, obwohl man sich gerade so gut verstanden hat und der arabische Kunde Sie zum Essen einlädt, kann vieles zunichte machen.

Zeitoffenes Verhalten zeigt sich auch in den vielen unterschiedlichen Aktivitäten arabischer Geschäftsleute, welche oft parallel zur eigenen Firma noch als Beamte oder in der Politik tätig sind. Auch die schon erwähnten starken Hierarchien wirken sich auf den Umgang mit dem Faktor Zeit aus. Bei Meetings gehören Unterbrechungen durch Mitarbeiter, die gerade eine Unterschrift benötigen, durch häufige Telefonanrufe, durch spontane Besuche von anderen Geschäftsleuten und die Gebetspausen zur Tagesordnung. Man darf sich dadurch nicht verunsichern lassen. Für Präsentationen und Verhandlungen in Arabien sollten Sie somit Wiederholungen und viel Zeit einplanen.

Mit einer ausgewogenen Mischung aus Geduld, Offenheit und Persönlichkeit werden Sie im arabischen Raum *Insha Allah* geschäftliche Erfolge erzielen und vielleicht auch gute Freunde gewinnen.

20.7.7 Weiterführende Links und Adressen

Anbei einige nützliche Links und Internetadressen für die Kontaktaufnahme und weiterführende Informationen.

- http://www.ghorfa.de/
  Arabisch-Deutsche Vereinigung für Handel und Industrie e.V.
- http://www.ahkuae.com/
  The German Industry & Commerce Office UAE
- http://www.mfti.gov.eg/english/english.asp
  Ministry for trade and Industry Egypt
- http://www.saudichambers.org.sa
  Council of Saudi Chamber
- http://www.abudhabichamber.ae
  Abu Dhabi Chamber of Commerce & Industry
- http://www.ahk-arabia.com/
  Delegation of German Industry and Commerce/German Saudi Arabian Liaison Office for Economic Affairs
- http://www.uae.gov.ae/moec/start.htm
  Ministry of Economy & Commerce (U.A.E)

21 Verhandlungsführung in kleinen, mittleren und großen Unternehmen

21.1 Mittelständische Industrieunternehmen der Anlagentechnik

Firmenvorstellung

Die Prominent Dosiertechnik GmbH ist ein weltweit führender Hersteller und Systemanbieter der Pumpenindustrie, Mess- und Regeltechnik sowie der Wasseraufbereitung. Im Unternehmen sind ca. 1.500 Mitarbeitern in 41 Auslandsniederlassungen und über 80 ausländischen Vertretungen beschäftigt. Die Produktpalette beinhaltet Pumpen, Sensoren, Mess- und Regeltechnik, sowie komplette Anlagen (z.B. Ozon- oder UV-Anlagen) zur Wasseraufbereitung. Als Systemanbieter werden dem Kunden nicht nur die reinen Produkte angeboten, sondern auch individuelle Problemlösungen und Anlagen geplant und implementiert. Das Einkaufsspektrum beinhaltet u.a. Kunststoff- und Edelstahl-Halbzeuge, Spritzguss-, Dreh-, Stanz-, und Biegeteile, Armaturen und elektronische Bauteile.

Vorgehensweise bei Einkaufsverhandlungen im Unternehmen

Nach den aus der Berufspraxis gewonnenen Erfahrungen können Einkaufsverhandlungen in zwei Phasen und zwei Verhandlungstypen untergliedert werden. Die erste Phase jeder Verhandlung ist die Vorbereitung auf die Verhandlung, in welcher möglichst viele Informationen gesammelt und ausgewertet werden. Die zweite Phase ist die Verhandlungsführung an sich. Sowohl bei der Vorbereitung, als auch bei der Verhandlungsführung werden in nachfolgenden Ausführungen zwischen zwei Verhandlungstypen unterschieden.

Im ersten Abschnitt wird die reine Preisverhandlung im Unternehmen dargestellt. Im zweiten Abschnitt wird die Vorgehensweise von Verhandlungen bei der Vergabe von Neuteilen behandelt.

Eine Preisverhandlung erfordert in der Regel von einem Einkäufer/in eine andere Vorbereitung als eine Vergabeverhandlung für Neuteile. Es müssen daher verschiedene Aspekte schon bei der Vorbereitung berücksichtigt werden. Die einzelnen Schritte zur Vorbereitung auf die jeweilige Verhandlungsart werden in den folgenden Abschnitten näher erläutert.

21.1.1 Professionelle Vorbereitung auf die Preisverhandlung ist der halbe Gewinn

Preis- und Marktanalyse

Im Berufsalltag eines Einkäufers kommt es häufig vor, dass der Lieferant bei Anschlussvertragsverhandlungen die Preise erhöhen möchte. Anhand der Höhe der Forderung und deren finanziellen Auswirkungen auf das Unternehmen wird zunächst abgewogen, ob die Forderung gerechtfertigt ist, beziehungsweise überhaupt eine Preisverhandlung geführt werden soll.

Produkte die von Rohstoffpreisentwicklungen abhängig sind (z.B. Ölpreisschwankungen bei Kunststoffen), lassen hierbei weniger Argumentationsspielraum, da hier oftmals der Lieferant zumindest teilweise Kostensteigerungen vom Markt weitergeben muss. Dies setzt ein bislang niedriges Einkaufspreisniveau voraus. Umso mehr ist in diesen Fällen die Analyse der geforderten Preiserhöhung entscheidend für die spätere Verhandlungsstrategie und deren Erfolg. Die nachfolgende Checkliste der zu klärenden Punkte bei Preisverhandlungen hat sich für den Einkäufer in der Praxis als wesentliche Stütze erwiesen.

Folgende Informationsquellen zur Klärung nachfolgenden Checkliste haben sich in der Praxis bewährt:

- Abteilungen des eigenen Unternehmens (z.B. Arbeitsvorbereitung, Disposition, Entwicklung, Produktion),
- der Lieferant und dessen Wettbewerber,
- Fachliteratur, Internet,
- interne Analysen mit Hilfe eines geeigneten (bereichsübergreifenden) EDV-Systems,
- „Wer liefert was",
- Europages,
- ein ständig gepflegtes Lieferantenverzeichnis für potentielle Neulieferanten,
- Internet-Suchmaschinen.

Checkliste für Einkäufer vor einer Preisverhandlung

- Welchen Stellenwert hat das Unternehmen beim Lieferanten (z.B. A-, B- oder C-Kunde)?
- Wie viele Wettbewerber gibt es? Wie hoch sind deren Forderungen? Kann von ihnen Material bezogen werden (z.B. existieren technische Freigaben für deren Produkte)?
- Bestehen Individualvereinbarungen z.B. Konditionsvereinbarungen, Rahmenverträge, Mengenkontrakte?
- Wie hoch ist das derzeitige Preisniveau beim Lieferanten?
- Begründet der Lieferant seine Preiserhöhung stichhaltig?
- Wie ist die momentane Geschäftsentwicklung/Marktstellung des Lieferanten (z.B. Umsatzentwicklung, Produktinnovationen)?
- Wie waren die Lieferantenbeurteilungen in der Vergangenheit bezüglich Liefer-, Termintreue und Qualität?
- Wie ist der Bedarfsverlauf/Umsatzentwicklung nach Materialien vom Lieferanten in der Vergangenheit, Gegenwart und Zukunft?
- Hat die Preiserhöhung direkten Einfluss auf das Käuferverhalten, sodass eine rückläufige Nachfrage an den Produkten des Lieferanten prognostiziert werden kann?
- Ist mit kurzfristigen Rohstoff- oder Vormaterialpreisschwankungen zu rechnen?
- Wie sind die Kostenstrukturen des bezogenen Produktes beim Lieferant (Herstellkosten, Materialkosten, Gemeinkosten), bei welchen sind Erhöhungen gefordert und warum?

21.1.2 Gute Vorbereitung auf Vergabeverhandlungen von Neuteilen erspart zahlreiche Verhandlungsrunden

Interne Vorgespräche und Bedarfsermittlung

Erweiterungen der Produktpalette, Weiterentwicklungen und Änderungen an bestehenden Produkten fordern vom Einkauf die Ausweitung bisheriger Beschaffungsquellen. Es hat sich gezeigt, dass eine frühzeitige Einbeziehung der Beschaffung bei technischen Änderungen oder bei der Einführung von neuen Produkten zur Minimierung zukünftigen Änderungsaufwandes unbedingt erforderlich ist. Bereits hier, wie auch im weiteren Verlauf, sollten alle beteiligten Bereiche des Unternehmens „an einem Strick ziehen".

Für den Einkaufsbereich ist es eine altbekannte Tatsache, dass ca. 80% der Kosten eines Produktes bereits in der Entwicklungsphase festgelegt werden. Deshalb werden im Unternehmen optimalerweise schon in der Entwicklungs- und Definitionsphase die Machbarkeit, der prognostizierte Bedarf und mögliche Alternativen (z.B. Prüfung unterschiedlicher Werkstoffe/Bearbeitungsvarianten für ein neues Produkt/Bauteil) geprüft. Dies kann nur in technischen Besprechungen gemeinsam mit der Entwicklung, Fertigung, Disposition und dem Qualitätswesen geschehen.

Suche nach dem richtigen Lieferanten – die Nadel im Heuhaufen

Wenn die Anforderungen von Seiten des Unternehmens festgelegt sind, beginnt die Recherche nach möglichen Anbietern (Festlegung in bestimmten Datenblättern, Dokumenten). An dieser Stelle werden in der täglichen Praxis oftmals potenzielle Lieferanten von internen Bereichen wie der Entwicklungsabteilung vorgeschlagen.

Je nach Anzahl bereits bekannter Anbieter und Bedarfshöhe/Wert des neuen Artikels ist eine weitere Suche nach Neulieferanten durch den Einkaufsverantwortlichen erforderlich. Die letztendliche Entscheidung, welche Lieferanten angefragt werden sollen, obliegt nach Abstimmung mit der Entwicklung und dem Qualitätswesen dem Einkaufsteam für die jeweiligen Teile. Wichtig ist eine genaue interne Koordination der Aufgabenbereiche des Unternehmens.

Es hätte fatale Folgen, wenn ein Unternehmensbereich, ohne den Einkauf zu verständigen, bereits verbindliche Verhandlungen mit dem Lieferanten führt und der Einkauf erst in der Schlussphase zu Preisverhandlungen einbezogen wird. Hierbei hätte der Einkauf wenig Chancen zu substanziellen Preisverhandlungen, da sich der Lieferant seines Auftrags schon sicher ist.

Kontaktaufnahme mit Lieferanten

Nach einer Vorauswahl möglicher Lieferanten beginnt die Kontaktaufnahme durch den Einkäufer. Dabei werden mit dem Lieferanten telefonisch oder per E-Mail zunächst grundlegende Fragen wie z.B. Machbarkeit/Herstellverfahren des gewünschten Produktes geklärt. Im Anschluss daran erfolgt eine schriftliche Anfrage bei ausgewählten Lieferanten.

Angebotsprüfung und Einladung zu Verhandlungen

Wurden im Vorfeld Lieferanten ausgewählt und sind Angebote vom Einkäufer und gegebenenfalls dem Entwicklungsteam geprüft worden, beginnt die erste Verhandlungsrunde. Hierfür erfolgt eine Auswahl von Unternehmen nach den Kriterien:

- Wurden die vorgegeben Spezifikationen eingehalten (bzw. einsetzbare Alternativen vorgeschlagen)?
- Wie ist das Preisniveau des Anbieters?

Anschließend werden diese Anbieter zu ersten Verhandlungen eingeladen. Üblicherweise wird ein Kompetenzteam innerhalb des Unternehmens für die Verhandlung gebildet (2–5 Personen). Dies setzt sich zusammen aus den Einkaufsverantwortlichen, den zuständigen Entwicklern und einem Qualitätsbeauftragten.

Eine Checkliste der vor Verhandlungsbeginn zu klärenden Fragen vereinfacht bei Vergabe von Neuteilen die Verhandlungsführung und hilft in der Praxis bei der Erzielung möglichst optimaler Ergebnisse.

Checkliste zu klärender Punkte vor einer Vergabeverhandlung

- Sind Verhandlungen oder mehrere Verhandlungsrunden notwendig oder ist eine Angebotsauswertung ausreichend? (Keine persönlichen Verhandlungen mit Lieferanten, weil technische Anforderungen gering und/oder Stückzahlen zu klein.)
- Gibt es bereits Lieferanten, die ähnliche Produkte für uns fertigen?
- Sind bisher eingesetzte Lieferanten zuverlässig bezogen auf Qualität und Liefertreue?
- Wie groß ist die benötigte Stückzahl und die geplante Beschaffungslosgröße?
- Hat das Unternehmen die Möglichkeit/Kapazität zur Eigenfertigung? Wenn ja, sind die Kosten hierfür zu ermitteln, um später eine Make or Buy Entscheidung zu treffen.
- Sind individuelle Vereinbarungen, Garantiererklärungen oder Geheimhaltungsvereinbarungen mit den potenziellen Lieferanten abzuschließen?
- Soll Single-, Dual- oder Multiple Sourcing angewendet werden?
- Sind Musterteile erforderlich, sinnvoll oder werden nicht benötigt?
- Welche Informationen (Bedarfszahlen, Zeichnungen, Qualitätsanforderungen, Zeitpläne zur Einführung, Anforderung von Prototypen) erhält der Lieferant vorab oder mit der Anfrage?

21.1.3 Preisverhandlungen mit Lieferanten – die Stunde der Profis

Positive Verhandlungsatmosphäre schaffen – der Ton macht die Musik

Neben der Analyse aller relevanten Fakten ist der menschliche Aspekt bei der Verhandlungsführung von entscheidender Bedeutung und in Grenzsituationen oft das Zünglein an der Waage. Eine angenehme Atmosphäre, und dies zeigt der Berufsalltag immer wieder, ist das Fundament jeder Einkaufsverhandlung. Hierbei ist die Auswahl der geeigneten Räumlichkeiten ein erster Schritt (Größe des Raumes ausreichend für alle Teilnehmer, Anschlüsse für EDV vorhanden, Getränke bereitgestellt etc.).

Die Erfahrung lehrt, dass ein selbst definierter Zeitraum in welchem ein Ergebnis erarbeitet wird und eine Agenda über alle zu klärenden Tagespunkte im Vorfeld, ein „Ausufern" der Gespräche verhindert – schließlich gilt „Zeit ist Geld" für Einkauf wie Verkauf.

Gewöhnlich beginnt das Gespräch mit dem Austausch von neuen Informationen der beiden Verhandlungspartner. Der Lieferant erhält zunächst einen Überblick über die derzeitige Geschäftssituation und Neuigkeiten. Gerade an dieser Stelle ist beim Geschäftspartner die Wichtigkeit der Geschäftsbeziehungen und das Interesse an einer ernsthaften Zusammenarbeit zu zeigen.

Wir haben die Erfahrung gemacht, dass spätere positive Verhandlungsergebnisse durch nachvollziehbare Fakten (überprüfbare Zahlen wie: Umsatz-, Bedarfsentwicklung oder Kostensteigerungen) und nicht durch eine von vorneherein ablehnende emotionale Haltung einer Seite beeinflusst werden sollen. Die Einkaufspraxis lehrt aber auch, dass eine durch dauerhafte Zusammenarbeit entstandene persönliche Beziehung zum Lieferanten sich nicht zu Lasten des Unternehmens auf das Verhandlungsergebnis niederschlagen darf. Jedes Unternehmen steht im harten Wettbewerb, vom Einkäufer ist deshalb eine Position der Unabhängigkeit unabdingbar.

Die Einkaufsverhandlung an sich – Pflicht oder Kür

Nach der Darstellung der Ist-Situation (häufig Darlegung der Kostensituation) beider Seiten wird mit der eigentlichen Verhandlung begonnen. Wichtig ist, dass die Argumentation höflich aber sachlich geführt wird. Dies verhindert emotionale Entscheidungen, welche danach das Einkaufsergebnis belasten können.

Ein im Berufsalltag immer wieder benutztes Argument für Preiserhöhungen sind die gestiegenen Lohn- und Energiekosten des Anbieters. Eine Steigerung der Lohnkosten um zwei Prozent kann jedoch nicht linear als

Preiserhöhung um zwei Prozent akzeptiert werden, da die Lohnkosten in der Regel nur einen Teil der Gesamtkosten ausmachen. Das gleiche gilt für Energiekosten.

Welche Argumente und Informationen preisgegeben werden und welche nicht, ist situativ verschieden. Prinzipiell dürfen jedoch vertrauliche Informationen von Wettbewerbern, allen voran konkrete Preise, nicht weitergegeben werden.

In der Praxis hat es sich bei Verhandlungen von Vorteil erwiesen, differenziert die Stärken und Schwächen des Lieferanten und seiner Wettbewerber darzustellen. Total Cost-Überlegungen können hier für beide Seiten nützlich sein und einen neuen Impuls bei festgefahrenen Standpunkten bieten. Die Forderung nach einer verkürzten Lieferzeit von Materialien mit bereits sehr kurzer Beschaffungsdauer kann von dem Angebot gestützt werden, zukünftig Bestellungen per Fax oder Internet direkt nach Erstellung zu versenden. Somit wird Zeit in der administrativen Abwicklung eingespart. Es werden also Win-Win-Situationen geschaffen, die eine ins Stocken geratene Verhandlung aufgrund neuer Aspekte wieder beleben können.

Verhandlungsabschluss – auf den Punkt bringen

Am Ende der Verhandlung werden die besprochenen Punkte und getroffenen Entscheidungen noch einmal zusammengefasst. Der Zeitrahmen für noch offene oder zu klärende Punkte wird festgelegt. Getroffene Vereinbarungen werden vom Lieferanten schriftlich bestätigt. Im routinierten Ablauf war es stets für beide Seiten nützlich, nach der Verhandlung ein Verhandlungsprotokoll zu verfassen und dem Lieferanten innerhalb einer Woche zu übergeben. Unklarheiten und Missverständnisse werden dabei schon im Vorfeld ausgeräumt.

21.2 Vergabeverhandlungen von Neuteilen mit Lieferanten

21.2.1 Positive Verhandlungsatmosphäre schaffen – der Ton macht die Musik

Im Gegensatz zu reinen Preisverhandlungen sind bei der Einführung neuer Produkte häufig neben Verkäufer und Einkäufer auch Techniker und Mitarbeiter aus dem Qualitätswesen beider Partner zur Klärung technischer Aspekte in Verhandlungen eingebunden. Eine interne Absprache zwischen den Verhandlungsteilnehmern des eigenen Unternehmens vor der Verhandlung über die Vorgehensweise ist dabei unabdingbar. Somit kann ein einheitlicher Informationsstand herstellt werden, die jeweilige Zielsetzung ist jedem Teilnehmer vorab bekannt und Missverständnisse werden weitgehend vermieden.

Wie auch bei Preisverhandlungen ist eine angenehme Verhandlungsatmosphäre in geeigneten Räumen und eine kurze Agenda über zu besprechende Themen als Rahmen vorzubereiten. In der Praxis hat es sich bewährt mit Neulieferanten vor dem Austausch von aktuellen Informationen über Produkte und Unternehmen zunächst eine Firmenpräsentation zu halten und die beteiligten Personen und deren Funktionen vorzustellen. Es darf zwar davon ausgegangen werden, dass die Lieferanten sich im Vorfeld über das Unternehmen informiert haben, aber oft können gerade hier neue Aspekte zu weiterer Zusammenarbeit führen und den Lieferant zu solcher motivieren.

21.2.2 Die Verhandlung an sich – Teamwork ist gefragt

Vom Einkäufer oder mit Unterstützung anwesender Techniker können noch offene technische Fragen geklärt werden, bevor der Anbieter in den meisten Fällen eine Einschätzung seiner Preisstellung gegenüber den Wettbewerbern fordert. Wie auch bei Preisverhandlungen sollten keine Wettbewerbszahlen oder gar Angebotsvergleiche weitergegeben werden.

Entscheidend ist nicht immer der niedrigste Preis sondern vielmehr die Summe der angebotenen Möglichkeiten des Lieferanten wie Lieferzuverlässigkeit, Know How, Lieferzeiten, Anlieferungsmöglichkeiten und Akzeptanz individueller Vereinbarungen. Wichtig ist für uns die Überzeugung, dass der Lieferant das Produkt wie angeboten zu liefern in der Lage ist. Gerade in diesem Teil der Verhandlung zeigt sich, wie gut alle Beteiligten des eigenen Unternehmens argumentativ zusammenarbeiten.

Die beste Art zu überzeugen, stellen für uns aussagekräftige und nachvollziehbare Fakten, Musterteile sowie Angebote zu Lieferantenbesuchen dar. Durch einen Besuch beim Lieferanten können mitunter Aussagen zu Fertigungsverfahren überprüft und bestehende Unstimmigkeiten beseitigt werden. Es ist gerade hier im Sinne einer zukünftigen Zusammenarbeit, wenn von Beginn der Partnerschaft an argumentativ mit Fakten und Zahlen überzeugt werden kann. Aus diesen Diskussionen ergibt sich häufig ein neues Preisniveau, da die Anbieter bei Interesse an der Herstellung/Verkauf Ihres Produktes ihre Angebote nochmals nachbessern.

21.2.3 Verhandlungsabschluss – Argumente und Fakten auf den Punkt bringen

Auch hier werden am Ende der Verhandlung die besprochenen Punkte und getroffenen Entscheidungen noch einmal zusammengefasst. Der Zeitrahmen für noch offene oder zu klärende Punkte wird festgelegt und falls erforderlich weitere Verhandlungstermine eingeplant.

Wie bei einer Preisverhandlung wird ein Verhandlungsprotokoll verfasst und dem Lieferanten binnen einer Woche übergeben. Getroffene Vereinbarungen sind vom Lieferanten schriftlich zu bestätigen. Anhand von aus der Verhandlung gewonnenen Informationen kann anschließend auch entschieden werden, ob eine Eigenfertigung dem Fremdbezug vorzuziehen ist.

Es ist nach der ersten Verhandlungsrunde möglicherweise empfehlenswert, in einigen Tagen erneut Kontakt mit den Anbietern aufzunehmen, um zu prüfen, ob noch Möglichkeiten zur Verbesserung des Angebotes bestehen.

In der Einkaufspraxis hat sich herausgestellt, dass ein mehrmaliges Nachverhandeln normalerweise nicht empfehlenswert ist. Es verzögert die Entscheidungsfindung und ist zeit- und kostenaufwendig. Die Anbieter sollten eine reelle Chance haben, sich zu verbessern.

Es darf aber nicht nach Art eines orientalischen Bazars immer wieder stückchenweise („Salamitechnik") versucht werden, nachzuverhandeln und getroffene Ergebnisse in Frage zu stellen. Hierbei geht die Glaubwürdigkeit des Verhandlungspartners schnell verloren.

Der Einkauf teilt in jedem Falle den Anbietern/potentiellen Lieferanten die nach den Verhandlungen keinen Auftrag erhalten mit, warum man sich gegen sie entschieden hat. Diese zusätzlichen Anstrengungen vom Einkauf werden im Hinblick eines vertrauensvollen Lieferantenmanagements aber auch im Sinne einer späteren zukünftigen Zusammenarbeit unternommen und haben sich bereits mehrfach bewährt.

21.2.4 Die professionelle Vorbereitung – der Königsweg bei Einkaufsverhandlungen

In der langjährigen Einkaufspraxis hat sich gezeigt, dass ein allgemeingültiges Vorgehen nach Schema 08/15 bei Verhandlungen nicht möglich ist. Gründe hierfür sind immer wieder unterschiedliche Ausgangspositionen und eine sich oft entwickelnde Eigendynamik in Einkaufsverhandlungen. Ein neuer Aspekt seitens einer Verhandlungspartei kann dabei oftmals völlig neue Möglichkeiten aufzeigen. Geplante Konzepte werden dadurch entkräftet oder irrelevant.

Trotzdem, und dies hat die Praxis gezeigt, sind eine intensive Vorbereitung, psychische und physische Fitness, aussagekräftige Verhandlungsargumente Kernpunkte jeglicher Verhandlungsführung. Wichtig ist es, bereits im Vorfeld eine Vielzahl von Möglichkeiten und Alternativen zu untersuchen und abzuwägen.

Viele Argumente von Anbietern lassen sich somit entkräften, relativieren oder zumindest beurteilen. Es hat sich gezeigt, dass durch eine hinreichende Vorbereitung jede Verhandlung einen vorgegebenen Rahmen erhält und ganz wichtig, der Einkäufer jederzeit die Initiative in der Verhandlungsführung behält.

21.3 Systemlieferant in der Automobilindustrie – BorgWarner Inc.

21.3.1 Vorstellung des Unternehmens

BorgWarner Inc. stellt Komponenten bzw. Systeme hoher Fertigungstiefe für die Automobilindustrie her. Die Produkte finden in erster Linie Anwendung im Antriebsstrang (Motor, Kupplung, Getriebe, etc.) von Pkws. Die gesamte Gruppe umfasst weltweit 62 Standorte in 17 Ländern. 2004 betrug der Umsatz ca. vier Milliarden Dollar welchen ca. 17.000 Mitarbeiter weltweit erwirtschafteten.

Das Unternehmen BorgWarner Inc. hat bei all seinen technologisch anspruchsvollen Erzeugnissen stets den Anspruch, die Produktführerschaft zu besitzen respektive auszubauen.

Ein Beispiel aus der jüngeren Vergangenheit ist insbesondere das Direktschaltgetriebe (DSG), welches gemeinsam mit Volkswagen erfolgreich zur Serienreife entwickelt wurde und 2002 erstmals in Serien-Pkws Anwendung fand.

Exemplarisch für die gesamte Gruppe werden nachfolgend individuelle Verhandlungsbeispiele der Einkaufsorganisation des Werkes Ketsch, in der Nähe von Hockenheim (Baden-Württemberg), vorgestellt.

Das Werk Ketsch erzielt Umsätze im zweistelligen Millionen Euro Bereich und beschäftigt derzeit 237 Mitarbeiter. Hauptprodukte sind Freiläufe- und Freilaufsysteme für Automatikgetriebe im Automobilbereich.

21.3.2 Übersicht Einkaufsvolumen

Das Einkaufsvolumen beträgt ca. 50% vom Gesamtumsatz, welches sich wie folgt anteilig aufgliedert in

- 65% Produktionsmaterial,
- 20% Hilfs- und Betriebsstoffe,
- 15% Investitionsgüter.

Produktionsmaterial

Produktionsmaterial beinhaltet zum überwiegenden Teil Stahl in Form von Kaltband, Profilstahl, Schmiedeteile, Stanz- und Biegeteile sowie Dreh- und Frästeile. Darüber hinaus beziehen wir Nadellager, Reibbeläge sowie Kunststoffteile aus Polyamiden.

Hilfs- und Betriebsstoffe

Hilfs- und Betriebsstoffe werden zur Herstellung der Produkte des Unternehmens benötigt. Diese sind u.a. Energie, Werkzeuge, Schmierstoffe, Ersatzteile, Normalien (Schrauben, etc), Sicherheits-Bekleidungen bis hin zum Bleistiftanspitzer.

Der Beschaffungsmarkt zeichnet sich durch zahlreiche, vergleichbar qualifizierte Anbieter aus, da die Artikel in der Regel Massenprodukte respektive Katalogware sind.

Eine Standardisierung im Bestellablauf ist hier unumgänglich. Daher liegt die Herausforderung für den Einkauf darin, die administrativen Aufwendungen gering zuhalten jedoch gleichzeitig sicherzustellen, dass stets günstig eingekauft wird. In diesen Bereich bieten sich Auktionen, idealerweise in Form von internetbasierenden Plattformen, an.

Investitionsgüter

Der Bedarf an Bearbeitungsmaschinen bzw. Anlagen für den Produktionsbereich stellt neben den Bereichen Produktionsmaterial und Hilfs- und Betriebsstoffe ein weiteres wichtiges Betätigungsfeld der Beschaffungsabteilung dar.

Für die Notwendigkeit einer permanenten Beschaffungsaktivität gibt es zahlreiche Gründe, wie z.B.

- Einsatz neuer Technologien zur Verbesserung der Qualität,
- Installierung neuer Fertigungslinien durch neue Produkte,
- Ersatzinvestitionen zur Steigerung der Produktivität.

21.3.3 Voraussetzungen für erfolgreiche Verhandlungen

Grundsätzliche Bemerkungen

Wichtige Aufgaben des Einkaufes sind, das Unternehmen vor Preissteigerungen zu schützen und Kosteneinsparungen zu erarbeiten.

Zur Verdeutlichung der Wichtigkeit dieser Aufgaben dient folgendes Kalkulationsbeispiel, welches in der Industrie allgemeine Gültigkeit hat.

Für jedes Prozent Preiserhöhung der Lieferanten, welchem der Einkauf zustimmt, muss BorgWarner Inc. als Kompensation ca. zehn Prozent mehr Umsatz generieren, um ein unverändertes Betriebsergebnis zu erhalten.

Diese Aussage unterstreicht die Wichtigkeit der Bemühungen zur Kostenreduzierung. Es gibt jedoch auch Situationen, wo einer Preissteigerung zugestimmt werden muss, um sicherzustellen, dass der bisherige Lieferant auch weiterhin die erforderlichen Produkte zum gewünschten Termin in zweckgerechter Qualität liefert. Denn das wichtigste Ziel des Einkaufes ist und bleibt die Sicherstellung der Versorgung.

Damit das Unternehmen nicht in eine derartige kritische Situation kommt, ist es entscheidend, über fundierte Informationen zu verfügen und sich über das Marktgeschehen in den Einkaufsmärkten der Lieferanten und deren Vorlieferanten permanent zu informieren. Nur so können die richtigen Fragen gestellt und konsequente Beweise für etwaig vorgebrachte Behauptungen, wie z.B. höhere Rohstoffpreise, eingefordert werden.

Wichtig ist es, vorab eine langfristig orientierte Beschaffungsstrategie zu definieren und diese entsprechend umzusetzen.

Speziell im Automobilbereich ist BorgWarner Inc. an seine Lieferanten in jener Form gebunden, dass es einen Wechsel der Vormaterialquelle an seine Kunden – d.h. in der Regel die Automobilhersteller selbst – anzeigen bzw. freigeben lassen muss.

Das Unternehmen muss stets nachweisen, dass die angestrebten Änderungen keine negative Beeinträchtigung der Qualität oder Versorgung mit sich bringt. Hierzu sind fast immer umfangreiche funktionelle und dimensionelle Prüfungen erforderlich. Eine derartige Prozedur ist ein wesentlicher Garant dafür, dass der Endverbraucher ein fehlerfreies Produkt erwirbt.

Ein Lieferantenwechsel ist meist mit zeitlichem und finanziellem Aufwand verbunden, sodass das Unternehmen fallweise einer berechtigten Forderung nach Preiserhöhung nachgeben wird. Im Fall einer unumgänglichen Preiserhöhung durch den Lieferanten stimmt sich der Einkauf eng mit der Geschäftsleitung und der Verkaufsabteilung ab, um gegebenenfalls eine Preisanpassung bei den Kunden einzuleiten.

Bevor jedoch ein derartiger Schritt veranlasst wird, müssen einige Vorbedingungen erfüllt sein.

- Es wird keine Verschwendung geduldet! Einen höheren Preis für eine unveränderte Leistung zu bezahlen, ist nichts anderes als Verschwendung. Wenn ein Lieferant also seine Preise erhöhen will, dann muss er dies durch andere geldwerte Zugeständnisse an uns kompensieren.
- Weiterhin werden keine bequemen Lieferanten mit schwacher Einkaufsabteilung finanziert. Natürlich ist es einfach und auch legitim, den bequemsten Weg einzuschlagen – aber nicht auf Kosten von BorgWarner Inc. Die Mentalität des „Weiterreichens" sowie zaghafte Einkäufer auf der Lieferantenseite sind ein Teil der Kosteninflationsproblematik.
- Allgemeine und pauschale Preiserhöhungsbegründungen sind inakzeptabel. Wer auch nach einem „Nein" der Einkaufsabteilung immer noch mehr Geld haben möchte, muss seine Einkaufs- und Preiskalkulation offen legen.

Der Lieferant muss beweisen, dass es nicht anders geht, und vor allen Dingen, warum es nicht anders geht. Darüber hinaus muss er klar darlegen, dass es sich dabei nicht um eine Gewinnerhöhungsmaßnahme handelt.

Wenn schon nicht ein schlechteres Betriebsergebnisses verhindert werden kann, so ist es wenigstens die Pflicht des Einkaufsmanagements, die höheren Kosten auf ein Minimum zu reduzieren.

21.3.4 Verhandlungsführung bei Produktionsmaterial: Praxisbeispiel Stahl

Maßgebliche Herausforderungen für den Einkauf in den Jahren 2003 und 2004 waren insbesondere die weltweit stark gestiegenen Stahl- und Energiepreise.

Angetrieben durch den „Ressourcenhunger" der prosperierenden Märkte China und Indien stellte diese Entwicklung eine enorme Belastung für die gesamte Industrie dar.

Ende 2002 schloss BorgWarner Inc. mit den meisten seiner Stahllieferanten jeweils einen Zweijahresvertrag auf Festpreisbasis ab, also unter Ausschluss jedweder Preisgleitklausel unter gleichzeitiger Zuteilung definierter Abnahmemengen. Diese Entscheidung sollte sich als außerordentlich positiv erweisen.

328 21 Verhandlungsführung in kleinen, mittleren und großen Unternehmen

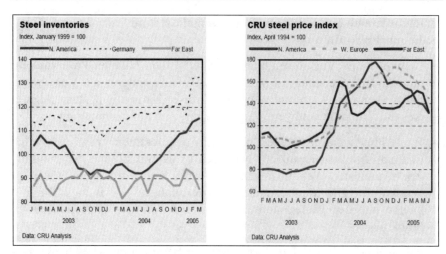

Abb. 21.1. Stahl: Entwicklung der Lagerbestände – Dynamik des Preisanstiegs

Die rechte Seite der Abb. 21.1 verdeutlicht die Dynamik des Preisanstiegs für Stahl, das nach wie vor wichtigste Material für die Herstellung von Fahrzeugen ist. Die linke Seite der Abb. 21.1 zeigt die Entwicklung der Lagerbestände. Schön ist zu erkennen, dass im Zuge des Preisanstieges Mitte 2003 auch (Angst)Bestände insbesondere in Nordamerika und Europa/Deutschland aufgebaut wurden. Gegen Ende 2004 wurde der Zenit erreicht und nach einer Phase der Stagnation begann im zweiten Quartal 2005 die Blase zu platzen.

In den Jahren 2003 und 2004 war auch das Unternehmen durch Preissteigerungen im Stahlsegment konfrontiert. Durch die langfristigen Vereinbarungen konnte man sich auf bestehende Verträge berufen und das Unternehmen lange vor Preissteigerungen bewahren.

Selbst mit jenen Lieferanten, mit denen man ursprünglich nur Verträge für ein Jahr abgeschlossen hatte, da diese sich nicht länger binden wollten, konnte man mit dem Verweis auf die bestehenden Verträge mit der Konkurrenz, zu vergleichbaren Konditionen für das Folgejahr abschließen.

Dies gelang trotz inzwischen signifikant gestiegener Beschaffungskosten auch für Eisenerz, Schrott sowie Kohle.

Maßgeblich für die Verteuerung verantwortlich waren insbesondere

- steigende Eisenerzpreise (Drei Unternehmen kontrollieren ca. 70% des Welthandels.),
- die Verknappung von Stahlschrott in Europa und Nordamerika,
- der Engpass an Kohle, insbesondere Koks, da China innerhalb von zwei Jahren vom größten globalen Exporteur zum Importeur wurde und
- die steigenden Energiekosten.

Im Laufe des Jahres 2004 war BorgWarner Inc. schlussendlich gezwungen, Preiserhöhungen zu akzeptieren, nachdem die preisliche Entwicklung für einige der Lieferanten – insbesondere im Kaltband- und Schmiedeteilbereich – Verluste bedeutete und damit existenzbedrohend wurde.

Mangels Ausweichmöglichkeiten – der Preisanstieg stellte sich, wie in Abb. 21.1 zu sehen ist, weltweit mit geringer zeitlicher Verschiebung auf demselben Pegel ein – wurde einer Erhöhung der Preise zugestimmt.

Nachdem seit dem zweiten Quartal 2005 die Stahlpreise nach über achtzehn Monaten stetigem Zuwachs erstmals wieder fielen, ist es das Gebot der Stunde des Einkaufs, eine neue Runde an Preisverhandlungen mit den Stahllieferanten zu starten.

Abschließend bleibt festzuhalten, dass die Entscheidung Mehrjahresverträge auf dem seinerzeitigen Niveau abzuschließen, richtig war und BorgWarner Inc. damit enorme finanzielle Belastungen erspart wurden.

21.3.5 Vorbedingungen bei Auftragsvergabe von Produktionsmaterial

Neben qualitätsgerechter Herstellbarkeit in Kombination mit einem wettbewerbsfähigen Preis gibt es darüber hinaus Vorgaben, die ein Unternehmen als Lieferanten qualifizieren. Ein absolutes „Muss" ist ein gültiges Zertifikat des Qualitätsmanagement-Systems nach DIN ISO 9001:2000.

Darüber hinaus sollten die Lieferanten eine Zertifizierung nach QS 9000 beziehungsweise nach. VDA 6.1 vorweisen können. Es soll damit sichergestellt werden, dass die spezifischen Anforderungen der Automobilindustrie bekannt und die geforderten Vorgangsweisen in den unternehmensinternen Abläufen etabliert sind. Idealerweise verfügen die Lieferanten über das Zertifikat TS 16949, welche alle Elemente der drei in Rede stehenden Zertifikate beinhaltet.

Des weiteren erwarten der Einkauf, dass beim Lieferanten ein entsprechendes Umweltbewusstsein vorhanden ist, welches in den Geschäftsprozessen des Unternehmens berücksichtigt wird. Ein Zertifikat nach ISO 14001 stellt sicher, dass dies im ausreichenden Maße der Fall ist.

Die europaweit gültige Altautorichtlinie verpflichtet die Lieferanten ebenfalls zur Teilnahme am System IMDS, dem Internationalen Materialdaten System.

Bevor ein Auftrag erteilt wird, wird grundsätzlich eine Qualitätssicherungs-Vereinbarung abgeschlossen, welche die Vorgaben der BorgWarner-Kunden beinhaltet. Diese Regelwerke sind beispielsweise Formel Q-konkret (Volkswagen), GM 1927 (General Motors), MBST (DaimlerChrysler) sowie QR83 (ZF-Sachs).

Neben allgemeinen Kriterien muss ausdrücklich eine positive Herstellbarkeitserklärung des Lieferanten vorliegen. Dies ist die Bestätigung, dass das angefragte Produkt prozesssicher durch den Lieferanten herstellbar ist. Es stellt damit einen wesentlichen Baustein der Qualitätsvorausplanung, des sogenannten „Advanced Product Quality Planning (APQP)", dar.

Das APQP ist ein strukturiertes Vorgehen zur Definition und Ausführung von Maßnahmen, die erforderlich sind, um sicherzustellen, dass das Produkt den Anforderungen des Kunden entspricht. es ermöglicht eine Vereinfachung der Kommunikation zwischen allen an einem Programm beteiligten Personen und stellt sicher, dass alle erforderlichen Schritte termingerecht, zu annehmbaren Kosten und in zweckgerechter Qualität fertig gestellt werden.

Ohne auf den gesamten Prozess näher einzugehen, sei hier insbesondere noch die Kapazitätsabfrage und die Erstmusterfreigabe erwähnt:

Es muss zum einen ein affirmativer Bescheid vorliegen, dass der Lieferant über die erforderlichen Kapazitäten für die zu erwartenden Stückzahlen (inklusive einer Reserve von min. 20%) verfügt. Diese Bestätigung wird in der Regel persönlich durch einen BorgWarner Mitarbeiter vor Ort im Zuge eines „Run-at-Rate-Audits" ausgestellt.

Zum anderen ist die erste Serienproduktion des Lieferanten gesondert BorgWarner mit Messergebnissen respektive Testergebnissen vorzustellen. Diese werden vorab im Zuge des APQP-Prozesses definiert.

21.3.6 Regelmäßige Lieferantenbewertung ist unverzichtbar!

Wir bewerten unsere Lieferanten für Produktionsmaterial und -prozesse halbjährlich.

Die Teilergebnisse aus sechs Elementen – Qualität, Lieferleistung, Umwelt, Kommunikation, Technologie sowie Kosten – fließen in die Gesamtbewertung ein. Für jedes Element werden Punkte vergeben und zu einem Gesamtergebnis kumuliert. Die Gesamtpunkteanzahl entscheidet dann über das Ranking: A, B oder C.

In die Liste der „A"-Lieferanten aufgenommen zu werden, bedeutet die Erfüllung folgender Kriterien:

- kein Aufweis von Reklamationen,
- gute Erreichbarkeit,
- keine verspäteten Lieferungen,
- hohe Innovationsfähigkeit und Flexibilität,
- sowie permanente Kostenreduzierungen.

Erreicht ein Lieferant drei Mal in Folge das Kriterium „A" so erhält er intern den Status „Prefered Supplier" d.h. bevorzugte Lieferquelle, und gilt als strategischer Lieferant. Dies bedeutet, dass der Lieferant gewisse Vorteile bei zukünftigen Ausschreibungen genießt. Darüber hinaus erfolgt eine Empfehlung an andere BorgWarner-Einheiten.

„B"-Lieferant bedeutet, dass ein Mangel in einem bestimmten Bereich vorliegt. Diesen Mangel gilt es umgehend zu beheben. In Form eines Aktionsplanes hat der Lieferant aufzuzeigen, welche Verbesserungen eingeleitet werden. Die Wirksamkeit der Maßnahmen wird im Zuge des nächsten Überwachungsaudits von unserer Abteilung Lieferantenentwicklung (Supplier Quality Assurance) kontrolliert.

„C"-Lieferanten weisen in der Regel in mehreren Bereichen Schwächen auf. Die Mängel sind mittels Aktionspläne durch den bei B-Lieferanten beschriebenen Vorgang zu schließen. Weiterhin ist dieser Lieferant vorerst gesperrt für Neugeschäft.

Findet innerhalb eines gemeinsam definierten Zeitraumes keine Verbesserung des Status statt, so bedeutet dies, dass der Lieferant ersetzt wird. Das sogenannte „Resourcing" wird darüber hinaus anderen BorgWarner Einheiten.

21.3.7 Verhandlungsführung bei Hilfs- und Betriebstoffen: Beispiel Energie

Als Ergebnis erfolgreicher Verhandlungsführungen wird exemplarisch das „Praxisbeispiel Energie" aufgeführt. Hierbei haben Aktivitäten zur Erlangung von umfassenden Marktkenntnissen ebenfalls zum gewünschten Erfolg geführt.

Nachdem das Einkaufsmanagement sich permanent mit dem individuellen Beschaffungsmarkt beschäftigt hat, d.h. Informationen eingeholt, diese auswertet und abschließend interpretiert hat, wurden beim Thema Energie die folgenden „Preistreiber" festgestellt.

- Steigende Energiebedarfe durch boomende Industrienationen in Asien, wie beispielsweise China und Indien.
- Oligopolartige Strukturen durch lediglich vier Stromerzeuger in Deutschland (ENBW, EON, RWE und die schwedische VATTENFALL).
- Militärische Intervention der „Koalition der Willigen" mit dem Ziel eines Regimewechsels im Irak.

- Erschöpfen der weltweiten Ölreserven,
  2003 im Vergleich mit 2002: Δ Ölverbrauch > Erschließung zusätzlicher Ölfelder.
- Verteuerung durch „Erneuerbare Energien Gesetz (EEG) in Deutschland".

Aufgrund dieser Fülle an Indikatoren wurden bereits frühzeitig entsprechende Verträge mit den Stromherstellern abgeschlossen. Damit sind dem Unternehmen langfristig die entsprechenden Strommengen für die Jahre 2004 und 2005 gesichert worden.

Abbildung 21.3 zeigt anschaulich die Entwicklung des deutschen Strompreises vom 1.7.2002 bis 24.10.2003.

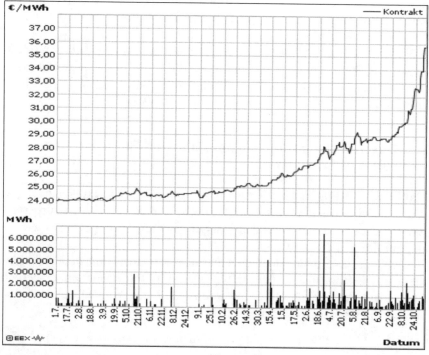

Abb. 21.2. Entwicklung des deutschen Strompreises vom 1.7.2002 bis 24.10.2003

Man erkennt einen kontinuierlichen Preisanstieg mit zunehmender Dynamik, welcher sich ab dem zweiten Quartal 2003 drastisch bemerkbar macht.

Steigende Energiekosten sind oftmals vorgebrachte Argumente vieler Verkäufer um Preiserhöhungen zu erreichen. Mit dem Einwand, dass sich die Einkaufsabteilung des Lieferanten ebenfalls langfristig vor absehbaren

Preissteigerungen absichern muss, ist dieses Argument schnell vom Tisch. Gute Marktkenntnisse zahlen sich hier in der Regel doppelt aus!

21.3.8 Verhandlungsführung bei Investitionsgütern: Beispiel Bearbeitungsmaschinen

Insbesondere in diesem Bereich ist es wichtig, sich mit dem Beschaffungsmarkt ausführlich zu beschäftigen. Denn die Vermeidung von Kosten ist mit Abstand die effektivste Einsparung für das Unternehmen. Der Verhandlungserfolg reduziert direkt die Herstellkosten unserer Produkte.

Der hohe Grad an Automatisierung ist ein elementarer Garant dafür, dass Hochlohnländer wie Deutschland mit Ländern wie China; Taiwan oder Indien erfolgreich im Wettbewerb bestehen können. Denn trotz eines erheblich geringeren Stundenlohnes vergleichbar qualifizierter Arbeiter in diesen „Low Cost Economies" wird dieser den Einkaufspreis aufgrund des geringen Wertschöpfungsanteils am Einkaufsprodukt, oft nicht wesentlich beeinflussen.

Neben dem Kaufpreis einer Anlage gibt es aber auch andere Kriterien, welche die Herstellkosten des Produktes maßgeblich beeinflussen. Aufwendungen für Energie, Werkzeuge, Vorrichtungen sowie Instandhaltung machen durchschnittlich ca. 60% der laufenden Kosten während des Lebenszyklus der Anlage aus.

Daneben sind Maßnahmen zu Vermeidung von Produktionsausfällen bzw. Produktionsstörungen konzeptionell zu berücksichtigen und in das Pflichtenheft aufzunehmen.

Die Einkaufsabteilung konzentrierte sich daher grundsätzlich auf die Lebenszykluskosten der Maschine bzw. die Stückkosten und nicht primär auf den Kaufpreis der Anlage. Dies erfordert jedoch ein intensives Auseinandersetzen mit den individuellen Lösungsvarianten der Anbieter.

Im Unternehmen sind unter Federführung des Einkaufes zusätzlich die Bereiche Fertigungstechnik, Produktion und Instandhaltung in das jeweilige Beschaffungsprojekt involviert.

Basis für jede Ausschreibung ist ein umfangreiches Pflichtenheft, welches die Eigenschaften der Anlage ausführlich und unmissverständlich beschreibt und stets in Verbindung mit einem herzustellenden Produkt steht. Entscheidende Bestandteile eines Pflichtenheftes sind

- Arbeitsablauf und -prinzip,
- Produktspezifikation,
- technische Grunddaten,

- Leistung der Anlage (Taktzeit, Rüstzeit, Standmenge, technische Verfügbarkeit, etc.),
- gesetzliche Vorschriften wie Unfallverhütungsvorschriften, Immissionsschutzrecht, EG-Konformitätserklärung, CE-Zeichen, Vorschriften der Berufsgenossenschaften, etc.,
- Werksvorschriften (Harmonisierung Ersatzteilgruppen im Bereich Instandhaltung),
- technische Unterlagen (Betriebanleitung, Schaltpläne, Ersatzteilliste, werkstückspezifische Bauteilzeichnungen),
- Abnahmevorschriften.

Nach Erstellung des Pflichtenhefts wird der Auftrag ausgeschrieben. In der Regel werden zwischen fünf bis zehn, mindestens jedoch drei Hersteller eingeladen, anzubieten.

Je nach Komplexität und Umfang der Ausschreibung liegt die Frist für das Einreichen eines Angebotes zwischen zwei und vier Wochen. Technische Fragen werden in erster Linie telefonisch geklärt, fallweise auch persönlich falls erforderlich.

Nach Ablauf des Zeitraumes werden die Angebote ausgewertet. Ziel ist es, dabei die besten drei Lieferanten herauszufiltern.

In einer zweiten Verhandlungsrunde werden dann die einzelnen Anbieter aufgefordert, uns Ihr Konzept vorzustellen, um es mit den Forderungen des Pflichtenheftes abzugleichen. Dieser Teil ist sehr technisch geprägt. Fallweise werden dabei kostenlose Probebearbeitungen im Werk der Anbieter unter Anwesenheit von BorgWarner durchgeführt und die auf dem Angebot ausgewiesenen Daten wie beispielsweise Rüstzeit, Taktzeit und Prozessfähigkeit überprüft.

Nach Abschluss der technischen Analyse wird eine Bewertungsmatrix erstellt und ein gewichteter Vergleich durchgeführt.

In Abb. 21.3 sehen Sie ein Beispiel einer Bewertungsmatrix für Bearbeitungsmaschinen. Aufgabenstellung war für ein Neugeschäft das bisher bestehende Fertigungskonzept (AK) mit alternativen Lösungen zu vergleichen und unser Geschäftsführung eine Beschaffungsempfehlung zu unterbreiten.

Dieser regelt neben dem Gesamtpreis u.a. Dauer der Gewährleistung, Dauer der Ersatzteilverfügbarkeit Lieferzeit, Vertragsstrafe, Gefahrenübergang, Übergeordnete Normen und Vorschriften, Übergabe von technische Unterlagen (Baugruppenzeichnungen, etc.) sowie die Zahlungs- und Lieferkonditionen.

21.3 Systemlieferant in der Automobilindustrie – BorgWarner Inc.

Merkmal	Faktor	Anbieter A	Bewertung	Ergebnis	Anbieter B	Bewertung	Ergebnis	Anbieter C	Bewertung	Ergebnis	Ausgangskonzept (AK)	Bewertung	Ergebnis
Geräuschpegel (unter 85 dB(A))	1	wie AK	3	3	Offener Spalt – laut!	2	2	leiser als AK	4	4		3	3
Zugänglichkeit (Reparaturen)	2	wie AK	3	6	zu Spindel rasch	4	8	wie AK	3	6		3	6
Rüstzeit	3	wie AK	3	9	Mit 2 Leuten gleichzeitig rüsten möglich, da 2 getrennte Maschinen	4	12	wie AK	3	9		3	9
Spindeldurchmesser	2	75mm	2	4	80mm	3	6	90mm	4	8	80mm	3	6
Verfahrwege (Abm. der zu bearbeitenden Teile)	2	Keine HN mögl.	1	2	AD 130 / L 100	3	6	AD 120 / 75	1	2	AD 140 / L 100	4	8
Leistung (Spindel) – STROMVERBRAUCH		26/21 KW			2 x 11 / 16 KW			7,5 / 11 kW			20 / 29 KW		
Leistung / Stk.	2	0,14	2	4	0,07	4	8	0,04	5	10	0,14	2	4
Drehzahl (Spindel)	1	40 – 8000 / min	5	5	7500 / min	4	4	45 – 4500/min	2	2	5000/min	3	3
Drehmoment AK 95/140Nm	2	100 / 80 Nm	2	4	200 / 102 Nm	4	8	Keine Angabe	2	4	95 / 140Nm	3	6
AK 2x14 Revolver – Werkzeuge	2	2x12 fach / VDI	3	6	2x12 fach / VDI	3	6	2x8-fach	1	2	2 x 14 fach	4	8
Steuerung: (AK SIEMENS 840D)	2	SIEMENS 840 D	3	6	FANUC 18 i	5	10	FANUC 16 i	4	8	SIEMENS 840 D	3	6
Entfernung BW-Ketsch zu Hersteller	2		4	8		3	6		1	2		3	6
Service-Reaktionszeit (garantiert)	3	kurz (12 – 6 Std.)	3	9	sehr kurz (< 6 Std.)	4	12	lange (> 24 Std.)	1	3	sehr kurz (< 6 Std.)	4	12
Reputation	2	Renommiert	3	6	Renommiert	3	6	Unbekannt	1	2	Renommiert	3	6
Kosten Monteureinsatz (Service)	2	hoch (> 900 € / Tag)	3	6	mittel (800 – 900 € / Tag)	4	8	niedrig (< 800 € / Tag)	5	10	sehr hoch (> 1000 € / Tag)	2	4
Bonität	2		3	6	3 A 2 (nach D&B)	4	8		3	6		3	6
Maschinenabmessung	2	4034x2413x2041	2	4	3500x1550x2300	5	10	4500x1760x2500	4	8	5227x2000x2050	2	4

21 Verhandlungsführung in kleinen, mittleren und großen Unternehmen

Merkmal	Faktor	Anbieter A	Bewertung	Ergebnis	Anbieter B	Bewertung	Ergebnis	Anbieter C	Bewertung	Ergebnis	Ausgangskonzept (AK)	Bewertung	Ergebnis
Einhaltung der BW-Werknorm	2	Überwiegend	3	6	Überwiegend	3	6	Größtenteils nein	1	2	Überwiegend	3	6
Prozessflexibilität / zusätzliche Kompetenzen	2	Fräsen	3	6	Schleifen, Wälzfräsen, Laserschweißen	4	8	Keine	1	2	Keine	1	2
Konzept / Personalintensität Anzahl Maschinen pro Operator	3	wie AK	3	9	4 Maschinen	4	12	wie AK	3	9		3	9
Spannmittel intern / extern	2	100% extern	3	6	einige intern	4	8	100% extern	3	6	100% extern	3	6
Lieferzeit	3	4 Monate	2	6	1 Monat	4	12	Ab Werk	5	15	5 Monate	1	3
Gewährleistung	3	18M / 5000 Std.	2	6	12M / 1 Schicht	1	3	12 M	3	9	18 M	4	12
ERGEBNIS [MAX PUNKTE = 235]				127			169			129			135
Gesamtkosten [€]		WWWWW			XXXXXX			YYYYY			Basis		
Prozessfähigkeit – Ergebnis Bearbeitungsversuch		IV			I			III			II		

Bewertungszahl
1 = sehr schlecht
2 = schlecht
3 = mittel
4 = gut
5 = sehr gut

Faktor
3 = sehr wichtig
2 = wichtig
1 = nicht entscheidend

Abb. 21.3. Beispiel einer Bewertungsmatrix

Es empfiehlt sich, neben einem erheblichen Nachlass im Bestellpreis auch etwaige zukünftige Kosten im Gesamtpaket mit zu verhandeln. Regelungen wie beispielweise mehrjährige Preisstabilität für Service- und Ersatzteilkosten, Rabattsätze bei Folgebestellungen (evtl. durch Schwesterwerke) sind hier zu nennen.

21.3.9 Bewertung von Verhandlungserfolgen

> Entscheidend für die oben angeführten Erfolge war es, sowohl die erworbene „Marktintelligenz" als auch die Beschaffungsstrategie mehrerer Lieferquellen zu haben. Diese Lieferquellen müssen fortwährend aufs Neue ihre Existenzberechtigung im Wettbewerb beweisen.

Bevor man eine langfristige Beziehung mit einem Lieferanten eingeht, sollte man sich stets die Frage nach seinen kurz-, mittel- und langfristigen Interessen und Zielen stellen. Gibt es hier ausreichende Schnittmengen? Wohin entwickelt sich mein Unternehmen strategisch und wie stabil ist die Entscheidung in der Zukunft?

> Mit Monopolisten Geschäfte zu machen bzw. sich Monopolisten selbst zu erschaffen, kann Konfliktpotentiale erzeugen. Das Bedrohungspotential steigt und man verliert die Flexibilität, rasch gegensteuern zu können. In dieser Falle ist man schnell, wenn individuelle Insellösungen kreativer Ingenieure anstelle von durchgängigen Standardisierungen verfolgt werden.

> Es ist stets von elementarer Bedeutung auf die Folgekosten eines nicht optimalen Designs hinzuweisen. Hierbei gilt die zweckgerechte Qualität, welche durch die Anforderungen des Kunden definiert ist, zu erfüllen.

Technisch innovative „Kunstwerke", welche über die festgeschriebenen Kundenforderungen hinausgehen, das Produkt verteuern und keinen verwertbaren Zusatznutzen haben, sind fehl am Platz und gefährden die betriebswirtschaftlichen Ergebnisse des Unternehmens.

Hier ist es die Pflicht des Beschaffungsmanagement, die Ergebnisse kritisch zu hinterfragen. Der Einkauf sollte sich stets bei seinen Lieferanten nach dessen Meinung erkundigen und um Alternativvorschläge bitten. Oft erhalten Sie sehr gute Hinweise und Hilfestellungen, mit denen Sie Ihre Kollegen in den Konstruktionsabteilungen unterstützen können.

Literatur

Aberdeen Group (2001)
Allhof D-W, Allhoff W (1994) Rhetorik & Kommunikation. Ein Lehr- und Übungsbuch zur Rede- und Gesprächspädagogik. Regensburg
Amor D (2000) Dynamic Commerce – Online Auktionen. Galileo Press, Bonn
Arnold U (2002) Global Sourcing: Strategiedimensionen und Strukturanalyse. In: Hahn D, Kaufmann L. Handbuch Industrielles Beschaffungsmanagement, Gabler, Wiesbaden
Arnolds H, Heege F, Tussing W (1993) Materialwirtschaft und Einkauf: praxisorientiertes Lehrbuch, Gabler, 8. Auflage, Wiesbaden
Barth VJ (2004) Wir reden nicht über Preise, wir reden über Kosten. In: Beschaffung Aktuell 12/2004
Beschaffung Aktuell (06/2005) Japan und China vor der Tür
Betterman P, Roth M (2005) Die Personalkosten sind nicht mehr so wichtig. In: FAZ 14.05.2005, Nr 111
Bosse Detlef M (3/2003) Seminar „Erfolgsstrategien für Preis- und Abschlussgespräche". TAW, Wuppertal
Budde, Strache (1999) Der Einkaufs- und Lagerwirtschaftsberater. Gabler Verlag, Wiesbaden
Burkhart R (1995) Kommunikationswissenschaften – Grundlagen und Problemfelder. Wien/Köln/Weimar
Dommasch CE (2002) Der Profi-Einkäufer, Basiswissen und Arbeitsmethoden für die Praxis. Frankfurt/Main
Dennso Management Consulting (Hrsg.) (2002) Go fast! – Einführung des VISA Purchasing Card Systems bei der Adam Opel AG. Informationsbroschüre
Die Rheinpfalz (2002a) Zäher Kampf gegen Korruption. 29.08.2002
Die Rheinpfalz (2002b) Wirtschaftskriminalität explodiert. 20.11.2002
Dolmetsch R (2000) eProcurement. Addison-Wesley, München
Ehrmann H (1999) Logistik. Kiehl, Ludwigshafen
e-procurement newsletter (07/2004)
Fallstudie: Simultane Reverse Auction (IT) unter www.econia.com
Forrester Research, www.ecin.de
Frankfurter Allgemeine Zeitung (2005a) 23.07.2005, Nr 169
Frankfurter Allgemeine Zeitung (2005b) Einkaufskosten sinnvoll senken. 25.07.2005, Nr 170
Frankfurter Allgemeine Zeitung (2002a) Jede Minute 18 Diebstähle in Büros oder Geschäften. 11.04.2002

Frankfurter Allgemeine Zeitung (2002b) Ladendiebstahl kostet jeden 79 Euro. 21.11.2002
Frankfurter Allgemeine Zeitung (2000) 17.06.2000, Nr 163
Gartner Group (2001)
Gelb MJ (1997) Sich selbst präsentieren – Mit Mind-Mapping und Alexandertechnik. Offenbach
Günther U, Sperber W (2000) Handbuch für Kommunikations- und Verhaltenstrainer. Psychologische und organisatorische Durchführung von Trainingsseminaren. München
Graf H, Metzger J, Nowak W (2005) DaimlerChrysler optimiert S-Klasse-Logistik im Werk Sindelfingen. In: LOGISTIK für Unternehmen 06/2005
Grossmann M (2001) Einkauf leicht gemacht: Unternehmensgewinn durch kleine Preise. Frankfurt/Wien
Hakemi S (2001) Etikette ist die Kür, Höflichkeit die Pflicht. In: FAZ 03.11.2001, Nr 256
Hirschsteiner G (1999) Einkaufsverhandlungen: Strategien, Techniken, Regeln, Praxis. Stuttgart
Hoffmann R, Lumbe H (2000) Lieferantenbewertung – Der erste Schritt zum Lieferantenmanagement. In: Hildebrandt H, Koppelmann U. Beziehungsmanagement mit Lieferanten. Schäffer-Poeschel, Stuttgart
Hubmann E, Zachau T (2000) Optimierung von Kunden-Lieferantenbeziehungen. Beschaffung Aktuell 9
Jüptner O (2002) Finstere Gestalten im Netz. In: Cybiz – Das Fachmagazin für Erfolg mit E-Business, (Februar 2002)
Kennedy G (1994) Verhandlungsführung. Erfolgreich verhandeln von A–Z. München
Kerkhoff J (2005) Preise für Eisenerz und Koks weiter hoch. In: Beschaffung Aktuell 07/2005
Kleineicken A (2002a) Total Cost of Ownership – Mit allen Kosten kalkulieren. In: Haufe Controlling Office, Kostenrechnung und Kalkulation
Kleineicken A (2002b) E-Procurement – Front End Solutions. In: Wannenwetsch H. E-Logistik und E-Business. Kohlhammer, Stuttgart
Kleineicken A (2002c) Electronic Procurement. In: Wannenwetsch H, Nicolai S (Hrsg.) E-Supply-Chain-Management. Gabler, Wiesbaden
Krieger HH (2003) Die professionelle Einkaufsverhandlung. Seminar, TAW, Wuppertal
Lang M (2002) eProduction – Von der Push- zur Pull-Produktion. In: Wannenwetsch H, Nicolai S (Hrsg) E-Supply-Chain-Management. Gabler, Wiesbaden
Lawrenz O, Nenninger M (2002) B2B-Erfolg durch eMarkets und eProcurement. Vieweg, Wiesbaden
Lenz Prof Dr (2001) Die Schuldrechtsreform. Seminar, TAW, Wuppertal
Logistik Heute (06/2005) Ein Gesamtkunstwerk
Maier C M (2002) Rhetorik. Web-based Training. Zweibrücken
Nicolai S (2005) Supply Chain Controlling. In: Wannenwetsch H (Hrsg.) Vernetztes Supply Chain Management. Springer, Berlin, Heidelberg

Nieder J (keine Jahresangabe) Internationale Verhandlungs- und Verhaltensstrategien im Einkauf. Studienarbeit in der Berufsakademie Mannheim
Nolden, Bizer, Blass (1993) Industriebetriebslehre. Windisch Stam-Verlag, Köln
Peitsmeier H (2005) In schwierigen Zeiten trösten die guten Aussichten. In: FAZ 23.07.2005, Nr 169
Pepels W (1999) Betriebswirtschaftslehre im Nebenfach: Das Kernwissen der BWL für Nicht-Ökonomen. Schäffer-Poeschel, Stuttgart
Puntsch E (1994) Preisgespräche psychologisch richtig führen. Verlag Norbert Müller
Roth M, Betterman P (2005) Die Personalkosten sind nicht mehr so wichtig. In: FAZ 14.05.2005, Nr 111
Schanz G, Stange, J (1979) Wertanalyse. In: Kern W (Hrsg) Handwörterbuch der Produktionswirtschaft. Stuttgart
Schmitz B (2002a) E-Payment. In: Wannenwetsch H (Hrsg) E-Logistik und E-Business. Kohlhammer, Stuttgart
Schmitz B (2002b) Elektronische Transaktionsformen und Transaktionsplattformen. In: Wannenwetsch H (Hrsg) E-Logistik und E-Business. Kohlhammer, Stuttgart
Schulte G (1996) Material- und Logistikmanagement. München, Oldenburg
Serfling K, Schultze R (1996) Target Costing – Kundenorientierung in Kostenmanagement und Preiskalkulation. In: krp Sonderheft
Sonntag Aktuell (1998) Fälschen und Klauen. 17.05.1998
Stark H (2002) Single Sourcing und Lieferantenselektion. In: Thexis (1994) 11. Jg., Heft I
Statistisches Bundesamt (2002) Kostenstrukturerhebung des verarbeitenden Gewerbes. Wiesbaden
Statistisches Bundesamt Wiesbaden (Juli 2005) Einfuhr und Ausfuhr Deutschlands unterteilt nach Güterabteilungen VB-47
Stimmungsbarometer Elektronische Beschaffung (2005) BME-Frankfurt/M, www.bme.de
Transparency International (2004) Corruption Perceptions Index, Stand 29.06.2005: http://www.transparency.de
Transparency International (2004) A-B-C der Korruptionsbekämpfung, http://www.transparency.de/html/themen/Unternehmen/ABC-Druckfassung_Webseite.pdf
Voigt S (2005) Studie: Beschaffung gewinnt weiter an Bedeutung. In: Logistik inside, newsletter 28.04.2005
Wannenwetsch H (Hrsg.) (2005) Vernetztes Supply Chain Management. Springer, Berlin, Heidelberg
Wannenwetsch H (2004) (Hrsg) Integrierte Materialwirtschaft und Logistik. 2. Aufl. Springer, Berlin, Heidelberg
Wannenwetsch H (2002a) (Hrsg) E-Logistik und E-Business. Kohlhammer, Stuttgart
Wannenwetsch H (2002b) (Hrsg) Integrierte Materialwirtschaft und Logistik. 1. Aufl. Springer, Berlin, Heidelberg

Wannenwetsch H, Nicolai S (2002) (Hrsg) E-Supply-Chain-Management, Gabler. Wiesbaden

Watzlawick P, Beavin JH, Jackson DD (2000) Menschliche Kommunikation. Formen, Störungen, Paradoxien. Bern

Weiss J (2001) Killer-Applikationen – Electronic Bill Presentment and Payment. In: sapinfo.net (April 2001)

Wirtschaftswoche (2002) Pünktlich vom Hof. 18.04.2002

http://www.channell-aolsvc.de. 25.07.2005

www.bme.de

www.econia.com

www.ecin.de

www.logistik-inside.com (2005) 07.03.2005 und 30.03.2005

www.probuy.de

Autorenverzeichnis

Mag. rer. soc. oec. Mag. phil. Stefan Aichbauer *(Kapitel 5, 7)*
Studium der Internationalen Wirtschaftswissenschaften an der Universität Innsbruck und der Northern Illinois University. Studium der Politikwissenschaften an der Universität Innsbruck. Nach Tätigkeit für einen internationalen Elektrokonzern 1999 Einstieg bei der auf Einkauf spezialisierten h&z Unternehmensberatung mit Sitz in München. Als Associate Partner betreut Stefan Aichbauer heute Projekte zur Optimierung von Einkaufsorganisation, Einkaufsprozessen und der Einkaufsleistung europäischer Konzerne und großer Mittelständler.

Andreas Blume M.A. *(Kapitel 20)*
Andreas Blume, geb. 1972 in Radolfzell am Bodensee, Studium der Politikwissenschaft, Betriebswirtschaftslehre, Sinologie und Geographie an den Universitäten Trier und Mainz. Auslandsaufenthalte in Bangladesch und der VR China. Magister Artium im Juni 2001 an der Universität Trier. Seit Juni 2001 China-Referent der Industrie- und Handelskammer für die Pfalz, Ludwigshafen am Rhein. Arbeits- und Forschungsschwerpunkte: Umfassende Beratung überwiegend mittelständischer Unternehmen zu den Märkten Chinas, Chinas Integration in die Weltwirtschaft, Anti-Counterfeiting und Gewerblicher Rechtsschutz, Politisches System der VR China/ Lobbying.

Dipl.-Kaufmann Volker Brodbeck *(Kapitel 12, 13, 14)*
Volker Brodbeck war nach seinem Studium der Betriebswirtschaft beim AEG-Konzern als Verkaufstrainer und später als Leiter der Verkaufsförderung verantwortlich tätig. Seit 1982 ist Herr Brodbeck als Verhandlungstrainer in den Bereichen Einkauf, Materialwirtschaft und Logistik selbstständig tätig. Als einer der erfolgreichsten Verhandlungstrainer, der durch seine Qualitäten sowie dem Einsatz neuester Verhandlungsmethoden übereugt, gehören führende Konzerne der verschiedensten Branchen wie AUDI AG, BMW AG, Mercedes-Benz, Altana, Beidersdorf, Boehringer, Merck, Roche, Wacker und Quelle zu seinen Kunden.

Dipl.-Ing. Karl Doppler *(Kapitel 21)*

Dipl.-Ing. Karl Doppler, geb. 1974 in Wien, Studium Maschinenbau-Wirtschaftsingenieurwesen an der Technischen Universität in Wien und ein Auslandssemester in Zaragoza, Spanien. Begleitende Berufspraxis über die gesamte Studiendauer als Kundendienstmitarbeiter bei Opel Austria.

Mehrjährige Tätigkeit als Qualitätsingenieur für auswärtige Teile bei FIAT-GM-Powertrain im Bereich Getriebebau. Seit 2001 als Leiter Einkauf beim Automobilzulieferer BorgWarner Transmission System im Werk Ketsch (Baden-Württemberg) beschäftigt. Darüber hinaus verantwortlich für die Festlegung der strategischen Beschaffung von Schmiede- und Drehteilen für die gesamte Division Transmission Systems.

Lis Droste *(Kapitel 8, 9)*

Lis Droste, geb. 1951, Etikette-Trainerin, hält seit 1990 Seminare, Vorträge und Einzelberatungen zum Thema Stil und Etikette in deutsch und englisch. Während ihrer Tätigkeit in der Hotel- und Touristikbranche sammelte sie viele internationale Erfahrungen. 2003 veröffentlichte sie zusammen mit Monika Hillemacher das Buch „Im Trend: Stil und Etikette". Lis Droste ist bekannt aus vielen Rundfunk- und TV-Sendungen. Sie ist Mitglied der Gastronomischen Akademie Deutschlands und im Verein zur Förderung der Tafelkultur. www.lisdroste.de

Dipl.-Betriebswirt (BA) Lajos Eric Forster *(Kapitel 17)*

Studium an der Berufsakademie Mannheim, University of Cooperative Education, mit den Schwerpunkten Marketing, Beschaffung und Verhandlungsführung. Erste Berufserfahrungen im Vertrieb eines mittelständischen Papierverarbeiters. Derzeit tätig als Gruppenleiter Einkauf Rohstoffe in der Feinpapierindustrie bei einem weltweit agierenden Hersteller für Zigaretten-, Kondensator- und Dünndruckpapieren.

Frieder Gamm *(Kapitel 16, 19)*

Frieder Gamm gehört mit zu den führenden Verhandlungstrainern für Seminare in Einkauf und Vertrieb. Sein großes Wissen als Experte für Verhandlungen erlangte er im Einkauf des international erfolgreichen Sportwagenherstellers Dr. Ing. h.c.F. Porsche AG. Hier war er langjährig im operativen, strategischen und Projekteinkauf verantwortlich tätig. Seine weitreichenden Erfahrungen als Verantwortlicher im weltweiten Einkauf sind Grundlage seiner bekannten und erfolgreichen Seminare für Einkaufs-, Preis- und Verhandlungsmanagement. Neben den Intensivseminaren an seiner Firma *Frieder Gamm – communication & training* schult und betreut er auch Einkäufer als Coach und Berater direkt im Unternehmen.

Herr Gamm ist ebenfalls erfolgreich an der BME Akademie (Bundesverband Materialwirtschaft und Einkauf) als Praxis-Trainer tätig.
www.friedergamm.de

Dipl.-Betriebswirtin Christina Grewe *(Kapitel 20)*

Christina Grewe hat internationale BWL in Montpellier und Paris studiert und 1998 ihr Studium mit einem D.E.S.S. Commerce International an der Universität zu Paris-Sorbonne abgeschlossen. Studienbegleitende Praktika hat Frau Grewe im US State Department und FCS des US Generalkonsulats in Düsseldorf sowie in der Außenwirtschaftsabteilung des Wirtschaftsministeriums des Landes NRW absolviert. Seit 1999 ist Frau Grewe in der IHK Trier beschäftigt, zunächst als Außenwirtschaftsreferentin mit den Schwerpunktmärkten USA und Frankreich und seit 2002 als stellvertretende Geschäftsbereichsleiterin International und Wein, verantwortlich für das Geschäftsfeld International.

Dipl.-Wirt.-Mathematikerin Kim Gronemeier *(Kapitel 20)*

Nach dem Studium der Wirtschaftsmathematik an der Universität Bielefeld folgte die erste berufliche Tätigkeit bei der Deutsch-Peruanischen Industrie- und Handelskammer in Lima, Peru. Hierbei Einsatz mit Schwerpunkt auf den Bereich Außenhandel und die damit verbundene Beratung deutscher und peruanischer Unternehmen. Diese Tätigkeit ermöglichte einen intensiven Einblick in das Business und die Kultur in Lateinamerika. Seit 2002 beim Kompetenzzentrum Lateinamerika der IHK Pfalz in Ludwigshafen als Lateinamerika-Referentin tätig. Ein Schwerpunkt der Arbeit liegt auch hier wieder in der vielfältigen Beratung von deutschen Unternehmen zum Thema sowie der Organisation von Veranstaltungen bezüglich der einzelnen Länder Lateinamerikas.

Dipl.-Betriebswirt Matthias Grossmann *(Kapitel 2)*

Matthias Grossmann verfügt über langjährige Berufspraxis im Einkauf. Er ist zertifizierter NLP-Practitioner, Vorstandsmitglied im BME Arbeitskreis Hanau und Inhaber der *MGS – Training & Beratung für den Einkauf* mit Sitz in Aschaffenburg. Im Jahr 2001 erschien die erfolgreiche Publikation „Einkauf leicht gemacht". Durch das im Jahr 2002 erschienene Media-Training „Im Einkauf liegt der Gewinn!" hat er seinen Status als Top-Referent in Sachen Einkauf ausgebaut. Seine Tätigkeitsschwerpunkte sind: Einkäufer-Intervall-Training, Coaching, Einkaufsberatung im Bereich der Organisations-, Mitarbeiter- und Lieferantenentwicklung.
www.einkaufstraining.de

Dipl.-Betriebswirt (BA) Carl-Marc Herdt *(Kapitel 21)*

Carl-Marc Herdt studierte an der Berufsakademie Mannheim, University of Cooperative Education, Betriebswirtschaft mit den Schwerpunkten Beschaffung, Logistik und Bauwirtschaft. Neben mehrjähriger Tätigkeit in einem mittelständischen Bauunternehmen arbeitet er zur Zeit in verantwortungsvoller Position im Bereich Einkaufsmanagement bei der Prominent Dosiertechnik GmbH in Heidelberg.

Monika Hillemacher M.A. *(Kapitel 8, 9)*

Monika Hillemacher ist freie Redakteurin und Kommunikationsberaterin. Sie arbeitet in erster Linie für Unternehmen, Institutionen und Selbstständige. Neben ihrer Beratungstätigkeit schreibt sie Texte zu Wirtschafts- und Finanzthemen sowie Stil und Etikette. Gemeinsam mit Lis Droste ist Monika Hillemacher Autorin des Buchs „Im Trend: Stil und Etikette" (Beltz-Verlag, Weinheim). Die Illustrationen in ihrem Beitrag stammen von *Elvira Schmidt*, Frankfurt und *Patricia Aulich*, Obertshausen.
www.textkomm.de

Dipl.-Ing. Amin Janzir *(Kapitel 20)*

Amin Janzir stammt aus einer deutsch-arabischen Ehe und hat einen entsprechenden bi-kulturellen und zweisprachigen Background. Schulbesuche in Jordanien sowie in Deutschland und Studium der Elektrotechnik (Anlagen- und Automatisierungstechnik) an der Fachhochschule Hamburg. Seit 2000 selbstständiger interkultureller Trainer und Berater zum Thema Arabien für Industrie und Wirtschaft. Schwerpunkte sind interkulturelle Vorbereitung für Geschäftsbeziehungen und Verhandlungen im arabischen Raum. Zum Kundenkreis der Beratungs- und Trainingsdienste zählen deutsche und arabische Großkonzerne sowie große und kleine mittelständische Unternehmen. Weitere Informationen unter www.arabiaweb.de.

Dipl.-Ökonom Andreas Kleineicken *(Kapitel 3)*

Studium der Wirtschaftswissenschaft an der Ruhruniversität Bochum und der University of Stockholm, School of Business. Von 1999 bis 2002 wissenschaftlicher Mitarbeiter am Lehrstuhl für allgemeine BWL, insbesondere Unternehmensführung und Unternehmensentwicklung der Universität Witten/Herdecke. Co-Autor zahlreicher erfolgreicher Bücher zum Thema Beschaffung, E-Procurement sowie E-Supply-Chain Management. Laufende Promotion im Bereich Electronic Procurement. Seit 2002 tätig im Bereich Business Planning, Kooperationsmanagement und New Business Development der Audi Electronics Venture GmbH, Ingolstadt.

Cornelia Krabbe-Steggemann *(Kapitel 10)*
Nach langjähriger Arbeit als Ausbildungsleiterin und Personalentwicklerin in Großunternehmen ist Frau Krabbe-Steggemann seit 1986 als freie Kommunikationstrainerin und Beraterin im Bereich Kommunikation und Verhandlungsführung aktiv.

Hans-Hermann Krieger *(Kapitel 6)*
Hans-Hermann Krieger, Geschäftsführer Purconsult, Unna, war viele Jahre Leiter des Materialmanagements in der mittelständischen Industrie in den Branchen Maschinen- und Anlagenbau. Seit 1992 ist er Dozent an der Technischen Akademie Wuppertal, an führenden Hochschulen sowie über dreißig Industrie- und Handelskammern. Seit 1998 ebenfalls tätig in der Österreichischen Akademie für Führungskräfte, in Graz und Wien. Autor zahlreicher Fachartikel und Initiator internationaler Einkäufertreffen. Website: www.purconsult.de

Diplom-Pädagoge Christoph M. Maier-Stahl *(Kapitel 11)*
Christoph M. Maier-Stahl, Jahrgang 1967, hat an der pädagogischen Hochschule in Heidelberg ein Lehramtsstudium absolviert und im Anschluss ein Aufbaustudium als Diplom-Pädagoge und Spiel- und Theaterpädagoge abgeschlossen. Seit 1996 ist er als Trainer in der Erwachsenenbildung tätig. Seine Themenschwerpunkte liegen in den Bereichen Sozialkompetenz, Methodenkompetenz, Persönlichkeitsentwicklung und Karriereberatung. Mitinhaber der *KOM² GmbH, Agentur für Kompetenzentwicklung*. KOM² hat sich auf Trainings-, Coaching- und Consulting-Dienstleistungen spezialisiert. Auftraggeber von KOM² sind u.a. ABB Training Center GmbH, KSI Kasolvenzia GmbH, Freudenberg Weinheim, Deutsche Post AG, Novasoft GmbH, ed-media, Berufsakademie Mannheim, University of Cooperative Education.
www.komquadrat.de

Prof. Dr. Alexander E. Meier *(Kapitel 15)*
Nach Studium der Betriebswirtschaftslehre an der Universität Mannheim begann Herr Prof. Dr. Alexander E. Meier seine Berufslaufbahn in der hausinternen Unternehmensberatung eines weltbekannten internationalen Konzerns der Metall- und Elektroindustrie. Daneben Promotion zum Thema Total Quality Management. Zuletzt war er in verantwortungsvoller Funktion im Zentraleinkauf des Konzerns zuständig für strategische Einkaufsgrundsatzfragen und das Einkaufscontrolling.

Seit 1999 ist Herr Dr. Meier Professor an der Berufsakademie Mannheim, University of Cooperative Education tätig. Erfolgreiche Unternehmensberatung auf den Gebieten der Einkaufs- und Fertigungsoptimierung in Mittel- und Großbetrieben. Tätigkeitsschwerpunkte sind u.a. Targetcosting, Produktwertgestaltung, Zielkostenkalkulationen, Lieferantenentwicklung, Fertigungsanalysen sowie Einkaufsorganisationsprojekte.

Dipl.-Betriebswirt (BA) Sascha Nicolai *(Kapitel 7)*

Studium der Betriebswirtschaft im Fachbereich Industrie mit den Studienschwerpunkten eLogistik, eBusiness, Materialwirtschaft, Beschaffung und Produktion an der Berufsakademie Mannheim, University of Cooperative Education. Derzeitig in verantwortungsvoller Position im Bereich Beschaffung und Produktionsplanung bei der FRIATEC AG in Mannheim.

Dipl.-Volkswirt Volker Scherer *(Kapitel 20)*

Nach dem Studium der Volkswirtschaft in Heidelberg mit den beiden Schwerpunkten Wirtschaftspolitik und -informatik erfolgte der berufliche Einstieg beim Deutschen Industrie- und Handelskammertag (DIHK). Nach dem Wechsel in den Geschäftsbereich International der Industrie- und Handelskammer (IHK) für die Pfalz, wurde als Spezialgebiet der Fokus auf den Länderbereich Mittel- und Osteuropa gesetzt, bei dem das Land Rumänien einen besonderen Schwerpunkt darstellt. Besondere Fachkenntnisse bestehen darüber hinaus im Bereich des Zoll- und Außenwirtschaftsrechts. Gleichzeitig ist der Autor als Experte in zahlreichen Arbeitskreisen auf lokaler und Bundesebene tätig.

Diplom-Psychologe Stefan Schmid *(Kapitel 20)*

Diplom-Psychologe Stefan Schmid studierte in London und Regensburg interkulturelle Psychologie, Sprecherziehung und Bohemistik. Nach mehrjähriger Tätigkeit für ein Münchner Beratungsunternehmen arbeitet er nun als freier Trainer und Coach für verschiedene Firmen und Organisationen im Bereich interkulturelle Trainings und Personalentwicklung. Er lehrt und forscht an der Universität Regensburg in der Abteilung für Sozial- und Organisationspsychologie und ist Mitarbeiter am dortigen Institut für Kooperationsmanagement. Als Lehrbeauftragter unterrichtet er an Hochschulen in Deutschland und im europäischen Ausland zu Themen der interkultureller Kommunikation und Zusammenarbeit. Ein Schwerpunkt seiner Arbeit ist die Unterstützung von Firmen mit indischen Mitarbeitern in Deutschland und/oder mit Niederlassungen in Indien.

Dipl.-Betriebswirt (BA) Björn Schmitz *(Kapitel 4)*

Studium der Betriebswirtschaft im Fachbereich Industrie mit den Schwerpunkten Finanz- und Rechnungswesen, Materialwirtschaft und eProcurement an der Berufsakademie Mannheim, University of Cooperative Education. Berufsstart bei der ABB Deutschland AG in Mannheim. Seit 2001 Berater für eCommerce bei der SAP Deutschland AG. Björn Schmitz hat erfolgreich eProcurement-Lösungen implementiert und besitzt internationale Projekterfahrung. Er ist Mitautor erfolgreicher Bücher zu den Themen eProcurement und eLogistik, sowie Relationship Management.

Dipl.-Volkswirtin Renate Schulte-Spechtel *(Kapitel 10)*

Nach ihrem Studium zur Diplom-Volkswirtin war sie im Beratungs- und Weiterbildungsbereich tätig, zuletzt in leitender Position. Die Aufgabenbereiche umfassten Beratungen von Einzelpersonen und Unternehmen, Konzeption, Organisation und Durchführung von Seminaren, Moderationen, Veranstaltungen. Seit 1994 arbeitet sie als freie Trainerin.

Frau Schulte-Spechtel und Frau Krabbe-Steggemann haben sich gemeinsam auf Seminare für Frauen im Einkauf spezialisiert. Sie arbeiten mit ihren Teilnehmerinnen daran, deren Kommunikationsfähigkeit zu optimieren, Verhandlungserfolge zu steigern, Führungseigenschaften zu verbessern und bessere Arbeitsergebnisse zu erzielen.

Dr. Martin Seidel *(Kapitel 5, 7)*

Studium der Wirtschafts- und Organisationswissenschaften an der Universität der Bundeswehr München sowie an der Arizona State University Phoenix und National University of Singapore. Von 1997 bis 2000 Führungsverantwortung in Nachschub und Logistik der Bundeswehr. 2002 Promotion zum Thema: Die Bereitschaft zur Wissensteilung – Rahmenbedingungen für ein wissensorientiertes Management. 2002 Einstieg bei der h&z Unternehmensberatung mit dem Schwerpunkt strategischer Einkauf.

Prof. Dr. Helmut H. Wannenwetsch *(Kapitel 1, 7, 17)*

Geb. 1957, Studium in München, Promotion in Augsburg. 12 Jahre Erfahrung in multinationalen Unternehmen in den Bereichen Beschaffung, Materialwirtschaft, Logistik, Produktion und Projektmanagement. Zuletzt verantwortliche Tätigkeit in der logistischen Programmführung eines großen deutschen Konzerns der Luft- und Raumfahrtindustrie. Seit 1996 lehrt Prof. Dr. Helmut H. Wannenwetsch Beschaffung, Einkaufsmanagement, Logistik, Produktion und Materialwirtschaft an der Berufsakademie Mannheim, University of Cooperative Education im Grund- und Hauptstudium.

Rechtsanwalt Florian Wolff *(Kapitel 18)*
Herr Wolff ist Partner der Anwalts-, Notariats- und Wirtschaftskanzlei Rossbach & Fischer in Frankfurt am Main. Der Schwerpunkt seiner Tätigkeit liegt in der Vertragsgestaltung in zumeist internationalen Transaktionen auf dem Gebiet des Gesellschafts- und Kaufrechts. Darüber hinaus berät Herr Wolff Unternehmen aus der EDV-Branche und hat sich im EDV- und Softwarerecht spezialisiert. Er ist Autor einer Vielzahl von deutsch- und englischsprachigen Beiträgen zur aktuellen Rechtsentwicklung in Deutschland.
www.rolaw.de

Druck: Krips bv, Meppel
Verarbeitung: Stürtz, Würzburg